Die
Verbrennungskraftmaschine

Herausgegeben von

Prof. Dr. Hans List

Graz

Zweite, neubearbeitete und erweiterte Auflage

Band 1, Teil 1

Vorwort und Einführung
zum Gesamtwerk

—

Die Betriebsstoffe für
Verbrennungskraftmaschinen

Springer-Verlag Wien GmbH
1949

Vorwort und Einführung zum Gesamtwerk

Von

Prof. Dr. H. List

Graz

Zweite Auflage

Springer-Verlag Wien GmbH
1949

ISBN 978-3-662-27980-9   ISBN 978-3-662-29488-8 (eBook)
DOI 10.1007/978-3-662-29488-8

Vorwort zur ersten Auflage.

Als ich mir die Aufgabe stellte, ein allgemeines Werk über die Verbrennungskraftmaschinen herauszugeben, das im neueren Schrifttum fehlt, war es mir klar, daß eine auf eigene Erfahrung gegründete Darstellung eines so umfangreichen Gebietes über die Kräfte und Erfahrungen eines einzelnen geht und die Zusammenarbeit mehrerer Verfasser erfordert. Durch eine weitgehende Teilung des Stoffes konnte die Mitarbeit jedes Verfassers auf sein engeres Fachgebiet beschränkt werden, in dem er Erfahrungen aus erster Hand vermitteln kann. Vielfach wurde sie ihm dadurch neben angestrengter, schaffender oder forschender Tätigkeit überhaupt erst ermöglicht.

Die Erkenntnisse und Erfahrungen, die beim Bau von Verbrennungskraftmaschinen im Laufe der Entwicklung angesammelt wurden, sind nur zum kleinen Teil im einschlägigen Schrifttum veröffentlicht. Der weitaus größte Teil liegt im reichen Erfahrungsschatz der Motorenbauunternehmen und ist der Allgemeinheit nicht zugänglich. Es schien mir daher vor allem notwendig, diese Erfahrungen dem Werk in möglichst großem Umfange zu erschließen. Dazu war es erforderlich, Träger derselben, Fachkollegen aus der Praxis des Motorenbaues zur Mitarbeit zu gewinnen. Der besondere Nachdruck, den ich auf die Bearbeitung der nicht vorwiegend theoretischen oder Sonderfragen behandelnden Abschnitte durch Verfasser aus der Industrie legte, hat auch noch die folgenden Gründe:

Derjenige, der Motoren schöpferisch gestaltet oder am Versuchsstand Entwicklungsarbeit leistet, steht dauernd im Wettbewerb nicht nur mit den anderen Unternehmen des eigenen Landes, sondern infolge Ausfuhr und Rüstung mit dem Motorenbau der ganzen Welt. Die gestellten Aufgaben sind klar. Erfolg oder Fehlschlag ist aus wenigen, einfachen Größen ersichtlich. Es ist daher unmöglich, den Schwierigkeiten auszuweichen, die sich dem eindeutig bestimmten Fortschritt entgegenstellen. Die Mittel, durch welche er erzwungen wird, sind gleichgültig, die geistvollsten Überlegungen, Erkenntnisse und Untersuchungen sind für das Unternehmen wertlos, wenn sie nicht den Erfolg bringen, wenn nicht Brennstoffverbrauch, Leistung, Betriebssicherheit und Baustoffaufwand dadurch günstiger werden. Ein zäher Kampf muß um jeden Schritt nach vorwärts geführt werden. Dabei entscheidet nicht der Umfang des Wissens, sondern sein richtiger Einsatz, das Gefühl für die Vorgänge in der Maschine und richtige Schlüsse aus den Erfahrungen. Der in der Entwicklung tätige Fachmann ist zur Anspannung aller seiner Kräfte gezwungen. Er muß alle Hilfsmittel benutzen, die ihm der neueste Stand seines Fachgebietes bietet, und wird daher ständig auf diesem Umschau halten nach neuen Erkenntnissen und Erfahrungen.

Aus diesen Gründen wird er dem, der sich mit dem Rüstzeug des Motorenbaues ausstatten will, ein guter Führer sein, der ihm nicht nur die eigenen Erfahrungen vermittelt, sondern ihm auch aus der Fülle dessen, was Entwicklung und Forschung bietet, die zweckmäßigste Auswahl treffen läßt. Bei dieser wird er Wesentliches vom Unwesentlichen zu trennen vermögen, die einzelnen Erkenntnisse, Theorien und Erfahrungen in richtiger Perspektive sehen und vor allem das in den Vordergrund stellen, was beim Bau von Maschinen wesentlich und wichtig ist.

Der Motorenbau hat während seiner Entwicklung mehrere Abschnitte durchlaufen. Im ersten wurden die grundlegenden Gedanken gefaßt, die Arbeitsverfahren im wesentlichen festgelegt und betriebsbrauchbar, aber keineswegs am günstigsten in den ersten Maschinen verwirklicht. Der Fortschritt war zu dieser Zeit an das Erfinden grundsätzlich neuer Lösungen und an mühevolles, tastendes Versuchen gebunden, durch welches die wesentlichsten Zusammenhänge geklärt wurden. Theoretische Erkenntnisse und Verfahren hatten dabei nur geringe Bedeutung.

Im heutigen Stand der Entwicklung ist das Grundsätzliche im allgemeinen entschieden. Die mit den Arbeitsverfahren erreichbaren Ziele wurden theoretisch abgesteckt und dabei gefunden, daß die neuzeitliche Maschine ihnen schon sehr nahegekommen ist. Sprunghafte Verbesserungen sind demzufolge nicht zu erwarten, wohl aber Verfeinerungen in der Durchführung der Arbeitsverfahren und in der Ausführung der Maschine. Ferner gewinnen Sonderfragen, wie zum Beispiel die Anpassung von Motor und Brennstoff zur Erweiterung der Brennstoffgrundlage, an Bedeutung.

Die Forschung, die anfänglich ein vom Motorenbau nahezu unabhängiges Dasein geführt hat, steht jetzt in enger Verbindung mit ihm. Die Erkenntnisse, die sie in mühevoller Kleinarbeit gesammelt, die theoretischen Verfahren, die sie entwickelt hat, finden zunehmende Anwendung im Motorenbau. Denn viele Vorgänge in der Maschine lassen sich bereits rechnerisch mit genügender Wirklichkeitstreue erfassen und vielfach ist es möglich, auf theoretischem Wege die Grenzen des Erreichbaren festzulegen und die Aussichten von neuen Richtungen in der Entwicklung zu beurteilen. Es durfte daher, wie im wirklichen Motorenbau, so auch in einem Abbild desselben, wie es das vorliegende Werk sein soll, die Mitarbeit des Forschers nicht fehlen. Der Darstellung von Forschungsergebnissen und den theoretischen Abschnitten mußte ein breiter Raum gewidmet werden.

Die Bearbeitung eines Gebietes durch mehrere Verfasser erfordert eine zweckmäßige Teilung des Stoffes. Dabei sollen größere Wiederholungen vermieden, Geschlossenheit der einzelnen Teilgebiete und eine raumsparende Darstellung erreicht werden. Das Werk besteht aus zwei ungefähr gleich großen Teilen, von denen der erste die Arbeitsvorgänge, der zweite die Gestaltung umfaßt. In beiden Teilen wurden geeignete Gebiete herausgegriffen und für alle Motorbauarten gemeinsam dargestellt. Auch in dem dann noch verbleibenden Stoff wurde auf Querverbindungen über mehrere Bauarten besonderer Wert gelegt. Die einzelnen Abschnitte wurden im übrigen unabhängig voneinander bearbeitet und sind für sich abgeschlossen. Das findet seinen Ausdruck auch in der Teilung des Werkes in eine größere Zahl von Bänden, die einzeln erscheinen und einzeln bezogen werden können. Dadurch wird Benutzung und Bezug erleichtert und es werden unabhängige Neuauflagen einzelner Abschnitte möglich.

Der Inhalt setzt zum Teil die an Hochschulen vermittelten allgemeinen theoretischen und fachlichen Kenntnisse des Maschinenbaues voraus. Aber auch derjenige, der die Theorie nicht beherrscht, wird aus dem reichen Erfahrungsstoff des Werkes Nutzen ziehen können.

Ich freue mich, daß es möglich war, das Werk in einer Zeit entstehen zu lassen, die an alle, die im Motorenbau oder in der einschlägigen Forschung tätig sind, ganz außerordentliche Anforderungen stellt. Es ist mir eine angenehme Pflicht, vor allem den einzelnen Verfassern für ihre Mitarbeit zu danken. Weiters schulde ich Dank den Unternehmen, die bereitwilligst Zeichnungen und Erfahrungen zur Verfügung stellten, dem Verlag Springer, der auf meine Pläne und Wünsche verständnisvoll einging und ganz besonders aber Herrn Direktor Dr. Ing. Dr. h. c. Emil Flatz der Klöckner-Humboldt-Deutz-Motoren A. G., der die Freundlichkeit hatte, das Werk in vielfacher Hinsicht zu fördern.

Graz, im Dezember 1938.   H. List.

Vorwort zur zweiten Auflage.

Die gewaltigen Fortschritte, welche die Verbrennungskraftmaschine in der letzten Zeit gemacht hat, die wesentlich verstärkten theoretischen Grundlagen, welche für viele ihrer Probleme inzwischen geschaffen werden konnten, haben eine wesentliche Erweiterung des Werkes in der neuen Auflage erforderlich gemacht. Dabei durfte auch die Behandlung der modernsten Verbrennungskraftmaschine, der Gasturbine, nicht fehlen, denn die Gasturbine hat inzwischen als Kraftmaschine praktische Bedeutung erlangt und wird sich in absehbarer Zeit große Anwendungsgebiete erobern.

Der Grundplan des Werkes konnte in der zweiten Auflage unverändert gelassen werden, da er sich bewährt hat. Dem Verlag habe ich für sein bereitwilliges Eingehen auf meine Pläne hinsichtlich Erweiterung und Ausgestaltung des Werkes zu danken.

Graz, im Februar 1949.   H. List.

Zur Einführung.

Von

Prof. Dr. H. List.

In den Wärmekraftanlagen wird die Wärme einem gas- oder dampfförmigen Arbeitsstoff zugeführt, der in Kolbenmotoren durch statische, in Turbinen durch dynamische Kräfte Arbeit leistet.

Die Arbeitsvorgänge im Zylinder eines *Kolbenmotors* sind Zustands- und Mengenänderungen des Arbeitsstoffes, die sich periodisch wiederholen. Die einzelnen Vorgänge reihen sich in bestimmter Folge aneinander, bis nach Durchlaufen eines *Arbeitsspiels* der Ausgangszustand wiederhergestellt wird und eine neue Arbeitsperiode beginnt. Zur Ermittlung der Gesetze, die für die Umwandlung von Wärme in Arbeit in der Maschine gelten, kann man ein Arbeitsspiel gedanklich durch einen Kreisprozeß ersetzen, bei welchem der gleiche Druckverlauf und damit die gleiche Arbeitsleistung wie in der Maschine durch Zustandsänderungen erzielt wird, die allein durch Wärmezu- und -abfuhr und durch die Kolbenbewegung verursacht werden, während die Menge des Arbeitsstoffes gleich bleibt. Der Wirkungsgrad η_v eines solchen Kreisprozesses ist das Verhältnis von geleisteter Arbeit zur zugeführten Wärme. Mit Hilfe der Thermodynamik erhält man dafür einen sehr einfachen Ausdruck:

$$\eta_v = 1 - \frac{T_2}{T_1}$$

Darin ist T_1 die mittlere Temperatur der zugeführten, T_2 die mittlere Temperatur der abgeführten Wärme. Gute Wirkungsgrade erfordern demnach Wärmezufuhr bei hoher, Wärmeabfuhr bei tiefer Temperatur.

Die Wärme wird in nahezu allen Wärmekraftanlagen durch Verbrennung erzeugt. Während sie aber in Dampfkraftanlagen von den Verbrennungsgasen im Kessel erst auf den Arbeitsstoff (Dampf) übertragen und durch diesen der Maschine zugeführt wird, entsteht sie in der Kolbenverbrennungskraftmaschine durch Verbrennung im Zylinder am Ort und zum Zeitpunkt ihrer Verwendung sowie unmittelbar im Arbeitsstoff. Die Ausschaltung von Übertragung, Aufspeicherung und Fortleitung macht die Ausnützung der hohen Verbrennungstemperaturen als Zufuhrstemperaturen (T_1) des Arbeitsvorganges möglich, ohne daß durch sie große Wärmeverluste und untragbare Erhitzungen von Bauteilen verursacht würden.

Aus den thermodynamischen Untersuchungen folgt weiter, daß ein hoher Wirkungsgrad eine kurzzeitige Wärmezufuhr während der Kolbenbewegung in der Nähe des äußeren Totpunktes voraussetzt. Für die Verbrennung steht demnach nur ein kleiner, mit zunehmender Drehzahl abnehmender Zeitraum zur Verfügung.

Voraussetzung für genügend rasche Verbrennung ist innige Mischung eines genügend reaktionsfähigen Kraftstoffes mit Luft. Am einfachsten und besten lassen sich Brenngase und solche flüssige Kraftstoffe mit Luft mischen, die bei der Mischungstemperatur vollständig verdampfen (Leichtkraftstoffe). Schwersiedende Kraftstoffe (Schwerkraftstoffe) müssen zur raschen Verbrennung im flüssigen Zustand fein zerstäubt werden und günstige Verbrennungsbedingungen vorfinden, wie sie zum Beispiel bei hoher Luftvorwärmung gegeben sind. Bei der motorischen Verbrennung von festen Brennstoffen kann man zwei

Wege einschlagen: Durch Vergasung in Gaserzeugern kann der feste Brennstoff in einem Brenngas übergeführt werden, das sich leicht im Motor verbrennen läßt, oder es wird der feste Brennstoff pulverisiert und ähnlich wie die flüssigen Schwerkraftstoffe unmittelbar im Motor verbrannt.

Durch Verdichtung des Arbeitsstoffes im Zylinder (Ladung) vor der Verbrennung ist es möglich, die mittlere Temperatur der Wärmezufuhr T_1 zu heben. Die Verbrennung beginnt dann bei einer Temperatur, die höher liegt als die, bei welcher die Ladung der Maschine zugeführt wird. Der Temperatursturz der Verbrennungswärme, welcher ihren Arbeitswert vermindert, wird dadurch kleiner. Erst durch die Verdichtung konnten die hohen, überlegenen Wirkungsgrade der Verbrennungskraftmaschine erzielt werden. Bei allen gebräuchlichen Arbeitsverfahren wird die Ladung daher nach dem Einströmen in den Zylinder durch die Bewegung des Kolbens zum äußeren Totpunkt verdichtet. Während und nach der Verbrennung dehnen sich die hocherhitzten und dementsprechend hochgespannten Gase aus und geben dadurch Arbeit an den Kolben ab. Vermindert man diese um die Verdichtungsarbeit und den Arbeitsverlust durch den Ladungswechsel (siehe später), so erhält man die *innere* Arbeit der Maschine, die sich aus dem Indikatordiagramm bestimmen läßt.

Alle Arbeitsverfahren haben diesen gleichen, grundsätzlichen Verlauf. Unterschiede zeigen sie nur in bezug auf Zeitpunkt und Art der Mischung von Kraftstoff und Luft.

Beim *Otto-Verfahren* ist die Mischung im Zeitpunkt der Zündung vollkommen beendet.

Bei Gasmaschinen und Vergasermotoren für flüssige Leichtkraftstoffe erfolgt die Mischung außerhalb des Zylinders. Dieser wird mit einem brennfertigen Gemisch gefüllt. Zunehmende Verbreitung finden heute Einspritzmotoren, bei denen der Leichtkraftstoff vor Beginn der Verdichtung in den Zylinder eingespritzt, dabei zerstäubt und unter Verdampfung mit der Kluft gemischt wird.

Das Gemisch wird beim Otto-Verfahren durch eine gesteuerte Einrichtung, fast immer durch einen elektrischen Funken entzündet. Die Flamme pflanzt sich von der Zündstelle aus im Brennraum fort. Die Brenngeschwindigkeiten sollen dabei weder zu klein noch zu groß sein, es ist sowohl schleichende als auch schlagartige, klopfende Verbrennung zu vermeiden. Die Gefahr des Klopfens erfordert eine von der Natur des Kraftstoffes, der Brennraumform und anderen Verhältnissen abhängige, obere Begrenzung der Verdichtung, damit aber auch des Wirkungsgrades, der mit der Verdichtung steigt. Das Bestreben des Brennstoffchemikers und des Motorenbauers geht deshalb dahin, Brennstoffe und Brennraumformen zu entwickeln, die für hohe Verdichtungen geeignet sind und daher hohe Wirkungsgrade geben.

Das Anwendungsgebiet des Otto-Verfahrens umfaßt alle Gasmaschinen und alle Motoren für Leichtkraftstoffe.

Beim *Diesel-Verfahren* wird Luft im Zylinder so hoch verdichtet, daß sie sich über den Zündpunkt des flüssigen Kraftstoffes erhitzt. Dieser wird in der Nähe des äußeren Totpunktes eingespritzt und dabei fein zerstäubt. Er entzündet sich in der heißen Luft ohne besondere Zündeinrichtung. Zerstäubung, Mischung und Verbrennung übergreifen sich. Die Verdichtung ist durch die Brenngeschwindigkeit nach oben nicht begrenzt, da man den zeitlichen Verlauf der Verbrennung durch den der Einspritzung beeinflussen kann. Eine untere Grenze ist durch die Notwendigkeit sicherer Zündung des Kraftstoffes gegeben. Die Verdichtung ist im allgemeinen wesentlich höher als beim Otto-Motor. Dadurch sind die Wirkungsgrade besser, aber auch die Drücke höher als bei diesen. Leichte Verdampfbarkeit des Brennstoffes ist zur Gemischbildung nicht erforderlich, ja wegen der Neigung solcher Brennstoffe zu schlagartiger Verbrennung unerwünscht, der Diesel-Motor verarbeitet daher ausschließlich billige Schwerkraftstoffe.

Zur Mischung steht nur kurze Zeit zur Verfügung. Die Entwicklung der dabei beteiligten Organe ist daher eine außerordentlich schwierige Aufgabe, um so mehr, als mit Rücksicht auf Laufruhe, Höchstdruck und Wirkungsgrad ein möglichst beherrschter Verbrennungsverlauf verlangt werden muß.

Bei unvollständiger Verbrennung im Diesel-Motor scheidet sich Kohlenstoff ab. Dieser setzt sich an den Zylindergleitflächen ab und beeinträchtigt dadurch deren Schmierzustand und damit den Betrieb der Maschine. Stärkere Grade von unvollständiger Verbrennung sind demnach im Diesel-Motor unzulässig. Beim Otto-Motor sind die unvollständig verbrannten Stoffe gasförmig, daher für die Gleitflächen unschädlich. Aus diesem Grunde und wegen der ungünstigeren Mischungsverhältnisse erfordert das Diesel-Verfahren höhere Luftüberschüsse als das Otto-Verfahren. In der Einheit des Hubraumes kann daher bei gleicher Drehanzahl mit dem Diesel-Verfahren weniger Kraftstoff verbrannt und trotz besseren Wirkungsgrades weniger Leistung erzeugt werden als mit dem Otto-Verfahren. Da bei letzterem außerdem die Drücke niederer sind, ist es für *Leichtmotoren* besser geeignet.

Für Leichtkraftfahrzeuge und als Flugmotoren werden daher mit nur wenigen Ausnahmen Otto-Motoren verwendet. Das Diesel-Verfahren hingegen beherrscht das Gebiet der Großmaschine und der ortsfesten Motoren für flüssige Kraftstoffe bis herab zu kleinen Leistungen. In zunehmendem Maße werden auch schnellaufende Fahrzeug-Diesel-Motoren gebaut. Insbesondere werden Triebwagen und schwere Lastkraftwagen heute fast ausschließlich mit den wirtschaftlich überlegenen Diesel-Motoren betrieben.

Nach der Arbeitsleistung ist die verbrannte Ladung für die Maschine wertlos. Sie muß daher entfernt und durch frische Ladung ersetzt werden. Man bezeichnet diesen Vorgang als *Ladungswechsel*. Es ist von besonderer Bedeutung, denn von der Menge der frischen Ladung, die in den Zylinder gelangt, hängt die Leistung der Maschine unmittelbar ab. Der Ladungswechsel wird nach zwei Verfahren durchgeführt:

Beim *Viertaktverfahren* stehen für den Ladungswechsel zwei Hübe, d. i. eine volle Umdrehung, zur Verfügung. Gesteuerte Aus- und Einlaßöffnungen (Ventile, Schieber usw.) werden nacheinander so freigegeben, daß der Kolben nach dem Arbeitshub zunächst die Abgase während der Bewegung zum äußeren Totpunkt nach außen drängt, beim darauffolgenden Hub frische Ladung, Gemisch oder Luft ansaugt. Infolge des großen Zeitaufwandes kann der Ladungswechsel beim Viertaktverfahren auch bei hohen Drehzahlen recht vollkommen durchgeführt werden. Die Ausnützung der Maschine wird hingegen dadurch herabgesetzt, daß sie während der Hälfte der Zeit als Niederdruckpumpe arbeitet.

Man wendet daher neuerdings dem *Zweitaktverfahren* immer stärkere Beachtung zu. Dem Ladungswechsel werden dabei nur Bruchteile des Verdichtungs- und Arbeitshubes eingeräumt und dadurch die Dauer eines Arbeitsspieles auf eine Umdrehung beschränkt. Demnach wird bei gleicher Drehzahl in gleicher Zeit die doppelte Zahl von Arbeitsspielen wie beim Viertakt erzielt. Viele Zweitaktmotoren arbeiten mit Schlitzsteuerung. Ein- und Auslaßöffnungen sind Schlitze in der Zylinderwand, werden vom Kolben gesteuert und in der Nähe des inneren Totpunktes geöffnet. Am Ende des Arbeitshubes werden zunächst die Auslaßschlitze freigegeben. Dadurch entweicht ein Teil der Abgase infolge ihres Überdruckes ins Freie, der Rest wird durch frische Ladung verdrängt. Diese wird vorverdichtet und strömt infolge ihres Überdruckes durch die Einlaßschlitze in den Zylinder. Verluste an frischer Ladung durch die Auslaßschlitze sind während dieses Spülvorganges unvermeidlich. Das zeitliche Zusammendrängen des Ladungswechsels beim Zweitakt erschwert seine erfolgreiche Durchführung insbesondere bei hohen Drehzahlen. Zur Vorverdichtung der Ladung wird eine Spülpumpe benötigt, die nur bei kleinen, billigen Motorbauarten durch Kolbenunterseite und Kurbelgehäuse gebildet werden kann, sonst gesonderte Bauteile erfordert. Dadurch, daß ein Teil des Verdichtungs- und des Arbeitshubes für den Ladungswechsel benötigt wird, verringert sich die Arbeitsausbeute je Arbeitsspiel gegenüber der Viertaktmaschine mit gleichem Hubvolumen. Bei Otto-Motoren mit äußerer Gemischbildung sind die Ladungsverluste während der Spülung mit Brennstoffverlusten verbunden. Das Zweitaktverfahren bleibt daher für solche Motoren im allgemeinen auf kleine Leistungen beschränkt.

Der Anwendungsbereich des Zweitaktverfahrens liegt vorzugsweise im Gebiet der Groß-Diesel-Maschinen. Im zunehmenden Maß baut man auch Diesel-Motoren mittlerer und kleiner Leistung als Zweitaktmotoren. Entwicklung und Forschung bemühen sich, das Anwendungsgebiet zu erweitern, vor allem es auch auf den Schnellauf auszudehnen.

Eine Steigerung des Erfolges des Ladungswechsels gegenüber dem soeben beschriebenen „natürlichen" Ablauf bei Viertakt und Zweitakt ist möglich durch die *Aufladung*. Bei dem von außen ansaugenden Viertaktmotor und dem schlitzgespülten Zweitaktmotor ist der Druck im Zylinder zu Beginn der Verdichtung annähernd gleich dem Außendruck. Bei der aufgeladenen Maschine wird dieser Druck erhöht und damit Ladungsmenge und Maschinenleistung vergrößert.

Beim Viertakt läßt sich die Aufladung ohne grundsätzliche Änderung der Steuerung durch Vorschalten eines Verdichters durchführen. Dieser kann entweder mechanisch von der Maschine oder unter Ausnützung der Abgasenergie durch eine Abgasturbine angetrieben werden.

Der Zweitakt bedarf zur Aufladung einer Ergänzung der Schlitzsteuerung durch zusätzliche, nicht vom Kolben gesteuerte Abschlußorgane oder einer Steuerung von Ein- und Auslaß durch verschiedene Organe. Die Aufladung ist hier baulich im allgemeinen weniger einfach ausführbar als beim Viertakt.

Der zulässigen Aufladung sind Grenzen durch die zunehmende Beanspruchung der Triebwerke, bei Otto-Motoren auch vielfach durch die mit der Aufladung steigende Klopfneigung gezogen.

Im Anschluß an die Besprechung der grundsätzlichen Vorgänge in der Kolben-Verbrennungskraftmaschine ist es notwendig, auf eine Erscheinung hinzuweisen, die für Bau und Betrieb von Kolbenmotoren von allergrößter Bedeutung ist. Es ist der *Wärmeübergang*. Zwischen dem arbeitenden Gas und den begrenzenden Wänden findet ein Wärmeaustausch statt. Würde man die Wände nach außen isolieren, wie dies bei der Dampfmaschine gebräuchlich ist, so würden sie annähernd die zeitlich mittlere Gastemperatur annehmen. Diese liegt so hoch, daß man mit Rücksicht auf Materialfestigkeit und Schmierung der Zylindergleitflächen gezwungen ist, die Wandtemperatur durch Ableitung der Wärme nach außen, durch Kühlung abzusenken. Die Kühlung muß um so wirksamer sein, je stärker die Wände durch die Gase beheizt werden. Die übergehende Wärme nimmt zu mit der Zahl der Arbeitsvorgänge in der Zeiteinheit, daher mit der Drehzahl. Sie ist beim Zweitakt größer als beim Viertakt und vor allem auch abhängig vom Bewegungszustand der Gase im Zylinder. Der Wärmefluß nach außen bedingt Temperaturgefälle in den Bauteilen, demnach verschiedene Dehnungen und bei starrem Zusammenhang des Materials Wärmespannungen. Diese nehmen im allgemeinen mit dem Wärmefluß und den Wärmewegen zu. Es werden daher bei Großmaschinen, bei Schnelläufern und bei Zweitaktmotoren die mit dem Wärmeübergang zusammenhängenden Forderungen an die Gestaltung der Bauteile besonders vordringlich. Vielfach wird die Dauerleistung der Maschine durch den zulässigen Wärmefluß durch ihre Teile begrenzt.

Gegenüber diesen Auswirkungen des Wärmeüberganges tritt sein Einfluß auf den Wirkungsgrad meist in den Hintergrund, trotzdem der Verlust durch Abströmen wertvoller Wärme von hoher Temperatur keineswegs unbedeutend ist.

Als Kühlmittel verwendet man Flüssigkeiten (vor allem Wasser) und Luft. Es ist besonders bei Luftkühlung oft schwierig, für ausreichenden Wärmeübergang durch entsprechende Gestaltung und Größe der Oberflächen sowie genügende Geschwindigkeit der Luft zu sorgen.

Im zunehmenden Maße gewinnt neben dem Kolbenmotor die *Gasturbine* an Bedeutung. Zunächst fand sie Anwendung als Triebwerk für Flugzeuge. Neuerdings dringt sie in das Gebiet der ortsfesten Großkraftmaschinen ein, beginnt Verwendung im Eisenbahn- und im Schiffsantrieb zu finden und wird in nicht zu ferner Zeit sich auch Eingang in den Großkraftwagenbau verschaffen können.

Die Arbeitsverfahren der Gasturbinen sind schon seit langem bekannt. Von den beiden grundsätzlichen Verfahren mit Gleichraum- und Gleichdruckverbrennung wurde zuerst von Holzwarth die Gleichraumturbine ausgeführt und im längeren Betrieb praktisch erprobt. Die neue Entwicklung wendet sich jedoch ausschließlich der Gleichdruckturbine zu.

Der grundsätzliche Verlauf des Arbeitsvorganges ist in der Gasturbine und im Kolbenmotor gleich. Die Arbeitsgase werden zuerst verdichtet, es wird ihnen Wärme durch Verbrennung direkt oder indirekt zugeführt und dann leisten sie durch Expansion Arbeit. Während jedoch im Kolbenmotor der gesamte oder nahezu gesamte Arbeitsprozeß im Zylinder *einer* Maschine durchlaufen wird, verdichtet die Gasturbinenanlage das Arbeitsgas in einem besonderen Verdichter, führt ihm in einer Brennkammer oder bei geschlossenen Arbeitsverfahren in einem Wärmetauscher Wärme zu und läßt das Gas dann unter Arbeitsleistung in einer Turbine expandieren.

Dem zeitlichen Wechsel der Zustände im Arbeitsgas beim Durchströmen der Anlage entspricht örtliche Konstanz dieser Zustände bei gleichbleibenden Betriebsverhältnissen innerhalb der Anlage. Jeder Bauteil kommt daher mit Gasen gleichbleibender Temperatur in Berührung.

Die Höchsttemperaturen des Arbeitsprozesses müssen daher in der Gasturbine niedriger gewählt werden als in der Kolbenmaschine, da sie in ersterer dauernd, in letzterer nur kurzzeitig auf die Bauteile wirken. Die zulässige Höchsttemperatur der Gasturbine wird durch die thermische Beanspruchung der Turbinenschaufeln bestimmt, die außerdem noch erheblichen mechanischen Beanspruchungen durch die Fliehkraft unterworfen sind.

Der Wirkungsgrad der Gasturbine hängt wesentlich von den Wirkungsgraden der Strömungsmaschinen, Verdichter und Turbine, und von der Höchsttemperatur des Prozesses, d. i. von der Temperatur der Gase vor Eintritt in die Turbine ab. Erst durch die neuen Entwicklungen im Strömungsmaschinenbau und in der Herstellung hochhitzebeständiger Werkstoffe konnte der Wirkungsgrad von Gasturbinenanlagen so weit gehoben werden, daß die Gasturbine mit dem Kolbenmotor in Wettbewerb treten kann.

Von Seite des Arbeitsverfahrens können Wirkungsgradverbesserungen gegenüber dem einfachen Prozeß mit einstufiger Verdichtung und Expansion, durch Einführung mehrstufiger Verdichtung mit Zwischenkühlung, Regeneration der Abgaswärme und mehrstufiger Expansion mit Zwischenbeheizung erzielt werden.

Da bei der Verbrennung die zeitlichen Grenzen, wie sie in der Kolbenmaschine bestehen, wegfallen, ist die Gasturbine ihrer Natur nach weniger kraftstoffempfindlich wie die Kolbenmaschine.

Durch Verbindung von Kolbenmotoren mit Gasturbinen lassen sich zusammengesetzte Anlagen verschiedener Art herstellen, die für manche Anwendungen aussichtsreich sind.

Der erste Teil des Werkes, Band 1 bis 7 enthält die theoretischen Grundlagen, Beschreibungen der in der Verbrennungskraftmaschine zur Anwendung kommenden Verfahren für den Ladungswechsel und die Gemischbildung und Konstruktion der entsprechenden Sondereinrichtungen.

Im Band 1, 1. Teil, werden die Betriebsstoffe, im Band 1, 2. Teil, die zumeist dem Motorenbauer zufallende Gestaltung von Gaserzeugern zur Vergasung fester Brennstoffe behandelt.

Band 2, 1. Teil, enthält die Thermodynamik und Verlustanalyse des Kolbenmotors, Band 2, 2. Teil, die Thermodynamik der Gasturbine.

In Band 3 ist die Theorie des Wärmeübergangs in der Verbrennungskraftmaschine zusammengefaßt und die Berechnung der davon beeinflußten Bauteile besprochen. Band 4 enthält in 3 Teilen Allgemeine Grundlagen des Ladungswechsels, Zweitakt, Viertakt und Ausnützung der Abgasenergie.

In den Bänden 5, 6 und 7 werden die Gemischbildungs- und Verbrennungsvorgänge in Gasmaschinen, Benzinmotoren und Diesel-Motoren mit Einschluß der zugehörigen baulichen Einrichtungen behandelt. Um auf die Sonderheiten im Aufbau der Gasmaschinen in den späteren Abschnitten über die Gestaltung nicht wieder zurückkommen zu müssen, wurden diese in Band 5 aufgenommen, so daß dieses eine in sich geschlossene Darstellung der Gasmaschinen enthält.

Die Gestaltung von Verbrennungskraftmaschinen ist infolge der Eigenart der sich dabei stellenden Aufgaben ein Sondergebiet, das allein mit den Lehren des allgemeinen Maschinenbaues nicht beherrscht werden kann und daher eine eigene Darstellung erfordert.

Die Beanspruchung der von den heißen Gasen bespülten Bauteile ist gekennzeichnet durch gleichzeitiges Wirken von mechanisch und thermisch bedingten Spannungen. Erstere werden durch die mechanischen Kräfte, letztere durch den Wärmefluß, der infolge Wärmeübergang und Kühlung durch den Baustoff geht, hervorgerufen. Ihre gleichzeitige Beherrschung wird dadurch erschwert, daß sich aus beiden Spannungsarten widersprechende Forderungen ergeben. So wird zum Beispiel in dem einfachen Fall der Zylinderwand die mechanische Beanspruchung durch den Innendruck mit zunehmender Wandstärke kleiner, wohingegen die Wärmespannungen mit der Wandstärke zunehmen. Die Verhältnisse werden um so schwieriger, je stärker die Wärmespannungen hervortreten und je weniger einfach die Bauteile geformt sind. Dadurch sind bei thermisch hoch beanspruchten Maschinen, zum Beispiel bei Großmaschinen, besondere Richtlinien bei der Formgebung zu beachten, wie unter anderem nachgiebige Verbindung von Baustoff, der im Betrieb verschiedene Temperaturen annimmt, weitgehende Trennung von kraft- und wärmebeanspruchten Teilen.

Die hohen Drücke in der Maschine bedingen hohe Belastungen der Gleitflächen, für die nur beschränkter Raum zur Verfügung steht. Unter besonders ungünstigen Umständen arbeiten Kolben- und Zylinderflächen bei der *Tauchkolbenbauart*, die bei kleinen und mittleren Leistungen ausschließlich verwendet wird. Diese Gleitflächen haben erhebliche Seitendrücke bei oft großen Gleitgeschwindigkeiten, zwangsläufig knapper Schmierung und starker Wärmewirkung zu übertragen. Außerdem wechseln die Kolbentemperaturen mit der Belastung, so daß die Einhaltung eines gleichmäßigen, günstigsten Spiels zwischen den Flächen unmöglich wird. Die Gestaltung des Kolbens gehört daher zu den schwierigsten Aufgaben im Motorenbau. Bei Großmaschinen kann ein sicherer Betrieb mit Tauchkolben überhaupt nicht mehr erzielt werden. Dem Kolben muß dann die Übertragung des Seitendruckes abgenommen, zur *Kreuzkopfbauart* übergegangen werden.

Aber auch die Beanspruchung der Triebwerkslager liegt weit höher, als dies im allgemeinen Maschinenbau üblich ist. Durch reichliche Schmierung und Kühlung, entsprechende Gestaltung und Verwendung hochwertiger Lagerstoffe können trotzdem betriebssichere Verhältnisse geschaffen werden.

Die Schwierigkeiten der Gestaltung werden beim Bau von *Leichtmotoren* für Kraftfahrzeuge und vor allem bei Flugmotoren noch wesentlich gesteigert. Knappe Verwendung von Baustoff, daher äußerste Ausnutzung desselben, wird hier zur zwingenden Forderung. Die Beanspruchung der Bauteile muß an die zulässigen Grenzen nahe herangerückt, diese selbst müssen soweit als möglich hinaufgeschoben werden.

Bei den *Gasturbinen* erfordert vor allem Werkstoff und Gestaltung der thermisch und mechanisch hoch beanspruchten Turbinenschaufeln besondere Beachtung.

Bei der *Formgebung* hat man Sorge zu tragen, daß Spannungsspitzen, zum Beispiel Kerbwirkungen, möglichst vermieden werden und der Baustoff gleichmäßig zur Kraftaufnahme herangezogen wird. Hierzu ist Klarheit über den Spannungsverlauf in den Teilen notwendig, die man sich durch die wirklichkeitsgetreue Festigkeitslehre zu verschaffen sucht. Zu dieser hat der Verbrennungskraftmaschinenbau wesentliche Anregungen gegeben. Weiters sind Blindkräfte, Querfortleitung von Kräften (Biegungsspannungen!) möglichst zu vermeiden und Kraftschlüsse am kürzesten Weg anzustreben. Starke Kraftwechsel, die für den Baustoff ungünstig sind, können vielfach durch Vorspannungen herabgemindert werden. Zu diesen und ähnlichen Richtlinien, die im Leichtmotorenbau besonders betont werden, kommt die Verwendung von hochwertigen Baustoffen. Durch die Forderung nach solchen hat die Verbrennungskraftmaschine befruchtend auf die Entwicklung von Sonderstählen hoher mechanischer, thermischer und chemischer Widerstandsfähigkeit von Leichtmetallen hoher Festigkeit und von hochbeanspruchbaren Leichtmetallen eingewirkt. Von beiden Seiten, von der Gestaltung und von der Entwicklung der Baustoffe, wurden daher die Voraussetzungen für den neuzeitlichen Leichtmotor geschaffen.

Durch die Aufladung erhält das Bestreben nach Erhöhung der zulässigen Triebwerksbeanspruchung besonderen Antrieb, denn jede Erhöhung des zulässigen Zylinderdruckes wirkt sich bei der aufgeladenen Maschine fast im gleichen Verhältnis auf die Leistung aus.

Besondere Aufgaben stellen mehrzylindrige Maschinen. Die Aufteilung der Leistung auf mehrere kleine Zylinder führt zu einer Verkleinerung der thermischen Beanspruchung und zu einer Verringerung des Gewichtes. Außerdem können Rücksichten auf erschütterungsarmen Gang durch den besseren Massenausgleich und auf das gleichmäßige Drehmoment für die Wahl der Mehrzylinderbauart maßgebend sein. Mit Ausnahme von kleinen ortsfesten Maschinen und Kraftradmotoren werden fast alle Motoren mehrzylindrig ausgeführt. Bei Mehrzylindermotoren müssen die Schwingungen der Kurbelwelle, die Steifigkeit des Gestells gegenüber den inneren Kräften, der Massenausgleich und die Reguliereigenschaften vor allem beachtet und untersucht werden.

Schließlich ergeben sich auch verschiedene Gestaltungsprobleme aus der Verwendung Maschine, zum Beispiel bei Flugmotoren, aus der Forderung nach möglichst kleinem Luftwiderstand.

Ein eigener Band mußte natürlich auch der Herstellung der Gasturbine eingeräumt werden, deren konstruktive Probleme wesentlich von denen des Kolbenmaschinenbaues abweichen.

Der zweite Teil des Werkes enthält die Gestaltungslehre. Die Vielzahl der zu behandelnden Fragen, die erforderliche eingehende Besprechung der Bauteile und des Aufbaues der Maschine machten es notwendig, den Umfang dieses Teiles annähernd gleich dem des ersten Teiles zu halten.

Die grundsätzliche Behandlung der besonderen Probleme der Gestaltung von Verbrennungskraftmaschinen wurden in den Bänden 8, 1. und 2. Teil, zusammengefaßt und vorangestellt. Band 9 enthält eine ausführliche Darstellung der Steuerungen von Kolbenmaschinen. Die Bände 10, 11 und 12 enthalten eine Konstruktionslehre von raschlaufenden Motoren, bzw. von ortsfesten und Schiffsmotoren. Band 13 ist einer späteren Behandlung von Flugmotoren vorbehalten.

Band 14 enthält eine Zusammenstellung von Verbrauchszahlen, Angaben über die Abnützung von Teilen und ähnlichen Betriebszahlen, die sowohl beim Bau als auch bei der Verwendung der Maschine von Nutzen sein werden.

Die besondere Bedeutung, welche die Hilfsmaschinen, insbesondere die Strömungsmaschinen für die Konstruktion von Kolbenmotoren haben, rechtfertigt ihre gesonderte Darstellung in Band 15.

Im Band 16 wird die Konstruktion von Gasturbinen behandelt.

Die Betriebsstoffe
für
Verbrennungskraftmaschinen

Von

Dr. A. Philippovich
Privatdozent an der Technischen Hochschule, Wien

Mit 86 Textabbildungen

Zweite, neubearbeitete und erweiterte Auflage

Springer-Verlag Wien GmbH
1949

Inhaltsverzeichnis.

Verzeichnis der Abkürzungen.

A. P.	=	Anilinpunkt (Temperatur der vollkommenen Mischung gleicher Volumteile Anilin und Kohlenwasserstoff)
API	=	American Petroleum Institute
ASTM	=	American Society for Testing Materials
ATZ	=	Automobiltechnische Zeitschrift
B. C.	=	Brennstoffchemie
BMW	=	Bayerische Motorenwerke (München)
B. T. Ae.	=	Bleitetraäthyl
BTU	=	British thermal Unit (britische Einheit des Heizwertes)
C.	=	Chemisches Zentralblatt
CFR	=	Co-operative Fuel Research (USA)
CGS	=	Centimeter-Gramm-Sekunden
C. R. C.	=	Coordinating Research Council (USA)
DHD	=	Dehydrierung und Cyklisierung von Naphthen und Paraffinen zu Aromaten (entspricht dem Hydroforming-Verfahren)
DVL	=	Deutsche Versuchsanstalt für Luftfahrt
DVM	=	Deutscher Verband für die Materialprüfungen der Technik
H. U. C. R.	=	Highest Useful Compression Ratio (Klopfgrenzverdichtung)
HWA	=	Heereswaffenamt (Deutschland)
I. C.	=	Internal Combustion (engine) Verbrennungsmotor
I. C. I.	=	Imperial Chemical Industries (England)
I. G.	=	Interessengemeinschaft Farben (Deutschland)
Ind.Eng. Chem.	=	Journal of Industrial and Engineering Chemistry (USA)
IP	=	Institute of Petroleum (England), früher IPT (Institution of Petroleum Technologists)
J. I. P.	=	Journal of the Institute of Petroleum (England)
lb	=	Pfund
M. G.	=	Molekulargewicht
M. O. Z.	=	Motoroktanzahl (jetzt C. R. C.-F_2 Oktanzahl!)
MTZ.	=	Motortechnische Zeitschrift
NACA	=	National Advisory Committee for Aeronautics (USA)
O. Z.	=	Oktanzahl
PTR	=	Physikalisch-technische Reichsanstalt (Berlin)
R. O. Z.	=	Research-Oktanzahl (jetzt C. R. C.-F_1 Oktanzahl!)
SAE	=	Society of Automobile Engineers (USA)
T. C. C.	=	Thermophor Catalytic Cracking
TEL	=	Tetraäthyl Lead (Bleitetraäthyl)
UOP	=	Universal Oil Products Co (Chicago)
VDI	=	Verein deutscher Ingenieure
V. I.	=	Viskositätsindex (Temperaturabhängigkeit der Zähigkeit, ausgedrückt im Mischungsverhältnis zweier Öle mit den willkürlich angesetzten Werten 0 und 100; über 100 extrapoliert)
Z. ang.	=	Zeitschrift für angewandte Chemie
Z. VDI	=	Zeitschrift des VDI

Einleitung.

Eine während des Krieges beabsichtigte Neuauflage konnte wegen der damaligen Schwierigkeiten nicht erscheinen, wäre aber auch unvollständig geblieben, weil vieles nicht gesagt werden konnte oder durfte. Der Krieg hat auf dem Gebiet der Betriebsstoffe umwälzende Neuerungen gebracht, die allerdings schon zum Teil vorher angebahnt waren. Unter besonderer Benützung der Literatur des Auslandes, die jetzt zu einem gewissen Teil verfügbar ist, soll der Versuch gemacht werden, die wichtigsten Fortschritte in der neuen Auflage zu berücksichtigen und diese dadurch auf den Stand der neuesten Erkenntnis zu bringen[1]. Dies bezieht sich sowohl auf die Herstellung der Betriebsstoffe, die trotz Erweiterung des Umfanges nur sehr summarisch besprochen werden kann, wie auch auf ihre Verwendung. Vor allem erforderten die Betriebsstoffe der Luftfahrt, die in Fortführung der begonnenen Entwicklung immer mehr zur Verwendung synthetischer Produkte überging, eine Neubehandlung. Bei dieser mußte auch die rapide Entwicklung des Strahlantriebes, bzw. der Verbrennungsturbine und der Raketentreibstoffe berücksichtigt werden. Auch auf dem Gebiet der Schmierung zwangen die neuen Erkenntnisse zu einer Änderung und Erweiterung in der Darstellung. Da dank dem Entgegenkommen des Verlages mehr Raum zur Verfügung steht, konnten weiters verschiedene allgemeine Zusammenhänge eingehender besprochen werden als in der ersten Auflage. Die Zahl der Literaturangaben wurde vermehrt.

Ein Hinweis erscheint wegen vielfacher Unklarheiten auf dem Gebiet der Betriebsstoffe notwendig: die praktisch interessierenden Vorgänge, wie Verbrennung, Schmierung, Kälteverhalten usw. sind äußerst komplex und durch so viele äußere Umstände beeinflußt, daß klar erkennbare Beziehungen zwischen chemischer Konstitution, bzw. physikalischen Eigenschaften und praktischem Verhalten nur in seltenen Fällen bestehen. Selbst dort, wo sie festgestellt wurden, darf man die Ergebnisse nicht verallgemeinern, weil veränderte Bedingungen die Zusammenhänge ändern, ja sogar dem Sinne nach umkehren können. Aussagen über das praktische Verhalten der Betriebsstoffe sind deshalb ebenso, wie vernünftige Festlegungen von Grenzwerten zur Aufstellung von Lieferbedingungen von Betriebsstoffen nur bei genauester Kenntnis sämtlicher wesentlichen Betriebsbedingungen möglich, gelten aber eben deshalb nicht allgemein für alle, im einzelnen unbekannte Verhältnisse. Vorderhand erlangen Anwendungsprüfungen (d. h. das praktisch untersuchte Verhalten von Betriebsstoffen) in Lieferbedingungen immer größere Bedeutung. In den USA wird mit einer merklichen Ausdehnung solcher Lieferbedingungen schon für dieses Jahr (1947) gerechnet.

Es wird niemals gelingen, das erstrebenswerte Ziel ganz zu erreichen, Betriebseigenschaften nur auf physikalische und chemische Eigenschaften zurückzuführen. Man muß sich begnügen, sich ihm mehr und mehr zu nähern, indem man durch exakte Untersuchungen sowohl chemischer und physikalischer als auch mechanischer Art die Unterlagen für die Deutung der Vorgänge erweitert. Die Praxis ist der Theorie vielfach vorausgegangen, ihr weiterer Fortschritt wird aber immer mehr von der Gewinnung neuer Erkenntnisse theoretischer Art abhängen.

---

[1] Die umfangreichen deutschen Entwicklungen der Kriegszeit wurden mitverarbeitet, soweit hiefür Unterlagen zur Verfügung standen.

Von Büchern, die in der Zwischenzeit erschienen sind, seien erwähnt:

W. Jost, Explosions- und Verbrennungsvorgänge in Gasen, Berlin: J. Springer 1939.

W. A. Gruse und D. A. Stevens, The chemical Technology of Petroleum, New York: Mc Graw Hill 1942.

Lubricants and Liquid Fuels, Federal Specifications, Federal Standard Stock Catalogue, Section IV, Part 5, W-L-791c Washington, alljährlich.

W. Philippoff, Viskosität der Kolloide, Dresden und Leipzig: Th. Steinkopff 1942.

E. H. Kadmer, Schmierstoffe und Maschinenschmierung, Berlin: Borntraeger 1941.

M. Marder, Motorkraftstoffe, Berlin: Springer-Verlag 1942 (hauptsächlich Herstellung).

F. Jantsch Kraftstoffhandbuch, Franckh'sche Verlagshandlung, Stuttgart, dzt. neue Auflage in Vorbereitung.

L. Richter, Verbrennungsmotoren, in der „Hütte", II. S. 554.

Den Herren Dr. Gustav Egloff (Chicago) und Prof. F. H. Garner (Birmingham) möchte ich auch an dieser Stelle meinen Dank für die Überlassung und Vermittlung neuer ausländischer Literatur aussprechen.

An die Leser, besonders Fachkollegen, richte ich die Bitte, mir Kritik, Wünsche und Anregungen zu übermitteln, die bei einer Neuauflage berücksichtigt werden sollen.

A. Die Verbrennung.

I. Begriff.

Die Definition der Verbrennung wird im folgenden nach G. Just[1] gegeben:

Unter Verbrennung im engeren Sinne versteht man die Vereinigung beliebiger Stoffe mit gasförmigem, molekularem Sauerstoff, wobei als Verbrennungsprodukte Oxyde der verbrennenden Stoffe entstehen. Als charakteristische Begleiterscheinungen pflegt man Erglühen der Stoffe und Flammenbildung zu erwarten. In der Tat werden diese auch bei allen sich sehr schnell abspielenden Oxydationen durch Sauerstoff eintreten (rasche Verbrennung). Aber auch langsame, ohne wesentliche Temperatursteigerung verlaufende Oxydationen mit gasförmigem Sauerstoff bezeichnet man als Verbrennung, und zwar im Gegensatz zur raschen als langsame Verbrennung. Der Begriff der Verbrennungsvorgänge ist aber in verschiedener Richtung noch zu erweitern. Zunächst müssen solche chemische Prozesse eingeschlossen werden, bei denen der Sauerstoff nicht in molekularer gasförmiger Form an der Reaktion teilnimmt, sondern bei denen er durch sauerstoffhaltige Verbindungen geliefert wird. Es findet in solchen Fällen also lediglich ein Übergang des Sauerstoffs von einem Stoff auf den andern statt. Auch hier unterscheidet man wieder, je nachdem die Geschwindigkeit des Vorganges hohe Temperatur, Erglühen und Leuchterscheinung mit sich bringt oder nicht, zwischen rascher und langsamer Verbrennung. Schließlich sind Verbrennungsvorgänge im weiteren Sinne nicht an die Teilnahme von Sauerstoff gebunden, sondern dieser kann auch vertreten werden durch andere Stoffe, wie etwa Chlor oder Bromdampf. Allerdings wird hier die Bezeichnung Verbrennung meist nur in den Fällen gewählt werden, in denen der rasche Verlauf der Reaktion die charakteristischen Leucht- und Flammenerscheinungen veranlaßt.

Für die verschiedenen Arten der Verbrennungsvorgänge seien einige Beispiele gegeben. Verbrennung im engeren Sinne kann eintreten, wenn Wasserstoff oder Kohlenoxyd mit Luft oder Sauerstoff gemischt werden. Wird ein solches Gasgemisch angezündet, so verbrennt es ungeheuer rasch unter Flammenerscheinung. Wird es hingegen nur auf etwa 200 bis 300° erwärmt, so findet eine langsame Vereinigung der Gase unter Bildung von Wasser und Kohlensäure statt. Wird z. B. Steinkohle an der Luft entzündet, so brennt sie mit Flamme unter Erglühen; läßt man sie ruhig an der Luft liegen, so nimmt sie Sauerstoff auf und oxydiert sich langsam.

Rasche Verbrennung durch gebundenen Sauerstoff haben wir z. B. beim Thermitverfahren, bei dem Eisenoxyd mit Aluminiumpulver gemischt und angezündet wird. Die Mischung brennt unter lebhafter Feuererscheinung ab, wobei Aluminiumoxyd und metallisches Eisen entstehen. In ähnlicher Weise wird bei der Entzündung des Schießpulvers Kohle durch den Sauerstoff des Salpeters verbrannt. Schließlich sei hier noch das Stickoxyd als sauerstofflieferndes Gas genannt. Bringt man stark glühende Holzkohle oder brennenden Phosphor in eine Atmosphäre reinen Stickoxyds, so erlischt die Flamme nicht, sondern die Verbrennung setzt sich unter intensiver Leuchterscheinung

---

[1] Handwörterbuch der Naturwissenschaften, Bd. 10, S. 218/219.

fort, wobei das Stickoxyd den nötigen Sauerstoff hergibt. Auch Schwefelkohlenstoff läßt sich in Stickoxyd auf diese Weise verbrennen.

Als Beispiel für Verbrennungen ohne Sauerstoff seien einige Reaktionen mit Chlor genannt. Legt man ein Stückchen trockenen Phosphor auf einen Eisenlöffel und hält diesen in eine mit Chlor gefüllte Flasche, so entzündet er sich und brennt mit schwach leuchtender Flamme. Es entsteht dabei Phosphorpentachlorid. Auch feines Pulver von Arsen oder Antimon brennt in einer Chloratmosphäre unter Erglühen. An der Luft angezündetes Leuchtgas brennt im Chlor unter starker Rußabscheidung.

Für den Motor interessiert nur die rasche Verbrennung, d. h. also die unter Flammenerscheinung ablaufende schnelle Oxydation geeigneter Stoffe, die so gelenkt werden muß, daß sie möglichst vollkommen zu den Verbrennungsendprodukten führt.

II. Die Verbrennung als energieliefernde Reaktion.

Bei der Energiegewinnung für technische Zwecke mittels chemischen Reaktionen sind zwei Faktoren von ausschlaggebender Bedeutung; die mit einer bestimmten Stoffmenge erzielbare Energiemenge und der dafür gezahlte Preis. Untersucht man die möglichen chemischen Reaktionen auf ihre Wärmeentwicklung und vergleicht man die technisch in Frage kommenden, so sieht man, daß von diesen die Verbrennung bei weitem die größten Werte gibt. Einen Ausschnitt aus einer solchen Zusammenstellung zeigt die Zahlentafel 1.

Zahlentafel 1. Energien verschiedener Reaktionen.

Reaktionen	Reaktionswärme		Mol.-Gew.	Bemerkungen
	kcal/kg	kcal/Mol.		
$\frac{1}{2} H_2 + \frac{1}{2} F_2 = HF$	3750	75,6	20,1	gelöst
$Li + \frac{1}{2} F_2 = LiF$	5540	143,7	25,94	,,
$Na + \frac{1}{2} F_2 = NaF$	3240	136	42,00	,,
$K + \frac{1}{2} F_2 = KF$	2370	138,1	58,10	,,
$Mg + F_2 = MgF_2$	4235	264,3	62,32	fest
$\frac{1}{2} H_2 + \frac{1}{2} Cl_2 = HCl$	1070	39,3	36,47	flüssig
$S\ 6\ \text{fest} + \frac{5}{2} Cl_2 = SbCl_5$	350	104,9	299,1	—
$P\ \text{weiß} + \frac{5}{2} Cl_2 = PCl_5$	504	105,0	208,34	fest
$S_{rh} + O_2 + Cl_2 = SO_2Cl_2$	666	89,4	139,99	flüssig
$2\ Li + S_{rh} = Li_2S$	2680	123,1	45,88	gelöst
$2\ Li + S_{rh} + 2\ O_2 = Li_2O_4$	3162	348,5	108,97	,,
$Mg + S_{rh} + 2\ O_2 = MgSO_4$	2670	322,8	120,39	flüssig
$2\ Na + S_{rh} + 2\ O_2 = Na_2SO_4$	2310	328,1	142,07	gelöst
$NH_3\ (\text{Gas}) + HF\ (\text{Gas}) = NH_4F$	957	35,4	37,04	,,
$H_2O_2 = H_2O + O_2$	654	22,7	34,016	fest
Oxydation (Verbrennung).				
$H_2 + \frac{1}{2} O_2 = H_2O$ (bei 0^0 C)	3775	68,52	18	flüssig
$C\ \text{amorph} + \frac{1}{2} O_2 = CO_2$	2215	97,8	44	gasförmig
$H_2 + \frac{1}{2} O_2 = H_2O$, berechnet auf H_2	34050	68,52	2,016	flüssig
$C + O_2 = CO_2$, berechnet auf 1 kg C	8150	97,8	12	gasförmig
$CO + \frac{1}{2} O_2 = CO$, berechnet auf 1 kg C	2475	29,7	12	,,
$Li_2 + \frac{1}{2} O_2 = Li_2O$	7260	173,6	29,88	fest
$Li_2 + \frac{1}{2} O_2 = Li_2O$, bezogen auf 1 kg Li_2	12500	173,6	13,88	,,

Die Verbrennung kann verschieden erfolgen: indem man den Verbrennungssauerstoff mitführt oder der umgebenden Luft entnimmt. Die Sprengstoffe und Raketentreibstoffe, die den Verbrennungssauerstoff in sich enthalten, liefern, wie Zahlentafel 2 zeigt, nur einen Bruchteil derjenigen Energie, die in dem gleichen Gewicht eines Brennstoffes verfügbar ist.

Zahlentafel 2. Verbrennungsenergien von Sprengstoffen und Brennstoffen je Kilogramm. (Mit und ohne Verbrennungsluft, bzw. Sauerstoff.)

Stoff	Oberer Heizwert kcal/kg	Oberer Heizwert kcal je kg Gemisch	
		mit Luft	mit Sauerstoff
Sprengstoffe:			
Sprenggelatine	1520	—	—
Nitroglyzerin	1450	—	—
Schießbaumwolle (13,4% N_2)	1050	—	—
Pikrinsäure.................................	800	—.	—
Trinitrotoluol	720	—	—
Schwarzpulver	600—700	—	—
Knallquecksilber	429	—	—
Brennstoffe:			
Wasserstoff	34050	963	3810
Kohlenstoff.................................	8150	656	2220
Hexan......................................	(11501	709	2539
Methylalkohol...............................	5322	714	2130
Äthylalkohol................................	7068	708	2291
Azetylen	12112	851	2975

Sowohl erzielbare Wärmemenge und ihr Preis als auch das für Verkehrsmittel sehr
wesentliche Gewicht sprechen also für die Verwendung der Verbrennung mit Luftsauerstoff als Energie liefernden Vorgang. Ein weiterer Grund ist nicht der Heizwert/kg,
sondern das Gewicht des energieliefernden Aggregates, wobei sämtliche zu dem Antriebs-
motor gehörenden Ausrüstungen mitgerechnet werden müssen. Die Atomenergie, die
inzwischen als praktische Energiequelle Wirklichkeit geworden ist, hat zwar pro Gewichtseinheit rund 6 Zehnerpotenzen höhere Reaktionswärmen, benötigt aber zur Verwendung
in Verkehrsmitteln als Schutz der Menschen gegen die gefährlichen Strahlungen Ab-
schirmvorrichtungen im Gewicht von vielen Tonnen. Ein Vergleich von Verbrennungsmotor üblicher Art und atombetriebenem Auto oder Flugzeug muß deshalb, bei Annahme
vernünftiger Fahrstrecken, solange zugunsten des Verbrennungsmotors ausgehen, als der
schwere Abschirmapparat gebraucht wird.

III. Ablauf der Verbrennung.

Verbrennung ist nur dort möglich, wo sich Sauerstoff (Sauerstoffträger) und Brennstoff berühren, bei festen und flüssigen Brennstoffen daher nur an deren Oberfläche,
bzw. Grenzfläche, bei dampf- und gasförmigen Brennstoffen in einem Gemisch mit Luft.
Um den für die motorische Verbrennung notwendigen raschen Ablauf zu erzielen, sind
große Berührungsoberflächen erforderlich. Demnach werden flüssige Brennstoffe zur
Verbrennung im Motor fein zerstäubt, feste pulverisiert, dampf- und gasförmige Brennstoffe gleichmäßig mit Luft gemischt.

Die Verbindung des Brennstoffes mit Sauerstoff erfolgt auch bei tiefen Temperaturen.
Sie vollzieht sich dabei jedoch außerordentlich langsam. Erst bei höheren Temperaturen
steigert sich die Reaktionsgeschwindigkeit zur wahrnehmbaren, rasch ablaufenden Verbrennung, wie sie allein für den Motor in Betracht kommt.

Dies betrifft allerdings die chemischen Reaktionen üblicher Art, während für die
später noch weiter besprochenen Kettenreaktionen auch negative Temperaturkoeffizienten in Frage kommen, d. h. Steigerung der Temperatur eine Verlangsamung der Reaktion
bedeutet und Senkung der Temperatur eine Beschleunigung. Ebenso kommt es bei Kettenreaktionen vor, daß erst unterhalb eines kritischen Druckes eine Explosion stattfinden
kann, so daß statt einer Druckerhöhung eine Drucksenkung zur Explosion führt. Abb. 1a

und b zeigt die Verhältnisse schematisch; Abb. 1a gibt die Zündkurven nach H. Jentzsch für n-Oktan und Iso-Oktan, bei denen im offenen Tiegel bei wechselnder O_2-Geschwindigkeit die Selbstzündungstemperatur gemessen wird, Abb. 1b nach D. T. A. Townend die Selbstzündungskurven von Iso-Oktan. Man erkennt, daß beide Kurven einen Bereich aufweisen, in dem man von einem Gebiet der Nichtzündung über eine Zündgrenze zu einem Zündgebiet gelangt, dann über eine zweite Zündgrenze ein Nichtzündungsgebiet erreicht, um endlich nach Überschreiten einer dritten Zündgrenze wiederum in ein Zündgebiet zu kommen. Ebenso gibt es bei hohen Temperaturen Bereiche sehr niederen Druckes, in denen man durch Änderung des Druckes bei gleichbleibender Temperatur abwechselnd Gebiete der Zündung und Nichtzündung erreicht. Reaktionen dieser Art sind bisher vor allem bei langsamer Reaktionsgeschwindigkeit beobachtet worden, doch besteht die Möglichkeit, daß sie auch bei den im Motor in Frage kommenden Zeiten vorkommen [1].

Ist ausreichend Sauerstoff vorhanden, dieser gut mit dem Brennstoff gemischt und bleibt die Temperatur während der Reaktion genügend hoch, so wird die Verbrennung vollkommen.

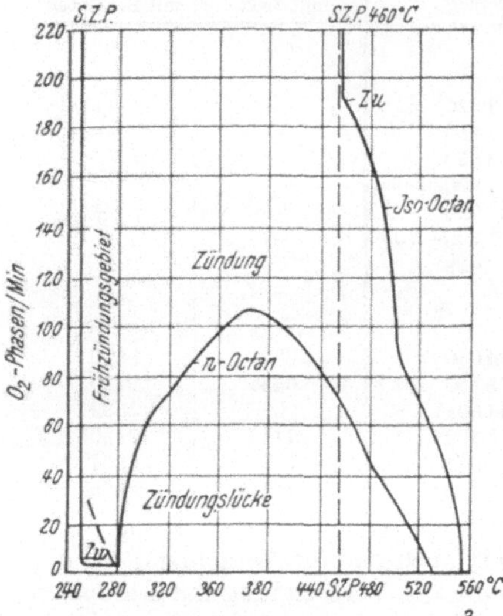

Abb. 1a: Selbstzündungskurven von Iso-Oktan und n-Heptan nach Jentzsch.

Die Abgase enthalten dann die geringste Menge oxydierbarer Bestandteile, die dem Gleichgewicht bei den Betriebsbedingungen entspricht. Ist eine der vorerwähnten Bedingungen nicht gegeben, so bleiben mehr brennbare Bestandteile in den Abgasen zurück, die Verbrennung wird unvollkommen, die chemische Energie des Brennstoffes wird nicht restlos in Wärme verwandelt.

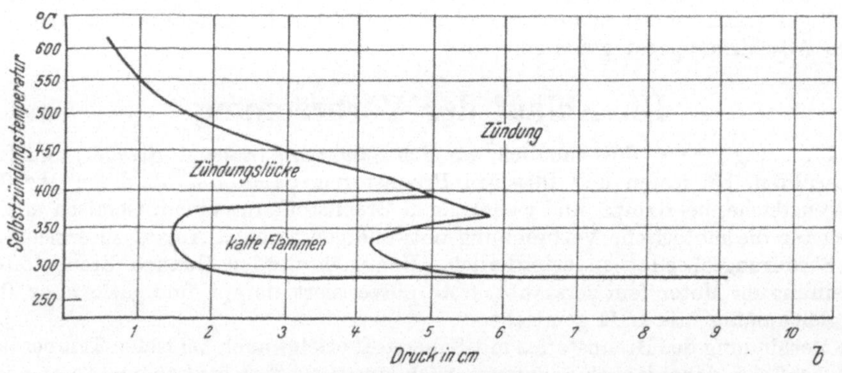

Abb. 1b: Selbstzündungskurve von Iso-Oktan nach Townend.

1. Zündung.

Zur Einleitung einer Verbrennung muß Brennstoff und Luft in einem Mischungsverhältnis, das Zündung gewährleistet, bei geeignetem Druck auf die Zündtemperatur gebracht werden. Wenn diese erreicht ist, beginnt die sichtbare Verbrennung und läuft sich selbst beschleunigend ohne äußere Energiezufuhr weiter, bis sie je nach den Verhältnissen mehr oder minder vollkommen beendet ist.

Bei der Zündung im Motor unterscheiden wir zwei Fälle:

Bei der Fremdzündung wird einem brennfertigen Gemisch an einer Stelle durch einen elektrischen Funken oder durch heiße Wandteile Energie zugeführt. Die von den ersten reagierenden Teilen abgegebene Wärme entzündet die benachbarten Schichten und die Reaktion pflanzt sich auf diese Weise von dem Zündort ausgehend im Gemisch fort.

Bei der Selbstentzündung wird fast immer zunächst nur der eine Reaktionspartner, die Luft (Sauerstoff), durch Energiezufuhr über den Zündpunkt des Brennstoffes erhitzt. In diese Luft wird dann der Brennstoff eingebracht, erwärmt sich an derselben und entzündet sich ohne weitere Wärmezufuhr von außen. Im Motor erfolgt die Erhitzung der Luft durch Verdichtung. In Laboratoriumsgeräten zur Prüfung des Zündverhaltens von Brennstoffen wird die Luft oder der Sauerstoff meist indirekt beheizt. Bei adiabatisch bewirkter Selbstzündung wird Luft-Kraftstoffgemisch durch Verdichtung auf die kritische Temperatur gebracht.

In den verschiedenen Motorarten erfolgt die Zündung nach folgendem Schema:

Fremdzündung:

1. Elektrischer Funken: Otto-Motor, Hesselmann-Motor, Verbrennungsturbine.
2. Glühstelle: Glühkopfmotor.

Selbstzündung: Diesel-Motor, Kohlenstaubmotor, R-Verfahren.

Unter den Verbrennungsverfahren ist das R-Verfahren von PENZIG (I. G.) neu. In einen Otto-Motor mit genügend hoher Verdichtung (> 8 : 1) wird ein Zündöl (Butandiol-Diäthyläther oder Diäthyldiglykoläther) eingespritzt, das die Ladung durch Selbstzündung entflammt. Wenn es auch nicht praktisch eingeführt wurde, ist sein Grundgedanke doch interessant, weil dadurch die Verwendung sehr zäher Sicherheitskraftstoffe ohne Funkenzündung möglich ist [1 a].

Vom Überspringen des Funkens bei der Fremdzündung bis zur Erfassung größerer Gemischmengen durch die Verbrennung, die im Diagramm durch den Beginn des Druckanstiegs sichtbar ist, vergeht eine gewisse Zeit, die man als Zündverzug bezeichnet.

Die Zündung wird durch sehr viele Einzelfaktoren beeinflußt. Bei Otto-Motoren hängt die Zündfähigkeit vor allem vom Mischungsverhältnis ab. Der Gehalt an Brennstoff im Gemisch muß zwischen der oberen und unteren Zündgrenze liegen, damit das Gemisch zündfähig ist.

In Verbrennungsturbine und beim Strahlantrieb mit seinen hohen Luftgeschwindigkeiten ist die Zündung konstruktiv sehr sorgfältig so zu gestalten, daß sich zündfähiges Gemisch an der Zündstelle befindet. Besonders wichtig wird das beim Abstellen der Verbrennung und Wiederzünden in großen Höhen, so daß auch die Verwendung eigener Zündkraftstoffe — Azetylengemische — in Frage kommt. Bei diesen ist die Weite des Zündbereiches von besonderer Bedeutung.

Zahlentafel 3. Zündgrenzen (n. R. V. WHEELER) von Gas- und Dampfluftgemischen.

	Gehalt des Gemisches an Brennstoff	
	untere Grenze Vol.-°/₀	obere Grenze Vol.-°/₀
1. *Gase:*		
Wasserstoff	4,1	71,5
Kohlenoxyd	12,5	73,0
Methan	5,6	14,8
Äthan	3,1	10,7
Propan	2,2	7,4
Butan	1,7	5,7
Pentan	1,4	4,5
Äthylen	3,0	22,0
Azetylen	3,3	52,3
2. *Dämpfe:*		
Benzol	1,5	5,6
Toluol	1,4	5,4
Äthylalkohol	4,4	—
Äthyläther	2,0	5,0
Azeton	2,25	9,6
Schwefelkohlenstoff ...	4,2	—

Zahlentafel 4. Niedrigste Selbstzündungstemperaturen von Gasen (nach H. BRÜCKNER).

Gas	In Luft °C	In Sauer-stoff °C	Gas	In Luft °C	In Sauer-stoff °C
Wasserstoff	530	450	Propylen	455	(420)
Kohlenoxyd	610	590	Butylen.................	445	(400)
Methan	645	645	Azetylen	335	350
Äthan	530	(500)	Zyan	850	800
Propan	510	490	Schwefelwasserstoff	290	220
Butan	490	(460)	Leuchtgas	560	(450)
Äthylen	540	485			

(Mischungsverhältnis zum Teil unsicher; eingeklammerte Werte geschätzt.)

Niedrigste Selbstzündungstemperaturen von Dämpfen (Luft 1 at, Mittelwerte).

	°C		°C
Pentan	550	Cyklohexan	550
Hexan	540	Naphthalin	700
Heptan	520	Tetralin	520
Methanol	500	Phenol	700
Äthylalkohol	450	Benzin	480—550
Diäthyläther	180	Gasöl	330—350
Azeton	500	Paraffin	400
Schwefelkohlenstoff	100	Schmieröl.....................	380—420
Benzol	700	Rohöl	400—450
Toluol	620	Steinkohlenteeröl	600—700
Xylol	580		

Niedrigste Selbstzündungstemperatur fester Brennstoffe.

	°C		°C
Braunkohlenstaub	150—170	Steinkohlenhalbkoks	350—450
Steinkohlenstaub	140—220	Gaskoks	450—600
Holzkohle, weich	250—300	Zechenkoks	550—650
„ hart	300—450	Hüttenkoks	600—750
Zuckerkohle.....................	300—350	Pechkoks	550—600
Braunkohlenschwelkoks	300—400	Graphit	700—850

Vergleichszahlen für die Zündgrenzen in einer 2½-l-Bombe sind in der Zahlentafel 3 zusammengestellt.

Beim Diesel-Motor mit Selbstzündung wird durch die Verdichtung zunächst nur die Luft erhitzt. Der in diese Luft eingespritzte, fein zerstäubte Brennstoff benötigt zur teilweisen Verdampfung, chemischen Aufbereitung und Erwärmung auf die Zündtemperatur eine gewisse Zeit, die man gleichfalls als Zündverzug bezeichnet.

Für den Zündvorgang ist beim Diesel-Motor die Selbstzündungstemperatur des Brennstoffes von großer Bedeutung, da sie ein gewisses Maß für die notwendige Höhe der Verdichtung und für die Größe des Zündverzuges gibt.

Im Otto-Motor muß die Selbstzündung des Gemisches vermieden werden, die unter Umständen wie das Klopfen die Leistung des Motors begrenzen kann. Während aber das Klopfen als Reaktion des „Endgases", d. h. des letzten unverbrannten Gasrestes bei Erhöhung der Drehzahl abnimmt, weil die Reaktionszeiten kürzer werden, nimmt die Neigung zur Selbstzündung oder Glühzündung zu, weil sie durch Wärmeübertragung von den Zylinderwandungen, heißen Ventilen usw. ausgelöst wird und deren Temperaturen mit der Drehzahl zunehmen. Sie verursacht ein Weiterlaufen der Maschine trotz abgestellter elektrischer Zündung und setzt bei angestellter Zündung zu einem Zeitpunkt ein, wo der Funke noch nicht durchgeschlagen hat. Infolge der zunehmenden Wärmestauung kann eine solche Selbstzündung (Glühzündung) mit der Zeit auch zum Klopfen führen; umgekehrt ist es möglich, daß primäres Klopfen Selbstzündung (Glühzündung) zur Folge hat. Wegen des Einsetzens der Selbstzündung vor der Funkenzündung nennt man sie manchmal auch Frühzündung. Im Englischen sind die Begriffe Frühzündung, preignition, und Vorzündung, ignition advance, klarer auseinander gehalten.

Eine Zusammenstellung der Selbstentzündungstemperaturen verschiedener Kraftstoffe zeigt die Zahlentafel 4. Die Zahlen sind wegen der vielen auf die Selbstzündung wirkenden Einflüsse nur als Vergleichswerte benutzbar, denn Selbstzündungstemperaturen sind ebenso wie Zündgrenzen apparativ bedingt und deshalb keine Stoffwerte in strengem Sinn.

Der starke Einfluß des Druckes auf die Selbstentzündungstemperatur ist aus Abb. 2 zu entnehmen.

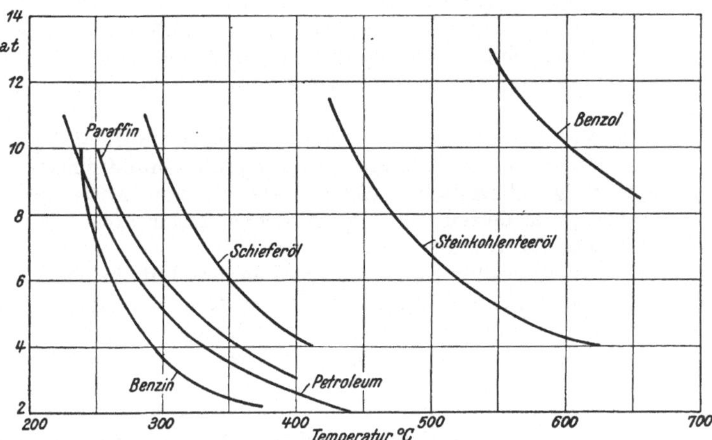

Abb. 2. Der Einfluß des Druckes auf die Selbstzündungstemperatur (nach J. Tausz und F. Schulte).

2. Die normale Verbrennung.

Beim Otto-Motor breitet sich die Verbrennung vom Ort der Zündung verhältnismäßig langsam durch das ganze zündfähige Gemisch aus. Diese Ausbreitung der Flamme kann auf rein thermischem Wege durch Wärmeübergang von der Flammenfront auf die nicht verbrannten Teilchen erfolgen, wobei die eigentliche Reaktion nach Bone über eine Anlagerung von Sauerstoff (Voroxydation) und primäre Alkoholbildung (Hydroxylierung) oder nach Lewis, Aufhäuser und Rice über einen thermischen Zerfall mit nachfolgender Oxydation der Bruchstücke abläuft. Eine Möglichkeit der Erklärung der Vorgänge ist die Annahme von Kettenreaktionen, d. h. Reaktionen, bei denen immer ein aktiver Reaktionspartner (z. B. atomarer Sauerstoff oder Wasserstoff) neu gebildet wird und die Reaktion fortführt. Dabei kann man sich die Fortpflanzung der Reaktion so vorstellen, daß aktivierte Atome in die benachbarten Schichten eindringen und die Reaktion in diesen einleiten. Solche Kettenreaktionen erhöhen die Energie eines Systems nicht gleichmäßig, wie es z. B. bei rein thermischen Vorgängen der Fall ist, sondern nur an bevorzugten Stellen. Sie werden stark durch die Abmessungen und das Verhältnis Oberfläche/Rauminhalt der Reaktionsgefäße beeinflußt. Neuerdings werden für Oxydationsreaktionen auch organische Radikale zur Erklärung herangezogen. (Vgl. 237—240.)

Die Meinungen darüber, ob die Verbrennung in homogener (d. h. rein gasförmiger) oder in heterogener (d. h. an der Grenze zwischen gasförmiger und flüssiger oder fester) Phase verläuft, sind geteilt und es kann keine als bewiesen gelten. Da bei leichtflüchtigen Otto-Kraftstoffen die Verdampfung im allgemeinen recht vollständig ist und Klopferscheinungen (siehe später) auch in rein gasförmiger Phase auftreten können, ist es wahrscheinlich, daß die Verbrennung hier in gasförmiger Phase verläuft. Motoren mit großer Ventilüberschneidung bei niederen Ansaugtemperaturen zeigen ein Klopfmaximum im fetten Gebiet; dies kann wiederum besser durch Annahme einer heterogenen Reaktion an der Oberfläche von Tröpfchen erklärt werden. Hier werden erst weitere Untersuchungen Klarheit schaffen können.

Die Flamme pflanzt sich bei der normalen Verbrennung mit einer Geschwindigkeit fort, die von dem vor ihrer Front herrschenden Zustand (Druck, Temperatur, chemische Zusammensetzung des Gemisches) und vom Mischungsverhältnis zwischen Brennstoff und Luft abhängt. Diese Geschwindigkeit beträgt im Motor etwa 6 bis 20 m/sek. Sie ist etwa in der Mitte des Flammenweges am größten und wird am Ende desselben wieder kleiner. Sie erreicht viel größere Werte als im ruhenden Gemisch in der Bombe, weil die heftige Gasbewegung (Wirbelung) im Motor einen starken, geschwindigkeitserhöhenden Einfluß ausübt. Neben Druck und Temperatur des unmittelbar vor der Flammenfront befindlichen Gemisches ist seine chemische Zusammensetzung an dieser Stelle von sehr großer Bedeutung. Diese hängt ab von der vor der eigentlichen Zündung ablaufenden Voroxydation.

Besonders bei der Verbrennung im Diesel-Motor ist die Bedeutung der Voroxydation, die während des Zündverzuges erfolgt, sehr groß, da die einmal einsetzende Flamme wohl vielmehr eine Folge thermischer Aktivierung als von Kettenreaktionen, also chemischer Aktivierung, und deshalb für den zeitlichen Gesamtablauf der Verbrennung unwesentlich und unbeeinflußbar ist.

In Strahltriebwerken, die unter Einleitung verdichteter Luft in einer Brennkammer arbeiten, bildet sich eine stehende Flamme aus, deren Geschwindigkeit größer als jene der Luft sein muß, um nicht abzureißen. Wenn auch die Geschwindigkeit der Verbrennungsreaktion (Zündung und Flammenausbreitung) von gewöhnlichen paraffinischen Petroleumfraktionen für den Betrieb der Strahlbetriebswerke bisher genügte, scheint es nicht ausgeschlossen, daß mit steigenden Anforderungen an die Leistungen der Aggregate eigene Kraftstoffe entwickelt werden, deren Verhalten diesen Bedingungen besonders angepaßt ist. Die bisher zur Beurteilung des Zündungs- und Verbrennungsvorganges in Diesel-Maschinen und in Strahltriebwerken bestehenden Grundlagen müssen erst ergänzt werden, um die optimalen Leistungen zu erzielen und geeignete Kraftstoffe herzustellen [2].

3. Die klopfende Verbrennung.

Der Klopfvorgang besteht sowohl im Otto-Motor wie auch im Diesel-Motor in einer überschnellen Verbrennung von Gemischteilen. Dadurch steigt der Druck im Zylinder sehr plötzlich und löst im Triebwerk und an den Zylinderwänden schlagartige Geräusche aus, durch welche diese Erscheinung die Bezeichnung „Klopfen" oder „Klingeln" erhalten hat.

Beim Otto-Motor tritt das Klopfen nach anfänglich normaler Verbrennung eines Teiles des Gemisches im unverbrannten Restgemisch auf, wenn darin die Bedingungen für eine überrasche Fortpflanzung der Verbrennung oder Selbstzündung gegeben sind.

Beim Diesel-Motor ist es die plötzliche Zündung des eingespritzten Kraftstoffes, die bei langen Zündverzügen verspätet einsetzt (und dann eine größere Menge Gemisch erfaßt als bei geringerem Zündverzug), die Klopfen bewirkt.

Demnach verursacht eine zu hohe Reaktionsgeschwindigkeit des Brennstoffes im Otto-Motor klopfende Verbrennung. Im Diesel-Motor hingegen wird klopfende Verbrennung von zu geringer Zündgeschwindigkeit, zu großem Zündverzug verursacht. Die Verhältnisse liegen also bei beiden Motorarten gerade entgegengesetzt.

Beim Klopfen im Vergasermotor erhöht sich die Fortpflanzungsgeschwindigkeit der Flamme von 6 bis 20 m/s bei normaler Verbrennung auf wesentlich höhere Werte, die mit einer Ausnahme mit 300 bis 500 m/s angegeben werden. Die Geschwindigkeit bei einer wirklichen Detonation liegt um 2000 m/s und dürfte beim Klopfen wahrscheinlich nicht erreicht werden.

Zur Erklärung der klopfenden Verbrennung im *Otto-Motor* ist die Annahme von Kettenreaktionen deshalb besonders geeignet, weil sie zwanglos die Beeinflussung der Verbrennung durch Zusätze deutet. Denkt man sich nämlich eine Reaktion, die unter Neubildung eines die Reaktion weiterführenden aktiven Bestandteiles (z. B. atomaren H_2 oder O_2) abläuft, so ist es klar, daß sie durch Zugabe dieses Bestandteiles selbst oder eines ihn liefernden Stoffes beschleunigt, eines diese aktiven Bestandteile vernichtenden Stoffes dagegen gebremst werden kann. Dementsprechend wirken solche Stoffe klopffördernd, welche die Oxydationsreaktion beschleunigen; dagegen verhindern jene Stoffe das Klopfen, welche die Oxydationsreaktion hemmen („Klopfbremsen"). Kettenreaktionen laufen um so rascher ab, je größer die Zahl und die Länge der Ketten ist. Während man sich die Wirkung der klopffördernden Stoffe durch eine Vermehrung der Kettenzahl deuten kann, ist die entgegengesetzte Wirkung der Klopfbremsen durch Kettenabbruch verständlich. Der Übergang der nicht klopfenden normalen in die klopfende Verbrennung kann so gedacht werden, daß zuerst die Zahl und Länge der Ketten gering ist. In diesem Zeitpunkt ändert der Zusatz eines Gegenklopfmittels den Verbrennungsablauf nicht nennenswert. Mit weiterschreitender Verbrennung jedoch nimmt die Zahl der Ketten zu, wenn Druck, Temperatur und Voroxydationszustand des unverbrannten Gases dies möglich machen, es tritt Klopfen („Detonation") ein und die Verbrennung erreicht ganz andere Geschwindigkeiten als im normalen Falle. Dieser Teil der Verbrennung kann durch kettenabbrechende Zusätze, wie Bleitetraäthyl, weitgehend beeinflußt werden; die Wirkung ist aber vor allem in der Beeinflussung der Voroxydation des nicht verbrannten Anteils zu suchen, während die eigentliche Verbrennung nicht beeinflußt wird.

Die Auffassung der klopfenden Verbrennung als Kettenreaktion ermöglicht auch die Aufstellung einer Hypothese über die Klopffestigkeit von Kraftstoffgemischen, wie W. Jost [2 a] gezeigt hat. Er nimmt nämlich an, daß bei den leicht zum Klopfen neigenden Paraffinen die Wahrscheinlichkeit einer Ketteneinleitung gering, dafür aber auch der Kettenabbruch unwahrscheinlich ist, so daß lange Ketten auftreten. Die Olefine hätten dagegen große Wahrscheinlichkeit der Ketteneinleitung, aber ebenso des Kettenabbruches; die Reaktionsketten sind kurz, vielleicht infolge Reaktion einer kettenweiterführenden Zwischenverbindung mit der Doppelbindung des Ausgangsmoleküls. Da Gegenklopfmittel kettenabbrechende Wirkung haben, ist ihr Einfluß um so größer, je seltener der Kettenabbruch ohne ihre Anwesenheit erfolgt; sie werden also bei Paraffinen und gesättigten Naphtenen stärker wirken als bei den Olefinen. Ebenso wird ein schon mit einem Gegenklopfmittel versetzter Stoff weniger auf erneuten Zusatz reagieren, weil bereits der erste Zusatz den Kettenabbruch einführte. Daraus ergeben sich die Abweichungen der Klopffestigkeit von Kraftstoffmischungen von der Mischungsregel, die man qualitativ mit der Jostschen Hypothese voraussagen kann, wenn man über die chemische Zusammensetzung der beiden Kraftstoffkomponenten unterrichtet ist.

Die praktische Bedeutung der klopfenden Verbrennung ist je nach der Bauart des betreffenden Motors sehr verschieden. Während bei kräftig gebauten Lastwagenmotoren mit guter Kühlung auch längere Beanspruchung durch Klopfen keinen Schaden ergibt, äußert sich das Klopfen in den leicht gebauten und hochbeanspruchten Flugmotoren in kurzer Zeit in Temperatursteigerungen von Kerzen, Kolben und Zylinder, die zum Abbrennen der Kerzen, Ventilstörungen, Durchbrennen der Kolben und damit zum Versagen des Motors führen können. Ob diese Temperatursteigerungen infolge erhöhter Wirbelung oder verstärkter Strahlung eintreten, ist noch nicht sichergestellt, wenn auch vieles für die erste Annahme spricht. Durch die Temperatursteigerungen wird auch das Schmieröl verändert und dadurch oft Festkleben der Kolbenringe verursacht. Weniger bedenklich als die Temperatursteigerungen sind die schädlichen Folgen des Klopfvorganges, die infolge der höheren Verbrennungsdrücke rein mechanisch auftreten. Diese Beanspruchungen sind ebenso wie die raschen Veränderungen des Schmieröls durch die klopfende Verbrennung noch recht wenig zahlenmäßig untersucht oder zumindest öffentlich behandelt worden.

IV. Motorenbetriebsbedingungen.

Die Verbrennungsmotoren bewirken die Umwandlung der bei der Verbrennung
entstehenden Wärme in mechanische Arbeit, d. h. die Überführung der regellosen Bewegung
der Gasmoleküles in eine gerichtete. Der thermische Wirkungsgrad gibt das Verhältnis
von in einem vollkommenen Motor geleisteter Arbeit zur entwickelten Wärme an. Er
kann für Otto-Motoren annähernd durch die Gleichung

$$\eta_V = 1 - \frac{1}{\varepsilon^{\varkappa - 1}}$$

ausgedrückt werden, worin ε das Verdichtungsverhältnis, $\varkappa$ das Verhältnis der spezifischen
Wärmen des Arbeitsmediums bei konstantem Druck und konstantem Volumen darstellt.
Der Wirkungsgrad nimmt also mit steigender Verdichtung zu, so daß man sich bemüht,
ihn auf diese Weise möglichst hoch zu treiben. Damit steigert man aber gleichzeitig die
Verdichtungsenddrucke und -temperaturen und die mittleren Arbeitsdrucke und -tem-
peraturen. Da eine Erhöhung von Druck und Temperatur aber eine gesteigerte Reaktionsfähigkeit der Luft gegenüber dem Kraftstoff (und Schmieröl) bewirkt, nimmt bei Otto-
Motoren die Gefahr einer ungewollt raschen Verbrennung — des Klopfens — in gleicher
Richtung zu. Ähnlich wirkt sich die Erhöhung der Leistung durch Vergrößerung des
Zylindervolumens und durch Anwendung von Vorverdichtung aus, weil dabei entweder
der Wärmeübergang an die Wand verringert wird, d. h. das Gas infolge der größeren
räumlichen Abmessungen verhältnismäßig weniger mit der Wand in Berührung kommt
und dadurch weniger gekühlt wird, oder größere Energiemengen in den gleichen Raum pro
Zeiteinheit gelangen. Nur die Steigerung der Drehzahl wirkt sich umgekehrt aus; die für
die Verbrennung und für die Ausbildung der Klopferscheinung verfügbare Zeit wird ja

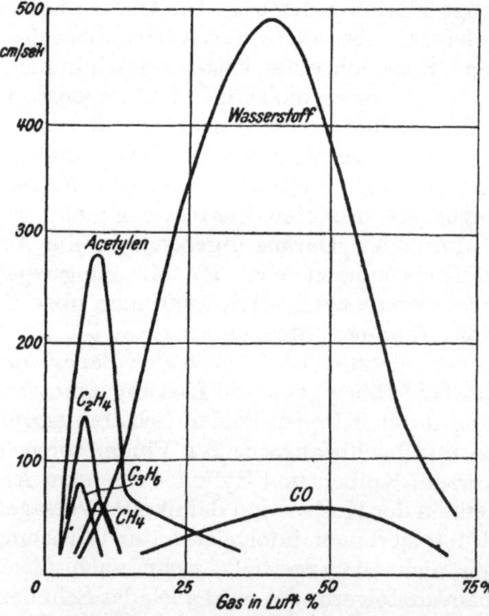

Abb. 3. Verbrennungsgeschwindigkeit von Gas-Luft-
Gemischen verschiedener Konzentration.

dadurch verkürzt. Auch sinkt mit steigender Drehzahl der Füllungsgrad, so daß der
Verdichtungsenddruck geringer wird. Indi-
rekte Steigerung der Leistung durch Anwendung von Heißkühlung und damit kleineren,
weniger Luftwiderstand bietenden Kühlern
in Flugzeugen wirkt sich in einer stärkeren
Beanspruchung der Kraftstoffe aus. Wärmestauungen im Verbrennungsraum haben
dieselbe Wirkung.

Bei der Betrachtung der motorischen
Vorgänge ist es gut, sich die außerordentlich
kurzen Zeiten vor Augen zu halten, in denen
sie ablaufen. Bei Drehzahlen von 2000 U/min
stehen z. B. je nach der Motorbauart etwa
der vierte oder dritte Teil einer Umdrehung,
d. i. 0,0075 bis 0,010 s für die Verbrennung
zur Verfügung. In ähnlich kurzen Zeit-
räumen muß in Otto-Motoren das Gemisch
für die Verbrennung gebildet werden, während
bei Diesel-Motoren dafür noch kürzere Zeiten
zur Verfügung stehen, da ja die erste Gemischbildung nur durch den Zündverzug von
dem Zeitpunkt der Verbrennung getrennt ist.

Die Bildung des zündfähigen Gemisches geschieht je nach dem verwendeten Kraftstoff in verschiedener Weise. Eine Übersicht der Verfahren zur Gemischbildung gibt die
folgende Zusammenstellung:

Verfahren zur Gemischbildung.

Motor	Kraftstoff	Mischeinrichtung	Gemischbildung	
			Zeit	Ort
Otto-Motor	Gas	Mischkammer	Ansaughub	vor dem Zylinder
	Benzin {	Vergaser	„	„ „ „
		Einspritzpumpe	„	{ vor dem Zylinder { im Zylinder
Glühkopfmotor	Petroleum Gasöl }	„	Verdichtungshub	im Zylinder
Hesselmann-Motor	Leichtöl Gasöl }	„	Saughub oder Verdichtungshub }	„ „
Diesel-Motor	Gasöl	„	Ende des Verdichtungs- hubes	„ „
Staubmotor	Kohlenstaub	Mischkammer	„ „ „	„ „
Verbrennungs- turbine	Gasöl Petroleum Benzin	Brennkammer	fortlaufend	Brennkammer
Strahltrieb	„	„	„	„

Bei *Otto-Motoren* ist der Einfluß des Mischungsverhältnisses auf die Ausbreitungsgeschwindigkeit der Flamme von Bedeutung. Abb. 3 nach Chapman zeigt, daß vor allem bei Kohlenwasserstoffen der Bereich der gut brennbaren Mischungen sehr klein ist. Daher ist es notwendig, daß beim Otto-Motor mit Vergaser oder mit Benzineinspritzung stets ein Gemisch hergestellt wird, das innerhalb des richtigen Bereichs der Mischungsverhältnisse liegt. Die der Luft zugemischte Brennstoffmenge liegt dabei in der Nähe des theoretischen Wertes. Bei etwas größeren Werten, welche die Regel sind, spricht man von fetten, bei geringen Werten von mageren Gemischen. Allgemein geht das Bestreben dahin, zur besten Ausnützung des Kraftstoffes magere Gemische zu verwenden, und zwar sowohl in der Luftfahrt als im Automobilbetrieb. Praktisch muß man meist mit fetteren Gemischen arbeiten als den theoretischen, weil die ungleichmäßige Gemischverteilung auf die einzelnen Zylinder sonst einen Leistungsabfall des Gesamtmotors und ungenügende Elastizität verursachen würde. Dadurch geht in den Abgasen ein erheblicher Teil der Energie des Kraftstoffes verloren. Bei einem mittleren Luft-Kraftstoffverhältnis von 9 : 1 kann dieser Teil 50 % erreichen; bei den amerikanischen Wagen von 1940 betrug er trotz der angestrebten Vermagerung des Gemisches noch immer 15 %, so daß eine weitere Verringerung versucht werden muß [10].

Zu fettes Gemisch darf jedoch nicht verwendet werden, weil damit die Kerzen verrußen oder verölen. Besonders bedenklich wird das, wenn der Motor infolge lange währender geringer Belastung oder kurzzeitigem, oft auf längere Zeit unterbrochenem Betrieb (Stadtfahrt) kalt ist; auch nimmt die Schmierölverdünnung bei überfettem Gemisch zu.

Beim Diesel-Motor bildet sich bei unvollkommener Verbrennung Ruß, der sich auf den Betrieb ungünstig auswirkt. Der Diesel-Motor muß daher stets bei annähernd vollkommener Verbrennung, also immer mit Luftüberschuß betrieben werden. Durch die hohe Erwärmung der Luft sind die Bedingungen auch für die Verbrennung kleinster Ölmengen im Motor gegeben. Der Mischungsbereich hat bei Diesel-Motoren demnach zwar eine obere Grenze, die von der Vollkommenheit der Gemischbildung im Motor abhängt und stets im Luftüberschußgebiet liegt, jedoch keine scharfe untere Grenze.

Bei der Bemessung des Mischungsverhältnisses geht man stets von der theoretischen Luftmenge aus. Bei gegebener chemischer Analyse des Kraftstoffes läßt sich sein Luftbedarf rechnerisch ermitteln (siehe Band 2). Wa. Ostwald hat gezeigt, daß man aus der

Auspuffanalyse mit genügender Genauigkeit auf das Kraftstoff-Luftgemisch rückschließen kann. Dies wurde durch eingehende Versuche in USA bestätigt. Die Zusammensetzung der Abgase, der thermische Wirkungsgrad und die Leistung sind aus der Abb. 4 zu entnehmen.

Luftbedarf, maximaler Kohlendioxydgehalt und Verbrennungswasser sind nach F. PENZIG [11] lediglich vom C/H-Verhältnis abhängig, so daß ihre Bestimmung mit einfachen Schaubildern möglich ist, die auch für technische Stoffe gelten. Die Volumenvergrößerung ist bei den verschiedenen Kohlenwasserstoffgruppen sehr verschieden, aber aus dem C/H-Verhältnis errechenbar, während beim Heizwert der Aufbau des Moleküls eine so wichtige Rolle spielt, daß das einfache C/H-Verhältnis nicht zur Berechnung genügt. Bei allen Darstellungen gibt es einen ausgezeichneten Punkt, in dem die Eigenschaften der Paraffine, Olefine, Alkohole und — bei wachsender Länge von Seitenketten — auch der Aromaten zusammentreffen, weil sich das C/H-Verhältnis mit zunehmender Gliederzahl den Wert C_nH_{2n} nähert.

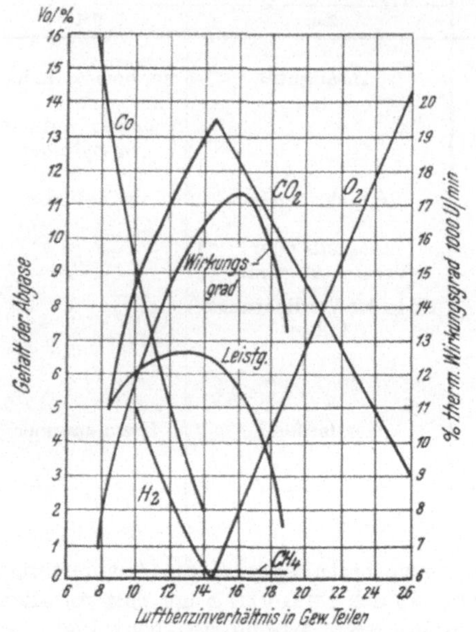

Abb. 4. Abgaszusammensetzung, Leistung und thermischer Wirkungsgrad bei verschiedener Luftzahl.

Legt man der Berechnung folgende Zusammensetzung der Luft zugrunde:

	Gewichtsteile	Raumteile
O-gehalt	0,233	0,21
N-gehalt	0,767	0,79

und bezeichnet man die Anzahl der

    C-Atome mit m,
    H-Atome mit n,
    O-Atome mit p,
    S-Atome mit s (die im allgemeinen vernachlässigt werden kann), so erhält man für den *Luftbedarf je Mol* den Wert:

$$\frac{32}{0,233}\left(m + \frac{n}{4} - \frac{p}{2} + \frac{3s}{2}\right) \text{ kg Luft/Mol/Kraftstoff.}$$

Bezogen auf *1 kg Kraftstoff ist der Luftbedarf:*

$$137,25 \frac{\left(m + \frac{n}{4} - \frac{p}{2} + \frac{3s}{2}\right)}{12m + n + 16p + 32s} \text{ kg Luft/kg Kraftstoff.}$$

Der *maximale Kohlendioxydgehalt* in den trockenen Abgasen beträgt:

$$v\,(CO_2)_{max.} = \frac{m}{m + s + 3,76\left(m + \frac{n}{4} - \frac{p}{2} + \frac{3s}{2}\right)}.$$

Bei Verbrennung von 1 kg Kraftstoff entsteht:

$$\frac{\frac{18n}{2}}{12m + n + 16p + 32s} \text{ kg Wasser/kg Kraftstoff.}$$

Für die Verbrennung in Luft ergibt sich das Verbrennungsvolumen zu:

$$\frac{\frac{n}{4}+\frac{s}{3}+\frac{p}{2}-1}{1+4{,}76\cdot\left(m+\frac{n}{4}-\frac{p}{2}+\frac{2s}{3}\right)}\,.$$

In den Abb. 5 bis 9 (nach PENZIG) ist das Gewichtsverhältnis C/H und für die Angabe des Wasserstoffgehaltes in Prozenten der Maßstab H · 100/H + C zugrunde gelegt. (Dieser darf aber für Alkohole nicht verwendet werden.) Den Luftbedarf zeigt die Abb. 5.

Die Olefine der Zusammensetzung C_nH_{2n} liegen in dem ausgezeichneten Punkt, während die Paraffinkohlenwasserstoffe zwischen diesen und den Wert für Methan, die Aromaten

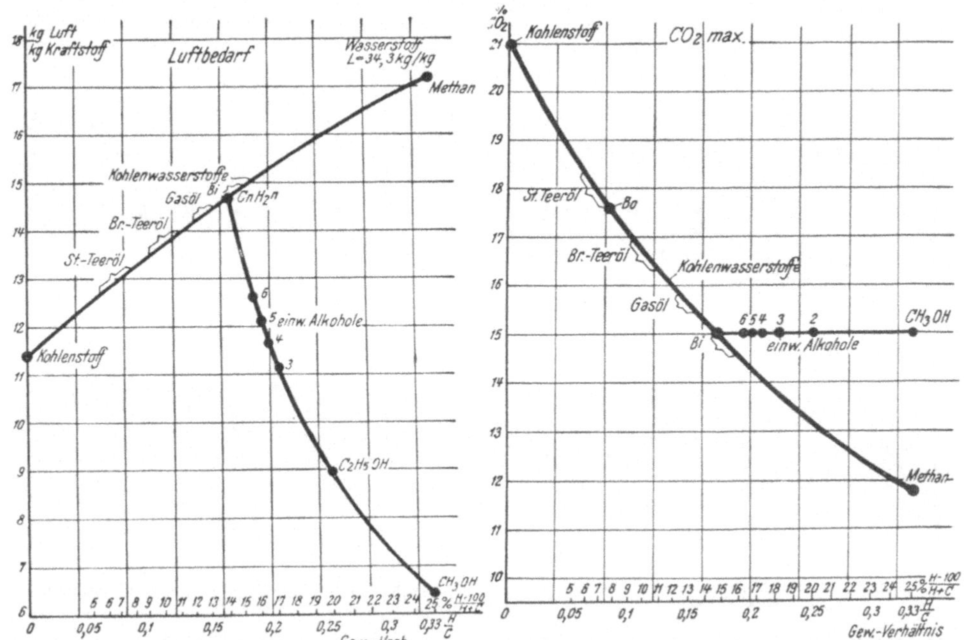

Abb. 5. Luftbedarf von Kraftstoffen (nach PENZIG).

Abb. 6. CO₂-Gehalt in reinem Abgas von Kraftstoffen (nach PENZIG).

zwischen diesen und den Wert für reinen Kohlenstoff fallen. Die Alkohole zeigen den mit zunehmendem Molekulargewicht stark abnehmenden Einfluß des Sauerstoffgehaltes.

Die Kohlendioxydbildung nach Abb. 6 liegt für alle Kohlenwasserstoffe auf einer Linie, die vom Wert für reinen Kohlenstoff auf den des Methans abfällt, wogegen die einwertigen Alkohole konstant 15,05 % ergeben, weil ihre Zusammensetzung nach Abzug des „inneren Wassers" C_nH_{2n} beträgt.

Die Menge Verbrennungswasser nach Abb. 7 steigt bei den Kohlenwasserstoffen vom Wert 0 für reinen Kohlenstoff auf den des Methans gleichmäßig an, während die Alkohole mit dem Methanol halb so viele Verbrennungswasser ergeben als Methan (gleiches CH-Verhältnis beim doppelten Molekulargewicht des Methanols), um bei zunehmendem Molekulargewicht in den Wert der Kohlenwasserstoffe C_nH_{2n} einzumünden.

Die Volumenvergrößerung ist nach Abb. 8 davon abhängig, ob man die Grenzfälle vollkommener Vergasung oder keinerlei Vergasung (Verdampfung) annimmt. Die starken Unterschiede fallen deutlich ins Auge.

Die Zusammensetzung der Abgase ist aus der Abb. 4 ersichtlich, die auch den thermischen Wirkungsgrad und die Leistung enthält.

Wasserstoff ergibt, flüssig in den Zylinder gebracht, den hohen Wert von 21 % Volumenvermehrung, während bei gasförmiger Ladung eine Kontraktion von 14,8 % auftritt. Bei Alkoholen bewirkt die hohe Verdampfungswärme eine starke Kühlung der Ladung und daher eine Erhöhung des Ladungsgewichtes, welche die stets beobachtete Mehrleistung von Alkoholen gegenüber Kohlenwasserstoffen verursacht. Aber die Volumen-

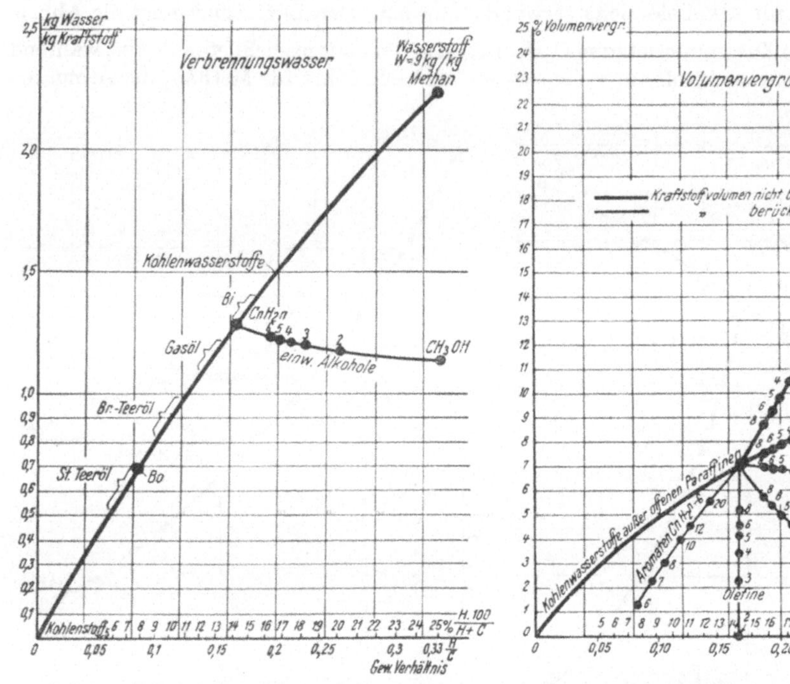

Abb. 7. Verbrennungswasser von Kraftstoffen (nach Penzig).

Abb. 8. Volumenvergrößerung bei der Verbrennung (nach Penzig).

vermehrung wird auch eine zusätzliche Leistungssteigerung der Alkohole im Vergleich zu Kohlenwasserstoffen ergeben, weil Alkohole infolge der hohen Verdampfungswärme im Gegensatz zu diesem zum Teil flüssig im Zylinder vorhanden sind, so daß das Volumen stärker zunimmt.

Die Heizwerte können nicht aus der Elementaranalyse errechnet werden, weil die Doppelbindungen (Olefine und Azetylene) ihn vergrößern. Penzig schlägt zur angenäherten Berechnung die Annahme folgender Werte vor, die nur etwa 1 bis 2 % Abweichungen ergeben:

Benzine	10400 kcal/kg (u. H. W.)	
Gasöl	10200 „ „
Stark aromatische Benzine	10000 „ „
Aromaten	9600 bis 9400 kcal/kg (u. H. W.)
Teeröle	9000 „ 9400 „ „

Für genauere Festlegung ist die direkte Messung unerläßlich. Die Abb. 9 zeigt, daß die Verbandsformel unzuverlässig ist und daß sich beim Heizwert der Einfluß des Sauerstoffgehaltes der Alkohole viel stärker auswirkt als bei den anderen besprochenen Eigenschaften.

Zur Beziehung zwischen Dichte und Heizwert bei flüssigen Kraftstoffen vergleiche S. 83 und 102.

Für technische Gase mit schwankender Zusammensetzung können keine allgemeinen Beziehungen aufgestellt werden. Die dafür geltenden Zusammenhänge sind in der „Hütte", 1. Band, Abschnitt Verbrennung, besprochen; auch in Band 2 des Werkes ist von LIST eine Berechnung der Abgaszusammensetzung, bzw. die Ermittlung der Luftzahl aus der Abgaszusammensetzung angegeben.

Die Einregelung des richtigen Mischungsverhältnisses geschieht bei Otto-Motoren, bei bekannter chemischer Zusammensetzung des Kraftstoffes, auf recht umständlichem Weg durch Luft- und Kraftstoffmessung während des Betriebes. Einfacher ist die Einregelung durch Bestimmung der Abgaszusammensetzung mittels physikalischer Verfahren. Dabei wird die Wärmeleitfähigkeit der Abgase zur Kennzeichnung verwendet.

Die Wärmeleitfähigkeit von CO, O_2 und N_2 ist fast dieselbe wie die der Luft. Dagegen besitzt CO_2 die halbe, H_2 aber die siebenfache Leitfähigkeit der Luft; deshalb sind diese Bestandteile der Abgase ausschlaggebend für deren Wärmeleitfähigkeit.

Im Gebiete des Kraftstoffüberschusses kann man mit diesem Verfahren, das z. B. von HARTMANN und BRAUN (DVL-Abgasprüfer) und der Cambridge-Gesellschaft angewendet wird, recht gute Anhaltspunkte für die Gemischzusammensetzung mit einer Genauigkeit von etwa 0,5 Einheiten des Luft-Kraftstoff-Gemisches erhalten. Diese

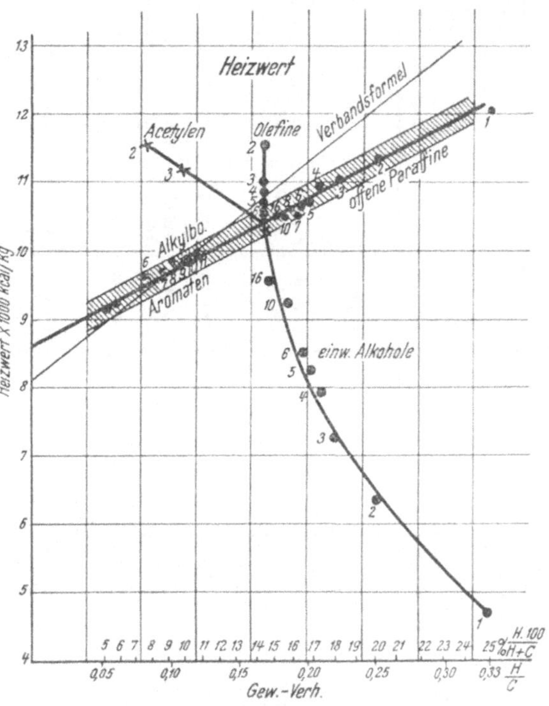

Abb. 9. Heizwerte von Kraftstoffen.

Geräte werden immer da angewendet werden können, wo man rasche Orientierung, aber nicht letzte Genauigkeit verlangt [12], [13]. Allerdings weist die Gemischkontrolle mit dem Abgasprüfer, auch abgesehen vom Grade der Genauigkeit, Nachteile auf. So ist es bisher nicht möglich, eine brauchbare Anzeige für das magere Gebiet zu erhalten, weil die Verwendung des schwachen Ansteigens der Wärmeleitfähigkeit bei fortschreitender Vermagerung eine sehr empfindliche Verstärkung der Anzeige erfordert, die direkte elektrische Bestimmung eines Bestandteiles der Abgase aber bisher nicht gelungen ist. Die Schaffung eines Gerätes, das vom fetten bis zum mageren Gebiet anzeigt, wäre sehr erwünscht; die Verbrennungsturbine, die mit großem Luftüberschuß arbeitet, braucht dringend eine Abgasbestimmung im mageren Gebiet. Im Verfahren von H. REIN, der die paramagnetischen Eigenschaften des Sauerstoffes zu seiner quantitativen Bestimmung benützt, scheint ein Weg dazu gegeben zu sein, wenn auch CO_2 die Anzeige stört [14].

Ein anderer Nachteil ist, daß die Auspuffgasanalyse summarisch die Menge Kraftstoff auf die Menge Luft im Abgas bezieht, ohne daß die Spülluft mit berücksichtigt wird. Mit der allgemein zunehmenden Ventilüberschneidung ist das im Zylinder wirklich gezündete Gemisch auch bei direkter Luft- und Kraftstoffmessung schwer zu erfassen

Zahlentafel 5. Beanspruchung der Betriebsmittel.

Verwendung des Motors		Flugzeuge		Personenwagen	Last- und Triebwagen			Ortsfeste und Schiffsanlagen		
Arbeitsverfahren (Brennstoff)		Otto (flüssig)	Diesel	Otto (flüssig)	Otto (flüssig)	Otto (Gas)	Diesel	Otto (flüssig)	Otto (Gas)	Diesel
Kühlung		Luft, Wasser	Luft, Wasser	Luft, Wasser	Wasser	Wasser	Wasser	Luft,Wass.	Wasser	Wasser
Drucke:										
Ansaugedruck	at	0,9÷0,95	1,0	0,9	0,9	0,9	0,95	0,9	0,9	0,95
Aufladung	,,	1,4	1,5							
Verdichtungsdruck	,,	8÷12	30÷60	7,4÷9,9 ε −5÷6	7,4÷9,9 ε −5÷6	ε −8,5÷10	35÷45 ε −18÷22	8,5 ε −5,5		30÷45 ε −12÷14
Verbrennungsdruck	,,	30÷60	55÷100	35÷42	35÷42	45÷50	55÷60			50
Mittlerer effektiver Druck	,,	7÷12	6÷11	7,5÷8	6÷7	5÷5,5	5,5÷7,5	5,5÷6	4,0÷6,5	5÷5,5
Gleitflächenbelastung:										
Kolben	kg/cm²	5,5		3,5÷4,5	3,5÷4,5	6÷7	6,5÷7,5	5,5÷6,5		5,5÷6,5
Kreuzkopf	,,									
Kolbenbolzen	,,	500÷600		225÷300	250÷400	240÷320	250÷350	220÷300	150	280÷320
Pleuellager	,,	150÷180		80÷120	120÷150	120÷150	120÷ 150÷180	100÷120	80÷90	140÷160
Kurbelwellenlager	,,	100		55÷85	80÷100	60÷75	70÷ 100÷120	50÷60	40÷50	70÷80
Temperaturen:										
Ansaugtemperatur	°C	− 56 bis + 50	− 56 bis + 50	− 20 bis + 50	20 bis÷50[1]	-20bis +50[1]	-20bis +50[1]	-20bis +50	10 bis 20	10 bis 20
Temperatur nach Lader	,,	20÷120	20÷80							
Verdichtungsanfangstemperatur	,,	50÷180	50÷100					80	80	70
Verdichtungsendtemperatur	,,	250÷400	500÷800		600÷650	680÷750	850÷1000			
Verbrennungsendtemperatur	,,	2000÷2500	1500÷2200	2500	2000	1600			1500	
Auspufftemperatur	,,	900÷1100	500+700	650÷750	650÷750	650÷750	450÷600		580÷650	500÷600
Zylinderwandtemperatur	,,	80÷220		180÷220 } Luft-						
Zylinderdeckeltemperatur	,,	150÷260		200÷260 } kühlung						
Kolbenbodentemperatur	,,	300÷350								
Mitte (Rand)	,,	380÷250	400/250	330/280 | 280/240	280/240	280/240	400/280	250/200	350/200	340/200
Auslaßventiltemperatur	,,	700÷850	400÷600	650÷800	600÷800	650÷800	500÷650	650÷800		450÷550
Kühlung:										
Kühlmittel										
Eintrittstemperatur	°C	130[2]	130[2]	65÷75	65÷75	65÷75	65÷75	15÷20	15÷20	15÷20
Austrittstemperatur	,,	140[2]	140[2]	80÷90	80÷90	80÷90	80÷90	70÷80	70÷80	70÷80
Wärmemenge	kcal/PS/St.	250÷450	200÷320	650÷750	650÷750	600÷700	600÷700	650÷700	600÷700	600÷650
Schmieröl:										
Eintrittstemperatur	°C	40÷80	50÷80	90	90		90	60		60
Austrittstemperatur	,,	60÷120	60÷90	120	120		120	70		70
Ölumlauf	l/PS/St.	0,5÷4	1÷3				25÷35	8÷10		8÷10
Wärmemenge	kcal/PS/St.	30÷70	30÷70	30÷70	40÷80		50÷80	20÷30		20÷30

[1] Erwärmte Luft hinter dem Kühler. [2] Bei Glykolbetrieb.

Es bleibt nicht viel anderes übrig, als den Luftdurchsatz der Motoren bei verschiedenen Bedingungen zu untersuchen, und dann unter der Annahme bestimmter Liefergrade auf die Luftmenge im Gemisch zu schließen.

Für das Verhalten der Betriebsstoffe sind die Bedingungen von größter Bedeutung, unter denen sie arbeiten müssen. Am wichtigsten sind dafür: Drucke, Temperaturen und Reaktionszeiten (Drehzahlen) für die Kraftstoffe, Temperaturen und Lagerdrucke sowie Lagermaterial für die Schmieröle. Eine zahlenmäßige Erfassung aller dieser Werte würde die Beurteilung des voraussichtlichen Verhaltens der Betriebsstoffe wesentlich erleichtern, wenn auch noch nicht restlos ermöglichen. Denn für die Eignung der Kraftstoffe spielen auch andere Verhältnisse, z. B. die Wirbelung (d. h. die Gasbewegung im Zylinder) eine wichtige Rolle, die sehr schwer zahlenmäßig erfaßt werden kann. Ebenso ist für die Schmieröle die Frage der Ölverteilung im Motor, der Wärmeabfuhr, des Gaszustandes im Kurbelgehäuse von sehr großer Bedeutung, und auch diese Angaben können nur schwer eindeutig und einfach gemacht werden. Es wird aber notwendig sein, diesen Verhältnissen nachzugehen, wenn man den Bestwert in der Ausnützung der Betriebsstoffe und in der Konstruktion der Motoren erreichen will. K. NEUMANN [15] und F. A. F. SCHMIDT [16] haben in dieser Richtung wertvolle Beiträge geliefert.

Eine — unvollständige — Übersicht auf diesem Gebiet gibt die Zahlentafel 5. Sie soll später durch weitere Angaben nach Möglichkeit ergänzt werden.

V. Die Verbrennungsluft.

Luft, oder richtiger Sauerstoff, ist der eine Reaktionspartner der Verbrennung. Der Zustand der Luft ist deshalb für den Verlauf der Reaktion von größter Bedeutung. Bei der Beurteilung des Einflusses des Außenzustandes ist aber zu beachten, daß dieser nur zum Teil maßgebend ist für den Zustand, in dem die Luft in den Zylinder gelangt.

Die *Temperatur* beeinflußt das Klopfverhalten der Kraftstoffe. Bleibt die Luftdichte trotz Steigerung der Temperatur gleich, so wird die Klopfgefahr entsprechend gesteigert. Die Erhöhung des Dampfdruckes bei hohen Außentemperaturen bedingt eine entsprechende Änderung der Siedekurve der Kraftstoffe; Sommerbenzin siedet deshalb höher als Winterbenzin. Welchen Einfluß die Temperatur der Luft auf die zulässige Zähigkeit des Schmieröls hat, zeigt schon die Unterteilung der Öle in Sommer- und Winteröle. Er ist so groß, daß man versucht, ihn in Gegenden mit gleichmäßig kalten Wintern (Kanada) durch Verwendung von solchen Schmierölen auszugleichen, die bei der Betriebstemperatur dieselbe Zähigkeit aufweisen wie die Sommeröle im Sommer.

Mit steigendem *Luftdruck* erhöht sich die Klopfneigung der Verbrennung. Das zeigt sich insbesondere bei dem Betrieb von Motoren mittels vorverdichteter Luft (Aufladung).

Die *Dichte* der Luft beeinflußt direkt sowohl die Leistung als auch den Klopfvorgang; beide ändern sich gleichsinnig mit ihr. In den meisten Otto-Motoren wird das Klopfen durch Verbrennungsreaktionen mit normaler Temperaturabhängigkeit ausgelöst, wenn die kritische Luftdichte erreicht ist. Statt hoher Temperatur und niederem Druck kann also auch niedere Temperatur und hoher Druck zum Klopfen führen. — In Diesel-Motoren nimmt die Zündneigung mit steigender Luftdichte zu, mit sinkender ab: je geringer die Luftdichte ist, um so schlechter wird auch die Gemischbildung, weil der Kraftstoffstrahl zu weit ohne Zerstäubung reicht. Otto- wie Diesel-Motoren werden zur Leistungssteigerung mit vorverdichteter Luft betrieben. Durch Innenkühlung erreicht man ähnliche Wirkungen; praktisch wird dies bei der zusätzlichen Einspritzung von Alkohol oder Alkohol-Wassergemischen ausgenützt.

Die *Luftfeuchtigkeit* verringert die Klopfneigung. Die Motorleistung sinkt bei zunehmender Luftfeuchtigkeit, da bei gleichem Außendruck entsprechend dem Teildruck des Wasserdampfes eine kleinere Luftmenge in den Zylinder gelangt. Der Einfluß auf die Klopfneigung ist nicht unbedeutend, aber geringer als der Einfluß der Temperatur und des Druckes. Den Einfluß der Luftfeuchtigkeit auf die Klopffestigkeit, gemessen in Oktan-Zahlen (siehe später), zeigen Untersuchungen, bei welchen Änderung des Wasserdampfdruckes um 25,4 mm Hg Unterschiede der absoluten Klopffestigkeit von 5,1 bis 10,8 Oktan-Zahlen ergeben. Bleibenzin war dabei am empfindlichsten [17]. Bei der Oktanzahlbestimmung wird die Luftfeuchtigkeit jetzt auf 3,72 bis 4,00 g/kg trockene Luft gehalten, um ihren Einfluß auszuschalten.

Bei den großen Mengen Luft, die von den Verbrennungskraftmaschinen angesaugt werden, spielt ihre *Reinheit* für den Zustand der Motoren eine wichtige Rolle. Rauch in Industriegegenden, Staub auf Landstraßen und Flugplätzen, Salzwasser bei Schiffsmaschinen können die Schmierung ebenso verschlechtern wie Verunreinigungen der Kraftgase. Die festen Verunreinigungen, die meist kieselsäurehaltig sind, wirken schleifend und werden vor allem in den Ölschlammablagerungen gefunden. In besonders ungünstigen Fällen können dadurch sogar nach einleitendem Festsitzen von Kolbenringen Kolbenfresser verursacht werden. Auf gute Reinigung der Ansaugluft ist deshalb zu achten. Der zulässige Staubgehalt beträgt etwa 0,01 bis 0,03 g/Nm³.

Welchen Einfluß Staub in der Ansaugluft haben kann, zeigt die Zahlentafel 6 nach D. D. ROBERTSON [18], in welcher der Abrieb von Kolbenringen mit reiner Luft [1 u. 2] und der mit staubiger Luft [3] unter allerdings etwas verschiedenen Bedingungen verglichen ist.

Zahlentafel 6. Abrieb von Kolbenringen in Millimetern.

	Reine Luft		Staubige Luft
	1	2	3
Fahrstrecke .... km	14 150	13 350	3050
Abnützung, radial:			
1. Dichtungsring.................. mm	0,038	0,025[1]	0,05—0,06
2. „ .... „	0,025	0,018[1]	0,038—0,05
3. „ .... „	0,025[1]	0,018[1]	—
4. Ölabstreifring .... „	0,038[1]	0,025[1]	0,09—0,10
Abnützung, axial:			
1. Dichtungsring.................. „	0,013 max	0,013 max[1]	0,025—0,038
2. „ .... „	0,013 „ [1]	0,005 „ [1]	0,013—0,025
3. „ .... „	0,013 „ [1]	0,005 „ [1]	—
4. Ölabstreifring .... „	0,013 „ [1]	0,013 „ [1]	0,007—0,013

In Schiffsmotoren findet man mitunter erhebliche Mengen von Salz im Schmieröl, das von angesaugtem Kochsalz der Meeresluft herrührt. Die Korrosion wird dadurch sehr verstärkt; man verhindert sie am besten, indem man durch gute Luftreinigung das Eindringen von Kochsalz vermeidet. Besonders wichtig wird die Reinigung der Ansaugeluft bei Schleppern für die Landwirtschaft, überhaupt bei Betrieb in staubiger Umgebung.

Die Luftreiniger arbeiten entweder naß, halbtrocken oder trocken. Bei der *nassen* Reinigung wird der Luftstrom in möglichst feiner Verteilung durch Wasser oder eine andere geeignete Flüssigkeit geleitet. Die Flüssigkeit verbraucht sich und muß rechtzeitig ersetzt werden. Die *halbnassen* Reiniger leiten den Luftstrom gegen ölbenetzte Prallflächen, an denen die Fremdstoffe haftenbleiben. Die Wirkung ist gut, muß aber laufend überprüft werden. *Trockene* Reiniger verwenden entweder das Schleuderprinzip oder Filtertücher. Das Schleudern gelingt durch entsprechende Führung des Luftstromes (Zyklonwirkung), hat aber nur Wirksamkeit innerhalb eines beschränkten Geschwindigkeitsbereichs und entfernt nur gröbere Teilchen. Besser wirken Filtertücher, die aber

---

[1] Expander-Ringe, d. h. Ringe, deren Spannung durch eine hinterlegte gewellte Blattfeder erhöht wird.

gegen Feuchtigkeit recht empfindlich sind. *Kombinierte* Reiniger, die zuerst mittels Schleudern die groben und danach mit ölbenetzten Prallflächen die feinen Staubteilchen entfernen, sind sehr zuverlässig.

Nach einer Untersuchung von Düll ergibt sich für Fahrzeugluftreiniger folgendes Bild:

Reinigungsart	Raumbedarf	Gewicht	Wirkung	Wartung
1. Naß (Flüssigkeit)	groß	groß	gut	erfordert Sorgfalt
2. Halbnaß (ölbenetzt) ...	mittel	mittel	sehr gut	etwa alle viertel Jahre
3. Trocken:				
a) Schleuderreiniger	gering	gering	mittel	nicht notwendig
b) Tuchfilter	groß	mittel	gut	wenig
4. Kombinierte Reiniger ..	mittel	mittel	sehr gut	wenig

Düll rechnet im Straßenverkehr bei Personenautos mit einer Staubaufnahme für je 1000 km von rund 1 g/Zylinder, die einen Abrieb des Zylinders von etwa 0,01 mm verursacht.

B. Die Betriebstoffe.

I. Allgemeine Eigenschaften.

1. Dichte.

Die Dichte eines Stoffes ist die Masse der Volumenseinheit, d. h. im CGS-System g/cm³, bzw. g/m³. Sie hängt von keinem Bezugsstoff ab und ist nur abhängig von der Temperatur, bei der die Masse des Einheitsvolumens gemessen wird.

Das spezifische Gemisch ist dagegen eine unbenannte Zahl, für deren Wert sowohl die Temperatur der gemessenen Flüssigkeit als jene der Bezugsflüssigkeit von Bedeutung sind, so daß sie angegeben werden müssen. Im CGS-System ist die Dichte praktisch gleich dem spezifischen Gewicht, bezogen auf Wasser von 4° C.

Zur Messung des spezifischen Gewichtes ist in USA die Verwendung der API-Grade üblich, deren Beziehung zum spezifischen Gewicht nach der Formel:

$$\text{Spez. Gewicht } 15.5^0\,C\,/\,15.6^0\,C = \frac{141,5}{131,5 + API\text{-}Grade}$$

$$API\text{-}Grade = \frac{141,5}{Spez.\,Gew.\,15.5^0\,C\,/\,15.6^0\,C} - 131,5$$

bestimmt wird.

Grund für die Anwendung der API-Skala ist die Möglichkeit, die Aräometer linear zu teilen. Einen Anhaltspunkt für die Umrechnung der API-Grade in spezifisches Gewicht für die wichtigsten Betriebstoffe gibt Zahlentafel 7.

Zahlentafel 7. Spezifisches Gewicht und API-Grade von Erdölprodukten.

Stoff	Spez. Gew. 15.5° C/15.5° C	API-Grade
Rohöl	0,65—1,06	2—86
Rohrkopfbenzin...........	0,62—0,70	65—92
Benzin.................	0,70—0,77	52—70
Petroleum...............	0,77—0,83	52—39
Schmieröl SAE 10	0,86—0,92	22—33
„ „ 50	0,88—0,98	12—30
Zylinderstock	0,87—0,94	19—31

Es entsprechen:

0° API	1,0760	D 15.5° C/15.6° C
5° „	1,0366	„
10° „	1,0000	„
15° „	0,9659	„
20° „	0,9340	„
25° „	0,9042	„
30° „	0,8762	„
35° „	0,8498	„
40° „	0,8251	„
45° „	0,8017	„
50° „	0,7796	„
55° „	0,7587	„
60° „	0,7389	„
65° „	0,7201	„
70° „	0,7022	„
75° „	0,6852	„
80° API	0,6690	D 15.5° C/15.6° C
85° „	0,6536	„
90° „	0,6388	„
95° „	0,6247	„
100° „	0,6112	„
105° „	0,5983	„
110° „	0,5859	„
115° „	0,5740	„
120° „	0,5626	„
125° „	0,5517	„
130° „	0,5411	„
135° „	0,5309	..
140° „	0,5211	„
145° „	0,5117	„
150° „	0,5027	„

Für genauere Messungen der Dichte ist zu berücksichtigen, daß alle Aräometerbestimmungen sich auf die Messung im luftleeren Raum beziehen, während die Bestimmung im Pyknometer noch eine Korrektur für den Auftrieb in Luft vornehmen muß.

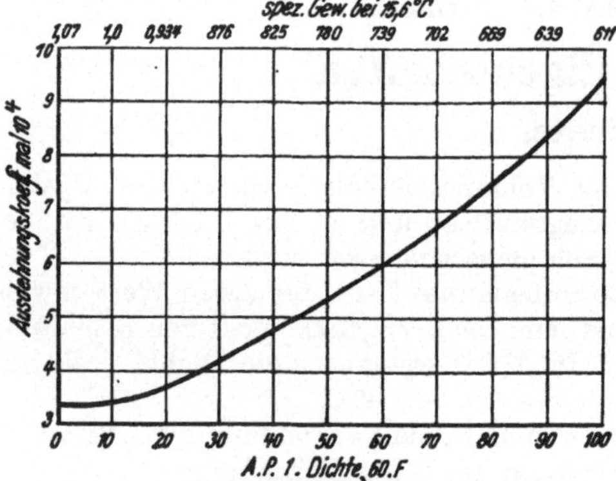

Abb. 10. Ausdehnungskoeffizient von Petroleumprodukten (nach W. A. GRUSE).

Der Ausdehnungskoeffizient von Petroleumprodukten ist nur vom spezifischen Gewicht abhängig, falls nicht feste Paraffine im Öl vorhanden sind. Abb. 10 zeigt die Beziehung von Ausdehnungskoeffizient und spezifischem Gewicht.

2. Zähigkeit.

Unter Zähigkeit (Viskosität oder innerer Reibung) versteht man den Widerstand, den eine Flüssigkeit oder ein Gas der gegenseitigen Verschiebung zweier Flächen entgegensetzt. Sie wird als dynamische Zähigkeit η bezeichnet und hat die Dimension $(m \cdot l^{-1} t^{-1})$, ihre Einheit ist dyn. s. cm^{-2} = g. cm$^{-1} \cdot$ s^{-1}, ihre Bezeichnung ist Poise, 1 Poise sind 100 Zentipoisen.

Häufiger wird nicht die dynamische, sondern die kinematische Zähigkeit ν verwendet, die den Quotienten aus dynamischer Zähigkeit und Dichte darstellt. Sie hat die Dimension $(l^2 \cdot t^{-1})$ ihre Einheit im CGS-System heißt Stok (St); 1 Stok ist gleich 100 Zentistok (cSt) oder 1000 Millistok (mSt). Im technischen Maßsystem wird die kinematische Zähigkeit in m$^2 \cdot$ s^{-1} gemessen. Zur Umrechnung von Poisen (g$_{masse} \cdot$ cm$^{-1} \cdot$ s^{-1}) in kg$_{gew.}$ $\cdot$ s$^1 \cdot$ m^{-2} multipliziert man mit 0,0102, zur Umrechnung in kg h$\cdot$ m^{-2} mit $2.833 \cdot 10^{-6}$. Die Umrechnung von Stok cm$^2 \cdot$ s^{-1} in m$^2 \cdot$ s^{-1} erfolgt durch Multiplikation mit 10^{-4}, in m$^2 \cdot$ h^{-1} durch Multiplikation mit 0,36.

Der Temperatureinfluß auf die Zähigkeit ist bei Gasen anderssinnig wie bei Flüssigkeiten; mit der Temperatur steigt die Zähigkeit der Gase (weil sie durch die damit gleichzeitig zunehmende Stoßzahl der Gasmoleküle bedingt ist) mit der Quadratwurzel aus der Temperatur, während die Zähigkeit der Flüssigkeiten sinkt, weil dabei die gegenseitigen Anziehungskräfte der Moleküle, welche die Reibung bewirken, verringert werden. Da die Flüssigkeiten sich ihrem gesamten Verhalten nach viel eher den festen Körpern als den Gasen angleichen und daher auch noch eine vielfach deutlich feststellbare Struktur besitzen, ist dieses Verhalten verständlich.

Druck ist bei Gasen in weiten Grenzen auf die Zähigkeit ohne Einfluß und zeigt erst bei hohen Drucken Einfluß (z. B. bei 1000 at bei N_2 auf das 2,5fache des Normalwertes), während er die Zähigkeit von Flüssigkeiten — allerdings erst bei Beträgen von mehreren hundert at und mehr — merkbar erhöht.

Typische Werte der Zähigkeit von Petroleumprodukten bei Zimmertemperatur sind:

Benzine	0,003	bis 0,006	Poise
Petroleum	0,02		„
Leichtes Schmieröl	0,025	„ 1,5	„
Mittleres Schmieröl	1,5	„ 3,5	„
Schweres Schmieröl	3,5	„ 20	„
Vaseline (Smp. 37° C)	1,3	„ 50° C	
	0,24	„ 99° C	

3. Oberflächenspannung.

Die Oberflächenspannung σ ist gleich der Arbeit A, die zur Herstellung der Oberflächeneinheit erforderlich ist, und damit jener Zugkraft, die tangential zur Oberfläche auf die Längeneinheit jeder in ihr enthaltenen Linie wirkt und die Oberfläche zu verkleinern sucht (GAUSS). Als Maß dieser Kraft dient das Gewicht der Flüssigkeitsmenge, die infolge der Oberflächenspannung in einem vollkommen benetzten engen Rohr entgegen der Schwerkraft aufsteigt. Die in mg/mm gemessene Kapillaritätskonstante γ gibt an, wieviel mg Flüssigkeit von 1 mm der Berührungslinie ihrer Oberfläche mit einer vertikalen Wand getragen werden. Im absoluten Maßsystem hat sie die Dimension $(m \cdot t^{-2})$, im technischen Maßsystem $(1^{-1} kg)$, die praktische Einheit ist $mg_{gew.} \cdot mm^{-1}$, die absolute CGS-Einheit $erg \cdot cm^{-2}$ oder dyn/cm^{-1}; $1 mg \cdot mm^{-1} = 9,81 dyn \cdot cm^{-1}$.

Die Oberflächenspannung wird im allgemeinen gegen Luft gemessen und ist von jener gegen den Dampf der Flüssigkeiten nur wenig verschieden. Die Oberflächenspannung an der Grenzschichte zweier Flüssigkeiten nennt man Grenzflächenspannung (interfacial tension), jene der Grenzschichte einer Flüssigkeit gegen einen festen Stoff Adhäsionsspannung. Mit steigender Temperatur nimmt die Oberflächenspannung ab, und zwar fast linear.

Die Oberflächenspannung der Petroleumprodukte nimmt mit der Dichte etwa linear zu. Während Rohöle Werte (in $dyn \cdot cm^{-1}$) von 24 bis 28 bei 20° C haben, betragen die Oberflächenspannungen anderer Produkte:

Benzin (bis 150° C Siedepunkt)	19	bis 23	dyn. cm⁻¹		
Petroleum (150 bis 300° C Siedepunkt)	23	„ 32	„	„	
Gasöle	28	„ 29	„	„	
Teeröle	34	„ 37,6	„	„	
Teeröldestillate (150 bis 300° C)	27	„ 36	„	„	
Schmieröle (Oklahoma, Kalifornien)	36	„ 37,5	„	„	(30° C)
Paraffindestillate	34	„ 36	„	„	(b. 30° C)
Paraffin (n. intern. Critical tables)	30,6				(b. 54° C)

Die Oberflächenspannung selbst charakterisiert Erdölprodukte nur wenig; um so wichtiger ist die Grenzflächenspannung, die für die Adhäsion an festen Flächen und damit für die Schmierung von größter Bedeutung ist, weil sie durch sehr kleine Mengen aktiver Anteile stark verändert wird, die heteropolar sind. In homologen Reihen nimmt sie mit dem Molekulargewicht zu. Die Messung gegenüber Wasser ist am einfachsten und wird deshalb viel angewendet. Wegen der besseren Übertragbarkeit auf praktische Verhältnisse wird auch die Bestimmung gegenüber Quecksilber gemacht, doch sind die Ergebnisse bisher nicht sehr durchsichtig. Die unmittelbare Bestimmung der Grenzflächenspannung gegen feste Körper beruht auf der Messung des Randwinkels der Benetzung, ist aber nicht sehr genau, bzw. charakterisiert zu wenig, weil beim Benetzungswinkel 0 alle Unterschiede aufhören und auch schlechte Öle kleine Benetzungswinkel geben.

Für das Haften einer Flüssigkeit an einer Grenzfläche ist ihre in erg/cm² meßbare Haftarbeit H, d. h. die Arbeit maßgebend, die man aufwenden muß, um eine Flüssigkeitsschicht von 1 cm² von der Grenzfläche loszureißen. Man kann sie nach einer von DUPRÉ angegebenen Beziehung

$$H = \sigma_1 + \sigma_2 - \gamma_{12}$$

aus der Grenzflächenspannung γ_{12} und den Oberflächenspannungen σ_1 und σ_2 der beiden Grenzflächenpartner bestimmen. Die Haftarbeit nimmt mit der Polarisierbarkeit zu, ist bei Säuren größer als bei Alkoholen und Estern und steigt bei diesen in homologen Reihen mit wachsender Kohlenstoffzahl an, während sie bei den Säuren gleichbleibt. Bei Alkoholen und Säuren nimmt sie mit Kettenverzweigung ab. Aus der Haftarbeit kann bei Annahme eines Weges von 10^{-8} cm für die wirkende Kraft die Haftfestigkeit berechnet werden. Sie entspricht der Kraft, die nötig ist, um eine Grenzfläche von 1 cm² abzureißen. Zur Trennung im Innern der Flüssigkeit oder von festen Stoffen muß die Zerreißfestigkeit überwunden werden. Bei Flüssigkeiten ist die beim Zerreißen zu leistende Arbeit gleich der doppelten Oberflächenspannung.

Wie K. L. WOLF [19] ausführt, kann also beim Abreißen zweier durch eine Flüssigkeitsschicht miteinander verbundener Metallplatten damit gerechnet werden, daß das Metall die Stelle des kleinsten Widerstandes darstellt, so daß verständlich wird, wie und warum Schmiermittel, z. B. in schnellaufenden Kolbenmaschinen und an Zahnrädern, korrodierend wirken können, wie das von E. HEIDEBROEK [20] beobachtet wurde.

Die Übertragung der Grenzflächenspannung gegen Wasser auf die Verhältnisse bei Metallen kann sehr irreführen, wie ebenfalls K. L. WOLF in Zahlentafel 9 zeigt:

Zahlentafel 8. Haftfestigkeiten (an Quecksilber) und Zerreißfestigkeit von Metallen. (Nach K. L. WOLF).

Stoff	Zerreißfestigkeit kg/cm²	Haftfestigkeit kg/cm²
Cyclohexan	4.900	12.500
Benzol	5.600	14.300
Tetrachlorkohlenstoff	5.600	15.000
Äthanol	4.500	12.000
Propanol	4.700	12.500
Butanol	5.000	12.800
Hexanol	5.300	13.400
Propionsäure	5.300	17.400
Buttersäure	5.300	17.200
Hexylsäure	5.600	17.400
Heptylsäure	5.700	17.400
Wasser	14.400	16.700
Quecksilber	96.000	96.000
Messing	5.000	
Eisen	4.000—7.000	

Zahlentafel 9. Verschiedenes Verhalten von organischen Stoffen gegen Wasser und Quecksilber.

Stoff	Grenzflächenspannung dyn/cm gegen		Haftarbeit erg/cm² gegen	
	Wasser	Quecksilber	Wasser	Quecksilber
Hexan	51,25	380	40	120
Oktan	50,81	—	—	—
Benzol	35,03	366	66,6	143
Tetrachlorkohlenstoff	43,26	358	56,1	149
Chlorbenzol	37,41	350	68,5	163
Schwefelkohlenstoff	48,36	341	55,8	170
Azeton		369	—	134
Mercaptan	26,12	340	68,5	160
Äthanol	—	382	95,0	120
Oktanol	8,52	367	90,8	140
Essigsäure	—	331	—	176
Heptylsäure	6,56	335	84,6	173
Ester	25	350	75	150

Während aus einem Gemisch von Alkohol und Paraffinkohlenwasserstoff gegen Wasser immer der Alkohol an die Grenzfläche tritt, wird an der Grenzfläche gegen Quecksilber je nach der Größe des Moleküls entweder der Alkohol oder der Paraffinkohlenwasserstoff an der Grenzfläche angereichert [19].

Die Neigung, mit Wasser Emulsionen zu bilden, wird im allgemeinen — Bildung eines festen, bzw. beständigen Grenzflächenfilms vorausgesetzt — um so größer, je kleiner die Grenzflächenspannung wird.

4. Optische Eigenschaften.

Die Farbe von Erdölprodukten ist selten ein Merkmal der Qualität; sie ist als Bestimmungsmerkmal von den Anforderungen an Leuchtpetroleum übernommen worden und bei Benzinen, die überdies handelsmäßig vielfach gefärbt werden, zur Beurteilung der motorischen Eignung wertlos. Bei Schmierölen gibt die Farbe einen gewissen Hinweis auf die Güte der Raffination, wenn das Ausgangsöl bekannt ist. Zur Verfolgung der Raffination ist sie wertvoll, besonders bei Behandlung der Öle mit Säure und mit adsorbierenden Stoffen. Sie wird durch den Vergleich mit anderen Stoffen in bekannter Schichtdicke in Kolorimetern gemessen. „Wahre Farbskalen" bemühen sich, additive Meßwerte zu liefern, so daß man die Farbwerte von Gemischen berechnen kann. Dazu bestimmt man den Extinktionskoeffizienten im Pulfrich-Photometer von Zeiss. Für Einzelheiten der Untersuchung von Mineralölen vgl. R. Kötschau [21]. Die Meßgenauigkeit der Farbkonstanten beträgt allerdings nur 5 bis 10 %.

Der *Brechungsindex* oder das Brechungsvermögen eines Stoffes ist das Verhältnis der Lichtgeschwindigkeit im Vakuum zu jener in diesem Stoffe $N = \frac{v_0}{v}$; $v_0 = 2 \cdot 9977 \cdot 10^{10}$ cm $\cdot s^{-1}$; er ist von der Schwingungszahl, bzw. Wellenlänge abhängig.

Das *spezifische Brechungsvermögen* ist nach der LORENTZ-LORENZ-Formel

$$r = \frac{n^2 - 1}{\varrho\,(n^2 + 2)},$$

worin ϱ die Dichte des Stoffes ist. Es ist nur wenig von der Temperatur, dem Druck und dem Aggregatzustand des Stoffes abhängig.

Als *Atom-,* bzw. *Molekularrefraktion* R wird das Produkt von r mit dem Atom-, bzw. Molekulargewicht des betreffenden Stoffes bezeichnet.

Als Temperaturkoeffizienten der Refraktion kann man den mit 0,59 multiplizierten Temperaturkoeffizienten der Dichte nehmen.

Die *Dispersion* gibt an, wie sich die Brechungszahlen eines Stoffes für verschiedene Wellenlängen zueinander verhalten; der Unterschied zwischen der Brechungszahl für die Linie F (Wasserstoff bei 4861·372 Å) und Linie C (Wasserstoff bei 6562·785 Å) wird mittlere Dispersion genannt.

Der Brechungsindex dient als einfache und rasche Charakteristik der Petroleumprodukte; vorteilhaft wird er mit der Natrium-D-Linie bestimmt, die eine Wellenlänge von 5893 Å hat. Die Dispersion spricht auf Unterschiede der chemischen Konstitution schärfer an, so daß sie in steigendem Maße zur Charakteristik herangezogen wird [22]. Die Ultraviolettabsorption spielt gegenüber der Infrarotabsorption nur eine geringe Rolle; diese ist vor allem für leichte Fraktionen günstiger und erlaubt, primären, sekundären und tertiären Wasserstoff gut zu unterscheiden. Ähnlich kann die Auswertung des Ramanspektrums Aufklärung über die Zusammensetzung von Kohlenwasserstoffen geben.

Allgemein ist aber über diese Verfahren zu sagen, daß ihre Möglichkeiten sich vor allem auf die Entdeckung geringer Mengen von Verunreinigungen in einem sonst einheitlichen Stoff oder auf die Feststellung von bestimmten Verbindungen, deren Spektrum bekannt ist, in einem Gemenge weniger Komponenten beschränken. Im letzteren Falle ist die Trennung in enge Fraktionen unerläßlich, wenn Vielkomponentengemische vorliegen. Quantitative Aussagen sind schwierig [23], doch werden spektroskopische Verfahren in rasch wachsendem Ausmaße bei der Herstellung der Kraftstoffe, bzw. Kohlenwasserstoffe verwendet.

5. Dampfdruck und Siedepunkt.

Der Siedepunkt der Erdölprodukte ist von allgemeiner Bedeutung für die meisten Verwendungszwecke. Er steigt naturgemäß mit dem Molekulargewicht in einer homologen Reihe, ist aber bei Isomeren gleichen Molekulargewichts verschieden, und zwar ist jener der geradkettigen (normalen) Paraffinkohlenwasserstoffe am höchsten. Durch

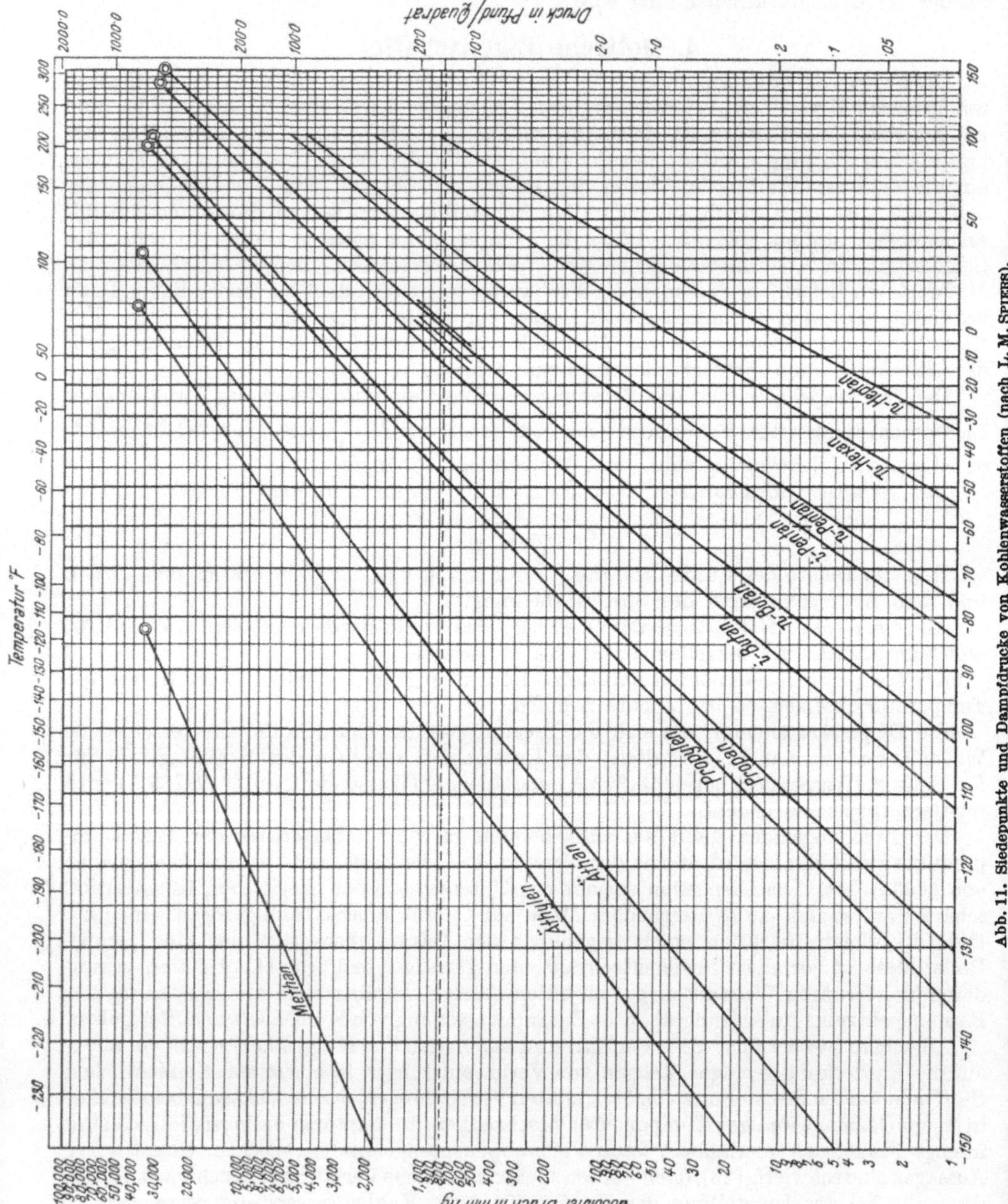

Abb. 11. Siedepunkte und Dampfdrucke von Kohlenwasserstoffen (nach L. M. Spiers).

Seitenketten wird der Siedepunkt erniedrigt, und zwar um so mehr, je verzweigter die Seitenkette ist. Zwei Seitenketten an verschiedenen C-Atomen ergeben eine starke Herabsetzung des Siedepunktes; am niedrigsten wird er, wenn in den Isomeren die beiden Seitenketten an das vorletzte C-Atom gebunden sind. Bei Aromaten sieden die Ortho-Substitutionsprodukte im allgemeinen tiefer als die para- und meta-Verbindungen. Der Eintritt einer CH_3-gruppe in den Benzolkern erhöht den Siedepunkt um rund 30° C, während er in normalen primären Alkoholen und Fettsäuren anfänglich nur eine Erhöhung um 18 bis 22° ergibt, die bei den größeren Molekülen noch geringer wird. Tritt aber das CH_3 in eine Seitenkette des Benzols, so steigt der Siedepunkt ebenfalls um 18 bis 22° C. Die Siedepunkte der einander entsprechenden normalen Kohlenwasserstoffe liegen bei den Paraffinen, einfachen Olefinen und Diolefinen nahe zusammen. Die durchschnittlichen Siedepunkte der Kohlenwasserstoffe paraffinischer und ringförmiger Struktur mit 6 bis 8 C-Atomen liegen bei:

C-Atome	Paraffine	Naphthene
6	60° C	80° C
7	90° C	105° C
8	115° C	130° C

Mit dem Druck ändert sich der Siedepunkt stark. Eine Korrektur des Siedepunktes für die verschiedenen Siedebereiche enger Erdölfraktionen gibt die Zahlentafel 10.

Die Korrektur gilt für Drucke von 760 bis 50 mm Hg; für jeden Millimeter Druckunterschied ist der entsprechende Betrag zu- oder abzuziehen. Zur Umrechnung von Siedepunkten im Vakuum auf Siededruck bei normalem Luftdruck ist die Zahlentafel 11 brauchbar:

Zahlentafel 10. Korrekturen für die Siedepunkte enger Erdölfraktionen. Nach E. S. Beale [24].

Siedepunkt bei 760 mm Hg °C	Korrekturfaktor °C/mm Hg
— 100	0,023
50	0,029
0	0,035
50	0,040
100	0,046
150	0,051
200	0,056
250	0,061
300	0,065
350	0,069
400	0,073

Zahlentafel 11. Umrechnung von Siedepunkten im Vakuum auf Siedepunkte bei normalem Luftdruck. Nach E. S. Beale und P. Docksey.

Im Vakuum beobachteter Siedepunkt °C	Vakuum von mm Hg								
	60	40	20	10	5	2,5	1	0,1	0,01
	Siedepunkte bei 760 mm Hg								
40	113	123	141	154	169	183	197	235	269
60	137	147	164	179	193	209	224	265	300
80	160	170	187	204	218	235	250	295	332
100	182	192	210	228	243	261	276	324	364
120	204	214	234	252	268	287	303	353	395
140	226	237	258	277	294	313	331	383	427
160	249	260	282	301	320	339	358	412	458
180	272	283	306	325	345	365	385	442	489
200	295	306	330	350	371	391	413	472	522
220	316	329	354	375	396	417	440	500	553
240	340	352	378	400	421	443	467	529	584
260	363	375	402	426	446	469	493	557	615
280	386	399	426	450	471	495	520	586	646
300	407	422	450	474	496	521	547	616	678
320	432	446	474	499	522	547	574	645	710
340	454	470	498	524	548	573	602	674	
360	477	493	522	549	574	599	629	703	
380	500	516	545	573	600	656			

(Als Vakuum wird der absolute Druck in mm Hg angegeben.)

Auf weitere Umrechnungsmöglichkeiten sei hier nur verwiesen [24]. Ein zweckmäßiges Diagramm für die Umrechnung der Siedepunkte, bzw. der Dampfdrucke ist in den Abb. 11 und 12 nach L. M. Spiers wiedergegeben.

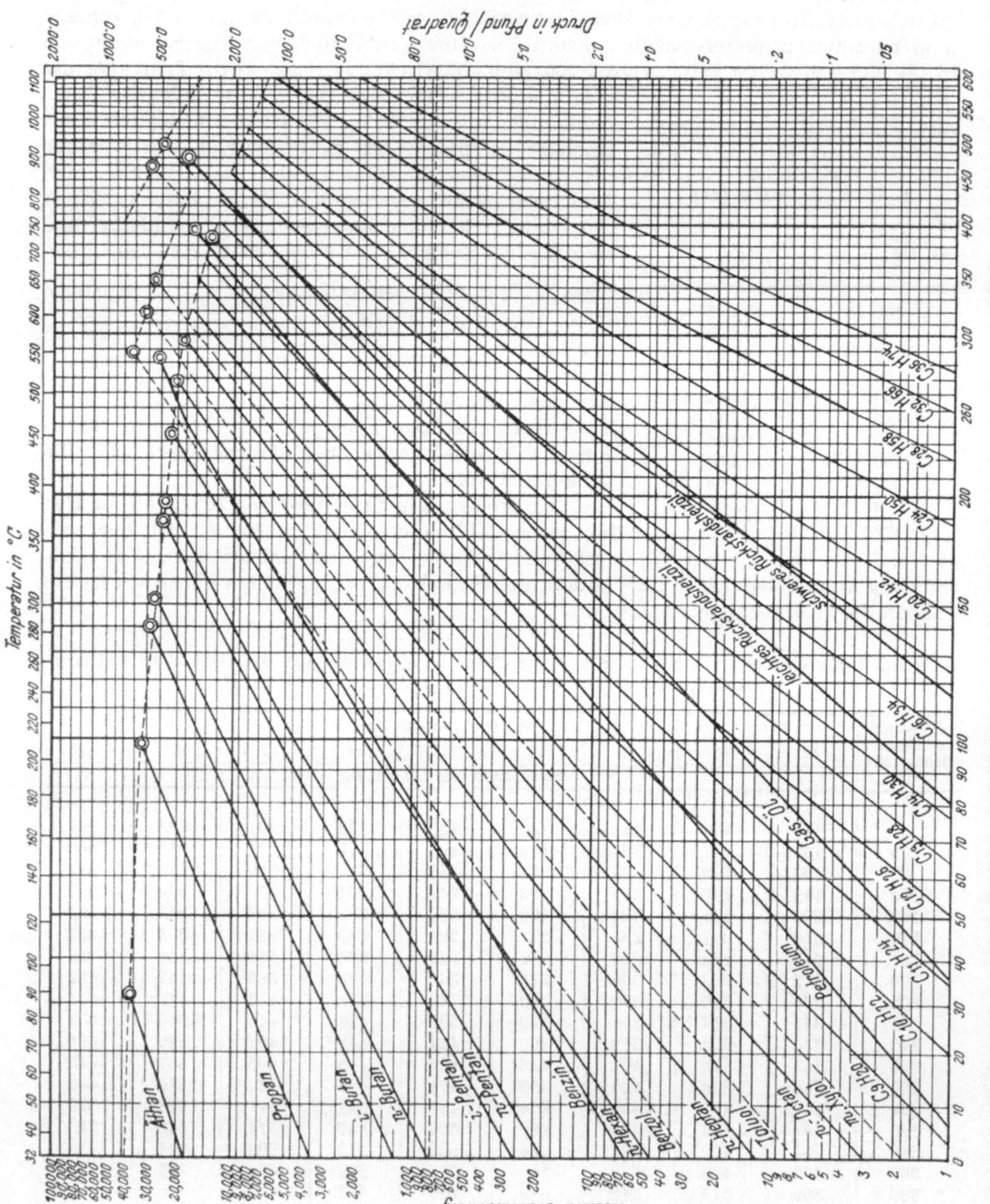

6. Anilinpunkt.

Unter Anilinpunkt versteht man jene Temperatur, bei der sich gleiche Volumina Kohlenwasserstoff und Anilin vollkommen mischen. Dabei soll das Anilin einen Gefrierpunkt von — 6,2° C aufweisen und mit n-Heptan einen Anilinpunkt von 70,6° C besitzen.

Der Anilinpunkt ist ein einfaches und aufschlußreiches Kennzeichen für den chemischen Aufbau der Kohlenwasserstoffe, so daß er in vielen Charakteristiken Anwendung findet.

7. Spezifische Wärme und Verdampfungswärme.

Einheit der spezifischen Wärme (bei konstantem Druck, wie dies bei Messungen von Flüssigkeiten in Frage kommt) ist jene Wärmemenge in Kalorien, die man einem Gramm zuführen muß, um seine Temperatur um einen Grad Celsius zu erhöhen. (Sie ist gleich der Wärmemenge in British Thermal Units/Pfund für 1° Fahrenheit.) Mit steigender Temperatur nimmt sie um etwa 0,0011° C zu, sinkt aber mit zunehmendem Molekulargewicht. Nach CRAGOE ist die spezifische Wärme C bei normalem Druck in Kalorien/g oder British Thermal Units/Pfund $C = \dfrac{1}{\sqrt{s}}(0,388 + 0,00045\,t)$, worin s das spezifische Gewicht b.15.6°C/15.6°C und t die Temperatur in Grad Fahrenheit ist.

Der Gesamtwärmeinhalt (Enthalpie) von Flüssigkeiten über 0° C ergibt sich zu $\dfrac{1}{\sqrt{s}}(0,388 + 0,000255\,t^2 - 12,65)$, mit gleichen Bezeichnungen wie oben. Bei Erdöldämpfen ist der Wärmeinhalt (Enthalpie) über 0° C $(215\text{ bis }87\,s) + (0,415\text{ bis }0,104)\,t + (0,00031\text{ bis }0,000078\,s)\,t^2$.

Für die Wärmeinhalte unter Druck sei auf den Aufsatz von D. W. GOULD [25] verwiesen.

Die Verdampfungswärme der Petroleumprodukte ist nach CRAGOE:

$r = \dfrac{1}{d}(110,9 - 0,09\,t)$ cal/g (kcal/kg), worin d die Dichte b 15.6°C/15.5°C und t die Temperatur in Grad Fahrenheit ist.

8. Wärmeleitfähigkeit.

Nach CRAGOE beträgt die Wärmeleitfähigkeit in cal/cm s ° C von Erdölprodukten $\dfrac{0,28}{d}(1-0,00054\,t) \times 10^{-3}$, worin d wieder das spezifische Gewicht b.15.6°C/15.6°C und t die Temperatur in Fahrenheit. Danach berechnete Wärmeleitfähigkeiten betragen:

Temperatur °C	Spezifisches Gewicht 15,5/15,5° C					
	0,75	0,80	0,85	0,90	0,95	1,0
0	0,00037	0,00035	0,00033	0,00031	0,00029	0,00028
100	0,00035	0,00033	0,00031	0,00029	0,00028	0,00026
200	0,00033	0,00031	0,00029	0,00028	0,00026	0,00025
300	—	—	0,00028	0,00026	0,00025	0,00023
400	—	—	—	0,00024	0,00023	0,00022

Bei fetten Ölen ist sie etwas größer: Olivenöl 0,000395, Rizinusöl 0,000425, Schweineschmalz 0,00048.

9. Molekulargewicht.

Das mittlere Molekulargewicht ist naturgemäß ein etwas unsicherer Wert, da die verschiedenen Mischungskomponenten sehr ungleicher Art und überdies ungleichmäßig verteilt sein können.

Man kann dafür folgende Größen annehmen:

Benzin . . . . um 100
Leichtes naphthenisches Schmieröl . . . . „ 150
Leichtes paraffinisches Schmieröl . . . . „ 300
Schweres naphthenisches Schmieröl . . . . „ 300
Schweres paraffinisches Schmieröl . . . . „ 600

Das Molekularvolumen hat neuerdings im Zusammenhang mit Fragen der Schmierung Bedeutung gewonnen. Allerdings ist, wie beim Molekulargewicht zu bedenken, daß die Schmieröle, für die beide Werte praktisch eine Rolle spielen, infolge der Assoziation sogenannte Übermoleküle bilden, so daß die in Lösungen bestimmten Zahlen nur mit Vorsicht angewendet werden können. Molekularvolumina und spezifische Gewichte einiger C_6-Kohlenwasserstoffe gibt die Zahlentafel 12.

Zahlentafel 12. Molekularvolumen und spezifische Gewichte einiger C_6-Kohlenwasserstoffe.

Stoff	Formel	Molekularvolumen bei 20° C	Spezifisches Gewicht bei 20° C
Hexan	C_6H_{14}	130,3	0,6594
Hexylen (1)	C_6H_{12}	124,8	0,6732
Hexadien (1, 5)	C_6H_{10}	119,0	0,688
Hexadien (1, 3)	C_6H_{10}	115,6	0,718
Hexatrien (1, 3, 5)	C_6H_8	108,6	0,842
Cyclohexan	C_6H_{12}	107,8	0,779
Cyclohexan	C_6H_{10}	101,3	0,8102
Cyclohexydien (1, 3)	C_6H_8	95,2	0,8404
Benzol	C_6H_6	88,7	0,8799

II. Kraftstoffe.

1. Gasförmige Kraftstoffe.

Die Gase für den Motorbetrieb sind sehr verschiedenen Ursprungs. Sieht man vom Wasserstoff ab, der elektrolytisch zur Energiespeicherung hergestellt werden sollte, so entstehen sie bei der Zersetzung von Brennstoffen oder von anderen organischen Stoffen durch Erhitzung (Leuchtgas, Schwelgas), Krackung (Krack- oder Spaltgas), bakteriellen Zerfall (Faulgas) oder durch unvollkommene Verbrennung (Kraftgas, Hochofengas). Der Ursprung des Erdgases ist bisher noch nicht einwandfrei geklärt.

Die durch thermische und bakterielle Zusetzung entstandenen Gase sind sehr heizkräftig, weil sie entweder fast nur aus Kohlenwasserstoffen mit einem Heizwert von 7000 bis 15 000 kcal/Nm³ bestehen, wie Erdgas, Krackgase und Hydriergase, oder nur wenig nicht brennbare Bestandteile enthalten. Einen geringeren Heizwert haben Schwelgase, wie Braunkohlenschwelgas, Leucht- und Steinkohlengas infolge des Gehaltes an CO_2. Die eigentlichen Kraftgase, Hochofengichtgas, Generatorgas und Wassergas sind infolge ihres erheblichen Gehaltes an Stickstoff viel weniger heizkräftig (1000 bis 2500 kcal/Nm³). Kraftgase und Zersetzungsgase können unter normalem Druck oder komprimiert verwendet werden.

Für den Vergleich verschiedener gasförmiger Brennstoffe ist nicht nur der Heizwert, sondern vor allem der Gemischheizwert maßgebend, da davon die chemische Energie der Zylinderfüllung abhängt.

In der Zahlentafel 13 sind diese Werte mit dem theoretischen Leistungsverlust (gegenüber Benzinbetrieb ohne Verdichtungsänderung) nach Angaben von v. HUHN [26] zusammengestellt.

Zahlentafel 13. Heizwerte und Gemischheizwerte von flüssigen und gasförmigen
Treibstoffen.

Bezeichnung	Unterer Heizwert		Luftbedarf		Gemisch-heizwert kcal/m³ [1]	Daraus errechneter Leistungs-verlust in %
	kcal/kg	kcal/m³ [1]	m³/kg[1]	m³/m³		
Tankstellenbenzin (86 : 9·3 : 4,7) ...	9850[2]	—	11,64	—	836[3]	—
Gemisch (65/35)	10200[2]	—	11,98	—	843[3]	+ 0,8
Propan........................	11000	19900	13,2	23,8	803	— 3,9
Butan	10900	25900	13,0	31,0	810	— 3,1
Leuna-Treibgas	10950	22600	13,1	26,9	810	— 3,1
Reinmethan	—	7860	—	9,5	747	— 10,7
Motorenmethan[4]	—	9180	—	10,8	777	— 7,1
Leuchtgas[4]	—	3480	—	3,7	742	11,3
Generatorgase						
Holz[4]	—	1256	—	1,2	571	— 31,7
Holzkohle[4]	—	1019	—	0,89	539	— 35,5
Steinkohlenschwelkoks[3]	—	1146	—	1,06	556	— 33,5

[1] m³-Angaben bei 15° und 735 mm Hg.
[2] Verdampfungswärme berücksichtigt.
[3] Die Hälfte des Brennstoffes als verdampft angenommen.
[4] Angaben nach RIXMANN [14].

Für den Kraftverkehr spielt der Heizwert des Gases und sein Gemischheizwert die
größte Rolle. Gase, die bei der Verdichtung flüssig werden, also hohe Dichte erhalten
und in kleinen Behältern untergebracht werden können, sind den anderen weit überlegen.
Außerdem ist die Reinheit des Gases von großer Bedeutung. Vor allem darf es keine
festen Bestandteile enthalten. Der Gehalt an Schwefelverbindungen und ungesättigten
Verbindungen ist zu begrenzen. Wasser ist ebenfalls ein unerwünschter Bestandteil,
weil es die Kältebeständigkeit der Gase verringert.

Im folgenden werden kurz die Kraftgase sowie die verdichteten und verflüssigten
Treibgase besprochen. Zum Vergleich sind die wichtigsten Werte dieser Gase in der
folgenden Zahlentafel 14 zusammengestellt.

Zahlentafel 14. a) Durchschnittliche Zusammensetzung der technischen Brenngase
[nach K. BUNTE: GWF 74, 941 (1931)].

Art des Gases	Leuchtgas	Stein-kohlengas	Kokerei-gas	Wassergas	Normen-gas der Vorkriegs-zeit	Stadtgas Normen-gas	Stein-kohlen-wassergas	Ölkarbu-riertes Wassergas	Generator-gas	Gichtgas
Oberer Heizwert kcal/Nm³ ..	5900	5500	4650	2700	5060	4300	3100	3970	1280	950
Unterer Heizwert kcal/Nm³ .	5260	4900	4130	2460	4430	3830	2800	3620	1215	940
Zusammen-setzung CO_2 %	2	2,0	2,1	6,8	2,8	4,0	5,0	6,0	5,9	7,5
schwere Kohlenwasserstoffe %	4	3,5	2,1	—	2,9	2,0	0,2	3,8	—	—
CO %	8	8,5	6,2	38,5	16,6	21,5	34,5	33,5	28,5	29,0
H_2 %	50	52,5	53,3	49,5	50,0	51,5	48,5	44,5	12,8	2,5
CH_4 %	34	30,0	25,0	0,2	25,1	17,0	5,5	8,0	0,3	—
N_2 %	2	3,5	11,3	5,5	2,6	4,0	6,3	4,2	52,5	61,0
Spez. Gew. (Luft = 1)	0,41	0,40	0,41	0,56	0,44	0,47	0,54	0,58	0,88	0,99
Sauerstoffbedarf m³/m³	1,15	1,06	0,893	0,44	0,966	0,795	0,534	0,72	0,21	0,16
Luftbedarf (Mindestluft-menge) m³/m³	5,50	5,09	4,27	2,12	4,62	3,81	2,55	3,45	1,01	0,75
Rauchgasmenge,feuchtm³/m³	6,23	5,80	4,98	2,68	5,30	4,45	3,14	4,08	1,81	1,59
Rauchgasanalyse bei vollkommener CO_2 %	9,0	8,8	8,0	16,9	10,0	10,9	14,5	14,5	19,2	23,0
Verbrennung mit H_2O %	20,9	21,2	22,0	18,6	20,5	20,6	19,1	17,6	7,4	1,6
der theoretischen Luftmenge N_2 %	70,1	70,0	70,0	64,5	69,5	68,5	66,4	67,9	73,4	75,4
Gemischheizwert kcal/Nm³ .	810	804	784	788	790	796	782	812	604	537

Zahlentafel 15. Zusammenstellung der für den motorischen Betrieb wichtigsten Kenngrößen der Treibstoffe.

Kraftstoff	Raumgewicht	Zusammensetzung[2], bzw. Elementaranalyse %	Unterer Heizwert kcal/kg	Unterer Heizwert kcal/Nm³	Theoretischer Luftbedarf	Gemischheizwert kcal/Nm³	Mischungsverhältnis[5] (Gemischheizwert kcal/Nm³) Beste Leistung	Sparsamer Verbrauch	Motor läuft unruhig	Praktisch nutzbare Grenze des Verdichtungsverhältnisses im Otto-Motor	im umgebauten Diesel-Motor	Oktanzahl etwa
Benzin (handelsüblich)[1].	0,736 kg/l	80,7 C 14,2 H 5,1 O	10040	—	10,8 Nm³/kg	928	1 (928)	1,1 (845)	1,3	rd. 1:6	—	76[6]
Benzin-Benzol (handelsübl.), Gemisch „Aral“[1]	0,783 kg/l	83,2 C 11,8 H 5,0 O	9740	—	10,85 Nm³/kg	940	1 (940)	1,1 (855)	1,3	rd. 1:7	—	90[6]
Flüssiggas (handelsübl.),	rd. 2,22 kg/Nm³	47—55 Propan 42—36 Butan 1—3 Olefine 10—6 Rest[3]	11000	—	12,0 Nm³/kg	885	0,94 (878)	1,14 (775)	1,4	rd. 1:7	rd. 1:8,5	105—110[6]
Propan, rein............	1,96 kg/Nm³	100 C₃H₈	11040	21600	12,05 Nm³/kg	880	—	—	—	rd. 1:7	1:40 Klopfgrenze	125[7]
Butan, rein............	2,6 kg/Nm³	100 C₄H₁₀	10920	28400	11,92 Nm³/kg	888	—	—	—	1:6,8	1:6,8 Klopfgrenze	90[7]
Methan, rein............	0,717 kg/Nm³	100 CH₄	11970	8560	9,5 m³/m³	815	—	—	—	rd. 1:7	rd. 1:10	—
Motoren-Methan (handelsüblich)......	0,915 kg/Nm³	rd. 64 Methan „ 16 Äthylen „ 14 Äthan „ 2,5 CO[4]	10950	10000	10,8 m³/m³	847	1,04 (817)	1,18 (727)	1,7—1,8	rd. 1:7	rd. 1:10	122[6]
Lenchtgas (Berliner Stadtgas)	0,603 kg/Nm³	49,8 H₂ 14,8 CO 17,9 CH₄ 2,1 CₙH	—	3800	3,7 m³/m³	808	0,97 (803)	1,2 (699)	rd. 4	1:7	1:7—1:8	100[6]
Saug-gas aus Holz	1,139 kg/Nm³	22,8 CO 18,6 H₂ 2,3 CH₄	—	1370	1,2 m³/m³	623	0,95 (608)	1,02 (616)	—	1:9—1:10	1:9—1:10	—
Saug-gas aus Holzkohle.....	1,171 kg/Nm³	29,6 CO 7,8 H₂	—	1110	0,89 m³/m³	586	1 (586)	1,15 (548)	—	1:9—1:10	1:9—1:10	—
Saug-gas aus Steinkohlenschwelkoks..	—	27—30 CO 13—10 H₂ 1—1,2 CH₄	—	1250	1,06 m³/m³	605	—	—	—	1:9—1:10	1:9—1:10	—

[1] Mit Sprit vermischt.
[2] Bei Gasen sind nur die brennbaren Bestandteile angegeben.
[3] Schwere Kohlenwasserstoffe und gelöstes Gas.
[4] Außerdem 0,6% H₂ und 0,3% C₃H₆.
[5] Nach Versuchen am Motor.
[6] Nach dem CFR-Research-Verfahren [25].
[7] Nach dem ASTM-Verfahren (CFR-Motor-Verfahren).

Eine Gegenüberstellung der Eigenschaften von Benzin und von Gasen gibt die Zahlentafel 15 nach RIXMANN [27].

Als verflüssigte Gase kommen praktisch vor allem Propan und Butan, bzw. die entsprechenden Olefine in Frage. Technisch fallen diese Gase bei der Krackung von Erdöl, in geringerer Menge bei der Benzinsynthese an. In großer Menge werden sie aus Erdgas isoliert.

Außer geringem Gehalt an Schwefelverbindungen und Ammoniak ist Freiheit des Flüssiggases von elementarem Schwefel und Merkaptanen erwünscht. Der Gehalt an ungesättigten Verbindungen soll etwa 10 Gewichtsprozent nicht überschreiten. Die Kältebeständigkeit soll etwa bei — 30° C liegen, wozu vor allem geringster Wassergehalt notwendig ist. Die wichtigsten Eigenschaften von Propan, Normalbutan und Isobutan zeigt die Zahlentafel 16.

Zahlentafel 16. Eigenschaften von Propan, Normalbutan und Isobutan.

Chemische Formel	Propan $CH_3 \cdot CH_2 \cdot CH_3$	Normalbutan $CH_3 \cdot CH_2 \cdot CH_2 \cdot CH_3$	Isobutan $CH_3 \cdot CH : (CH_3)_2$
Spez. Gew. (bezogen auf Luft)	1,521	2,004	2,004
„ „ („ „ Wasser 15° C)	0,509	0,582	0,567
Schmelzpunkt ° C	—189,9	—135	—145
Siedepunkt	— 44,5	0,5	— 10,2
Verdampfungswärme (beim kritischen Punkt) kcal/kg	107	96	94
Unterer Heizwert, kcal/Nm³	21 700	28 200	28 200
„ „ kcal/kg	11 000	10 900	10 900
Zündgrenzen Vol.-%	2,3—9,5	1,9—8,4	1,9—8,4
Dampfdruck, ata, 20° C	8,8	2,1	3,3
Kritischer Druck at	45	35,7	—
Kritische Temperatur	95,6	153,2	134
Theoretischer Luftbedarf m³/m³	23,8	31,0	31,0
Klopffestigkeit, Oktanzahl (Research-Motor)	125	99	91

Für die Verwendung verflüssigter und verdichteter Gase spielt das Flaschengewicht eine um so größere Rolle, je leichter das Gas ist; bei Wasserstoff beträgt es etwa 5 kg/ 1000 Kal. Für Flaschen mit verflüssigten Gasen gibt die Zahlentafel 17 eine Übersicht über die Verhältnisse:

Zahlentafel 17. Flaschen für Flüssiggase. Nach F. JANTSCH [28].

		Füllgewicht		
		22 kg	33 kg	46 kg
Flaschenrauminhalt	Liter	60	79	108
Eigengewicht	kg	30	39	53
Füllgewicht	kg	22	33	46
Wärmeinhalt	kcal	241 000	362 000	505 000
entsprechend Benzin (7800 kcal/l)	Liter	31	46,5	64,8
Wärmeinhalt/kg Flaschengewicht	kcal/kg	8 000	9 300	9 500
Transportgewicht	kg	52	72	99
Transportgewicht für 1000 kcal/kg		0,216	0,198	0,195

Das Gewicht eines Benzintanks kann man zum Vergleich mit etwa 0,03 kg/1000 kcal einsetzen.

Ungünstig für den Betrieb mit Flüssiggas ist die größere Feuergefährlichkeit, die vor allem in der Garage zu berücksichtigen ist und die Unmöglichkeit, von dem Druck des

Gases auf den Inhalt der Flaschen schließen zu können, da er fast bis zur völligen Entleerung konstant bleibt, im Gegensatz zu den Gasflaschen mit verdichteten Gasen, in denen der Inhalt dem Druck direkt proportional ist.

2. Feste Brennstoffe zur unmittelbaren Verbrennung im Motor.

Feste Brennstoffe gelangen in Verbrennungsmotoren entweder direkt, z. B. im Kohlenstaubmotor oder nach der Vergasung zur Verwendung.

Da die Vergasung an anderer Stelle behandelt wird, sollen hier nur *Brennstoffe zur unmittelbaren Verbrennung* im Motor besprochen werden.

Die kennzeichnenden Größen für die Verwendbarkeit fester Brennstoffe im Motor sind: Heizwert, Selbstzündungstemperatur, Zündverzug, Korngröße und vor allem Menge und Art der Asche, von der im wesentlichen die Abnützung abhängt, die eines der größten Probleme des Kohlenstaubmotors darstellt. Wenn der Kohlenstaubmotor sich auch noch immer in der Entwicklung befindet, seien hier doch einige Angaben über die erforderlichen Eigenschaften des Kohlenstaubes gemacht.

Nach Zahlentafel 18 sinken die Selbstzündungstemperaturen mit dem Druck und mit der Mahlfeinheit, allerdings nur bis zu einem gewissen Grade.

Zahlentafel 18. Selbstzündungstemperaturen in ° C von Kohlenstaub nach T. Suwa.

Feinheit	Druck in kg/cm²			
	5	10	20	30
Geht durch ein Sieb mit 100 bis 200 Maschen/cm²	544	510	488	439
„ „ „ „ „ 200 „ 250 „	510	465	438	420
„ „ „ „ „ über 250 „	493	438	404	394

Zahlentafel 19 zeigt die untersten Selbstzündungstemperaturen von Kohlenstaub in der Bombe nach Versuchen von Wentzel bei 10,2 kg/cm² Druck.

Zahlentafel 19. Unterste Selbstzündungstemperatur von Kohlenstaub bei 10,2 kg/cm².

Kohlenstaub	FeinheitDurchgang durch Sieb mit 6265 Maschen/cm²	Wasser %	Asche %	Flüchtige Bestandteile ohne (HO) %	Selbstzündungstemperatur °C
Mitteldeutsche Braunkohle:					
Gemahlener Brennstoff	62,65	11,5	9,5	48,0	290 bis 300
Elektrofilterstaub	85,10	11,5	9,5	48,0	290 bis 300
Ruhrsteinkohle	84,14	2,29	13,79	27,9	480
Magerkohle-Anthrazit.............	83,20	1,5	10,0	8,0	600

Die Selbstentzündungstemperatur ist demnach um so niederer, je mehr flüchtige Bestandteile die Kohle enthält.

Die unteren *Zündgrenzen* liegen nach Meldau bei Kohlenstaub bei etwa 17,2 g/m³, d. h. 58 m³ Luft für 1 kg; scharfe obere Grenzen gibt es nicht.

Der *Zündverzug* von Kohlenstaub ist von der Dichte der Verbrennungsluft und von der Höhe der Selbstentzündungstemperatur abhängig und wird durch die Größe der kleinsten Körner bestimmt. Nach Versuchen von Wentzel beträgt er in der Bombe 0,01 bis 0,03 sek, nach den motorischen Versuchen der I. G. in Oppau betrug aber die gesamte Hauptverbrennungsdauer (Zeit von Beginn bis Ende des Druckanstieges) nur 0,003 bis 0,015 s, während Wentzel in der Bombe etwa die vier- bis zehnfachen Werte fand. Wahl hält deshalb Drehzahlen von 1000 bis 2000 U/min beim Kohlenstaubmotor für erreichbar, während Wentzel als obere Grenze 400 U/min annahm.

Die erforderlichen *Korngrößen* liegen bei etwa 0,005 bis 0,06 mm, entsprechend der Mahlfeinheit von Feuerungskohlenstaub.

Zur Bewertung des *Aschengehaltes* wird die Aschenmenge in Gramm je 10000 kcal Heizwert angegeben. Diese Aschenzahl beträgt dann bei Steinkohlen (Gas- und Gasflammkohle) mit 6 bis 7 % Asche rund 90 bis 100. Aschenzahlen von 150 bis 200 führen schon zu Störungen. Um den Abrieb auch zu erfassen, schlägt H. WAHL [30] vor, ,,Schleifzahlen'' unter Berücksichtigung der Härte der Aschenbestandteile zugrunde zu legen, die sich aus dem 1000fachen Gehalt an Al_2O_3, 120fachen Gehalt an SiO_2 und 37fachen Gehalt an Fe_2O_3 summieren lassen. Er macht einen Vorschlag, überschlägige Gesamtverschleißzahlen zu verwenden, die sich folgendermaßen errechnen:

$$G = A \left(100 + \frac{S}{500} - Fl + K \right),$$

worin A die Aschenzahl, S die Schleifzahl, Fl in Prozenten der Gehalt an flüchtigen Bestandteilen (ohne Wasser und Asche), K eine vorläufig nicht einzusetzende Größe für die Erfassung bisher nicht geklärter Einflüsse ist.

Durch Schwimmaufbereitung oder Windsichtung der Kohle läßt sich eine *Entaschung* durchführen. Besser wirkt noch die depolymerisierende Extraktion nach A. POTT und H. BROCHE, die allerdings mit größerem Aufwand arbeitet.

Auch die Verwendung von nitriertem Extrakt nach POTT-BROCHE hat bisher keinen Erfolg gehabt, obwohl damit höhere Höchstleistungen als mit Gasöl erreicht werden konnten. W. WILKE [31] erklärt diese mit dem Gehalt des nitrierten Extraktes an aktivem Sauerstoff, vielleicht ist aber auch die erzielte Feinheit des Staubes die Ursache dafür. Die Eigenschaften des ursprünglichen und des nitrierten Extraktes enthält Zahlentafel 20.

Zahlentafel 20. Eigenschaften von Kohleextrakt vor und nach Nitrierung n. WILKE.

	Vorher	Nitriert
Gehalt an C .... %	88,6	77,0
,, ,, H .... %	5,1	4,5
,, ,, O .... %	4,1	14,5
,, ,, N .... %	2,2	4,0
C/H-Verhältnis	100 : 5,8	100 : 6,7
Asche .... %	0,1	0,1
Heizwert .... kcal/kg	8500	7220
Gewichtszunahme .... %	—	13,7
Heizwertverlust .... %	—	3,5

Der Sauerstoff im nitrierten Extrakt ist zur Hälfte an Stickstoff gebunden.

Der Kohlenstaubmotor hat sich noch immer nicht weiter durchgesetzt, offenbar weil die Schwierigkeiten infolge des Verschleißes zu groß sind.

3. Flüssige Kraftstoffe.

a) Die chemische Zusammensetzung.

Wie bereits in A II besprochen wurde, haben von allen Brennstoffen die *Kohlenwasserstoffe* die höchsten Verbrennungswärmen und daher als Treibstoffe die größte Bedeutung. Unter ihnen stehen die aus dem natürlichen Erdöl gewonnenen Treibstoffe mengenmäßig an erster Stelle, wenn auch die Verbreitung rein synthetischer Produkte wächst. Die Kohlenwasserstoffe haben je nach ihrem molekularen Aufbau sehr verschiedenartige Verbrennungseigenschaften, so daß man sie danach unterscheiden muß. Eine kurze Übersicht über die wichtigsten Gruppen gibt die folgende Zusammenstellung; die Zahlenangaben sind nach G. EGLOFF [31a] gemacht. Die Charakteristik des Verbrennungsverhaltens ist sehr summarisch und soll nur zur Orientierung dienen.

a) Aufbau der wichtigsten Kohlenwasserstoffverbindungen.

α) Paraffine C_nH_{2n+2}.

Normalparaffine. Die Kohlenstoffatome der Paraffine sind kettenförmig gebunden. Beispiel: n-Hexan:

$$H-\underset{\displaystyle H}{\overset{\displaystyle H}{C}}-\underset{\displaystyle H}{\overset{\displaystyle H}{C}}-\underset{\displaystyle H}{\overset{\displaystyle H}{C}}-\underset{\displaystyle H}{\overset{\displaystyle H}{C}}-\underset{\displaystyle H}{\overset{\displaystyle H}{C}}-\underset{\displaystyle H}{\overset{\displaystyle H}{C}}-H$$

Die Paraffine haben den höchstmöglichen Gehalt an Wasserstoff. Aus der verhältnismäßig schwachen Bindung der einzelnen Kohlenstoffatome aneinander folgt ein leichter Zerfall, daher hohe Selbstzündungsneigung.

Zahlentafel 21. Paraffine und Iso-Paraffine.

Formel	Name	Struktur	Schmelzpunkt °C	Siedepunkt °C (760 mm Hg)	Spez. Gewicht
CH_4	Methan	CH_4	−182,6	−161,58	0,4240 fl.⎫ bei
C_2H_6	Äthan	$CH_3\cdot CH_3$	−172,0	− 88,5	0,5462 fl.⎬ Siede-
C_3H_8	Propan	$CH_3\cdot CH_2\cdot CH_3$	−127,1	− 42,2	0,5824 fl.⎭ punkt
C_4H_{10}	n-Butan	$CH_3\cdot (CH_2)_2\cdot CH_3$	−135,0	0,5	0,5788 fl. $^{20}/_4$
	Iso-Butan	$CH_3{>}CH-CH_3$ (mit CH_3)	−145,0	− 12,2	0,5592 $^{20}/_4$
Pentane C_5H_{12}	n-Pentan	$CH_3(CH_2)_3CH_3$	−129,7	36,08	0,62638 $^{20}/_4$
	Iso-Pentan (Methylbutan)	$CH_3{>}CH\cdot CH_2\cdot CH_3$ (mit CH_3)	−159,6	27,95	0,6200 $^{20}/_4$
Hexane C_6H_{14}	Tetramethylmethan (Neopentan)	$CH_3{,}CH_3{>}C{<}CH_3{,}CH_3$	− 16,63	9,5	0,6130°
	n-Hexan	$CH_3\cdot (CH_2)_4\cdot CH_3$	− 94,0	68,80	0,6594 $^{20}/_4$
	2-Methylpentan	$CH_3{>}CH\cdot (CH_2)_2\cdot CH_3$ (mit CH_3)	−153,7	60,2	0,6562 $^{20}/_4$
Heptane C_7H_{16}	2,2-Dimethylbutan (Neo-Hexan)	$CH_3\cdot \overset{\displaystyle CH_3}{\underset{\displaystyle CH_3}{CH}}\cdot CH_2\cdot CH_3$	− 98,2	49,7	0,6494 $^{20}/_4$
	n-Heptan	$CH_3\cdot (CH_2)_5\cdot CH_3$	− 90,5	98,4	0,6838 $^{20}/_4$
Oktane C_8H_{18}	2,2,3-Trimethylbutan (Triptan)	$(CH_3)_2\cdot CH\cdot C{<}CH_3{,}CH_3{,}CH_3$	− 25,0	80,8	0,6901 $^{20}/_4$
	n-Oktan	$CH_3\cdot (CH_2)_6\cdot CH_3$	− 56,82	125,59	0,7028 $^{20}/_4$
	2,2,3-Trimethylpentan	$CH_3{,}CH_3{-}C\cdot C\cdot CH_2\cdot CH_3$ (mit CH_3, CH_3, H)	wird glasig	110,3	0,7162 $^{20}/_4$
	2,2,3,3-Tetramethylbutan	$CH_3\cdot \overset{\displaystyle CH_3}{CH_2}\cdot \overset{\displaystyle CH_3}{CH_2}\cdot CH_3$ (mit CH_3, CH_3)	+ 101	106,5	0,7219 $^{20}/_4$ (extrapoliert)
	2,2,4-Trimethylpentan (Iso-Oktan)	$CH_3{,}CH_3{,}CH_3{>}C\cdot CH_2\cdot CH{<}CH_3{,}CH_3$	−107,45	99,3	0,6919 $^{20}/_4$
C_9H_{20}	n-Nonan	$CH_3\cdot (CH_2)_7\cdot CH_3$	− 53,69	150,71	0,7179 $^{20}/_4$
$C_{10}H_{22}$	Dekan	$CH_3\cdot (CH_2)_8\cdot CH_3$	− 29,72	174,04	0,72985 $^{20}/_4$
$C_{16}H_{34}$	Hexadekan (Cetan)	$CH_3\cdot (CH_2)_{14}\cdot CH_3$	+ 18,1	280	0.7749 $^{20}/_4$

Im Otto-Motor sind diese Stoffe ungünstig, da sie zum Klopfen neigen, im Diesel-Motor günstig, da sie kleine Zündverzüge geben. Sie haben sehr hohen Heizwert/kg, dafür aber niederes spezifisches Gewicht (geringeren Heizwert/Liter). Die Bleiempfindlichkeit ist groß.

Iso-Paraffine. C_nH_{2n+2}. Isoparaffine haben verzweigte Kohlenstoffketten und den höchstmöglichen Gehalt an Wasserstoff wie die Paraffine.

Beispiel: 2,2,4-Trimethylpentan (Iso-Oktan)[1]

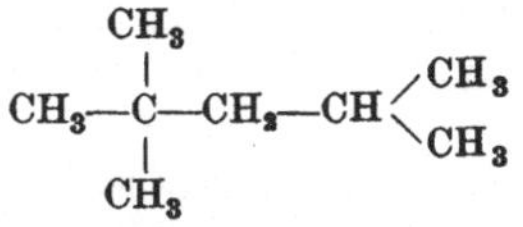

$$CH_3-\underset{\underset{CH_3}{|}}{\overset{\overset{CH_3}{|}}{C}}-CH_2-CH\begin{smallmatrix}CH_3\\CH_3\end{smallmatrix}$$

Die Selbstzündungsneigung der Iso-Paraffine ist von der Zahl und Art der Verzweigungen abhängig, aber viel geringer als bei den Paraffinen (die zur Unterscheidung auch Normalparaffine genannt werden). Sie sind daher in Benzinen gut bis sehr gut, in Diesel-Ölen sehr schlecht brauchbar. Ihr Heizwert ist sehr hoch, das spezifische Gewicht nieder. Die Bleiempfindlichkeit ist sehr groß.

α 2) Naphthene (C_nH_{2n}).

Naphthene haben ringförmige Kohlenstoffanordnung und sind wasserstoffgesättigt. Beispiel: Cyclohexan:

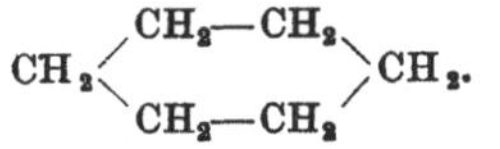

$$CH_2\begin{smallmatrix}CH_2-CH_2\\CH_2-CH_2\end{smallmatrix}CH_2.$$

In bezug auf die Selbstzündungsneigung liegen die Naphthene zwischen den normalen und den stark verzweigten Paraffinen; ebenso ist ihre Eignung in Benzinen und in Diesel-Ölen eine durchschnittliche. Ihr Heizwert liegt etwas unter dem der Paraffine, aber erheblich über dem der Aromaten. Das spezifische Gewicht ist etwas höher als das der Paraffine, aber viel niederer als das der Aromaten. Die Bleiempfindlichkeit ist groß.

Zahlentafel 22. Naphthene.

	Formel	Schmelz-punkt °C	Siedepunkt °C (760 mm Hg)	Spez. Gew. bei $^{20}/_4$ °C
Cyclopentan	$CH_2\begin{smallmatrix}CH_2-CH_2\\ \\CH_2-CH_2\end{smallmatrix}$	— 94,4	49,3	0,7460
Methyl-cyclopentan	$C_5H_9 \cdot CH_3$	— 142,2	71,9	0,7488
1,1-Dimethyl-cyclopentan	$C_5H_8 \cdot (CH_3)_2$	— 77	87,5	0,7523
1,1,2-Trimethyl-cyclopentan	$C_5H_7 \cdot (CH_3)_3$	—	113—113,5/750 mm	0,7710
Cyclohexan	$CH_2\begin{smallmatrix}CH_2-CH_2\\ \\CH_2-CH_2\end{smallmatrix}CH_2$	6,5	80,7	0,7781
Methyl-cyclohexan	$C_6H_{11} \cdot CH_3$	— 126,7	100,3	0,7692
Äthyl-cyclohexan	$C_6H_{11} \cdot C_2H_4$	—	131,8	0,7878
1,1-Dimethyl-cyclohexan	$C_6H_{10} \cdot (CH_3)_2$	34,5	119,9	0,7810
1,1,3-Trimethyl-cyclohexan	$C_6H_9 \cdot (CH_3)_3$	—	138,5—139	0,7866
cis-1,2,3,5-Tetramethyl-cyclohexan	$C_6H_8 \cdot (CH_3)_4$		168—170	0,8166

---

[1] Nach SCHORLEMMER unterscheidet man zwischen geradkettigen Normalparaffinen, Isoparaffinen mit einer Seitenkette, Mesoparaffinen mit mehreren Seitenketten und Neoparaffinen mit zwei Seitenketten am selben quaternären Kohlenstoffatom. Iso-Oktan wäre also sowohl ein Meso- als ein Neoparaffin.

γ) Aromaten. C_nH_{2n-6}

Die Aromaten haben ringförmige Kohlenstoffanordnung, aber immer eine Doppelbindung neben einer einfachen, sie sind also mit Wasserstoff nur teilweise gesättigt. Beispiel: Benzol:

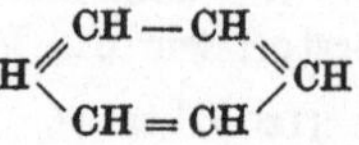

$$CH\!\!\!\diagup\!\!\!\begin{array}{c}CH - CH\\ \\ CH = CH\end{array}\!\!\!\diagdown\!\!\!CH$$

Die Selbstzündungsneigung der Aromaten ist sehr gering, ihr Heizwert je kg nieder und ihr spezifisches Gewicht hoch. In Benzinen sind sie sehr gut, in Diesel-Ölen schlecht brauchbar.

Eine Ausnahmestellung unter den Kohlenwasserstoffen nehmen die Aromaten deshalb ein, weil sie bei der Steinkohlenverkokung und Leuchtgasgewinnung in großen Mengen erhalten werden und in Form von Motorenbenzol seit langem in den Ländern mit entwickelter Steinkohlenindustrie für den Betrieb von Otto-Motoren Verwendung finden. Die einzelnen Verbindungen des raffinierten Motorbenzols sind nach HOFFERT und CLAXTON [33] etwa folgendermaßen verteilt:

Zusammensetzung von Motorenbenzol.

Reinbenzol	70	Vol.-%	70,9	Gew.-%
Toluol	18	„	17,8	„
Xylole	8	„	7,9	„
Paraffine und Olefine	3,5	„	2,8	„
Schwefelverbindungen	0,5	„	0,6	„

Dazu ist zu bemerken, daß die Zusammensetzung stark mit der Art der Verkokung (Retorten, Kammerofen, Großkammerofen usw.) zusammenhängt. Mit steigendem Gehalt an Reinbenzol (Gefrierpunkt 5,49° C) rückt der Kristallisationspunkt des Motorbenzols nach oben. Ein ziemlich brauchbares Maß dafür ist in der Menge Destillat zu finden, die bei 90° C übergeht. Man hat z. B.:

für	80%	Destillat bei	90° C	einen	Kristallisationsbeginn von	—	3° C,
„	70%	„	„	90° C	„	„	„	— 7° C,
„	60%	„	„	90° C	„	„	„	— 9° C,
„	50%	„	„	90° C	„	„	„	— 12° C,
„	40%	„	„	90° C	„	„	„	— 15° C,
„	30%	„	„	90° C	„	„	„	— 20° C.

α 3) Olefine.

Olefine (ungesättigte Verbindungen). C_nH_{2n}, C_nH_{2n-2} usw., je nach Zahl der Doppelbindungen.

Beispiel: Hexen- (1), α-Hexylen:

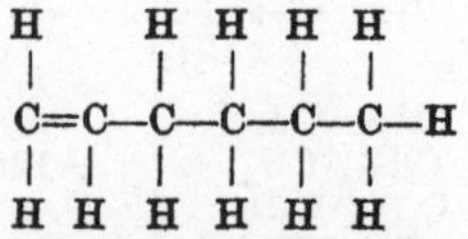

$$\begin{array}{ccccccc}
H & & H & H & H & H & \\
| & & | & | & | & | & \\
C{=}C & {-}C & {-}C & {-}C & {-}C & {-}H \\
| & | & | & | & | & | \\
H & H & H & H & H & H
\end{array}$$

Die Olefine haben meist geradlinige Ketten, seltener verzweigte oder ringförmige Anordnung. Ihr spezifisches Gewicht ist — abhängig von der Zahl der Doppelbindungen — ziemlich hoch, ihr Heizwert etwas niederer, als der der Parafine bzw. Naphthene, ihre Zündneigung meist gering. Brauchbarkeit bei geringer thermischer Belastung — in Benzinen gut (außer die leichtverharzenden Di-Olefine mit zwei Doppelbindungen), in Diesel-Ölen schlecht. Die Bleiempfindlichkeit ist gering.

Zahlentafel 23. Aromaten.

		Schmelzpunkt	Siedepunkt	Spez. Gewicht 20° C/4° C
Benzol	C_6H_6	+ 5,49	80,07	0,87866
Monoalkylbenzole				
Toluol	$C_6H_5 \cdot CH_3$	— 95,18	110,56	0,86650
Äthylbenzol	$C_6H_5 \cdot CH_2 \cdot CH_3$	— 94,91	136,06	0,86707
n-Propylbenzol	$C_6H_5 \cdot CH_2 \cdot CH_2 \cdot CH_3$	—100	159,2	0,8621
Iso-Propylbenzol........... (Kumol)	$C_6H_5 \cdot CH {\diagup CH_3 \atop \diagdown CH_3}$	96,1	152,4	0,8623
n-Butylbenzol	$C_6H_5 \cdot CH_2 \cdot CH_2 \cdot CH_2 \cdot CH_3$	—	183,3	0,8604
Di-Alkylbenzole				
o-Xylol....................	$CH_3 \cdot CH_6H_4 \cdot CH_3$	— 25,25	144,18	0,88009
m-Xylol	$CH_3 \cdot C_6H_4 \cdot CH_3$	— 47,87	139,08	0,86415
p-Xylol	$CH_3 \cdot C_6H_4 \cdot CH_3$	+ 13,27	138,35	0,86102
o-Methyl-Äthylbenzol	$CH_3 \cdot C_6H_4 \cdot CH_2 \cdot CH_3$	—	164,8 bis 165	0,8806
1 : 4-Methyl-Isopropylbenzol (p-Cymol)	$CH_3 \cdot C_6H_4 \cdot CH {\diagup CH_3 \atop \diagdown CH_3}$	— 69,8	176,9	0,8571
Tri- und Poly-Alkylbenzole				
1, 2, 3-Trimethylbenzol	${CH_3 \atop CH_3}{\diagdown \atop \diagup} C_6H_3 \cdot CH_3$	— 25,47	176,1	0,8947
1,3,5-Trimethylbenzol ...... (Mesitylen)	${CH_3 \atop CH_3}{\diagdown \atop \diagup} C_6H_3 \cdot CH_3$	— 44,8	164,7	0,8637
Penta-Methylbenzol	$(CH_3)_5 \cdot C_6H$	+ 53	231,4	0,8580 (100° C)

Zahlentafel 24. Mono-Olefine.

Formel	Name	Struktur	Schmelzpunkt °C	Siedepunkt (760 mm Hg)	Spez. Gewicht 20° C	
C_2H_4	Äthylen	$CH_2 = CH_2$	— 169,44	— 102,4	0,6104 fl.	bei
C_3H_4	Propylen	$CH_2 = CH \cdot CH_3$	— 185	— 47,7	0,6104 fl.	Siede-
C_4H_8	α-Butylen	$CH_2 = CH \cdot CH_2 \cdot CH_3$	— 195	— 6,47	0,6225 fl.	punkt
C_5H_{10}	1-Penten	$CH_2 = CH \cdot CH_2 \cdot CH_2 \cdot CH_3$	—	30,1	0,6429	
C_6H_{12}	1-Hexylen	$CH_2 = CH \cdot CH_2 \cdot CH_2 \cdot CH_2 \cdot CH_3$	— 138	63,5	0,6747	
C_7H_{14}	1-Heptylen	$CH = CH \cdot (CH_2)_4 \cdot CH_3$	— 119,1	93,1	0,6976	
C_8H_{16}	1-Octylen	$CH_2 = CH \cdot (CH_2)_5 \cdot CH_3$	— 104	122,5	0,7159	
$C_{16}H_{32}$	Ceten (1-Hexadecylen)	$CH_2 = CH \cdot (CH_2)_{13} \cdot CH_3$	+ 4 —	275 265—295	0,7835 0,781/82[1]	

Diolefine (mehrfach ungesättigte Kohlenwasserstoffe).

	Struktur	Schmelzpunkt	Siedepunkt	Spez. Gewicht
1,3-Butadien	$CH_2 = CH \cdot CH = CH_2$	— 108,7	—4,5	0,6500 bei —6° C
2-Methylbutadien 1,3- (Isopren)	$CH_2 = C \cdot CH = CH_2 \atop \qquad \vert \atop \qquad CH_3$	— 146,8	34,076	0,6808
2,3-Dimethylbutadien 1,3	$CH = C — C = CH_2 \atop \vert \quad \vert \atop CH_3 \ CH_3$	—76	68,9	0,7263

[1] Technisches Produkt.

Die natürlichen Erdöle enthalten alle diese Kohlenwasserstoffe in verschiedenem Mischungsverhältnis: synthetische Produkte weisen die gleichen Stoffe in anderem Mischungsverhältnis auf. In den meisten einfach destillierten Produkten sind Naphthene und Paraffine mit etwa 85% weitaus in der Überzahl, nur etwa 15% sind aromatisch oder ungesättigt. Erdöle verschiedener Herkunft sind in dem Diagramm Abb. 13 so eingetragen, daß ihre ungefähre Zusammensetzung ersichtlich ist.

Die paraffinischen und naphthenischen Erdöle enthalten in den niederen Fraktionen viel paraffinische und naphthenische Kohlenwasserstoffe, während die asphaltischen in den höheren Fraktionen Asphalte, d. h. hochmolekulare Kohlenwasserstoffe mit wenig Wasserstoff und hochmolekulare sauerstoffhaltige Stoffe aufweisen. Die ungefähre Elementarzusammensetzung typischer Benzine und Benzin-Benzolgemische zeigt die folgende Zusammenstellung:

Benzin	H	C	*Benzin-Benzol*	H	C
paraffinisch	14,5 bis 15,0%	84 bis 85,0%	60/40 Vol.	12,0%	88,0%
naphthenisch ..	14,0%	86,0%			
aromatisch	13,5%	86,5%	*Motorenbenzol*	8,5%	91,5%

β) Alkohole.

Die Alkohole spielen eine geringere, aber doch beachtenswerte Rolle unter den Otto-Kraftstoffen. Bisher war es vor allem der Äthylalkohol ($CH_3 \cdot CH_2 \cdot OH$) mit einem Siedepunkt von 78,3° C, der in Gemischen mit Benzin und Benzol Verwendung fand. Neuerdings wird in Deutschland auch Methylalkohol ($CH_3 \cdot OH$) mit einem Siedepunkt von 64,5° C gebraucht. Die Alkohole weisen bei normalem Betrieb eine sehr geringe Selbstzündungsneigung auf und sind dementsprechend hochklopffest. Sie neigen allerdings dazu, bei hohen Beanspruchungen des Motors Glühzündung zu verursachen, ohne zu klopfen. Die Verwendung von Alkohol-Wassergemischen als

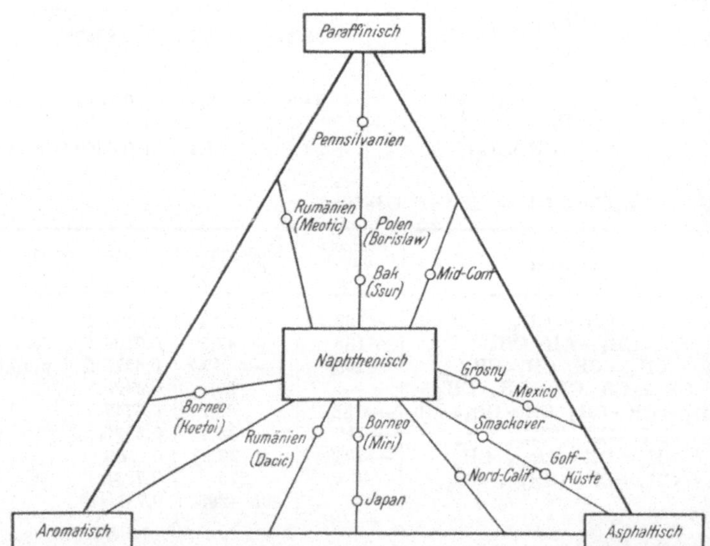

Abb. 13. Ungefähre Zusammensetzung verschiedener Rohöle (nach W. A. GRUSE).

Zusatz zur Leistungssteigerung in Flugmotoren hat in letzter Zeit größere Bedeutung erlangt.

Im Gemisch mit anderen Stoffen finden auch Äther, d. h. durch Wasserabspaltung aus Alkoholen erhaltene Verbindungen mit einem Brückensauerstoff Verwendung. Äthyläther der schon bei 25° C siedet ($CH_3 \cdot CH_2 \cdot O \cdot CH_2 \cdot CH_3$), wird z. B. in Südafrika verwendet. Isopropyläther ($CH_3)_2 \cdot CH \cdot O \cdot CH \cdot (CH_3)_2$ mit dem Siedepunkt 67,5° C und spezifischem Gewicht 0,724/20° C ist als Zusatz zu Flugbenzin hoher Klopffestigkeit (Oktanzahl 100) empfohlen werden. Die Verwendung von Butandioläthyläther als Zündöl wurde bereits erwähnt. Die Heizwerte der Alkohole liegen naturgemäß weit unter denen der Kohlenwasserstoffe; mit zunehmendem Molekulargewicht steigt zwar der Heizwert, in derselben Reihe nimmt aber die Klopffestigkeit ab.

Daß noch andere Stoffe für den Motorenbetrieb vorgeschlagen wurden, wie z. B. wasserfreies Ammoniak in Italien, oder Azetylen sei erwähnt; Bedeutung kommt diesen Vorschlägen in normalen Zeiten nicht zu.

b) Die Herstellung.

Seit dem Erscheinen der ersten Auflage (1937) hat sich die Produktion der Erdölprodukte immer zunehmend in dem Sinne entwickelt, daß statt der einfachen Aufarbeitung naturgegebener Stoffe ihre Umwandlung vorgenommen wird. Diese Richtung war vor zehn Jahren schon in Herstellung von Polymer- und Alkylierungsprodukten eingeschlagen worden; im Grunde genommen stellt ja auch die viel länger übliche thermische Krackung eine derartige Umwandlung dar. Aber inzwischen ist nicht nur der Umfang der Produktion infolge des außerordentlich angewachsenen Bedarfes auf ein Vielfaches gestiegen, sondern auch die Art der Produkte sehr verändert worden, so daß die Lage etwas eingehender besprochen werden soll.

Das Hauptgewicht der Entwicklung lag auf der Herstellung höchstwertiger Kraft- und Schmierstoffe für die Luftfahrt, während die Qualität der Autobenzine sich nicht grundsätzlich änderte. Man beurteilt die Qualität, wie im einzelnen noch später auseinandergesetzt wird, vor allem nach der erzielbaren Leistung und, weil diese bei sonst gleichen Eigenschaften im Otto-Motor durch die Klopffestigkeit begrenzt wird, nach der Klopffestigkeit. Der Heizwert der Kohlenwasserstoffe ist eine Funktion des C/H-Verhältnisses und ebenso wie die Neigung zur Harzbildung durch die chemische Zusammensetzung des Benzins bedingt. Je nach der Konstruktion ist der Heizwert/kg oder /l von größerer Bedeutung, sodaß auch der optimale Kraftstoff danach auszuwählen ist. Der Erstarrungspunkt der Benzine wird vor allem durch den Gehalt an Reinbenzol bestimmt, so daß das Fertigprodukt einen je nach dem gewünschten Grenzwert liegenden Höchstgehalt nicht überschreiten darf. Die richtige Flüchtigkeit des Benzins kann leicht durch entsprechende Destillation erreicht werden.

Somit ist die Zielsetzung der Aufarbeitung und Umwandlung der Kohlenwasserstoffe eindeutig festgelegt, so daß sich auch eine klare Einteilung der Verarbeitungsverfahren nach folgendem Schema aufstellen läßt:

α) Aufarbeitung der naturgegebenen Produkte,
β) Umwandlung der naturgegebenen Produkte,
γ) Synthese.

α) Aufarbeitung der naturgegebenen Produkte.

Die Kraftstofffraktionen werden aus Erdgasen (sogenannten nassen Gasen) und Rohöl gewonnen.

Aus den Erdgasen, die in trockene (fast nur aus Methan bestehende) und nasse (höhere Kohlenwasserstoffe enthaltende) eingeteilt werden, kann man durch Adsorption an Kohle, durch Kompression (bis zu 200 at!) oder durch eine Kombination beider Verfahren die leichter kondensierbaren Kohlenwasserstoffe abscheiden. Typische Erdgase zeigt die Zahlentafel 25.

Den nassen Gasen der Erdölproduktion sind die allerdings olefinhaltigen Abgase von Krackanlagen sowie von Anlagen zur Benzinsynthese vergleichbar, aus denen in gleicher Weise Flüssiggas gewonnen werden kann wie aus Erdgasen.

Aus dem naturgegebenen Erdöl erhält man die geeigneten Kraftstofffraktionen durch die seit jeher übliche *Destillation*, die sich nur in der Ausführungsform gewandelt hat. Hochklopffeste Benzine kann man nur durch entsprechende Auswahl der Rohöle erhalten. Besonders günstig verhalten sich naphthenische und naphthenisch-aromatische Rohöle,

Zahlentafel 25. Typische Analysen von Erdgasen. Nach BUCHANAN.

Herkunft	Osttexas Rohrkopfgas	Nordtexas Rohrkopfgas	Nord-Louisiana Komb. Rohrkopf- und Gasbohrlochgas	Panhandle-Gasbohrlochgas
Methan, Vol.-%	41,40	59,37	92,53	87,13
Aethan	15,80	16,16	3,85	5,85
Propan	24,20	14,78	1,57	4,25
Iso-Butan	2,80	1,92	1,57	0,55
n-Butan	9,70	3,68	1,09	1,20
Iso-Pentan	2,00	—	—	0,48
n-Pentan	2,00	—	—	0,26
Hexan und höher	2,10	4,09	0,96	0,28

Zahlentafel 26. Eigenschaften typischer Mid-Continent-Gasbenzine (wie sie exportiert werden).

	Schwerflüchtig	Mittelflüchtig	Leichtflüchtig
Dampfdruck nach REID (37,8° C)	1,27 at	1,27 at	1,27 at
Spezifisches Gewicht bei 15,5° C.......	0,6659 bis 0,6787	0,6566 bis 0,6690	0,6446 bis 0,6566
Oktanzahl	65 „ 70	71 „ 75	75 „ 78
Verdampft b. 38° C.................	5 „ 10%	15 „ 25%	30 „ 40%
„ „ 60° C.................	30 „ 40%	50 „ 65%	68 „ 80%
„ „ 100° C.................	70 „ 80%	82 „ 98%	91 „ 96%
Endpunkt.........................	185° C	175° C	165° C
Butane	18 bis 20%	16%	15%
Pentane...........................	25 „ 30%	25 bis 30%	55 bis 60%
Hexane und höher...................	50 „ 57%	44 „ 49%	25 „ 30%

wie jene von Borneo, Kalifornien, der Golfküste (gulf coast) in USA und Venezuela. Da man aber bestrebt ist, weniger klopffeste Naturprodukte in bessere umzuwandeln, trennt man vielfach die klopffesten Anteile aus den ungenügenden Benzinen ab. Dazu kann das Erdöl mit Lösungsmitteln behandelt werden (z. B. flüssigem Schwefeldioxyd nach EDELEANU) [37], wobei die Menge Extrakt mit fallender Extraktionstemperatur sinkt und sein Gehalt an Aromaten gleichzeitig zunimmt. Da der Aromatengehalt im Extrakt mit steigendem Siedepunkt zunimmt, wird auch die Oktanzahl der höheren Fraktionen besser als die der niederen. Weil bei der Extraktion Schwefelverbindungen mit den Aromaten herausgelöst werden und Aromaten an und für sich wenig auf Bleizusatz reagieren, ist auch die Bleiempfindlichkeit des Extraktes und seiner Mischungen geringer als die von Gemischen mit Iso-Oktan. Eine während des Krieges entwickelte, elegantere Methode zur Gewinnung hochklopffester Fraktionen aus natürlichem Benzin besteht in der *Superfraktionierung*, die von der Ruhrchemie und der Anglo-Iranian Oil Cy [38] ausgearbeitet wurde. Das Verfahren der letzteren basiert auf der genauen Analyse des persischen Benzins durch M. R. FENSKE

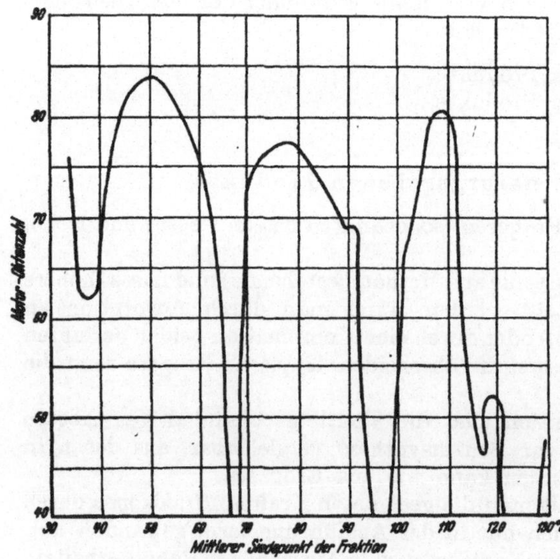

Abb. 14. Klopffestigkeit von Fraktionen persischen Benzins (nach BIRCH, DOCKSEY und DOVE).

und der Bestimmung der Oktanzahl der einzelnen Fraktionen, wie sie in Abb. 14 aufgezeichnet ist. Man erkennt die außerordentlich verschiedene Klopffestigkeit der Fraktionen; die beiden ersten Maxima entsprechen dem Isohexan und dem Isoheptan, die zu etwa 1,2 und 1,7 Gew.% in dem Naturbenzin enthalten sind. (Aus den starken Unterschieden der Klopffestigkeit der Fraktionen, die bei anderen Benzinen ebenfalls vorkommen, kann man übrigens auf die Bedeutung der Entmischung des Luft-Kraftstoffgemisches im Ansaugrohr, ja vielleicht sogar im Zylinder Rückschlüsse ziehen; für Gemische mit Bleitetraäthyl gilt dies natürlich noch mehr.) Die Fraktionierung geschah in 8 Kolonnen, von denen 4 je 50, 2 je 76 und 2 je 100 Böden besaßen; aus Konstruktionsgründen waren die 4 letzten Kolonnen als Doppelkolonnen ausgebaut, sodaß insgesamt 12 Kolonnen arbeiteten. Die Tagesproduktion belief sich 1944 auf 1 440 000 Liter, und machte 35% der gesamten Produktion der Anglo-Iranian Oil Cý aus.

Auf einen Prozeß, der die destillative Abtrennung reiner Kohlenwasserstoffe aus Erdöl bezweckt, aber erst im Entwicklungsstadium ist, sei hier nur hingewiesen: der Distexprozeß verwendet die Verschiedenheit der Siedepunkte in Gemischen zur Trennung, indem er enge Fraktionen aus ihrer Lösung in Anilin abdestilliert [39], [40].

β) Umwandlung der Naturprodukte.

Mit der rasch anwachsenden Zahl der Motorfahrzeuge und ihrem zunehmenden Bedarf an klopffesten Kraftstoffen genügte die Menge und Qualität der Naturbenzine bald nicht mehr, so daß zuerst die rein thermische Spaltung des Erdöls und seiner Destillate angewendet wurde, um mehr und klopffestere Benzine zu erzielen. Diese Aufarbeitung befriedigte jedoch nicht, sondern es bildete sich eine große Zahl von Verfahren aus, die man in die folgenden Gruppen unterteilen kann:

a) Krackung (1) rein thermische,
           (2) katalytische,
b) Aromatisierung,
c) Isomerisierung,
d) Polymerisierung,
e) Kondensierung (Alkylierung).

Allerdings ist die Bezeichnung „Umwandlung der Naturprodukte" nicht ganz zutreffend, weil die Verfahren zum Teil erst solche Stoffe verarbeiten, die bei der Krackung oder Synthese aus Kohle und Wasserstoff, bzw. Kohlenoxyd und Wasserstoff anfallen. Sie wurde gewählt, um die Totalsynthese aus Kohle und Kohlenoxyd und Wasserstoff schärfer von den anderen Verfahren abgrenzen zu können, wobei, wie oft in der Chemie, fließende Übergänge bestehen.

Die amerikanische Benzinproduktion zeigt die Abb. 15. Man sieht, wie groß der Anteil der Krackbenzine schon 1940 war.

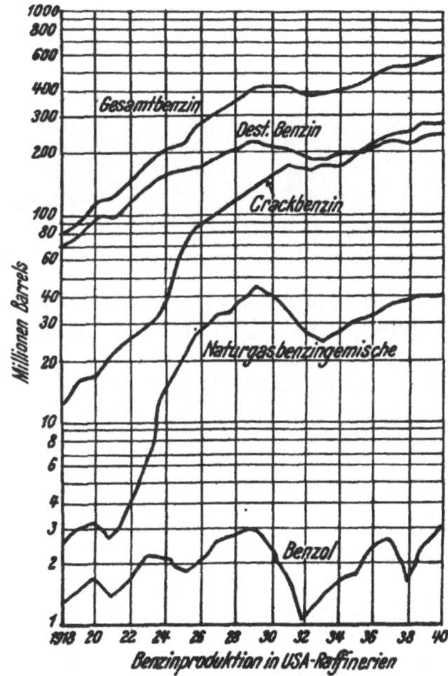

Abb. 15. Benzinproduktion in USA (nach Büro of Mines).

β1 **Kracken (Spalten) 1. Rein thermisches Kracken,:** Unter Kracken versteht man die Aufspaltung eines größeren Kohlenwasserstoffmoleküls in zwei kleinere durch Einwirkung von Hitze bei geeigneten Drücken. Neben diesem Vorgang laufen aber noch zahllose andere ab, von denen die einfache Abspaltung von Wasserstoff erst bei höheren Temperaturen Bedeutung erhält. Die Wahrscheinlichkeit für das Eintreten eines dieser Vorgänge

hängt von der thermischen Beständigkeit der entstehenden Produkte ab, d. h. dem Gleichgewichtszustand, ihre Bedeutung für den Gesamtablauf aber von der Geschwindigkeit
seines Ablaufes. So sind bei gewöhnlicher Temperatur (unter 237° C) Benzol (bzw. Aromaten überhaupt) und Olefine unbeständiger als Paraffine und Naphthene, während
sich dieses Verhältnis bei höheren Temperaturen umkehrt. Trotzdem wandelt sich Benzol
auch bei Anwesenheit von Wasserstoff bei gewöhnlicher Temperatur nicht in Cyclohexan
um, weil die Reaktionsgeschwindigkeit zu langsam ist, während der umgekehrte Vorgang infolge der viel größeren Reaktionsgeschwindigkeit technisch ausgenützt wird.
Als Grundbeispiel des Krackens diene der Zerfall von Butan in Aethan und Aethylen:

$$CH_3 \cdot CH_2 \cdot CH_2 \cdot CH_3 = CH_3 \cdot CH_3 + CH_2 : CH_2,$$

der für die Produkte des thermischen Krackens typisch ist. Durch die oben erwähnten
Nebenreaktionen, wie Polymerisierung und Kondensation gebildete Produkte, treten
je nach den herrschenden Spaltbedingungen auf, spielen aber nicht die große Rolle, wie
bei der katalytischen Krackung. Die thermische Beständigkeit der Kohlenwasserstoffe
steigt im Temperaturbereich 400 bis 650° C qualitativ in folgender Reihenfolge: Paraffine,
Mono-Olefine, Di-Olefine, ein- und mehrkernige Naphthene, ein- und mehrkernige Aromaten, im allgemeinen mit abnehmendem Wasserstoffgehalt.

Quantitativ kann man die Bindungsfestigkeiten in den verschiedenen Kohlenwasserstoffen nach der folgenden Übersicht von N. V. SIDGWICK beurteilen:

Festigkeit von C — C- und C — H-Bindungen (n. N. V. SIDGWICK)

Bindung	Stoff	kg cat
H — H	Wasserstoffgas	103,0
C — C	Diamant	75
	Paraffine	71,14
	Aromaten	97,17
	Paraffine an Aromaten	79,40
C = C	Olefine	123
C = C	Azetylen	161
C — H	Paraffine	93,61
	Aromaten	101,73

Eine qualitative Übersicht über die Verhältnisse beim Kracken vermittelt die Darstellung nach A. L. STROUT in Abb. 16.

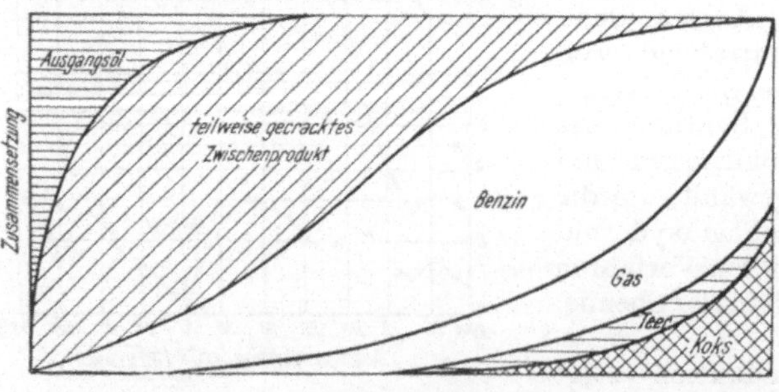

Abb. 16. Qualitativer Verlauf der Krackung bei dem Weg durch das
Krackrohr nach A. L. STROUT.

Thermische Krackverfahren gibt es in sehr großer Zahl. Während anfänglich in großen Kesseln gearbeitet wurde, ist man immer mehr zur Krackung in Röhren (pipe still cracking) übergegangen, in denen das zu krackende Produkt nur ganz kurz auf die kritische Temperatur erhitzt wird, so daß man größte Ausbeuten erzielt. Die chemische Zusammensetzung des Ausgangsproduktes bestimmt weitgehend jene des Krackbenzins; und zwar um so mehr, je niederer die Kracktemperatur ist, weil bei höherer Temperatur sehr wesentliche sekundäre Prozesse ablaufen. Die Verfahren zur Krackung in flüssiger Phase arbeiten bei etwa 390 bis 500° C und einem Druck von 14 bis 105 at, die Verfahren mit Krackung in Dampfphase bei 500 bis 600° C und geringem Überdruck. Die in flüssiger Phase gekrackten Produkte enthalten mehr gesättigte Kohlenwasserstoffe und weniger Olefine, haben daher bessere Lagerbeständigkeit, aber niederere Oktanzahl als die in Dampfphase gekrackten. Deren geringe Beständigkeit ist durch die Verwendung von Inhibitoren (Hemmstoffen) zu korrigieren; die wesentlich höhere Oktanzahl der in Dampfphase gekrackten Benzine (siehe z. B. Zahlentafel 27) in älteren Literaturangaben ist aber wohl zum Teil auf die damals übliche Researchmethode zurückzuführen und dürfte nach der mit Gemischvorwärmung und höherer Drehzahl arbeitenden Motormethode jener der in flüssiger Phase gekrackten Benzine näher kommen. Immerhin war die Entwicklung der Krackung auf die Anwendung höherer Temperaturen gerichtet, so daß viele solche Verfahren bestehen. Als Beispiele der Krackverfahren in flüssiger Phase seien die von DUBBS, TUBE AND TANK, CROSS, HOLMES-MANLEY genannt. Die Krackung in der Dampfphase erfolgt u. a. in den Verfahren von GYRO, DE FLOREZ, KNOX, T. V. P. (true vapour phase).

Zum Vergleich von Krackbenzinen aus flüssiger und Dampfphase sind die Eigenschaften solcher Produkte in Zahlentafel 27 zusammengestellt.

Zahlentafel 27. Zusammensetzung von Krackbenzinen. Nach C. ELLIS [41].

Betriebsbedingungen	Benzinumformung (Naturbenzin)		Gasölkrackung	
	Dampfphase	flüssig	Dampfphase	flüssig
Temperaturen	571 bis 82⁰ C	500⁰ C	565⁰ C	400⁰ C
Drucke, Atmosphären	1,5 bis 3,0	53	15	18
Benzinausbeute %	—	65 bis 70	51,6	32,6
Oktanzahl	110	80	—	—
Siedebeginn ⁰ C	—	47	56	—
Endpunkt ⁰ C	—	200	204	—
Zusammensetzung:				
Paraffine %	2	33 bis 34,6	0	58 bis 62
Olefine „	20	19,3 „ 25,6	4,8 bis 8,6	15 „ 20
Naphthene „	5	18,1 „ 20,9	0 „ 9,8	0 „ 8
Aromaten „	73	28 „ 28,9	85,4 „ 91,4	13 „ 20

Die in Zahlentafel 27 angegebenen Zahlen dürfen nur mit Vorsicht angewendet werden.

β, 1, 2. Katalytisches Kracken. Es wurde bald gefunden, daß Katalysatoren die Krackreaktion beschleunigen und bessere Produkte ergeben. Diese Verfahren leiten zu den später besprochenen Umwandlungsverfahren über, weil dabei eine ganze Reihe von Einzelreaktionen ablaufen, die erst zusammen den Krackeffekt ergeben.

Die Wirkung von Katalysatoren besteht darin, daß sie die Erreichung eines thermodynamisch möglichen Gleichgewichtes beschleunigen, ohne selbst wesentlich bei der Reaktion verändert zu werden, sie können auch die Richtung des Ablaufes von Reaktionen beeinflussen. Negative Katalysatoren, wie die später zu besprechenden Hemmstoffe (Inhibitoren), verhindern oder verzögern die Einstellung des thermodynamischen Gleichgewichtes.

Der Katalysator wird in dem Krackprozeß entweder in einem Behälter fest angeordnet und der Dampf der zu krackenden Flüssigkeit darüber geleitet oder aber der Flüssigkeit selbst in fein verteilter Form zugesetzt. Der wichtigste nach dem ersten Verfahren arbeitende Prozeß ist wohl der von HOUDRY, bei dem Dämpfe der Ausgangsflüssigkeit (Gasöl) mit etwas Wasserdampf bei 450—465⁰ C und bei einem Druck von 0,7—4,22 atm über adsorbierende Silikate als Katalysator geleitet werden. Die Vorteile des Verfahrens sind vor allem die Anwendbarkeit auf die verschiedensten Ausgangsmaterialien — vorausgesetzt, daß sie etwa die Flüchtigkeit von Gasöl besitzen — sowie der geringe Verlust durch Koksbildung und die Möglichkeit einer katalytischen Nachraffination der Produkte. Fliegerbenzin bester Qualität erhält man etwa in einer Menge von 20 % des Einsatzes [42].

Ein wesentlicher katalytischer Krackprozeß ist von der U. O. P. entwickelt worden; bei dem Verfahren wird durch vereinfachte Konstruktion und Anwendung des Katalysators in einer besonders wirksamen „Mikrokugelform" bei geringerem Anlagekapital billige Verarbeitung und bessere Ausbeute erreicht. Ausgangsmaterial ist wie beim Hourdry-Verfahren Gasöl, das mit dem heißen, stets regenerierten Katalysator (SiO_2—MgO, SiO_2—Al_2O_3, oder natürliche Gemische), der feinstgepulvert ist, bei einem nur wenig über 1 at liegenden Druck und einer Temperatur bis zu maximal 540° C in Reaktion gebracht wird. Durch Anwendung höherer Arbeitstemperaturen kann man dabei auch eine gewisse Aromatisierung erzielen, die sich aber mehr auf die höhersiedenden Anteile erstreckt, während nur wenig Benzol entsteht. Die entstehenden Olefine enthalten, nur wenige störende Diolefine, so daß das Verfahren auch für ihre Gewinnung zur chemischen Weiterverarbeitung in Frage kommt. Die Ergebnisse der Krackung eines Mid-Continent-Gasöles von 0,876 API-Dichte nach verschiedenen Verfahren zeigt die Zahlentafel 28 nach WALTER, wobei vor allem niedere Olefine erzielt werden sollten.

Zahlentafel 28. Ausbeuten an Kohlenwasserstoffen nach verschiedenen Krackverfahren [43].

	Flüssiges katalytisches Kracken	Normales thermisches Kracken	Scharfes thermisches Kracken
Ausgangsmaterial	Mid-Continent-Gasöl	Mid-Continent-Gasöl	Mid-Continent-Gasöl
Kracktemperatur	540° C	470° C	725° C
	Ausbeuten in Gew.-%		
Wasserstoff	0,2	0,1	0,3
Methan	2,8	1,5	6,5
Äthylen	1,2	0,8	17,8
Äthan	1,3	3,7	8,6
Propylen	7,5	3,5	14,0
Propan	4,5	5,3	1,2
i-Butylen	2,3	1,0	2,4
n-Butylen	3,5	2,7	4,0
i-Butan	6,0	} 3,9	0,7
n-Butan	1,3		0,1
Butadien	—	—	3,8
Amylene	5,3	4,2	
i-Pentan	3,8	1,2	} 3,5
n-Pentan	0,6	2,8	
C_6-Fraktion bis 205° C	26,5	44,8	20,1
Rücklauföl	18,7	—	—
Schweres Heizöl	8,0	24,5	17,0
Koks	6,5	—	—

Der Unterschied zwischen den thermisch und den katalytisch gekrackten Benzinen ist folgender:

Thermisch gekrackte Benzine: viel Olefine, besonders in den niederen Fraktionen; die höheren Fraktionen neigen zum Klopfen, so daß diese Benzine relativ nieder abgeschnitten werden müssen. Im Auto sind sie nur bei geringen Geschwindigkeiten klopffest, während sie bei höheren Geschwindigkeiten klopfen.

Katalytische Krackbenzine: enthalten neben viel Olefinen mehr Isoparaffine, Naphthene und Aromaten als die thermisch gekrackten, so daß auch die höheren Fraktionen klopffest sind und man größere Ausbeuten erhält. Sie sind auch bei höheren Geschwindigkeiten im Automotor klopffest.

Weil die thermische Krackung das „recicleoel" (Rücklauf) der katalytischen besser verarbeitet, als nochmalige katalytische Krackung, scheint künftig die Existenz beider Verfahren nebeneinander wahrscheinlich; auch wird vorteilhaft ein Gemisch der mit beiden Verfahren erzeugten Benzine für den Motorbetrieb verwendet [44].

Ein grundsätzlicher Nachteil haftet vor allem jenen Verfahren an, die als Ausgangsmaterial Gasöl verwenden, wie die besprochenen katalytischen Verfahren. Sie wandeln ein für den Motor-(Diesel-) Betrieb geeignetes Produkt zwar in höherwertige Fliegerbenzine um, liefern aber dabei infolge des notwendigen Verarbeitungsverlustes weniger motorisch verwendbare Energie, als in dem Ausgangsprodukt enthalten war. Mit der rasch zunehmenden Zahl dieselbetriebener Fahrzeuge hat dieser Umstand immer mehr Bedeutung. Neuerdings ist zu berücksichtigen, daß infolge des sich rasch entwickelnden Strahlantriebs von Flugzeugen einerseits der ausschlaggebende Bedarf an hochklopffestem Fliegerbenzin zurückgehen, andererseits die Nachfrage nach Gasöl und Petroleum beträchtlich steigen wird. Man wird demnach abwarten müssen, ob die Krackverfahren weiterhin die überragende Bedeutung behalten werden, die sie jetzt besitzen.

β, 2) **Isomierung.** Unter den verschiedenen Kohlenwasserstoffen gibt es eine Reihe isomerer Verbindungen, d. h. solche von gleicher chemischer Zusammensetzung, aber verschiedener Struktur, die sich ganz wesentlich in ihrer Klopffestigkeit unterscheiden. Für einige Hexane ist dies in Zahlentafel 29 gezeigt.

Zahlentafel 29. Klopffestigkeit isomerer Hexane.

n-Hexan	$CH_3 \cdot CH_2 \cdot CH_2 \cdot CH_2 \cdot CH_2 \cdot CH_2$	Mischoktanzahl	29^1
2-Methylpentan	$CH_3 \cdot CH \cdot CH_2 \cdot CH_2 \cdot CH_3$ CH_3	,,	69
3-Methylpentan	$CH_3 \cdot CH_2 \cdot CH \cdot CH_2 \cdot CH_3$ CH_3	,,	84
2,2-Dimethylbutan	$CH_3 \cdot C \cdot CH_2 \cdot CH_3$ CH_3	,,	101
2,3-Dimethylbutan	$CH_3 \cdot CH \cdot CH \cdot CH_3$ $CH_3 CH_3$	,,	124

Man kann nun die Umwandlung von n-Paraffinen in Iso-Paraffine bewirken. Den Vorgang bei der Isomerisierung kann man sich nach den Untersuchungen von V. N. IPATIEFF und A. V. GROSSE [46] über die Einwirkung von Aluminiumchlorid auf n-Paraffine und Iso-Oktan so denken, daß eine autodestruktive Alkylierung stattfindet. Dabei bildet sich erst aus dem n-Paraffin unter Bruch einer C-C Bindung ein Paraffin kleineren Molekulargewichts und ein Olefin entweder unmittelbar oder durch Vermittlung eines freien Radikals:

$$CH_3 \cdot CH_2 \cdot CH_2 \cdot CH_2 \cdot CH_2 \cdot CH_3 \rightarrow CH_3 \cdot CH_2 \cdot CH_2 \cdot CH_3 + CH_2 : CH_2$$

Das neugebildete Olefin reagiert dann wieder mit einem Paraffin unter Aufbau eines Iso-Paraffins:

$$\underset{\displaystyle H}{\overset{\displaystyle H}{CH_3 \cdot CH_2 \cdot \underset{|}{\overset{|}{C}} \cdot CH_3}} + CH_2 : CH_2 = CH_3 \cdot CH_2 \cdot \underset{\displaystyle \underset{|}{CH_3}}{\underset{\displaystyle CH_2}{\overset{\displaystyle H}{\overset{|}{C}} \cdot CH_3}}$$

Entgegen der ursprünglichen Annahme von IPATIEFF und GROSSE, daß ein Isoparaffin mit größerem Molekulargewicht als das Ausgangsprodukt entsteht, zeigt die Praxis, daß man die Isoparaffine in gleicher Molekülgröße erhalten kann. Die Anwesenheit von freiem Chlor, Wasserstoff, Fluorwasserstoff oder eines ähnlichen Reaktionsvermittlers ist unbedingt notwendig. Als Katalysatoren dient meistens Aluminiumchlorid, als Typus

---

[1] [45].

des Katalysators der Friedel-Craft-Synthese, aber auch Bauxit mit Schwefelsäure oder Phosphorsäure, oder Brucit Mg(OH)$_2$ mit SO$_3$ und HF oder BF$_3$.

Ein interessantes Beispiel der Isomerisierung ist der Prozeß der Tide Water Associated Oil Co. Bei diesem wird Pentan über in Antimontrichlorid gelöstes AlCl$_3$ geleitet und 5 Mol % HCl (bezogen auf den Kohlenwasserstoff) zugegeben. Bei 25 at Druck (5 at Wasserstoffpartialdruck zur Verminderung des Krackens) und 93° C wird dabei 60 % Ausbeute an Isopentan erzielt [47].

Die Isomerisierung als besonderer Vorgang zur Umwandlung natürlicher oder synthetischer Kohlenwasserstoffe hat sich wegen der erhöhten Nachfrage nach hochklopffesten Fliegerbenzinen während des Krieges stark ausgedehnt. Man kann zwei Richtungen dabei unterscheiden:

1. die direkte Umwandlung der n-Paraffine, d. h. zum Klopfen neigender Benzine in verzweigte Paraffine (Iso-Paraffine) mit hoher Klopffestigkeit und Flüchtigkeit;

2. die Verarbeitung eines Ausgangsproduktes zur Gewinnung von Zwischenprodukten für die weitere Verarbeitung, z. B. die Umwandlung von Butanen oder Pentanen oder Gemischen davon in Isoparaffine gleichen Molekulargewichts, die dann mittels der später besprochenen Alkylierung in die begehrten isoparaffinischen Fliegerbenzinkomponenten umgewandelt werden.

β, 3. **Polymerisation.** Olefine vermögen sich unter geeigneten Bedingungen aneinanderzulagern und größere Moleküle aufzubauen. Damit besteht die Möglichkeit, einerseits die in Krack- und Synthesegasen vorkommenden Olefine zur Herstellung von Benzinen zu verwenden, während sie früher als wertlos verheizt wurden, andererseits aber auch durch Wasserstoffabspaltung aus gesättigten Kohlenwasserstoffen primär Olefine herzustellen, aus denen man dann durch Polymerisation ebenfalls Benzin gewinnen kann.

Der Vorgang besteht in der Aneinanderlagerueng zweier oder dreier, unter Umständen auch noch mehrerer Moleküle des Olefins zu einem größeren Molekül. Man kann auf diese Weise sogar bis zu hochpolymeren Gebilden kommen, die als Schmieröl oder sogar als Gummi Verwendung finden (Oppanol!). Für den Fall des Isobutylens, das mit verdünnter Schwefelsäure, Chlorzink usw. polymerisiert werden kann, ist der Vorgang im folgenden aufgezeichnet:

$$(CH_3)_2 \cdot C : CH_2 + (CH_3)_2 \cdot C : CH_2 = (CH_3)_3 C \cdot CH : C \cdot (CH_3)_2 \quad \text{(Di-Isobutylen)}.$$

Lagert man an das Di-isobutylen Wasserstoff an, so erhält man das bekannte Iso-Oktan (2, 2, 4-Trimethylpentan).

Die Polymerisation wird entweder rein thermisch oder katalytisch erzielt. Thermisch arbeiten der Prozeß der Pure Oil Co. (Alco Polymerisation Process) [48] und das Verfahren von KELLOG (Unitary Process der Polymerisation Process Co). Ersterer verwendet möglichst enge Fraktionen der C$_3$-C$_4$-Kohlenwasserstoffe und arbeitet bei Drücken von 42 bis 56 at sowie Temperaturen von 482 bis 538° C, wobei rund 65 % Benzin mit einer Motor-Oktanzahl von etwa 76 entstehen. Beim Kellog-Unitary-Process, der mit 427 bis 593° C und 56 bis 211 at arbeitet, polymerisieren anscheinend nicht nur die ursprünglich vorhandenen, sondern auch noch sekundar entstehende Olefine, da die Ausbeuten an Benzin höher als der Einsatz an Olefinen sind. Die Motor-Oktanzahlen liegen um 80, die die Mischoktanzahlen wegen des Anteils an Olefinen um 92.

Eine Kombination von Polymerisation und Spaltung stellt der Multiple coil Process der Pure Oil und Alco Products Inc. dar, der für gesättigte und ungesättigte Kohlenwasserstoffe anwendbar ist [49]. Dabei wird zuerst bei 550° C und 43 bis 57 at Druck polymerisiert, das Restgas dann bei 705° C und 3,5 bis 5,3 at aromatisiert und gespalten und das olefinreiche Gas von dieser Stufe nochmals bei 620 bis 700° C und 3 bis 5 at polymerisiert. Das Fertigprodukt hat eine Oktanzahl von etwa 76.

Das katalytische Polymerisieren eignet sich nur für reine Olefine, arbeitet aber bei niederen Temperaturen. Der eigentliche Vorgang ist noch wenig bekannt und wohl bei den verschiedenen Katalysatoren verschieden. Am wichtigsten ist von den verschiedenen vorgeschlagenen Stoffen die Phosphorsäure, die zuerst von der I. G. angewendet und später von IPATIEFF im UOP-Prozeß — auf einem festen Träger angeordnet — übernommen wurde. Auch andere Träger, wie $MgSO_4$ werden angewendet. Gleichzeitig gibt man Kupfer in Metallform, Ca- und Cu-Phosphate, Pyrophosphate sowie auch Aluminiumchlorid zu.

Der UOP-Prozeß, einer der wichtigsten katalytischen Polymerisationsprozesse, arbeitet bei 150 bis 300° C und 8,4 bis 21,1 at Druck unter Zusatz von Wasserdampf, um Dehydratation der Phosphorsäure zu verhindern. Das entstehende Benzin weist bei Verwendung reiner C_3- bis C_4-Olefine etwa 80% Dimere auf und hat eine Motor-Oktanzahl von etwa 80 bis 82. [50]

Auch Schwefelsäure von 60 bis 65% wird zur Polymerisation von Isobutylen herangezogen. Nimmt man das Olefin darin auf und erwärmt anschließend auf 100° C, so erhält man Di- und Tri-isobutylen und nach Hydrierung Isooktan und Isododekan. Nimmt man Lösung und Erwärmung in einem vor, so wird die Oktanzahl der Produkte etwas niederer; Di-Isobutylen 82 gegenüber 86, Isooktan 97 bis 98 gegen 100.

Alle nicht nachhydrierten Polymerbenzine haben wegen ihres Gehaltes an Olefinen einen sehr hohen Mischoktanwert, wohl infolge der von JOST und MÜFFLING angenommenen kettenabbrechenden Wirkung.

β; **4. Aromatisierung.** Unter Aromatisierung versteht man die Neubildung aromatischer (Benzol-) Ringe durch Ringschluß oder durch Wasserstoffabspaltung aus bereits vorgebildeten naphthenischen 6er-Ringen. Sie wird praktisch so durchgeführt, daß man entweder das Molekül des Rohstoffes (z. B. Rohöl) durch Erhitzung auf hohe Temperaturen weitgehend in kleinere Bruchstücke aufspaltet und diese dann wieder vereinigt (wobei man Katalysatoren zu Hilfe nehmen kann) oder daß man Wasserstoff mittels Katalysatoren aus den in natürlichen oder synthetischen Benzinen vorhandenen Naphthenen mit 6er-Ringen abspaltet. Durch geeignete thermische Behandlung kann man bis zu 40% Ausbeute an Aromaten aus gasförmigen Kohlenwasserstoffen erhalten. Für den Reaktionsmechanismus nimmt man unter anderem eine Kondensation von Olefin (z. B. Äthylen) und Butadien an:

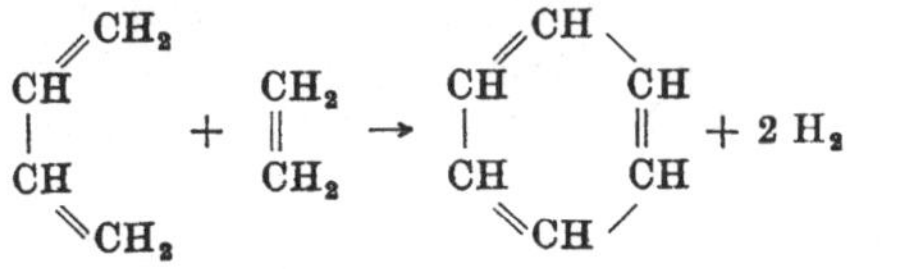

$$
\begin{array}{ccccc}
\quad\diagup CH_2 & & & \quad\diagup CH\diagdown & \\
CH & & CH_2 & CH & CH \\
| & + & \| & \rightarrow \quad | & \| \quad + 2\,H_2 \\
CH & & CH_2 & CH & CH \\
\quad\diagdown CH_2 & & & \quad\diagdown CH\diagup &
\end{array}
$$

wobei Wasserstoff abgespalten wird. Butadien polymerisiert sich zu Vinylcyclohexen, das dann unter Wasserstoffabspaltung in einen aromatischen Ring übergehen kann:

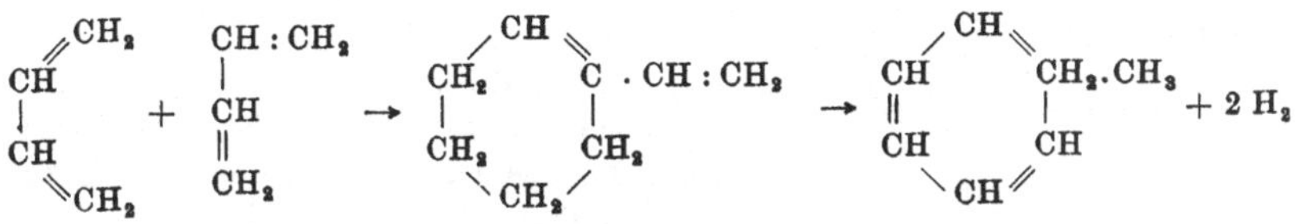

$$
\begin{array}{ccccccc}
\quad\diagup CH_2 & CH:CH_2 & & \diagup CH\diagdown & & \diagup CH\diagdown & \\
CH & | & & CH_2 & C\cdot CH:CH_2 & CH & CH_2\cdot CH_3 \\
| & + CH & \rightarrow & | & | & \rightarrow \quad \| & | \quad + 2\,H_2 \\
CH & \| & & CH_2 & CH_2 & CH & CH \\
\quad\diagdown CH_2 & CH_2 & & \diagdown CH_2\diagup & & \diagdown CH\diagup &
\end{array}
$$

Die thermische Spaltung und Wiedervereinigung der Bruchstücke geht bei Anwendung von Katalysatoren Hand in Hand mit der Wasserstoffabspaltung aus den in den Naphthenen vorgebildeten Ringen, so daß insgesamt ein sehr erheblicher Anteil an Aromaten gebildet wird. Für die Entstehung von Toluol aus n-Heptan kann man folgende Reaktionsstufen annehmen:

$$1)\quad \begin{matrix} & CH_3 \\ CH_2 & CH_2\!-\!CH_3 \\ | & | \\ CH_2 & CH_2 \\ & CH_2 \end{matrix} \;\rightarrow\; \begin{matrix} & CH_2 \\ CH & CH_2\cdot CH_3 + H_2 \\ | & | \\ CH_2 & CH_2 \\ & CH_2 \end{matrix}$$

$$2)\quad \begin{matrix} & CH_2 \\ CH & CH_2\cdot CH_3 \\ | & | \\ CH_2 & CH_2 \\ & CH_2 \end{matrix} \;\rightarrow\; \begin{matrix} & CH_2 \\ CH_2 & CH\cdot CH_3 \\ | & | \\ CH_2 & CH_2 \\ & CH_2 \end{matrix}$$

$$3)\quad \begin{matrix} & CH_2 \\ CH_2 & CH\cdot CH_3 \\ | & | \\ CH_2 & CH_2 \\ & CH_2 \end{matrix} \;\rightarrow\; \begin{matrix} & CH \\ CH & C\cdot CH_3 + 3H_2 \\ | & \| \\ CH & CH \\ & CH \end{matrix}$$

Als Katalysatoren dienen für die Aromatisierung Stoffe, die einerseits spaltend, außerdem aber dehydrierend und endlich ringbildend wirken. Die Aromatisierung spielte für Deutschland als Quelle hochklopffester Fliegerbenzine eine große Rolle (weil die Herstellung von Isoparaffinen nur in geringerem Umfang ausgebaut war). Für die USA und England war sie als Lieferantin des Toluols für Sprengstoffe und der Aromaten für Lösungsmittel und die chemische Industrie von Bedeutung.

In den USA ist vor allem die thermische Umwandlung nach dem Verfahren der bereits erwähnten Pure Oil Co (Chikago) zu erwähnen, bei dem gesättigte und ungesättigte Raffineriegase Temperaturen von 621 bis 704° C bei einem Druck von 3,5 bis 5,3 at ausgesetzt werden. Dabei bilden sich Benzine, die rund 30% Benzol und 24% Toluol enthalten und nahezu vollständig aus Aromaten bestehen, so daß sie die ungewöhnlich hohen Motor-Oktanzahlen von 85 bis 105 erreichen [51].

In Deutschland war eine mit Zyklisierung verbundene Aromatisierung üblich, das sogenannte DHD-Verfahren oder HF-Verfahren der I. G. Sie arbeitet mit einem Katalysator von 90% Al_2O_3 und 10% M_0O_3 bei einem Druck von etwa 50 at. für wasserstoffreiche und 500 at für wasserstoffarme Benzine im Anschluß an die Hydrierung. Die Aromatisierung der naphthenischen Benzine gab dabei weniger Koksabscheidung auf dem Katalysator als bei den wasserstoffarmen Benzinen. Den Einfluß des Ausgangsmaterials zeigt Abb. 17. Dabei wurde der Anilinpunkt der Schwerbenzinfraktion als Maß ihres Wasserstoffgehaltes verwendet.

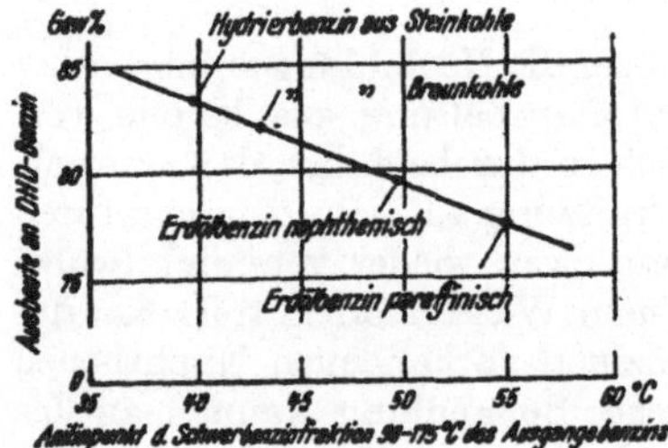

Abb. 17. DHD-Benzinausbeute und Anilinpunkte der Schwerbenzinfraktion des Ausgangsmaterials (bei Rückführung des Schwerbenzinrückstandes über Gasphasehydrierung) nach M. PIER.

Die aromatisierten Benzine werden mit zunehmendem Siedeendpunkt im Gegensatz zu anderen Benzinen nach Abb. 18 klopffester. Dies ist darauf zurückzuführen, daß die nichtaromatischen Anteile darin isoparaffinisch sind, während die üblichen Benzine in dem Siedeschwanz zum Klopfen neigende n-Paraffine aufweisen, und daß die aromatisierten Benzine gerade in den hochsiedenden Anteilen sehr klopffeste Aromaten enthalten [52].

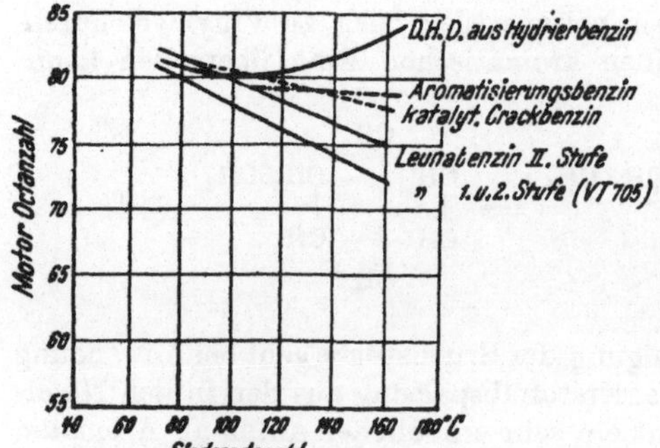

Abb. 18. Oktanzahl und Siedeende verschiedener synthetischer Benzine nach M. PIER.

β, 5. Alkylierung. Unter Alkylierung versteht man den Einbau eines Alkylrestes (z. B. CH_3, C_2H_5, C_4H_9) in ein anderes Molekül. Dazu gibt es eine ganze Reihe von Möglichkeiten, praktisch wird aber bei der Benzinherstellung unter Alkylierung die Anlagelagerung eines Olefins an ein Paraffin oder einen Aromaten verstanden. Die Alkylierung spielt für die Gewinnung von Iso-paraffinen zur Herstellung hochklopffester Fliegerbenzine eine besondere Rolle. Der Vorgang besteht in einer einfachen Addition:

$$C_6H_{14} + C_2H_4 = C_8H_{18}.$$

Die dabei ablaufenden Reaktionen sind bisher nicht klargestellt worden; derzeit gibt es sieben verschiedene Ansichten darüber.

Die **thermische Alkylierung** verwendet ein Gemisch von Paraffinen (im Überschuß) und Olefinen, das bei 210 bis 350 at auf 510° C erhitzt wird. Auch Äthylen, das kata-lytisch nur schwer zur Reaktion zu bringen ist, kondensiert dabei leicht, so daß auch aus dem Gas neu entstehendes Äthylen umgesetzt und dadurch die Gesamtausbeute erhöht werden kann. Isobutan reagiert allerdings langsamer als bei der katalytischen Umsetzung. Das Verfahren ist wegen der Möglichkeit der Herstellung von Neohexan (2,2, Dimethyl-butan: C.C.C.C.) zu erwähnen, das als Fliegerbenzinkomponente von Bedeutung ist.

Dazu wird ein Gemisch von Äthan und Propan bei niederen Drucken und 770° C gekrackt und das entstehende Äthylen mit i-Butan bei den oben genannten Bedingungen alky-liert. Das butanfreie Produkt hatte Siedegrenzen von 48 bis 188° C, eine Oktanzahl von 82,5 und enthielt einen erheblichen Prozentsatz an Neohexan, dessen Oktanzahl 94 beträgt und das auf Bleitetraäthyl besonders gut anspricht. Zur Erreichung der gleichen Klopffestigkeit brauchte nach OBERFELL V. FREY [53]

Iso-Oktan	0,00	1,00	2,00	3,00 cm³ Blei/Gallone
Neohexan, mit Oktanzahl 94 ...	0,25	1,35	2,25	3,00 „ „ „
i-Oktan-n-Heptan, „ „ 94 ...	0,30	2,90	4,85	6,35 „ „ „

Als Katalysatoren werden vor allem Schwefelsäure, Aluminiumchlorid und Fluor-wasserstoff, daneben Gemische aus Aluminiumchlorid mit anderen Metallsalzen, wie Metallchloriden, Zirkoniumchlorid, Borfluorid usw. angewendet: z. T. werden auch an Stelle der Olefine ihre Halogenide umgesetzt.

Von den katalytischen Verfahren ist besonders das der vereinigten Firmen Anglo-Iranian, Humble Oil, Shell developement, Standard developement und Texaco zu er-wähnen, das mit konzentrierter Schwefelsäure von 96% arbeitet. Isobutan und Iso-pentan werden mit den Olefinen der C-Zahl 3 bis 8, die allerdings erst von schädlichen Diolefinen und Schwefelverbindungen befreit werden müssen, unter geringem Druck (3 bis 3,6 at) bei Zimmertemperatur umgesetzt, wobei das Isobutan im Überschuß vor-handen sein muß. Die Ausbeute an Benzin beträgt 120 bis 160% der angewandten Olefinmenge. Die Oktanzahl der Produkte liegt bei 77 bis 90 und kann durch Bleizusatz leicht gesteigert werden. Im Vergleich zu anderen Verfahren ergeben sich mit einem Ausgangsmaterial der Zusammensetzung:

Propan..............	1%	Isobutan	9%
Isobutylen...........	18%	n-Butan	42%
n-Butylen	30%		

ohne, bzw. mit Zugabe von Isobutan folgende Ausbeuten an Benzin aus Olefingemischen [54]

Verfahren	Absorpt. in kalter Säure Polymerisation Hydrierung	Katal. Polymerisation Hydrierung	Katalyt. Hochdruck- polymerisation Hydrierung	Alkylierung —
Zugabe von Isobutan..........	0	0	0	42 Vol. %
Ausbeute an ungebleitem Flieger- benzin	11 Vol. %	25 Vol. %	32 Vol. %	73 Vol. %
Motor-Oktanzahl	99—100	96—98	92—93	92—94

Wie die Zusammenstellung deutlich zeigt, gelingt es durch die Alkylierung die sonst zur Herstellung von Fliegerbenzinen nötige Hydrierung zu umgehen, so daß die Kosten verringert werden, die trotzdem bei einer Anlage dieses Verfahrens achtmal so hoch sein sollen wie jene der üblichen Krackanlagen.

γ) Totalsynthese von Benzin.

Unter Totalsynthese wird hier die Herstellung von Benzin aus den elementaren Bausteinen, Kohle, bzw. Kohlenoxyd und Wasserstoff verstanden. Allerdings ist die Abgrenzung gegen die besprochenen Verfahren nicht in allen Einzelheiten durchführbar, weil sich die Verarbeitungen vielfach überschneiden. Trotzdem wurde die gesonderte Besprechung der Synthese für zweckmäßig erachtet, um die Möglichkeiten jener Länder zu beleuchten, die keine eigenen Erdölvorkommen besitzen.

Es gibt derzeit nur zwei Verfahren für die Totalsynthese: die auf Bergius zurückgehende Kohlehydrierung der I. G. (nicht ganz glücklich auch als Kohleverflüssigung bezeichnet) und die FISCHER-TROPSCH-Synthese aus Kohlenoxyd und Wasserstoff. Beide Verfahren können aus dem Bestand der Erdölindustrie nicht mehr weggedacht werden. Die Benzinproduktion Deutschlands während des Krieges nach beiden Verfahren — wobei die Hydrierung weit überwog — erreichte die Menge von 7 Millionen Tonnen im Jahr. Allerdings sind in normalen Zeiten den technischen Möglichkeiten durch wirtschaftliche Umstände Grenzen gesetzt, so daß der Umfang ihrer Anwendung von den Marktverhältnissen abhängt. Hier interessiert aber nur die technische Seite des Problems.

Sowohl die Hydrierung als die FISCHER-TROPSCH-Synthese zeichnen sich durch eine große Wendigkeit aus, so daß die Produkte mit einfachen Abänderungen der Entstehungsbedingungen den wechselnden Bedürfnissen angepaßt werden können. Die wichtigste Voraussetzung der Verfahren ist die Möglichkeit zur Herstellung des Wasserstoffes, bzw. des Synthesegases. Die Arbeitsweise im einzelnen ist die folgende:

1. **Kohlehydrierung:** Die Kohle (Braunkohle oder Steinkohle) wird feinst gepulvert, dann mit einem Katalysator (Fe_2O_3, MoO_3 usw.) vermischt und getrocknet. Dann wird sie mit Öl — meist dem aus der Sumpfphase anfallenden Schweröl — zu einer Paste angerieben und unter einem Druck von 200 at vorgewärmt in den Sumpfofen gedrückt, der gleichzeitig mit vorgewärmtem Wasserstoff desselben Druckes gefüllt wird. Der Wasserstoff wird vorher zur Gewinnung des darin enthaltenen Schwefels gereinigt. Die Sumpföfen haben außerordentlich große Abmessungen (Höhe 12 bis 18 m, Gewicht 100 t). Die Reaktion erfolgt bei Temperaturen von etwa 450° C und einem Druck von 200 at. Je nach der Fahrweise erhält man dann ein Gemisch von Benzin und Mittelöl mit oder ohne Schweröl. Nach Abziehen des Schlammes (mineralische Stoffe, unverbrauchte Kohle und Öl) aus dem abgekühlten und entspannten Gemisch wird vom Schweröl abdestilliert und das Mittelöl mit den leichten Anteilen dem Benzinofen zugeführt. In diesem erfolgt bei ebenfalls 450° C und Drucken bis 700 at über einem Katalysator aus Aluminiumoxyd und 10 % Molybdänoxyd die Benzinierung. Nach erneuter Abkühlung und Entspannung wird das Gemisch auf Benzin destilliert, während die gasförmigen Kohlenwasserstoffe entweder als Flüssiggas dem Motorbetrieb und anderen Verwendungszwecken zugeführt oder zur Herstellung isoparaffinischer, hochklopffester Alkylatbenzine verwendet werden. Gegenüber der katalytischen Krackung hat die Hydrierung den Vorteil restloser Ausnützung der Ausgangsstoffe. Man kann damit

rechnen, aus einer Tonne Kohle etwa 650 kg Benzin zu erhalten, wobei allerdings für den Prozeß noch zusätzlich etwa drei Tonnen Kohle benötigt werden. Die Wahl der Verarbeitungsbedingungen, der Katalysatoren und auch des Ausgangsmaterials wirkt sich in der Qualität des Endproduktes aus. Daß man aber aus den verschiedensten Rohstoffen zu Benzinen guter Klopffestigkeit kommen kann, zeigt Zahlentafel 30.

Zahlentafel 30. Fliegerbenzin aus verschiedenen Rohstoffen. Nach M. PIER.

Ausgangsmaterial	Erdöl		Estnisch. Schiefer	Braunkohlenteer	Braunkohle	Steinkohle	Steinkohlenteer	Gasölkrackrückstand
	gembas.	asphaltbas.						
Dichte (15° C)	0,729	0,722	0,725	0,725	0,723	0,730	0,725	0,725
Dest. bis 100° C Vol.% ..	59	56	59	58	65	57	65	65
Endpunkt ° C	147	145	137	150	132	153	160	140
Zusammensetzung								
Paraffine Vol. %	65	53	55	60	53	40	37	40
Naphthene Vol. %	30	40	35	30	42	52	55	50
Aromaten u. Olefine Vol. %	5	7	10	10	5	8	8	10
Klopffestigkeit								
Motor-Oktanzahl	69	73	70	69	71	73.	76	78
Motor-Oktanzahl mit 0,12 % Blei	89	90	89	89	90	91	94	93

Durch entsprechendes Tieferlegen des Siedeendpunktes kann man die Klopffestigkeit der Produkte nach Abb. 18 beeinflussen.

Ein Vergleich der verschiedenen Verfahren zur Herstellung von Fliegerbenzinen aus Steinkohle gibt Zahlentafel 31, wobei als DHD-Verfahren das vorgehend besprochene Dehydrierungs- und Zyklisierungsverfahren zur Aromatisierung bezeichnet ist.

Zahlentafel 31. Fliegerbenzine nach verschiedenen Verfahren der Steinkohlenhydrierung. Nach M. PIER.

Verfahren	Benzinierung		Aromatisierung		Benzinierung und DHD	Aromatisierung und DHD
	EP[1] 135	EP155	300 atm	700 atm		
Kennwerte						
Dichte	0,729	0,730	0,806	0,780	0,785	0,844
Dest. bis 100°	64	57	30	38	50	42
Endpunkt ° C	136	153	165	165	165	165
Zusammensetzung						
Paraffine Vol. %	38	40	15	20	26	8
Naphthene Vol. %	55	52	35	41	24	11
Aromaten u. Olefine Vol. %	7	8	50	39	50	83
Klopffestigkeit						
Motor-Oktanzahl....................	75,5	73	80	79	84,5	192
Motor-Oktanzahl mit 0,12 % Blei.....	92	91	91	91	94,5	100
Research-O. Z.	—	75	89	90	94	104
Aromatenfreies Benzin	—	—	65	69	75	72

[1] EP = Siedeendpunkt.

Die in der Gasphase hydrierten Fliegerbenzine bestehen zu einem hohen Teil aus isoparaffinischen Verbindungen. Die Entwicklung der deutschen Fliegerbenzinherstellung war aber herstellungs- und verwendungsmäßig (durch die Bauart der Motoren) vor allem auf aromatische Produkte eingestellt, im Gegensatz zu den alliierten Staaten, die sich auf isoparaffinische Fliegerbenzine verlegten. Die weitere Entwicklung wird zeigen, ob nicht ein Mittelweg die zweckmäßige Lösung darstellt.

2. FISCHER-TROPSCH-Synthese: Die FISCHER-TROPSCH-Synthese beruht auf der Tatsache, daß ein Gemisch von CO und H_2 im Verhältnis 1:2 über geeignete Katalysatoren geleitet, schon bei normalen Drücken und Temperaturen von etwa 200° C zu einem Gemisch von paraffinischen und olefinischen Kohlenwasserstoffen umgewandelt wird, in denen die Kohlenstoffkette fast nur geradlinig ist. Bei höheren Drucken wird ebenso wie bei Änderung der Gaszusammensetzung, der Durchleitungsgeschwindigkeit usw. vor allem der Siedeverlauf der Primärprodukte und ihr Gehalt an Olefinen beeinflußt, ohne eine grundsätzliche Änderung des Aufbaues zu ergeben. Von größter Bedeutung für die Synthese ist die Art der Herstellung des Synthesegases, das zur Vermeidung von Katalysatorvergiftung fast vollkommen von störenden Schwefelverbindungen befreit werden muß. Diese Reinigung erfolgt durch Vorwaschen mit Wasser, Entschwefelung durch Absorption des Schwefelwasserstoffes über Eisenoxyd und endlich katalytische Entfernung von organischen Schwefelverbindungen durch Reduktion mit dem Wasserstoff zu Schwefelwasserstoff und darauffolgende Bindung des letzteren. Dazu dienen zweckmäßig Eisenoxyde mit 10% Alkalikarbonat. Die Überleitung des gereinigten Gases erfolgt in Öfen, die den Katalysator in Horden übereinander in dünner Schicht tragen, unter Abfuhr der erheblichen Reaktionswärme. Nach der Umwandlung wird das Gas erst von dem entstehenden Wasser (aus der Reduktion des Sauerstoffes im CO stammend) befreit. Dann wird es zur Adsorption der Benzinkohlenwasserstoffe über aktive Kohle geleitet, aus der diese intermittierend durch Dampf abgetrieben und kondensiert werden. Als Katalysator diente meist ein Gemisch von Kobalt-Thorium-Magnesium, in letzter Zeit wurde auch Eisenoxyd angewendet.

Die theoretische Ausbeute von 185 g Kohlenwasserstoff/m³ Synthesegas wird nur zu maximal etwa 70 bis 75% erreicht; man erhält 135 bis 140 g Kohlenwasserstoffe. Die erhaltenen Produkte sind als geradkettige Paraffine und Olefine sehr wenig klopffest, so daß sie nur unter Zusatz von Blei oder nach Umwandlung in höher beanspruchten Motoren verwendet werden können. Aus diesem Grunde wurde die FISCHER-TROPSCH-Synthese lange Zeit weniger beachtet, als sie es verdiente. Auch standen wirtschaftliche Bedenken ihrer ausgedehnteren Verwendung im Wege. Die neuere Entwicklung zeigt aber, daß die Wendigkeit des Verfahrens seine Durchführbarkeit auch in normalen Zeiten interessant macht. Einerseits ist es möglich, durch Anwendung von geänderten Bedingungen unmittelbar Isoparaffine herzustellen, andererseits bietet sich in der Umwandlung von Naturgas eine billige Quelle zur Herstellung des Synthesegases, so daß in den USA große Anlagen dieser Art gebaut werden. Dazu kommt die Anwendung von Katalysatoren in feinstverteilter Form, die verbesserte Wärmeabfuhr und dadurch erhöhte Ausbeuten ergibt; auch ist das so erhaltene Benzin klopffester.

Isoparaffinen können unmittelbar durch Anwendung eines 20%igen Überschusses an CO über Wasserstoff, von höheren Drucken und Temperaturen (450° C, 300 at) und von geeigneten Katalysatoren gewonnen werden. Dabei bilden sich primär höhere Alkohole (vor allem i-Butan), die zu Olefinen dehydriert und anschließend zu i-Paraffinen hydriert werden. Alle diese Vorgänge laufen in einem ab. Die Reaktion verläuft viel rascher als die übliche Synthese, so daß 5- bis 10mal größere Durchsätze möglich sind. Die Ausbeute an Isoparaffinen soll 90% des Produktes erreichen. Diese Versuche, die im Kohlenforschungsinstitut Mülheim/Ruhr durchgeführt wurden, benötigen allerdings noch die Umsetzung in die Fabrikation [55].

Die Errichtung neuer großer Anlagen zur Herstellung von FISCHER-Benzin in den USA ist im Gang oder schon abgeschlossen. Aus 64 Millionen Kubikfuß (1800000 m³ Gas soll eine davon täglich 5800 Barrel (950 m³) Autobenzin, 1200 Barrel (195 m³) Diesel-Kraftstoff und 86 Tonnen wäßrige Alkohole liefern. Der Prozeß, der als Hydrokolprozeß bezeichnet wird, benötigt täglich 40 Millionen Kubikfuß (1130000 m³) reinen Sauerstoff zur Erzeugung des Synthesegases, die Entfernung von 5,3 Liter Naturbenzin und Butan aus je 1000 m³ Erdgas und die partielle Umwandlung von 64 Millionen Kubikfuß (1800000 m³) Naturgas mit dem Sauerstoff zur Gewinnung des Synthesegases. Man rechnet mit dauerndem billigen Bezug von Benzinen, Stadtgas und Petroleumprodukten sowie Rohstoffen für eine neue chemische Industrie auf Jahrhunderte hinaus. Auch andere Nachrichten sprechen für die erweiterte Anwendung des FISCHER-TROPSCH-Verfahrens in USA. So erörtert R. C. ALDEN die Möglichkeit, aus trockenem Naturgas durch Verwendung eines feinzerteilten Katalysators in flüssiger Phase und einer dadurch möglichen Steigerung des Raumdurchsatzes um 150 bis 250 l auf 2000 bis 3000 l/Gas/l Katalysator Benzin mit einem Aufwand von nur 0,0024 Cts. je Gallone für das Rohmaterial, Ausbeuten von 0,87 Liter Benzin aus 1 m³ Methan (Naturgas) zu erhalten, so daß auch er die Aussichten für günstig erachtet [56].

Durch Anlagerung von CO und H an Olefine, die Oxosynthese von RÖLEN, kann man unmittelbar Aldehyde erhalten, die dann in Alkohole reduziert und für die verschiedensten Zwecke, wie z. B. Herstellung von Schmierölen, synthetischen Fetten usw. verwendet werden können. Dabei werden die gewöhnlichen Syntheseprodukte der C-Zahl 11 bis 18 zuerst dehydriert, um die Olefine zu erhalten, dann bei 135° C und 150 at Druck mit CO und H_2 über einen Thoriumoxyd-Chromoxyd-Katalysator geleitet, wobei die Aldehyde entstehen und endlich über einem Nickelkatalysator bei 180° C und 150 at Druck zu Alkoholen hydriert [57].

Viele der besprochenen Verfahren verdanken ihre ausgedehnte Verwendung den Verhältnissen des Krieges, so daß man fragen kann, welche Aussichten sie im Frieden haben werden. F. D. PARKER [58] äußert dazu folgende Ansicht, die allerdings im Einzelfall überprüft werden müßte:

1. Das allgemeinst anwendbare Verfahren des Krieges war die katalytische Krackung.

2. Thermische oder katalytische Polymerisation sonst unverwertbarer C_3- und C_4-Olefine ist wie vor dem Krieg für alle Raffinerien mit Krackanlagen wirtschaftlich.

3. Alkylierung der C_3- und C_4-Olefine und von i-Butan, die überschüssig sind, kommt weiter für Großraffinerien in Betracht.

4. Isomerisierung von n-Butan in i-Butan zur folgenden Alkylierung ist nur bei entsprechender Preisspanne zum n-Butan (1 bis 2 Cts./Gallone) und geringer Kosten des Alkylats aussichtsreich.

5. Isomerisierung von n-Pentan ist nur bei genügender Basis an billigem n-Petan und in großen Einheiten wirtschaftlich.

6. Hydroforming zur Verbesserung klopfenden Benzins erscheint nicht tragbar, außer zur Herstellung spezieller Stoffe, wie Aromaten für die chemische Industrie.

δ) Andere Verfahren zur Gewinnung von Otto- und Diesel-Kraftstoffen:

Im Gegensatz zur eigentlichen Benzinherstellung hat sich die Herstellung anderer Kraftstoffe qualitativ wenig verändert. Dies liegt zum Teil an der Schwierigkeit einer Produktionserhöhung, zum Teil an den geringeren Möglichkeiten im Vergleich zur Umwandlung und Synthese. Die wichtigsten Verfahren sind die Schwelung von Braunkohle und die Verkokung von Steinkohle.

1. Braunkohlenschwelung: Die Braunkohlenschwelung hat vor allem in Deutschland stark zugenommen; sie lieferte Rohmaterial für die weitere Hydrierung.

Sie erfolgt bei Temperaturen von etwa 600° C und liefert auf 1000 kg getrocknete Braunkohle etwa 150 m³ Gas, 80 kg Schwelteer und 270 kg Grudekoks. Der Teer gibt bei der Destillation 3 kg Schwelbenzin und 32 kg Teeröl, wozu noch 4 kg Benzin aus dem Gas kommen. Die Produkte sind aber wenig wertvoll, enthalten viele Verunreinigungen und ungesättigte Bestandteile, so daß sie eine scharfe Raffination brauchen. Das Verfahren wurde hauptsächlich zusammen mit der nachfolgenden Hydrierung des Schwelteeres angewandt.

Zur Gewinnung von brauchbarem Dieselöl und gleichzeitig eines Hartparaffins wurde der Braunkohlenteer mittels Extraktion (SO_2, Phenol und versuchsweise Fluorwasserstoff) behandelt. So wurden jährlich 64000 t Dieselkraftstoff, 71000 t Heizöl und je 13000 t Harz- und Weichparaffin in Espenhain/Sachsen gewonnen, wobei noch 12000 t Elektrodenkoks anfielen.

2. Steinkohlenverkokung: Benzol wurde in Deutschland während des Krieges in einer, der vermehrten Koksproduktion entsprechenden Menge (max. etwa 800000 t) nach den üblichen Verfahren [Koksöfen zum Teil mit Absaugung (Instillverfahren), Absorption in Waschöl] hergestellt. Auch in anderen Ländern wurde die Verarbeitung der Steinkohle auf Benzolprodukte durch Verkokung weiter durchgeführt, ohne daß besondere Neuerungen zu erwähnen wären.

3. Schieferbenzin: Ölschiefer wird in geringerem Ausmaße in Schottland und in erweitertem Umfang in Estland, bis 1945 auch in der Mandschurei, durch Schwelung in flüssige Destillationsprodukte zerlegt. Wenn auch in anderen Ländern, wie Frankreich und Schweden, in kleinem Ausmaß mit der Schwelung von Schiefer begonnen wurde, spielt diese Herstellung doch mengenmäßig keine Rolle. Die zum Teil sehr ausgedehnten Lager in USA, Brasilien usw. werden wohl erst dann von größerer Bedeutung werden, wenn die natürlichen Erdölmengen merklich zurückgehen, weil die Gestehungskosten ungleich höher sind als bei Erdöl.

4. Alkohol: Alkohol wurde als Mischungsbestandteil schon lange Zeit in verschiedenen Ländern benützt, vor allem dort, wo die Möglichkeit zu seiner Herstellung aus landwirtschaftlicher Produktion eine Ergänzung sonst fehlender Erdölvorkommen bildete, wie in Deutschland, Schweden, Frankreich, Ungarn und Italien.

Rohstoffe sind entweder zuckerhaltige Stoffe, die wie Zuckerrohr oder Zuckerrüben, die unmittelbar nach der Zerkleinerung und Versetzung mit Wasser, oder stärke- oder zellulosehaltige Stoffe, die nach der Verzuckerung vergoren werden. Letztere sind vor allem Kartoffel und die Abwässer der Zellulosefabrikation, deren vergärbarer Zuckergehalt etwa 45 l Alkohol/t Zellulose liefert. Die Verwendung des Alkohols in Kraftstoffgemischen erfordert möglichst weitgehende Entwässerung, die meist durch azeotropische Destillation vorgenommen wird. Bei der gewöhnlichen Destillation geht nämlich ein azeotropisches Gemisch aus 95,57 Gew.% Alkohol und 4,43 Gew.% Wasser über, es gelingt also nicht, auf diese Weise Entwässerung zu erzielen. Statt der früher üblichen Entwässerung mit Kalk ist man deshalb dazu übergegangen, durch Zugabe einer dritten Flüssigkeit andere Destillationsverhältnisse zu erzielen. Nimmt man z. B. Benzol, so hat die azeotropische Mischung bei einem Siedepunkt von 64,9° C die Zusammensetzung: 7,5% Wasser, 74% Benzol, 18,3% Alkohol, so daß man das Wasser zuerst abdestillieren kann und dann 99,9 %igen Alkohol erhält. Andere Zusatzflüssigkeiten für diesen Zweck sind Benzol-Benzingemische und Trichloräthylen. Spuren Chlor, die dabei in den Alkohol gelangen können, sind unter Umständen bei Vermischung mit lagerunbeständigem Krackbenzin Ursache starker Harzneubildung.

Methanol wird im Gegensatz zur früheren Gewinnung durch Holzverkohlung jetzt fast nur mehr synthetisch aus CO und H_2 bei Drücken von etwa 180 at und Temperaturen von 300° C über Chromoxyd-Zinkoxydkatalysatoren erhalten. Neuerdings scheint auch die unvollständige Oxydation von Erdgas über Silber als Katalysator bei Drücken bis zu 50 at und Temperaturen von 300 bis 400° C die großtechnische Herstellung zu gestatten [59].

Die Verwendung von Äthyl- und Methylalkohol ist neuerdings dadurch interessant geworden, daß diese Stoffe zur Leistungssteigerung von Flugzeugmotoren eingespritzt werden. Daß diese Möglichkeit zu einer erheblichen Vermehrung des Bedarfes führen wird, ist unwahrscheinlich. Es handelt sich hier um die gleiche Wirkung der hohen Verdampfungswärme, die schon lange in Rennkraftstoffen ausgenützt wird. Immerhin ist die Möglichkeit nicht von der Hand zu weisen, daß der aus pflanzlichen Stoffen gewonnene Alkohol in Zukunft wieder eine größere Rolle spielen wird.

ε) Spezialprodukte.

Isopropylalkohol, bzw. -äther, der eine Zeitlang als aussichtsreicher Bestandteil von hochklopffesten Fliegerbenzin erschien, hat sich nicht durchgesetzt, wohl weil die anderen Möglichkeiten der Kraftstoffherstellung ihn überflüssig machten.

Gemische von Azetylen mit Alkohol [60] oder in Ammoniak [61] gaben zwar im Motor gleiche oder sogar höhere Leistungen als Benzin, sind aber vollkommen unwirtschaftlich und haben eine Reihe von betrieblichen Nachteilen, so daß sie nur als Kuriosum erwähnt seien.

Interessant erscheinen Möglichkeiten, die F. FISCHER bezüglich der biologischen Kraftstoffherstellung erörtert, wenn sie auch derzeit keine Rolle spielen [62]. Danach bestünde in der durch Gärung erzeugten Buttersäure das Ausgangsmaterial zur Herstellung des klopffesten Di-n-Propylketons, das eine Research-Oktanzahl von 93,0 und eine Motor-Oktanzahl von 92,4 hatte, aber wegen seines hohen Siedepunktes von 143° C mit Alkohol oder anderen leichtsiedenden Anteilen vermischt werden müßte. Für Länder mit großem Reichtum an pflanzlichen Rohstoffen bestünden vielleicht in dieser Richtung Möglichkeiten zur Vergrößerung ihrer Basis an Kraftstoffen über einfachen Gärungsalkohol hinaus.

ζ) Raffination.

Die Raffination, welche die Reinigung der Kraftstoffe von unerwünschten Anteilen bezweckt, muß seit der Einführung des Bleibenzins außer der Forderung nach Lagerbeständigkeit, Harzfreiheit und Freiheit von korrodierendem Schwefel zusätzlich noch die nach bester Wirkung des zugesetzten Bleitetraäthyls erfüllen. Da diese Wirkung weitgehend von dem Gehalt des Benzins an chemisch aktivem, nicht nur an korrodierend wirkendem Schwefel abhängt, wurde es nötig, die Verfahren entsprechend zu verbessern. Die geläufige Behandlung der Benzine mit Natriumplumbit und Schwefel (sweetening oder Süssen) beließ noch Merkaptane darin, welche die Klopffestigkeit senkten.

In den Benzinen finden sich Alkyl- und Diakylsulfide, Schwefelkohlenstoff, Kohlenoxysulfide, Schwefelwasserstoff, Merkaptane, Thiophene, Thiophane, Thiophenol, elementarer Schwefel und eine Reihe komplizierter Schwefelverbindungen. Von den Prozessen zur Entfernung von Schwefelwasserstoff seien erwähnt: Der nach Seabord, bei dem H_2S aus Gas oder Dampf mit einer verdünnten Na_2CO_3-Lösung gewaschen und dann daraus unter Regeneration der Lösung mit Luft ausgetrieben wird; der Thyloxprozeß, der Natriumthioarseniat anwendet und die gebrauchte Lösung unter Gewinnung elementaren Schwefels mit Luft regeneriert; der Girbotolprozeß, der Lösungen von Aminen und Regenerierung durch Erhitzen anwendet, der Shell-Phosphatprozeß (Trikaliumphosphat) und der Phenolatprozeß, der den Schwefelwasserstoff mit Natriumphenolat absorbiert. HOUDRY verwendet intermittierend Nickeloxyd bei 430° C zur Entschwefelung.

Zur Entfernung der Merkaptane kann man den Doktorprozeß (Natriumplumbit), Kupferchlorid und Bleisulfid anwenden, wobei Disulphide entstehen. Besser sind die nach Entfernung des Schwefelwasserstoffes mit Lösungsmitteln arbeitenden Verfahren, wie der Unisolprozeß der Atlantic Refining Co., der mit NaOH und Methanol wäscht, und die ebenso mit Lösungsvermittlern arbeitenden Shell-Solutizer- und ähnliche Verfahren. Am wirksamsten sind die Raffination mit Schwefelsäure, die katalytische Entschwefelung (GRAY: Tonerde, PERCO: Bauxit) und die katalytische Hydrierung in Anwesenheit von Wasserstoff, wenn der Schwefel im Benzin in größerer Menge enthalten oder fest gebunden ist.

Schwefelkohlenstoff und Kohlenoxysulfid werden durch alkoholische Laugenwäsche oder die erwähnten katalytischen Verfahren, elementarer Schwefel durch Fraktionierung oder Doktorbehandlung entfernt [63].

Bezüglich der Verwendung der flüssigen Kraftstoffe kann man derzeit etwa folgende Situation feststellen:

Durch die Fortschritte in der Verarbeitung des Petroleums und der Synthese ist die Möglichkeit zur Herstellung von leichtflüssigen Otto-Kraftstoffen wesentlich erweitert worden. Die Versorgung der Welt damit erscheint auf lange Zeit hin gesichert. Wegen der einfacheren Handhabung des Benzins im Vergleich zu den anderen Otto-Kraftstoffen wird es seine führende Rolle beibehalten, während die kriegsgeborenen Ersatzkraftstoffe mit fortschreitender Besserung der wirtschaftlichen Verhältnisse wieder überall dort verschwinden werden, wo die speziellen Verhältnisse der Länder dies nicht verhindern. Der Diesel-Motor hat wegen des verringerten Verbrauches weiter an Verbreitung gewonnen, doch macht die zunehmende Besteuerung den Gewinn durch die Verwendung von Diesel- an Stelle von Otto-Kraftstoff immer geringer. Aus dem gleichen Grund sind die vielfachen Versuche, in Otto-Motoren schwerere Kraftstoffe zu verwenden, nicht weitergediehen, ganz abgesehen von den technischen Unzulänglichkeiten, wie Anlaß- und Ölverdünnungsschwierigkeiten. Der Hesselmann-Motor [64], der sowohl mit Einspritzung als auch Zündung arbeitet, erlaubt zwar eine erhebliche Verringerung der Klopffestigkeit (60 statt 75 OZ bei Verdichtung $\varepsilon = 7,2$, 50 statt 65 bis 70 OZ bei Verdichtung $= 6,0$ im Otto-Motor), hat sich aber trotzdem nur in Skandinavien und USA in nennenswerterem Umfang eingeführt.

c. Flüssige Kraftstoffe für Otto-Motoren.

α) Anforderungen.

Die wichtigste Eigenschaft der Kraftstoffe für Otto-Motoren ist die Klopffestigkeit. Man versteht darunter die Fähigkeit, einen Betrieb mit hoher Verdichtung und damit guter Brennstoffausnützung ohne klopfende Verbrennung zu ermöglichen. Es ist dabei gleichgültig, ob der Brennstoff durch einen Vergaser angesaugt oder durch eine Pumpe in die Ansaugleitung oder in den Zylinder gespritzt wird (Benzineinspritzung). Die Kraftstoffe müssen demnach vor allem auf größte Klopffestigkeit gezüchtet werden.

Weiters verlangt man hohen *Heizwert*, um mit einer gegebenen Brennstoffmenge eine große Leistung erzielen und die mitzuführende Brennstoffmenge möglichst klein halten zu können. Dabei spielt sowohl der Heizwert je Kilogramm, als jener je Liter je nach den Umständen eine Rolle.

Die *Flüchtigkeit* des Brennstoffes muß eine leichte Mischung mit der Luft ermöglichen und übermäßige Ausscheidungen von flüssigem Brennstoff im Ansaugsystem und Zylinder verhindern. Auch bei niederen Temperaturen soll der Kraftstoff zündfähiges Gemisch bilden. Schmierölverdünnung soll nicht eintreten.

Weder bei der Lagerung noch bei der Verdampfung im Ansaugsystem dürfen *Ausscheidungen* von Harz (gum) auftreten. Im Verbrennungsraum dürfen keine Rückstände zurückbleiben. Der Kraftstoff darf erst bei tiefen Temperaturen dickflüssig werden oder Kristalle bilden, d. h. er muß gute *Kältebeständigkeit* besitzen und darf sich z. B. bei einem Gehalt an Alkohol nicht entmischen.

Tank-, Leitungs- und Vergaserbaustoffe dürfen nicht angegriffen werden, der Kraftstoff muß frei von *korrodierenden* Bestandteilen sein.

β) Klopffestigkeit.

β 1. Wesen des Klopfens. Wie schon im Kapitel Verbrennung ausgeführt wurde, versteht man unter Klopfen die erst nach der Funkenzündung und anfänglich langsamen Flammenausbreitung plötzlich einsetzende sehr rasche Verbrennung des unverbrannten Gemischrestes, die sich in dem als Klingeln oder Klopfen bezeichneten metallischen Geräusch bemerkbar macht und sowohl höhere Spitzendrucke, als auch infolge der stärkeren Durchwirbelung des verbrennenden Gemisches höhere Zylindertemperaturen als die normale Verbrennung ergibt. Grundsätzlich verschieden davon ist die Glühzündung (Frühzündung, preignition), die vor der Funkenzündung einsetzt und durch die allmählich ansteigenden Motortemperaturen mit der Zeit zum Klopfen führen kann, wie das Klopfen seinerseits infolge der ebenfalls eintretenden Erwärmung der Zylinder, Ventile und Kerzen als Folge Glühzündung ergeben kann. Während aber das Klopfen mit steigender Drehzahl abnimmt, nimmt die Glühzündung damit zu. Für das plötzliche Verbrennen des unverbrannten Restgases werden verschiedene Ursachen verantwortlich gemacht. Während die allgemein angenommene chemische Voroxydation zu einer Selbstzündung führt, die eine mit Unterschallgeschindigkeit verlaufende Verbrennnng ergibt, wird neuerdings auch ein physikalisch, durch Zusammenwirken verschiedener Einflüsse bewirktes detonatives Verbrennen als Ursache des Klopfens in Motoren angenommen, wobei Überschallgeschwindigkeit auftritt. (G. Broersma; C. D. Miller, 64a). Die ins einzelne gehende Diskussion überschreitet den Rahmen des Buches.

Die Klopffestigkeit ist infolge des Krieges und der kriegsbedingten außerordentlichen Vermehrung der Flugzeuge nach wie vor die entscheidende Eigenschaft der Otto-Kraftstoffe geblieben, da die notwendigen Spitzenleistungen der Flugzeuge nur durch äußerste Ausnützung der in den Kraftstoffen gegebenen Verbrennungsenergie erreicht werden konnten und der Bedarf an Flugkraftstoffen den an Autokraftstoffen erreichte, wenn nicht überstieg.

Trotz der Verwendung von Zusätzen bleibt die Klopffestigkeit der Ausgangsstoffe weiterhin ausschlaggebend. Derzeit (Frühjahr 1947) ist die Weltlage durch Bleimangel und daher Knappheit an Bleitetraäthyl gekennzeichnet, welcher die Bedeutung klopffester Benzine steigert.

β 2. Prüfung der Klopffestigkeit. Die Klopffestigkeitsmessung hat verschiedene Ziele, nach denen sich die Prüfung notwendig richten muß. Und zwar will sie

a) forschungsmäßig: Stoffeigenschaften,

b) technisch: die Gleichmäßigkeit von Lieferungen (Identitätsprüfung)

c) technisch: die Eignung für einen bestimmten Verwendungszweck feststellen.

Zu a): Es ist klar, daß schon rein mengenmäßig Vollmotoren mit teuren synthetischen Stoffen neuer Art nicht betrieben werden können. Für diesen Zweck sind deshalb trotz möglicher Abweichungen der Ergebnisse vom Vollmotorversuch mit Rücksicht auf die rasch und billig erzielbaren Ergebnisse Prüfmotoren wie der CFR- und I.-G.-Motor unumgänglich notwendig. Grundsätzliche Beziehungen zwischen Klopffestigkeit und Betriebsbedingungen können einfach ermittelt werden; Versuche in größeren Einzylinder- oder Vollmotoren sind in besonderen Fällen nötig, vor allem, wenn ein Kraftstoff betriebsreif gesprochen werden soll. Adiabatische Selbstzündungsmessungen und physikochemische Auswertung ergänzen sie.

Zu b): Zur Gleichmäßigkeitskontrolle könnte man an Stelle der Meßergebnisse im Prüfmotor auch andere Stoffwerte, die mit der Klopffestigkeit in Beziehung stehen, anwenden, wie die Selbstzündungseigenschaften (z. B. nach H. Jentzsch), die Gütezahl von Mücklich und C. Conrad, den Parachor, spezifisches Gewicht und Siedekurve nach

M. MARDER usw. Steht ein Prüfmotor nicht zur Verfügung, so wird man das notgedrungen auch tun; andernfalls wird man sich aber lieber auf die motorische Prüfung verlassen, vor allem weil die rein physikalisch charakterisierenden Stoffwerte den Einfluß von geringen Mengen von Zusätzen nicht erfassen.

Zu c): Im Gegensatz zu den beiden vorher besprochenen Prüfungen erfordert die Prüfung der Eignung eines Kraftstoffes für einen bestimmten Motor eine Klopfmessung mit möglichster Anlehnung der Versuchsbedingungen an die Betriebsbedingungen des Vollmotors. Deshalb wurde die Prüfung der Flugmotorenkraftstoffe mit Flugmotoren Einzylinderaggregaten begonnen, wenn auch nur als Vereinfachung der Vollmotorenprüfung. Zur letzten Bewährung ist der Vollmotorenversuch auf dem Prüfstand und — wegen der Druck-, Temperatur- und Kühlungseinflüsse — im Flugzeug selbst entscheidend.

Die früher als Einpunktmessung eingeführte — besonders dem Kaufmann sympathische — Oktanzahl kann das Verhalten der Kraftstoffe unter den vielen Einflüssen

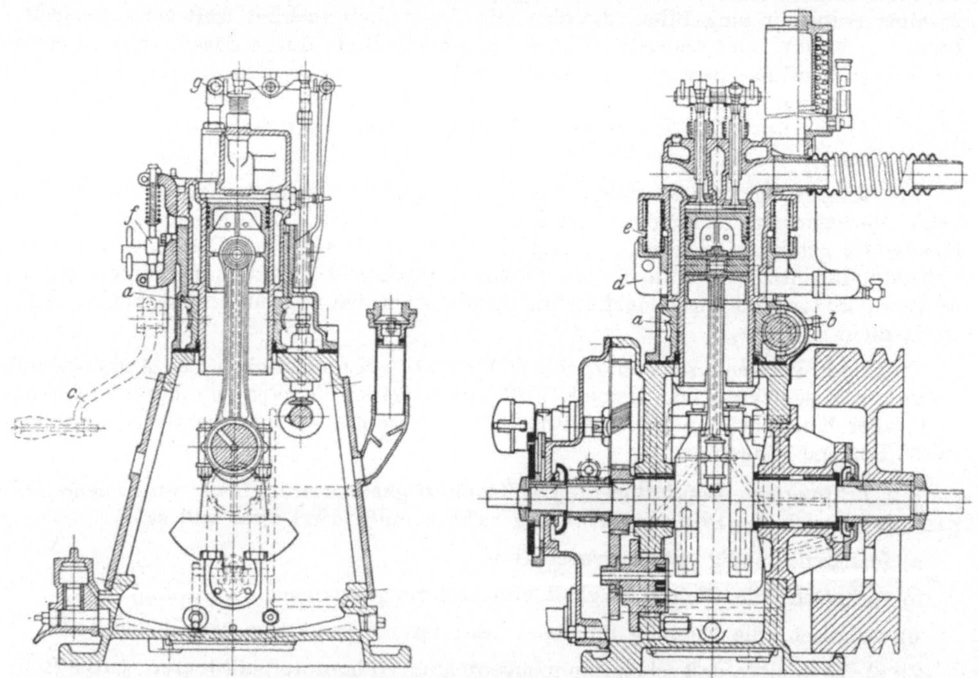

Abb. 19. Schnitt des CFR-Klopfprüfmotors.
a Schneckenrad; b Schnecke; c Handkurbel; d Klemmuffe; e Federn; f Feinmeßschraube; g Bügel.

des Betriebes nicht wiedergeben. Deshalb wird zunehmend dazu übergegangen, die Klopffestigkeit nicht durch eine einzige Zahl, sondern durch zwei oder mehrere Zahlen, bzw. durch Diagramme zu kennzeichnen, ein Vorgang, der ja bei anderen Materialprüfungen schon längst bekannt und praktisch eingeführt ist.

β, 2, 1. CFR- und I.-G.-Motoren: Die ersten Versuche zur Prüfung der Klopffestigkeit führte H. RICARDO in einem 2,1-l-Einzylindermotor durch, dessen Verdichtung während des Betriebes verändert werden konnte. RICARDO legte als Maß für die Klopffestigkeit die höchste nutzbare Verdichtung (highest useful compression ration: H. U. C. R.) fest, d. h. jene Verdichtung, bei der die Motorleistung unter bestimmten Bedingungen ihren

Höchstwert erreichte und schon leichtes Klopfen eintrat, während weitere Erhöhung der Verdichtung zum Leistungsabfall führte. Es wurde demnach zur Erfassung des Klopfens eine Leistungskurve über der Verdichtung aufgenommen. Wegen der kostspieligen Beschaffung dieses Motors wurden leider in der Folge eine Reihe anderer Motoren und Kennwerte zur Charakteristik des Klopfens verwendet (Drehzahl, Zündung, Drosselung), wodurch nicht nur keine Ersparnisse, sondern zusätzlich große Verwirrung

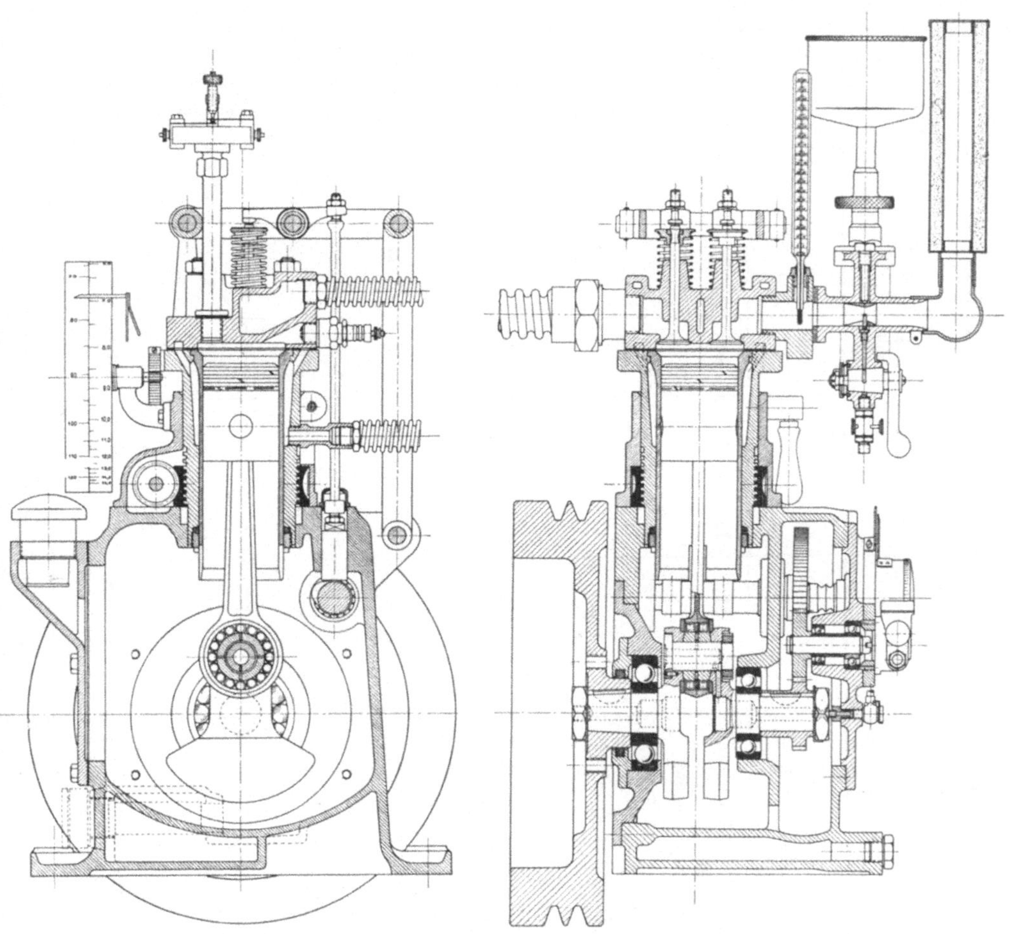

Abb. 20. Schnitt des I.-G.-Prüfmotors.

entstand. Allmählich entwickelten sich, vor allem durch die Arbeiten des amerikanischen Cooperative Fuel Research Committees (C. F. R.) die jetzt üblichen Klopfmotoren. Wirkliche Bedeutung haben nur noch der CFR-Motor, Abb. 29, und der diesem in seinen Ergebnissen weitgehend angeglichene I.-G.-Motor, Abb. 20. Wie sich die Verwendung des letzteren Motors weiterhin gestalten wird, ist derzeit unsicher. Der CFR-Motor wird nicht nur für die Messung der Klopffestigkeit von Auto-, sondern auch von Flugkraftstoffen verwendet, wobei aber die Betriebsbedingungen und zum Teil auch die Bauteile abgeändert werden. Die Kennwerte der Klopfmotoren und Prüfweisen sind in Zahlentafel 32 dargestellt.

Zahlentafel 32. Klopfprüfmotoren und -verfahren.

Nr.	Methode	für	Motor	Bohrung mm	Hub mm	Volumen cm³	Drehzahl U/min	Zündung KW. v. o. T.	Vorwärmung Luft °C	Vorwärmung Gemisch °C	Kühl-temperatur °C	Meßver-fahren
1.	F_1: CFR-Research	Forschung Autokraftstoffe	CFR	82,6	114,3	610	600	13	keine	52,3	100	Spring-stab
2.	F_2: ASTM-CFR-Motor ASTM D 357/44 modif.; I. P. 44/46	Autokraftstoffe und Flugkraftstoffe (mageres Gebiet)	CFR	82,6	114,3	610	900	variabl.	23,9—51,7	148,9 1,1	98,3—101,7	Spring-stab[1]
3.	F_3: 1—C A. F. D Metho-de des CFR; ASTM D 614/44 T; I.P. 42/46 T	Flugkraftstoffe (mageres Gebiet)	CFR	82,6	114,3	610	1200	35	52,3	104,4 1,1	190	Thermo-kerze[1]
4.	F_4: Überladeprüfung	Flugkraftstoffe[2] (fettes Gebiet)	CFR	82,6	114,3	610	1800	45	107	—	190	Gehör[3]
5.	I. G. Researchmethode	Autokraftstoffe	I. G.	65	100	330	600	variabl.	keine	keine	100	Spring-stab
6.	I. G. Motormethode	Flugkraftstoffe	I. G.	65	100	330	900	26	keine	165	100	Spring-stab
7.	I. G. Überladeprüfung (O. O. Z.-Verfahren)	Flugkraftstoffe	I. G.	65	100	330	600	22	keine	125	100	Quarz-dose
8.	25°-Verfahren; I. P. 43/46 T	Flugkraftstoffe über 100 O. Z.	CFR	82,6	114,3	610	1200	25	52,3	104 1,1	190,5	Thermo-kerze

[1] Angabe in Oktanzahlen. [2] Verdichtung 7 : 1. [3] Angabe in Leistungszahlen (performance number) gegenüber einem Bezugskraftstoff.

Zur Zahlentafel ist zu bemerken:

1. Neuerdings wird die zulässige Luftfeuchtigkeit mit 3,7 bis 7,2 g H_2O in 1 kg trokkener Luft begrenzt; die vorgesehene Apparatur hält sie auf 3,72 bis 4,0 g H_2O/kg Luft.

2. Die bis zum Jahre 1932 angewendete Researchmethode hatte veränderliche Zündung und keine Gemischvorwärmung.

3. Jetzt wird ein neuer Springstab mit einstellbarer Federspannung verwendet, der auf die Stufen 65, 85 und 90 bis 100 O. Z. eingestellt wird. Einzelheiten finden sich in der Prüfanweisung. Der alte Springstab ist noch zugelassen.

4. Bei den Methoden F_3 und F_4 wird der raschlaufende CFR-Motor verwendet, der gegenüber dem für langsame Drehzahlen benützten alten CFR-Motor folgende Unterschiede aufweist: Das Einlaßventil ist nicht abgeschirmt, die Kolben sind aus Aluminiumlegierung, Pleuel- und Hauptlager sind, wie auch der gesamte Motoraufbau, erheblich verstärkt. Das Gewicht des Motors beträgt 295 kg, das des alten Motors 219 kg.

5. Als Bezugskraftstoffe werden verwendet:

Für F_1 (Researchmethode) .... n-Heptan und Iso-Oktan (2,2,4-Trimethylpentan)
„ F_2 (Motorverfahren) .... n-Heptan und Iso-Oktan (2,2,4-Trimethylpentan)
„ F_3 .... n-Heptan und Iso-Oktan mit je 1,58 cm³/Liter Bleiteträthyl
„ F_4 .... n-Heptan und Triptan (2,2,3-Trimethylbutan) mit je 1,22 cm³ Bleitetraäthyl/l
„ I. P. 25°-Verfahren.......... n-Heptan und Iso-Oktan mit je 0,878 cm³ Bleitetraäthyl/l, auf n-Heptan und Iso-Oktan bis 100 geeicht und darüber bis 120 extrapoliert [I. P. 31 (1945) 418]

Allen Prüfverfahren liegt das schon von RICARDO angeregte Prinzip der Bezugskraftstoffe zugrunde, indem ein Vergleich des Klopfens unter den in Zahlentafel 32 auszugsweise angegebenen Bedingungen, die aber bis aufs einzelne festgelegt sind, vorgenommen wird. Statt der reinen, recht teuren Bezugskraftstoffe kann man sich selbst Unterbezugskraftstoffe eichen, soll aber dabei Kraftstoffe ähnlicher Art wählen, also z. B. wenn man gebleite Bezugskraftstoffe verwendet, auch gebleite Unterbezugskraftstoffe. Wegen der verschiedenen Reaktion der einzelnen Kraftstoffe auf die Motoreinflüsse wollte man so von n-Heptan i-Oktan wiederum auf den Kraftstoffen ähnlichere Bezugskraftstoffe übergehen (Aromatenzusatz bis zu 10 % zu i-Oktan), scheint sich aber jetzt doch anders entschieden zu haben. In USA wird für die Messung der Fliegerbenzine nunmehr erprobungsmäßig ein Gemisch aus gebleitem Triptan und normal-Heptan verwendet (L. Tr. H.), das künftig vielleicht auch für Automobilkraftstoffe herangezogen werden soll. Der Triptan-Heptan-Wert steht in linearer Beziehung zu dem Wert $\frac{1000}{p_i}$, wie Abb. 21 zeigt [65]. Der große Vorteil dieser Skala besteht in dem weiten Meßbereich, der alle jetzt üblichen Kraftstoffe umfaßt, also mit geringer Extrapolation auch alle künftigen Kraftstoffe zu messen erlauben wird.

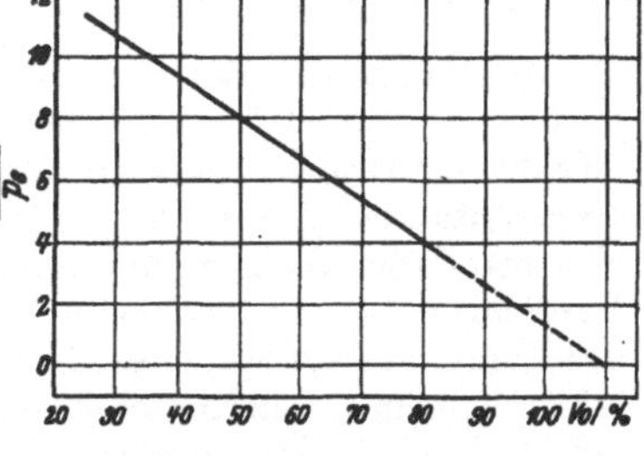

Abb. 21. Klopffestigkeit und reziproker Wert des ind. Mitteldruckes von gebleiten Heptan-Triptan-Gemischen nach BROOKS.

Triptan ist deshalb sehr interessant, weil seine Bleiempfindlichkeit außerordentlich hoch ist, so daß die Motoren damit besonders hohe Leistungen ergeben. So gab ein Allison-Motor statt 1500 PS (mit 100 O. Z. Kraftstoff) 2500 PS und bis zu 25 % Verbrauchsverringerung. Ein Einzylindermotor mit Verdichtung 6,5 und 900 U/min gab bei 28° Vorzündung und 93° Kühlwassereintritt sowie 120° Luftansaugtemperatur die in Zahlentafel 33 angegebenen Leistungen [66].

Zahlentafel 33. Nach C. F. Kettering.

Kraftstoff	Ladedruck	Nutzdruck p_e
Benzin 60 O. Z.	381 mm Hg	2,86 kg/cm²
Iso-Oktan	890 „ „	8,20 „
Iso-Oktan 1,0 cm³ Blei/Gallone	1117 „ „	10,6 „
Triptan	1270 „ „	12,3 „
Iso-Oktan 3,0 cm³ Blei/Gallone	1320 „ „	12,90 „
Iso-Oktan 6,0 „ „ „	1395 „ „	13,80 „
Triptan 1,0 cm³ Blei/Gallone... ...	1775 „ „	17,70 „
Triptan 3,0 „ „ „	2185 „ „	21,8 „

Die **Klopfprüfung** wird bei der Oktanzahlbestimmung so durchgeführt, daß unter genau festgelegten Bedingungen eine Mischung der Bezugskraftstoffe gesucht wird, die gleiche Anzeige im Klopfmeßgerät gibt wie der zu untersuchende Brennstoff. Das Klopfmeßgerät (Abb. 22) besteht aus einem Springstab (bouncing pin), der unten auf einer

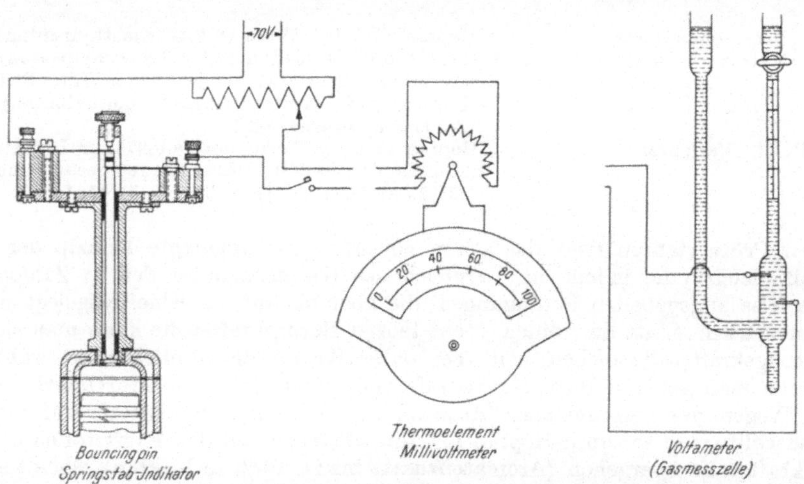

Abb. 22. Springstabindikator (bouncing pin) mit Anzeigegeräten.

Membran aufruht. Bei einem plötzlich wirkenden Druckstoß, wie er beim Klopfen auftritt, wird der Stab nach oben geschnellt und schließt dadurch einen Kontakt. Die Anzahl der Druckstöße wird mittels der über den Kontakt gehenden Strommenge, und zwar entweder durch ihre Wärmewirkung über ein Thermoelement oder durch ihre elektrolytische Wirkung gemessen. Man läßt den Motor warm laufen und stellt dann die Verdichtung so ein, daß beim Betrieb mit dem zu prüfenden Kraftstoff bei Einstellung des Gemisches auf stärkstes Klopfen (denn dieses ist sowohl bei sehr fettem als auch bei sehr magerem Gemisch viel geringer als bei einem Luftüberschuß von rund 0,9), das stets auf Richtigkeit der Anzeige überprüfte Klopfmeßgerät einen Ausschlag von etwa 50 bis 60 Teilstrichen ergibt. Man schaltet dann auf ein Gemisch von n-Heptan und Iso-Oktan um, das der erwarteten Klopffestigkeit ungefähr entspricht und mißt nach neuerlicher Einstellung des Vergasers den erzielten Ausschlag. Durch Verwendung eines zweiten Bezugsgemisches, das sich so vom ersten unterscheidet, daß der untersuchte Kraftstoff einen zwischen den Ausschlägen der Bezugsgemische liegenden Wert gibt, hat man die Möglichkeit, nach der Mischungsregel das genau dem Prüfkraftstoff entsprechende Gemisch zu berechnen. Die Messung erfordert einmaliges gutes Einarbeiten und gewissenhafte Durchführung, ergibt aber dann recht gut reproduzierbare Werte. Die Meßgenauigkeit soll 0,5 für ein und denselben Prüfer, 1,0 für verschiedene Prüfer und Motoren betragen. Bei der Messung der Klopffestigkeit nach der Leistungszahl (performance number) wird unter identischen Versuchsbedingungen die Leistung des Versuchskraftstoffes mit jener eines Bezugskraftstoffes (i-Oktan) verglichen, die mit 100% eingesetzt wird. Die prozentuale Leistung ist dann die Leistungszahl.

Interessant ist die Durchführung der Klopfprüfung im I.-G.-Motor bei Überladung, wie sie von der I. G. (Singer) [67] durchgeführt wurde. Das weitgehend erreichte Ziel war die Übereinstimmung mit dem DVL-Überladeverfahren, ohne daß dessen Ersatz erstrebt wurde.

Der I.-G.-Motor ist dazu folgendermaßen abgeändert:

1. Anbau eines Windkessels mit Luftuhr und Druckminderventil zum Anschluß an eine Preßluftleitung.

2. Anbau eines druckdichten Vergasers mit Meßkugel zur Verbrauchsmessung.

3. Klopfanzeige durch Quarzdose statt des Springstabes.

4. Austausch der Zündkerze gegen eine mit höherem Glühwert.

5. Neueichung der Oktanzahlscheibe am Motor für die neuen Bedingungen.

6. Anbau der nötigen Thermometer und Manometer.

Prinzip der Messung ist die Feststellung der Klopfgrenzkurve durch Änderung der Verdichtung über dem Mischungsverhältnis (bei 1000 mm Hg Luftdruck im Ansaugsystem) im Vergleich zu den Bezugskraftstoffen n-Heptan und Iso-Oktan. Dazu wird die Probe auf leichtes Klopfen gebracht, so daß die Klopfanzeige 50 erhalten wird (bei jeweiliger Vergasereinstellung für stärkstes Klopfen) und nun an der Oktanzahlscheibe der Klopfwert abgelesen. Man geht nun auf die anderen Mischungsverhältnisse über und reguliert die Verdichtung nach, bis der gleiche Ausschlag erhalten wird, so daß man ein Schaubild der „Oppauer Oktanzahl", abhängig vom Mischungsverhältnis, bekommt. Zur Kontrolle der Oktanzahlscheibe wird halbtägig mittels kurzem Umschalten auf einen Bezugskraftstoff (z. B. Isooktan) und Nachregulieren auf den entsprechenden Klopfwert (in diesem Falle 100) für den Ausschlag 50 eine Eichung vorgenommen. Man braucht etwa $^3/_4$ h und 500 cm^3 Kraftstoff bei einer Meßgenauigkeit von $\pm$ 1 O. Z. Die bei der Prüfung eingehaltenen Versuchsbedingungen sind in der Zahlentafel 32 angegeben. Das Verfahren ist zur laufenden Kontrolle und zur Entwicklung neuer Kraftstoffe durchaus geeignet, wenn auch die Unterschiede zu den Betriebsbedingungen im Flugmotorenzylinder in manchen Fällen recht groß sind. Noch weitergehende Annäherung wird bei Verwendung des Versuchsmotor K der I. G. erreicht, der aus dem Versuchs-Diesel-Motor entstand und mit der üblichen Überladung betrieben wird.

β, 2, 2. **Messung der Klopffestigkeit in Einzelzylindern. (Vollmotorenzylinder!)** Die vielfachen Einflüsse auf das Klopfen, die noch besprochen werden, bedingen Abweichungen der in CFR- und I.-G.-Motoren feststellbaren Klopfeigenschaften der Kraftstoffe von denen in großen Zylindern, vor allem von Flugmotoren. In diesen interessiert hauptsächlich die erzielbare Leistung in Abhängigkeit von Ladedruck und Temperatur, so daß sie in Fortsetzung der von RICARDO begonnenen Richtung erneut als Maß des Klopfverhaltens zugrunde gelegt wurde.

Eine der ersten derartigen praktisch verwendeten Prüfweisen war die DVL-Überladeprüfung, bei der in einem BMV-132-N-Zylinder mit Einspritzung die zulässige Klopfgrenzleistung — ausgedrückt in p_e und p_L — über dem Mischungsverhältnis Luft-Kraftstoff bei verschiedenen Ladelufttemperaturen gemessen wurde [68]. Die dabei eingehaltenen Bedingungen waren:

Zylinder	BMV 132
Bohrung	155 mm
Hub	160 mm
Hubvolumen	3,076 cm³
Verdichtungsverhältnis	6,0 : 1, Zündung 30° v. o. T. P.
Kühlung	Luftkühlung, 200 mm WS Staudruck
Gemischbildung	Einspritzung in Zylinder
Spritzbeginn	25° v. o. T. P.
Schmierstoffdruck	5 kg/cm²
Schmiertemperatur, Eintritt	70° C, 2° C
Schmiertemperatur, Austritt	80° C
Schmierumlauf (Sterngehäuse)	1200 l/h
Schmierumlauf (Blockgehäuse)	360 l/h
Ladelufttemperatur	130° C (80, 100, 160° C in Sonderfällen)
Mischungsverhältnis	variabel
Maß des Klopfens	6—10 Klopfschläge n. Gehör min.
Drehzahl	1600 U/min

Bei dieser vereinfachten Prüfweise wird die Vorzündung konstant gehalten, weil sich zeigte, daß jedesmalige Einstellung auf Bestzündung an verschiedenen Prüfstellen größere Abweichungen ergab. Der Füllungsgrad des Zylinders (abhängig von der Art der Absaugung der Verbrennungsgase) und die Kühlung des Kolbens durch Spritzöl sind von wesentlichem Einfluß auf das Ergebnis. Die Messung nach dem Verfahren ist durch den jeweiligen Motorzustand stark beeinflußt; Die Streuung des p_e kann im ungünstigsten Falle bei Aromaten 2 kg/cm² erreichen, beträgt aber im Durchschnitt etwa 1 kg/cm².

Wesentlich günstiger werden die Ergebnisse bei Verwendung wassergekühlter Zylinder, deren Beschaffung aber als Einzelanfertigung viel teurer, bei manchen Motoren unmöglich ist.

Typische Ergebnisse der Klopfprüfung nach dem DVL-Überladeverfahren zeigt Abb. 23.

Über die Versuchsbedingungen, die bei anderen Prüfstellen des Auslandes bei Überladeprüfungen eingehalten werden, ist derzeit nichts bekannt. Eine Abänderung der Prüfweise in Einzylindermotoren besteht darin, daß man die dem betreffenden Motor zugeordneten Betriebszustände des praktischen Betriebes nachahmt und demgemäß Start, Not- und Dauerleistung als charakteristische Punkte zugrunde legt. Eine solche Prüfweise nähert die Versuchsbedingungen noch weiter den Verhältnissen des praktischen Betriebs, geht aber

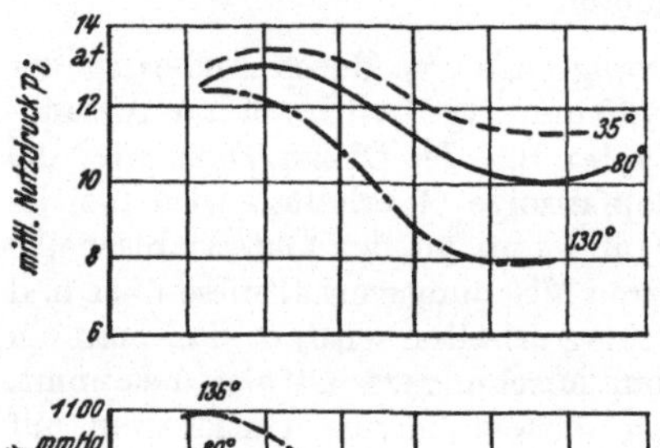
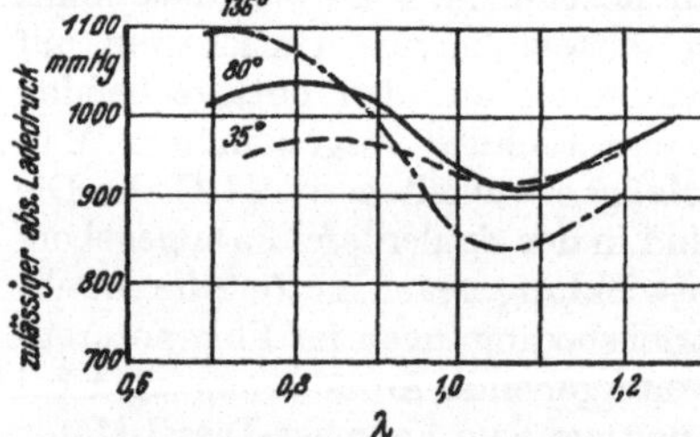

Abb. 23. Klopfgrenzkurve nach dem DVL-Überlade-Verfahren. Die Leistung steigt mit fallender Temperatur gleichmäßig an; die Ladedruckkurven überschneiden sich.

schon dazu über, die Kraftstoffprüfung und die Motorcharakteristik zusammenzufassen. Damit entfernt sie sich noch weiter von der ursprünglichen Absicht, die der Oktanzahlmessung zugrunde lag, allgemeingültige Aussagen über das Verhalten der Kraftstoffe zu machen.

Ein zweiter Punkt ist in diesem Zusammenhang wichtig: Bei den Vergleichsversuchen für die Messung der Klopffestigkeit von Kraftstoffen nach dem DVL-Überladeverfahren zeigte sich, daß selbst bei diesen weitgehend überwachten Betriebsbedingungen Streuungen der Ergebnisse auftraten, die über das zulässige Maß hinausgingen. Wenn dies schon bei Einzylindermotoren unter den genau festgelegten Verhältnissen des Prüfstandes vorkommt, muß in gleicher Weise mit Streuungen an den Vollmotoren gerechnet werden. Bisher gibt es aber darüber nur sehr wenig Unterlagen — obwohl man annehmen muß, daß sich bei den Abnahmeläufen starke Streuungen gezeigt haben müssen. Es hat daher fast den Anschein, als wären die Vollmotoren in ihrem Klopfverhalten gleichmäßiger als die für die Prüfung verwendeten Einzylindermotoren. Klarheit darüber besteht jedoch noch nicht.

β, 2, 3. **Erfassung des Klopfens in Vollmotoren.** Die Messung des Klopfens in Vollmotoren ist wesentlich umständlicher und je nach Größe des Motors kostspieliger als die Messung in Prüfmotoren. Die Klopfuntersuchungen an Automobilen bei den bekannten, umfangreichen Versuchen von Union Town Hill bildeten die Grundlage für Aufstellung der Bedingungen für die CFR-Oktanzahlmessung und führten seinerzeit zu der Abänderung der früher gültigen Research- in die nunmehr übliche Motormethode. Dabei wurden in einer Reihe damals (1932) moderner Automobile zuerst Klopfmessungen durchgeführt, indem man die Geschwindigkeit bestimmte, bei der das Klopfen aufhörte, wenn von einer Geschwindigkeit von 15 Meilen/h (24 km/h) auf 60 Meilen/h (96 km/h) mit Vollgas beschleunigt wurde. Die zugrunde gelegte Annahme, daß das Klopfen mit zunehmender Geschwindigkeit in allen Fällen gleichmäßig abnimmt, trifft aber nach Abb. 24 nicht zu.

Deshalb wurde auf die Verwendung von Bezugskraftstoffen zurückgegriffen und der Beurteilung die größte Klopfstärke gleich stark klopfender Gemische von Bezugskraftstoffen bei irgendeiner Fahrgeschwindigkeit zugrunde gelegt. Dieser Wert wurde zusammen mit dem Wert, der sich aus der vorhergehend besprochenen Messung ergibt, und der Fläche des nichtklopfenden Gebietes (bei Auftragung der Klopfstärke über der Fahrgeschwindigkeit) der Auswertung 1934 zugrunde gelegt. Dabei betragen die maximalen Streuungen für die durchschnittliche Bewertung eines Kraftstoffes in *sämtlichen* Motoren etwa 2 Oktanzahlen, während sie im Einzelmotor auf 4 ansteigen können.

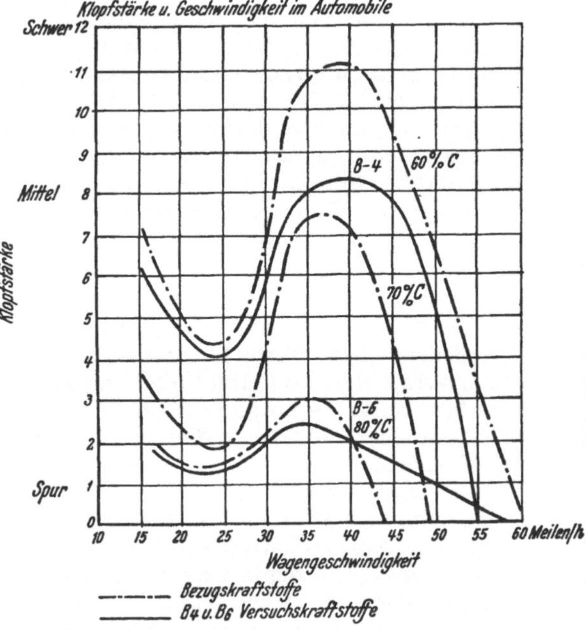

Abb. 24. Klopfstärke und Fahrgeschwindigkeit im Automobil.

In Ergänzung dieser Messungen wurde eine Charakteristik für die Klopfneigung des Motors vorgeschlagen, bei der folgende Beziehung gilt:

Motorcharakteristik (engine severity factor) =

$$\frac{\text{Research Oktanzahl-Straßen Oktanzahl}}{\text{Research Oktanzahl-Motor Oktanzahl}}$$

Bewertet der Motor im Kraftwagen den Kraftstoff, wie die CFR-Motormethode, so wird der Faktor 1,0; bewertet er ihn wie die Researchmethode, so wird er 0. Damit ergäbe sich ein Anhaltspunkt für die Verbesserungsfähigkeit des Motors [69].

Wie schon STANSFIELD bemängelt, ist die Bewertung der Temperaturempfindlichkeit der Kraftstoffe durch den Vergleich der ohne Gemischvorwärmung arbeitenden Research- und der bei 149° C Gemischtemperatur arbeitenden Motormethode nicht zulässig, weil die Drehzahl beider Verfahren verschieden ist (600 und 900 U/min). Zweckmäßiger wäre die Messung der Klopffestigkeit bei ein und derselben Drehzahl, aber sonst gleichen Bedingungen. bei 300° F (150° C) und 100° F (37° C) oder 150° F (66° C) Gemischtemperatur. In gleicher Richtung geht der Vorschlag von PHILIPPOVICH, die Gemischtemperatur auf 30, 50 und 100 sowie 150° C auszudehnen, dabei aber auch den fetten Bereich zu berücksichtigen [70], [71].

Neuerdings ist ein anderes Verfahren eingeführt worden, das sich anscheinend gut bewährt hat; es bestimmt die kritische Vorzündung für den gesamten Drehzahlbereich der Motoren. Diese Grenzklopfprüfweise (borderline antiknock method) setzt die in amerikanischen Automobilen übliche automatische Zündverstellungskurve zu dem Klopfverhalten (ausgedrückt in der bei Klopfeinsatz erreichten Vorzündung) der Kraftstoffe in Beziehung und ermöglicht die entsprechende Anpassung der Kraftstoffe an den Motor [72].

In *Flugmotoren* ist die Prüfung im Fluge zwar die endgültig entscheidende, aber noch schwieriger als der Prüfstandsversuch, so daß dieser allgemein als Grundlage gewählt wird. Auch bei dieser Prüfung gibt es verschiedene Auffassungen, je nachdem welche Eigenschaft des Kraftstoffes als entscheidend angesehen wird. In dem von VEAL [73] vorgeschlagenen Verfahren wird unter Verwendung von Bezugskraftstoffen der spezifische Verbrauch bei konstanter Drosselstellung und Drehzahl über die Gemischzusammensetzung von fett bis mager verändert und dabei die Leistung und die Zylinderhöchsttemperatur gemessen, wobei die Versuchsbedingungen so gewählt werden, daß der Versuchskraftstoff im mageren Gebiet leicht zu klopfen beginnt. Die Klopffestigkeit des Kraftstoffes wird dann in einer „Motoroktanzahl" angegeben und ist um so besser, bei je geringerem Verbrauch Klopfen mit Temperatursteigerung und Leistungsabfall eintritt: Als zusammenfassende Wertzahl wird von VEAL vorgeschlagen:

$$\frac{100}{\text{Leistung/Kubikzoll}} + \text{Zylinderkopfhöchsttemperatur °F} + \text{spez. Verbr. (lb/PSh} \times 1000).$$

Je niederer diese Wertzahl, desto besser ist der Kraftstoff. 15 Punkte der Wertzahl entsprechen einer Oktanzahl, die Ergebnisse stimmen bei Kraftstoffen bis OZ 87 mit der Motormethode im allgemeinen überein, es traten aber auch Abweichungen bis zu 7 Oktanzahlen auf. Die aromatischen Kraftstoffe dürften bei dieser Messung schlecht abschneiden.

Mit dem Übergang auf die hochklopffesten Kraftstoffe wurde es immer wichtiger, unmittelbar die Leistung als Maß zu verwenden. Auch bei diesen Messungen wird entweder wie beim DVL-Überladeverfahren die Drehzahl konstant gelassen und bei gleichbleibender Ladelufttemperatur die Luftzahl verändert oder die Höhenleistung des Motors bei verschiedenen Drehzahlen und Ladedrucken über der Höhe bestimmt. Als Maß der Leistung wird dabei entweder der zulässige Ladedruck oder unmittelbar die gesamte Leistung oder der Nutzdruck (p_e) angegeben.

β, 2, 4, **Hilfsgeräte zur Klopfmessung.** Die Erkennung des Klopfbeginnes, die schon bei Einzylindermotoren nicht immer durch einfaches Abhören vorgenommen werden kann, erfordert eine objektive Angabe. Als solche wird entweder die Temperatur oder der Druckanstieg genommen. Zur Temperaturmessung dienen Kerzenringthermoelemente, mitunter auch Verbrennungsraumthermoelemente trotz der dadurch entstehenden Gefahr der Beeinflussung der Verbrennung [74].

Die mit der Zündkerze verbundenen Thermoelemente wären ohne die vielfach auftretenden Störungen sehr wertvoll, haben sich aber trotz des raschen Ansprechens auf Temperaturänderungen anscheinend nicht allgemein durchgesetzt [75]. Da die Temperatur des Kolbens nicht nur für den Klopfzustand, sondern auch für die Beständigkeit des Schmieröles von großer Bedeutung ist und einen Anhaltspunkt für die thermische Beanspruchung gibt, sind viele Arbeiten in dieser Richtung gemacht worden. Die laufende Messung erfolgte durch P. V. KAYSER und E. F. MILLER [76] mit einem elektrischen Nullpunktverfahren, bei dem der Strom der vom Kolben abgeleiteten Thermoelementen-

drähte jeweils nur für wenige Kurbelwinkelgrade geschlossen wurde. Auch A. F. UNDER-
WOOD und A. A. CATLIN [77] verwenden dieses Verfahren. Eine eingehende Beschreibung
gibt W. GLASER [78]. Das American Institute of Physics [79] veröffentlichte eine ausgezeichnete Monographie der Temperaturmessung und -überwachung. Auch W. KAMM
und C. SCHMIDT [80] geben viele Einzelheiten für die Durchführung der Temperaturmessung.

Zur Bestimmung des Druckverlaufs im Zylinder und damit zur Kennzeichnung des
Klopfens in Verbindung mit einer Braunschen Röhre eignet sich besonders das piezo-
elektrische Druckmeßverfahren, der Quarzindikator. Wenn eine Braunsche Röhre
als Anzeigegerät benützt wird, so können Schwingungen bis zu 60 000 Herz damit einwandfrei gemessen werden. Folgende Ausführungen dieser Geräte seien erwähnt:

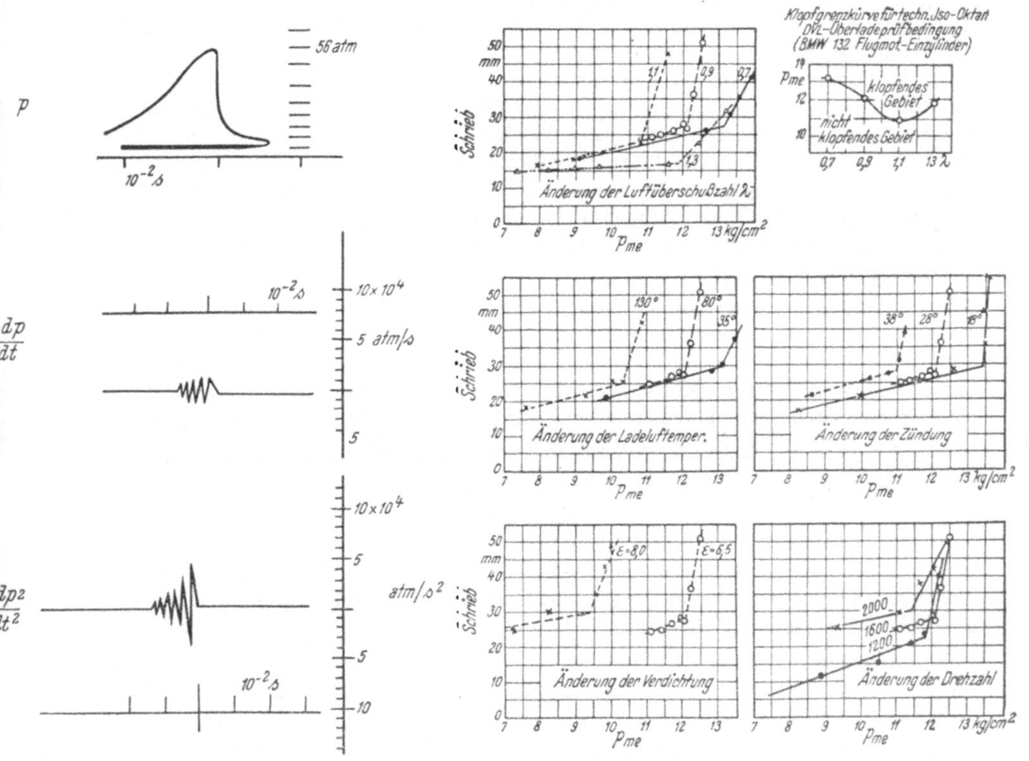

Abb. 25. Verlauf von Druck, Geschwindigkeit dp/dt und Beschleunigung d₂p/dt² des Druckanstiegs nach LICHTENBERGER und SEEBER.

Abb. 26. Änderung der d₂p/dt²-Kennlinie durch verschiedene Versuchsbedingungen im BMW 132-Flugmotoreneinzylinder nach LICHTENBERGER und SEEBER.

a) Der Zeiß-Ikon-DVL-Indikator, mit dem der Druckverlauf, die Geschwindigkeit
dp/dt und die Beschleunigung d₂p/dt² der Druckänderung gemessen werden kann [81],
[82]. Durch Anwendung eines Schreibgerätes ist man ohne weiteres in der Lage, den
außerordentlich scharfen Knick zu beobachten, den die Beschleunigung des Druckanstieges zeigt, wenn die motorischen Betriebsbedingungen, z. B. durch Erhöhung des
Ladedruckes oder Erhöhung der Verdichtung verschärft werden. Abb. 25 zeigt den
Anstieg des Ausschlages für den Druck, die Geschwindigkeit dp/dt und die Beschleunigung d₂p/dt² des Druckanstiegs für ein gebleites Fliegerbenzin im CFR-Motor.

In gleicher Weise wurde in Abb. 26 am BMW 132 N der Knick für die Änderung
einer Reihe von Betriebsbedingungen aufgenommen.

b) Der Indikator von A. W. Schmidt nimmt Körperschwingungen amplitudengetreu elektrisch auf und gibt durch Auflösung des Bildes auf einem Kathodenstrahloszillographen die Klopfschwingungen in jener Reihenfolge nebeneinander, wie sie im Motor auftreten. Die störenden Geräuscheschwingungen werden dabei abgefiltert. Durch entsprechende Steuerung der Kippgeschwindigkeit des Kathodenstrahles (unter Verwendung eines abgeschirmten Kabels und Markierung des Zündfunkens im Diagramm) wird ein stehendes Bild erhalten, das photographiert und ausgewertet werden kann. Der Körperschallgeber, ein vollkommen abgeschlossener Quarzindikator, wird zweckmäßig bei V-Motoren an einer von den Zylinderköpfen möglichst weit entfernten Stelle des Motorblocks (z. B. einer Heißöse), bei Sternmotoren an einem Gehäuseanker — mit entsprechender Bohrung — befestigt. Gleichzeitig verwendete A. W. Schmidt ein Klopfwarn- und -zählgerät, das auf bestimmte Klopfstärke eingestellt werden kann und bei Klopfmessungen eine objektive Zählung der Klopfschläge ermöglicht. Während die Befestigungsstelle des Gebers bei Sternmotoren auf das Ergebnis Einfluß hat, ist sie für wassergekühlte Reihenmotoren dafür ohne Bedeutung. Der Indikator hat den großen Vorteil, daß er ohne Sonderbohrung angebracht werden kann. Infolge der mittelbaren Anzeige, den das Gerät gibt, können zwar über das Klopfen einzelner Zylinder qualitative, jedoch über seine Stärke keine absoluten Angaben gemacht werden. Für die Auswertung von Straßenklopfmessungen zur Anpassung von Kraftstoffen an die Zündverstellkurven der Automobile und die Beurteilung von konstruktiven Einflüssen auf das Klopfen ist der Indikator ausgezeichnet geeignet [83, 84].

Zur Beurteilung des Temperaturzustandes und des Temperaturverlaufes können Farben dienen, die sich bei bestimmten Temperaturen ändern. Man kann damit z. B. die Temperaturverteilung an luftgekühlten Zylindern sehr gut verfolgen, ohne daß durch den Farbanstrich eine unzulässige Erhöhung des Wärmeüberganges eintritt. Das Verfahren ist bei einem Meßbereich von 30—440^0 C sehr vielseitig auf alle möglichen Gebiete der Verbrennungsmotoren und allgemein der Wärmewirtschaft anwendbar [85].

Eine Ergänzung haben diese Farbanstriche durch Farbstifte erhalten, die von Faber, Nürnberg, hergestellt werden und einen Meßbereich von 120—600^0 C in sechs Abstufungen aufweisen.

β 2,5. **Laboratoriummäßige Bestimmung des Klopfverhaltens.** Um das Klopfverhalten ohne Motor zu erfassen, werden zwei grundsätzlich verschiedene Wege beschritten: die physikochemische Charakteristik der Stoffeigenschaften ohne Selbstzündungsmessung und die Selbstzündungsmessung.

Kennzeichnung des Klopfens durch physikochemische Stoffwerte: Die Charakteristiken dieser Art verwenden meist integral die Eigenschaften des Kraftstoffes, wie die Dichte, Siedekennziffer (d. h. mittlerer Siedepunkt), Parachor, chemische Zusammensetzung nach Kohlenwasserstoffgruppen usw., so daß kleine Mengen von solchen Stoffen nicht erfaßt werden, die trotzdem die Verbrennung stark beeinflussen, also vor allem das Bleitetraäthyl, aber auch Peroxyde, Anilin und ähnliche Verbindungen. Deshalb sind die so gewonnenen Werte nur mit Vorsicht anzuwenden. Eine der ersten war die Gütezahl von Mücklich und Conrad, bei der man den Wert

$$\frac{100 - \%\ \text{Paraffine (im Kraftstoff)}}{\text{Kennziffer}}$$

als Maß verwendet. Die Anwendbarkeit ist auf Naturbenzine und ihre Gemische mit Benzol beschränkt [86].

Viel besser wird die Übereinstimmung auch nicht, wenn man nach dem Vorschlag M. Marders die Oktanzahlen der Benzine auf die Siedekennziffer 110 umrechnet (indem man sie nach der Formel O. Z. 110 = OZ — (110 — KZ) 0,3 umwandelt; worin OZ 110 die auf die Siedekennziffer 110 umgerechnete Oktanzahl, OZ die Motoroktanzahl und

KZ die Siedekennziffer bedeutet). Die Vortäuschung einer gültigen Beziehung kommt dadurch zustande, daß vielfach Benzol als Mischkomponente verschiedene Eigenschaften im gleichen Sinne verändert. Im Falle der von MARDER untersuchten Kraftstoffe zeigte sich bei benzolfreien Gemischen nur eine recht lockere Beziehung zwischen den Klopffestigkeiten von leichteren Benzinen, und Parachor oder Dichte, bzw. Brechungsindex, wie MARDER betont, wegen des Einflusses von Seitenketten in den Paraffinen, die eine stärkere Erhöhung der Oktanzahl, als Abfall des Parachors oder Erhöhung der Dichte und des Brechungsindex bewirken [87].

(Als spezifischer Parachor wird nach SUGDEN der Wert $\dfrac{\mathfrak{S}^{1/4}}{d}$ verwendet, worin $\mathfrak{S}$ die Oberflächenspannung bedeutet.)

Den Einfluß von Verzweigungen suchte WEBER durch unmittelbare Bestimmung der Verzweigungszahl zu erfassen, indem er durch Feinfraktionierung die Kraftstoffe zerlegte und die dann höchstens aus zwei C-Zahlen bestehenden Fraktionen auf mittleres Molekulargewicht und Siedepunkt prüfte. Die als Mittelwert gefundene Erniedrigung des Siedepunktes normaler Paraffine durch eine Seitenkette um je 7^{0} C nahm WEBER als Maß der Verzweigung. Er verglich die Siedepunkte normaler Paraffine, die auf einer Linie liegen, mit denen der gleichviel C-Atome erhaltenden Fraktion und teilte den Unterschied im Siedepunkt durch den Betrag 7. So erhielt er für olefinfreies Fischerbenzin bei Hexanen den Wert 0,15, Heptanen 0,20 Oktanen 0,27, Nonanen 0,35 und Dekanen 0,40. Beziehungen zu Motorversuchen führte er aber nicht an [88]. Dichte, Siedepunkt und Zusammensetzung von Benzinen soll nach V. SCHNEIDER und G. W. STANTON die einfache Berechnung der Oktanzahlen ermöglichen; die Abweichungen betrugen in 40 Fällen nur drei Oktanzahlen [89]. Für Fischerbenzin hat T. HAMMERICH [90] durch Erfassung des spezifischen Gewichtes, der Siedekennziffer und des Olefingehaltes (Jodzahl nach ROSEMUND und KÖHNLEIN) Beziehungen zur Oktanzahl aufgestellt. Dabei setzt er Jodzahl × Siedekennziffer als Olefinindex ein, der bei gleichflüchtigen Benzinen dem Olefingehalt proportional ist. Für Benzine gleichen Olefinindexes steigt natürlich der Olefingehalt mit der Flüchtigkeit, aber auch die Oktanzahl steht dazu in geradliniger Beziehung. HAMMERICH weist aber selbst darauf hin, daß schon für die Benzine der damals neuen Produktion die Beziehung nicht stimme.

Demnach haben alle bisherigen Versuche zur Bestimmung der Oktanzahl aus chemisch-physikalischen Kenndaten keinen Erfolg gehabt.

Selbstzündungsmessungen zur Bestimmung der Klopffestigkeit: Versuche zur Aufstellung von Beziehungen zwischen Selbstzündung und Klopfen gibt es schon lange, aber auch die Erkenntnis ist alt, daß die Selbstzündungstemperatur dafür, allein genommen, kein geeignetes Maß bildet. Die Selbstzündungstemperatur ist kein eigentlicher Stoffwert, weil sie von der Art der Bestimmung abhängt. Vor allem sind dabei die Art des Wärmeüberganges, der Gemischbildung, der verwendeten Werkstoffe und das verwendete sauerstoffliefernde Gas von Bedeutung. Am nächsten kommt dem Begriff der Stoffkonstante noch die adiabatisch bestimmte Selbstzündungstemperatur.

Von Interesse ist nach wie vor trotz mancher Mängel das von JENTZSCH vorgeschlagene Verfahren. Durch einen geheizten offenen Tiegel strömt nach Blasen/Minute dosierter Sauerstoff. Die Zündkurven werden über Temperatur und Blasenzahl aufgetragen (vgl. Abb. 1). Die anscheinende Einfachheit der Apparatur und ihrer Handhabung ist aber trügerisch und die bei der Bestimmung auftretenden Streuungen der Messungen untereinander sowie die Abweichungen der Ergebnisse von den gemessenen Oktanzahlen haben ihre Verwendung behindert. Dazu kommt, daß bei Bleibenzinen die zunehmende Ablagerung von Bleioxyd den Tiegel und damit die Ergebnisse beeinflußt. So kann man diesen Apparat zwar zur Gleichmäßigkeitsprüfung verwenden, falls man keinen Motor besitzt, aber die Ergebnisse nur mit Vorsicht anwenden [91]. C. ZERBE und

F. Eckert [92] stellen Abweichungen zwischen der im Motor und im Jentzsch'schen Zündwertprüfer gemessenen Klopffestigkeit bis zu 26 Oktanzahlen fest. Weitere Untersuchungen mit ähnlichem Ergebnis wurden von Kessler [93] ausgeführt. Wenn auch der verschiedene Luftdruck bei den Messungen im Zündwertprüfer zum Teil daran Schuld sein kann, genügt er nicht zur Erklärung der großen Abweichungen. Immerhin bleibt es das Verdienst von Jentzsch, daß er als erster die Zündungslücke aufgefunden hat, d. h. bei steigenden Temperaturen ein Gebiet des Nichtzündens zwischen der Zündzone.

Von den vielen Versuchen zur Messung der adiabatischen Selbstzündung seien jene von W. Jost, F. A. F. Schmidt und M. Teichmann [94], [95], [96] erwähnt. Der komplizierte Aufbau dieser Apparaturen beschränkt ihre Anwendung von vornherein auf die grundsätzliche Untersuchung von Kraftstoffen, wobei die geringe Versuchsmenge gegenüber dem Motor einen wichtigen Vorteil darstellt. Der Vorgang besteht aus der Verdichtung des Gemisches durch einen Kolben, der entweder mit einem Fallgewicht oder mit Preßluft bewegt wird. Ausschlaggebend für das Ergebnis sind bei gegebenem Gemischverhältnis und Ausgangstemperaturen die Abmessungen des Zylinders, besonders aber die Geschwindigkeit der Verdichtung. Man kann aus dem Zündeintritt entweder den Zündverzug (Apparaturen von Jost und von Schmidt) oder unmittelbar die Temperatur und den Druck bestimmen. Dazu wird piezoelektrisch der Druck und durch photographische Verfahren die Zündung selbst zeitlich genau festgehalten. Jost und Schmidt bestimmen so den Zündverzug durch die Zeit von dem Ende der Verdichtung bis zum Zündbeginn, während Teichmann, der den Kolbenweg und gleichzeitig photographisch durch ein Quarzfenster im Kolben die erste Zündung festhält, den Druck und daraus rechnerisch die Zündtemperatur unmittelbar angeben kann. Eine direkte Beziehung zwischen den Messungen nach beiden Verfahren läßt sich nicht ohne weiters herstellen. Doch gelingt es mit beiden Verfahren, die Temperaturempfindlichkeit der

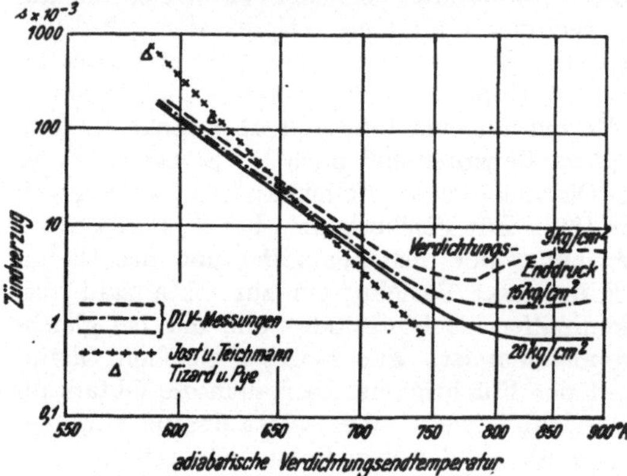

Abb. 27. Zündverzüge von n-Heptan bei adiabatischer Verdichtung.

verschiedenen Kraftstoffe gegeneinander zu vergleichen und die Beeinflussung der Selbstzündung durch Druck und Temperatur zu bestimmen. Wie F. A. F. Schmidt zeigte, ist die von Tizard und Pye sowie Jost gefundene große Temperatur- und geringe Druckabhängigkeit der Selbstzündung nur bei verhältnismäßig langen Zündverzügen (bis $^1/_{100}$ s) gültig, während bei kürzeren Zündverzügen ($^1/_{1000}$ s), wie Abb 27. zeigt, eine ausgeprägte Druckabhängigkeit besteht.

Trotz des großen Interesses, das Messungen dieser Art für grundsätzliche Erkenntnisse haben, ist nicht bekannt, daß sie zur Klopfmessung im eigentlichen Sinne herangezogen werden.

β, 3. **Einflüsse auf das Klopfen.** Auf das Klopfen haben der Kraftstoff, die Motorkonstruktion und die Betriebsbedingungen Einfluß.

Kraftstoff: Die chemische Zusammensetzung der Kraftstoffe ist entscheidend für ihr Klopfverhalten, wenn es auch möglich ist, jeden Kraftstoff durch geeignete Maßnahmen zum Klopfen zu bringen. Den Ausgangspunkt des Klopfens bildet die Anwesenheit aktiver Teilchen im Gemisch, mittels derer die zum Klopfen führende Oxydation beginnen kann; als solche Teilchen wirken z. B. Bruchstücke der Kohlenwasserstoffe, die besonders leicht beim Erhitzen der paraffinischen Kohlenwasserstoffe mit langen geraden Ketten auftreten, während Paraffine mit kürzeren Ketten ebenso wie verzweigte Paraffine und Aromaten thermisch beständiger sind. Demgemäß klopfen die ersteren stark, die letzteren wenig, während die Naphthene und Olefine eine Mittelstellung einnehmen. Das C-H-Verhältnis allein gibt keine Auskunft über das Klopfverhalten, daher auch die Mißerfolge der chemisch-physikalischen laboratoriumsmäßigen Versuche dieser Art, bei denen fast stets Eigenschaften erfaßt werden, die sich mit dem C-H-Verhältnis gleichsinnig ändern. Je größer das Molekül ist, um so leichter ist der Zerfall und damit die Neigung zum Klopfen. Mit steigendem Siedepunkt steigt also auch die Klopfneigung. Den Zusammenhang zwischen Siedepunkt und Researchoktanzahl für einige Gruppen von Kohlenwasserstoffen gibt Abb. 28 nach M. Pier.

Die Klopffestigkeit der Kohlenwasserstoffe fordert demnach bei der Herstellung von klopffesten Benzinen die Verwendung möglichst weniger geradkettiger Paraffine über dem Hexan und hochsiedender Naphthene und ungesättigter Kohlenwasserstoffe (Olefine), dagegen weitgehende Verwendung von Isoparaffinen und Aromaten. Wie noch gezeigt wird, ist die Klopffestigkeit der verschiedenen Verbindungen bei n-Alkoholen, Aromaten und Olefinen am stärksten, bei Paraffinen und Isoparaffinen am wenigsten von den Versuchsbedingungen, vor allem der Temperatur und dem Druck abhängig. Diese Abhängigkeit sollte daher in der

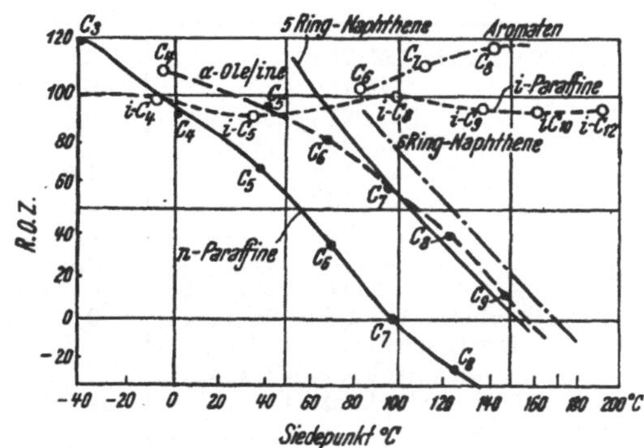

Abb. 28. Oktanzahlen (Research) und Siedepunkt von Kohlenwasserstoffen.

Klopfcharakteristik der Stoffe einbezogen werden. Sie wird dadurch erfaßt, daß man sie nach der Research- und der schärferen Motormethode bestimmt. Je größer der Unterschied der Werte, um so größer ist die Empfindlichkeit (sensitivity) des Stoffes. Der Unterschied beträgt bei Paraffinen 0—2, bei Krackbenzinen bis zu 12 Einheiten. Bei gleicher Motoroktanzahl (F_2-) klopft vielfach ein Kraftstoff mit höherer Empfindlichkeit weniger: Kraftstoffe gleicher Motor (F_2)- und Researchoktanzahl zeigen meist gleiches Straßenverhalten. Kraftstoffe mit hoher Empfindlichkeit sind am besten bei geringen Geschwindigkeiten, Kraftstoffe mit niederer Empfindlichkeit bei hohen Geschwindigkeiten verwendbar. Im Flugmotor ist zu hohe ebenso, wie zu geringe Empfindlichkeit störend, so daß durch entsprechende Festlegungen eine mittlere Empfindlichkeit eingehalten wird, die sich hier allerdings auf den Unterschied zwischen Verhalten im mageren und im fetten Gebiet bezieht. Aromaten sind besonders empfindlich. Bei sehr hohen thermischen Belastungen gibt es keine Superkraftstoffe mehr, man kann hier als Grenze des Erreichbaren im mageren Gebiet eine Leistungszahl von 100 ohne Bleizusatz, von 150 mit 0,106 % Bleitetraäthyl ansetzen, während sie bei niederer thermischer Belastung bei gleichem Bleizusatz auf 2—300 ansteigt (97a). Eine Zusammenstellung der Klopffestigkeit der wichtigsten Vertreter der verschiedenen Stoffklassen nach M. Brunner gibt Zahlentafel 34.

Die Mischoktanzahl ist die Klopffestigkeit eines Stoffes, die sich aus der Oktanzahlsteigerung eines Benzins mit geringer Oktanzahl bei einem meist 25 %igen Zusatz dieses Stoffes nach der Mischungsregel errechnet. Sie ist sehr oft verschieden von der Oktanzahl des unvermischten Stoffes. Für Isoparaffine gibt H. Bütefisch an, daß die Mischoktanzahl um so höher liegt, je symmetrischer und gedrängter der Bau des Moleküls ist. So steigt sie von 69 beim 2-Methylpentan bis auf 130 beim 2,2,3,3-Tetramethylbutan. Bei den Aromaten liegt sie für Benzol und Toluol etwas unter 100, also niederer als die Oktanzahl des Stoffes selbst, um für 1,4-Diäthylbenzol und 1,4-Äthylisopropylbenzol (in 50 %iger Mischung mit Benzin O. Z. 42) auf 116 und 120 zu steigen. Am stärksten ist aber der Unterschied in Mischoktanzahl und Oktanzahl bei den Olefinen, die in kleiner Zusatzmenge schon eine sehr große Steigerung der Oktanzahl bewirken, die bei dann steigendem Zusatz

Zahlentafel 34. (Nach M. BRUNNER.)

a) Oktanzahlen von verschiedenen Treibstoffen nach verschiedenen Methoden bestimmt.

Angaben über den verwendeten Treibstoff		Oktanzahl, bestimmt durch				
Basistreibstoff	Gehalt an Bleitetraäthyl cm³/l	ASTM- oder I.-G.-Motormethode	Modif. CFR-Motormethode des Brit.Air Min.(BAM)	Alte CFR-Researchmethode	U.S.-Army-Air-Corps-Methode (AAG)	Großversuche an Flugmotoren
Destillatbenzin OZ 70	0	70	—	—	71	—
„ „ 70	0,8	85	85	—	87	—
„ „ 73	0	73	74,5	—	72	—
„ „ 73	0,8	87—88,5	86—87	88—90	91—92	94—96
„ „ 73	1,2	91	90	—	93	—
„ „ 73	1,5	93	92	—	95	—
„ „ 73	2,0	95	94	—	97	—
„ „ 73	2,5	96,5	95,5	—	99	—
„ „ 74	0	74,1	74,7	—	72,8	—
Naphthenbasis Baku-Benzin	0	68	—	69	—	—
OZ-73 Destillatbenzin + 40 Volumenprozent, techn. Iso-Oktan (100-Oktan-Flugbenzin)	0,8—1,0	98—99	—	>100	100	102,5
Krackbenzin	0	69	—	78	—	—
„	0	77,7	78	—	75,5	—
„	0,8	93,1	92	—	91	—
Hydrierte Benzine	0	76,5	76,5	—	76,0	—
„ „	0	76,0	77,6	—	75,8	—
„ „	0,8	90,0	90,1	—	92,5	—
Benzin mit hohem Aromatengehalt (Borneo)	0	76	—	82,5	—	—
Benzin mit hohem Aromatengehalt	0	77,6	78,4	—	76,3	—
Benzolhaltiger Treibstoff	0	87	—	—	85	95
Iso-Pentan	0	90	—	—	90	—
Isodekangemisch (techn.)	0	96—97	—	—	94	—
Di-Isobutylen...................	0	84—85	—	>100	84	—
Zyklehexan	0	75	—	85	—	—
Benzol (rein)	0	106,108,*145*	—	>100	88	—
Motorenbenzol..................	0	ca. 105	—	>100	—	—
Toluol (rein)	0	104,*109*,110	—	>100	98	—
Xylol	0	100, *102*	—	>100	99	—
Methanol	0	98	—	>100	87—90	—
Äthanol	0	99	—	>100	< 99	—
Azeton	0	100	—	>100	100	—
Methyläthylketon	0	98,5	—	>100	99	—
Isopropyläther	0	98, 101	—	>100	98—99	—
Gemische von folgenden Verbindungen mit OZ-73 Destillatbenzin 1 : 1 Vol. T.						
Äthanol	0	88	89	—	86	—
	0,8	89	91	—	87	—
Azeton	0	85	85	—	87	—
	0,8	98	98	—	>100	—
Azeton mit OZ-70 Destillatbenzin	0,8	95,5	—	—	98	—
Isopropyläther	0	86	86	—	88	—
	0,8	99	99	—	100	—
Benzol	0	81	82	—	80	—
	0,8	90	90	—	89	—
Toluol........................	0	82	83	—	82	—
	0,8	92	92	—	94	—

b) Oktanzahlen verschiedener reiner Verbindungen und technischer Produkte nach der ASTM-, CFR- oder der I.-G.-Motormethode.

Produkt	Neuere, wahrscheinlichste Angaben	Andere Angaben, z. T. älteren Datums	Mischwerte der OZ (extrapolierte Mischoktanzahlen)
Paraffinkohlenwasserstoffe			
Methan	110, >115	103, ca. 125	—
Äthan	104, 102, 5	ca. 100, ca. 125	—
Propan, rein	96,5	ca. 125 (R), ca.100	—
Propan, techn.	95	95 (R)	—
n-Butan, rein	91, 90,5	95, 96	—
n-Butan, techn.	90,5 ,92	90,92	—
Isobutan	99	98, 100	—
n-Pentan	64, 63	58, 60, 66, 76	—
2-Methylbutan (Isopentan)	90	91	—
2, 2-Dimethylpropan (Neopentan)	83	116	116 (R)
n-Hexan	59	30, 32, 34, 45	—
2, 2-Dimethylbutan (Neohexan), rein	95—96	94	—
2, 2-Dimethylbutan (Neohexan), techn.	99	—	—
2, 3-Dimethylbutan (Diisopropyl.)	95	—	124 (R)
2, 4-Dimethbtuylan	99	—	—
Methylpentane	66—84	—	69, 84 (R)
n-Heptan	0	—	—
2, 2, 3-Trimethylbutan (Triptan)	101—102	116, >100	116 (R)
2,2-, 2,3-, 2,4-Dimethylpentane	85, 90, 93	—	80—98 (R)
n-Oktan	— 17	— 28, — 32	— 19 (R)
2, 2, 3-Trimethylpentan	102	101, 116	—
2, 2, 4-Trimethylpentan (Iso-Oktan)	100	—	—
2, 2, 3, 3-Tetramethylbutan	—	—	130 (R)
2, 2, 3, 5-Tetrametylbutan	103	—	—
n-Nonan	— 45	— 28	— 34
2, 2, 5-Trimethylhexan	91	—	—
3, 3, 4, 4-Tetramethylpentan	—	—	124
n-Dekan	— 53	—	— 32
Isodekane	96—100	—	—
Olefine			
Äthylen	—	über 100 ber.	82,5
Propylen	105 (R)	84,5 >100	94,5
1-Butylen	80	—	95
2-Butylen	83	—	—
Isobutylen	87	—	—
Diisobutylen	85	84	—
Triisobutylen	87	—	—
Dipenten	—	92 ber.	122
Diisoamylen	75	—	—
Azetylen	—	80 ber.	—
Naphthene			
Zyklopentan	—	über 100 ber.	125
Zyklohexan	75—77	78 ber.	85,5
Methylzyklohexan	82	80 ber.	74
Äthylzyklohexan	41	—	—
Aromatische Kohlenwasserstoffe			
Benzol	115	106, 108, >100	87, 88, 96, 108
Motorenbenzol	ca. 105	—	—
Toluol	109	über 100	120, 106,5
o-Xylol	über 100	über 100	97—120
m-Xylol	über 100	über 100	104—142
p-Xylol	über 100	über 100	104, 126, 128
Xylol (techn. Gemisch)	102	101, ca. 100	92,5
Äthylbenzol	97—98	über 100	112—128

Produkt	Neuere, wahrscheinlichste Angaben	Andere Angaben, z. T. älteren Datums	Mischwerte der OZ (extrapolierte Mischoktanzahlen)
Aromatische Kohlenwasserstoffe			
n-Propylbenzol	—	—	112, 138
Isopropylbenzol	—	—	104,5, 128
Butylbenzole	—	über 100	114—130
	—	—	134
p-Cymol	über 100	—	128
Tetralin	80	—	120
Dekalin	37	—	44, 49
Sauerstoffhaltige Verbindungen **Alkohole**			
Methanol	98	—	135
Äthanol	99	99,5	99
Propanol	100	—	—
Isopropanol	—	—	110
n-Butanol	87,5	—	—
Isobutanol	87,5	—	91
tert. Butanol	über 100 (ca. 114)	—	—
n-Pentanol	77,5	—	—
tert. Pentanol	über 100 (ca. 104)	—	—
Zyklohexanol	90	—	—
Aldehyde			
Paraedehyd	56	—	—
Acetale			
Dimethylacetal (techn.)	ca. 59	—	—
Ketone			
Azeton	100	über 100	100
Methyläthylketon	—	99—100	98,5
Di-n-Propylketon	93 (R)	—	92—99 (R)
Di-Isopropylketon	über 100	—	—
Pinakolin	—	—	110
Äther			
Dimethyläther	unter 0	—	—
Di-Isopropyläther	100—101	108, 98	—
sec. Butyl-tert. Butyläther		—	106
Methyl-tert. Amyläther		—	108
Methyl-tert. Butyläther	mit Mischwerten	—	111
Äthyl-tert. Butyläther	über OZ 100	—	115
n-Propyl-tert. Butyläther		—	103
Äthyl-tert. Amyläther		—	112
Isopropyl-tert. Butyläther		—	112
Ester			
Methylacetat	über 100	—	—
Äthylacetat	über 100	—	—
Isopropylacetat	über 100	—	—
Verschiedene Gase			
Wasserstoff	ca. 60, ev. tiefer	—	—
Kohlenoxyd	ca. 100	—	—
Wassergas	ca. 100	—	—
Stadtgas	89	—	—
Holzkohlengas	ca. 105	—	—
Generatorgas	ca. 105	—	—
Kokereigas	ca. 95	—	—
Ammoniak	klopft nicht	—	—

abnimmt (97b). W. Jost hat sowohl für die Wirkung organischer als auch metallorganischer Zusätze die einleuchtende Annahme gemacht, daß diese zunächst überraschende Tatsache durch die kettenabbrechende Wirkung der Verbindungen zustande kommt [94].

Danach wird die Geschwindigkeit einer Kettenreaktion um so größer,

1. je größer die Wahrscheinlichkeit ketteneinleitender Prozesse,
2. je größer die Wahrscheinlichkeit kettenverzweigender Prozesse,
3. je kleiner die Wahrscheinlichkeit kettenabbrechender Prozesse ist. Die große Reaktionsfähigkeit der Paraffine beim Klopfen und die geringe der Olefine im Gegensatz zum Verhalten bei langsamer Oxydation wird anscheinend bedingt durch lange Reaktionsketten bei den Paraffinen (trotz geringer Wahrscheinlichkeit der Ketteneinleitung), dagegen kurze bei den Olefinen (trotz erheblicher Wahrscheinlichkeit der Ketteneinleitung). Gegenklopfmittel wirken kettenabbrechend, sind also um so wirksamer, je seltener ohne sie Kettenabbruch erfolgt, so daß sie auch bei steigendem Zusatz weniger wirksam sind. Ein Kraftstoff kann nun klopffest sein, weil in ihm weniger Ketten ablaufen oder weil in ihm viel Ketten abgebrochen werden. Setzt man also einem klopfenden Stoff, etwa n-Heptan einen klopffesten zu, so wirkt dieser erstens einfach verdünnend (d. h. entsprechend Mischungsregel), dann aber kettenbeeinflussend. Ist er kettenabbrechend, so wird die Mischung eine höhere Klopffestigkeit als die nach der Mischungsregel errechnete aufweisen; dies trifft sowohl für die Gegenklopfmittel als für die Olefine zu. Zusatz eines kettenabbrechenden Gegenklopfmittels zu einem Stoff, der selbst bereits kettenabbrechende Gruppen wie Doppelbindungen enthält, wie Olefine, wird deshalb auch weniger Wirkung haben. In Erweiterung der Gedanken von Jost — die allerdings auf Oktanzahl und nicht Leistungsmessungen aufbauen — wird man daran denken können, aus dem Verlauf der Klopffestigkeit von Kraftstoffgemischen über dem Mischungsverhältnis Aussagen über die in den Kraftstoffen ablaufenden Verbrennungsvorgänge zu machen [97].

Die Bleiempfindlichkeit der Kraftstoffe hängt mit der eben besprochenen Eigenschaft zusammen, muß aber wegen der Unkenntnis der genauen Zusammensetzung der Kraftstoffe versuchsmäßig festgestellt werden. Eine bestimmte Zusatzmenge Bleitetraäthyl (als Ethylfluid) hat größere Wirkung bei Benzinen geringer Oktanzahl und überwiegend paraffinisch-naphthenischer Zusammensetzung, kleinere bei Benzinen mit Olefinen und Aromaten, Schwefelverbindungen und auch Alkoholzusatz. Als Maß der Bleiempfindlichkeit wurde von Hebl, Rendel und Garton ein Mischdiagramm nach der Motormethode vorgeschlagen, aus dem man die Bleiempfindlichkeit aus zwei Meßpunkten ablesen kann. Daraus ergibt sich für ein Benzin, das im CFR-Motor bei den Bedingungen der Motormethode ein um 0,5 höheres Verdichtungsverhältnis für den Bleizusatz 0,53 cm³/l ergibt, der Bleiempfindlichkeitswert (Bleiwirkzahl) 1. Einfacher ist die Bestimmung nach dem Vorschlag der I. G. [98], die fand, daß das Produkt aus Oktanzahl und Oktanzahlsteigerung des Benzins mit gleichem Bleitetraäthylgehalt konstant ist. Bei der Auftragung Oktanzahl gegen den logarithmisch aufgetragenen Bleizusatz in cm³/l erhält man Gerade. Als Bleiempfindlichkeit wird dann das durch den Wert K geteilte Produkt aus Grundoktanzahl × Oktanzahlsteigerung für eine bestimmte Bleimenge genommen, wobei sich K aus einer Korrekturkurve für die verschiedenen Bleizusätze ergibt. Die Korrektur beträgt für die Motormethode bei

2,0 cm³	Bleitetraäthyl	123
1,6 ,,	,,	116
1,4 ,,	,,	110
1,2 ,,	,,	107
1,0 ,,	,,	100
0,8 ,,	,,	91
0,6 ,,	,,	81
0,4 ,,	,,	66
0,2 ,,	,,	45

Die Bleiempfindlichkeit verschiedener Kraftstoffe zeigt Zahlentafel 35.

Zahlentafel 35. Bleiempfindlichkeit verschiedener Kraftstoffe. (Nach SINGER.)

Kraftstoffe	Bleiempfindlichkeit	Bleiwirkzahl
Ganz paraffinbasische leichte KW (Isooctan)..........	außerordentlich	über 14
Vorwiegend paraffinbasische Destillatbenzine und Hydrierflugbenzine	sehr gut	12—14
Erdölflugbenzine	gut	11—12
Aromatische Flugbenzine..............................	gut	11,5—12
Benzine mit viel Benzol, Naphthene, ungenügend raffiniert	mäßig	7,5—10
Benzine, schlecht raffinierte Benzine, solche mit sehr viel Benzol, olefinische, Braunkohlen- und Traktorenbenzine	gering bis sehr gering	unter 7,5
Gewisse, mehrfach ungesättigte, zyklische Verbindungen und Alkohole, höhere Äther usw.	negativ	unter 0

Eine Darstellung der Bleiempfindlichkeit im gewöhnlichen (unten) und im OPPAUER-Koordinatennetz (oben) zeigt Abb. 29.

Wie stark sich der Schwefelgehalt auswirken kann, zeigen Versuche von BIRCH und STANSFIELD [99] an reinen Verbindungen.

Ein Gemisch aus n-Heptan und Isooktan der O. Z. 63 wurde mit 1 und 2 cm³ Bleitetraäthyl/Imp. Gall (0,220 cm³/l, bzw. 0,440 cm³/l) versetzt und ergab dann folgende Oktanzahlen bei Zusatz reiner Schwefelverbindungen in einer 0,1 % S entsprechenden Menge:

Zusatz	0 % S	0	1 cm³	2 cm³ Bleizusatz
Reines Gemisch ...		65	76	84
Elementarer S	0,1%	63	69,5	78
Äthylmercaptan	0,1%	64	—	76
Äthylsulfid	0,1%	65	72	78
Äthyldisulfid.......	0,1%	65,5	69,5	75
Äthyltrisulfid	0,1%	63,5	—	74,5
Thiophen	0,1%	65	72,5	81
Schwefelkohlenstoff.	0,1%	65,5	72,5	82

Die Wirkung von Schwefelverbindungen auf die Bleiwirkung wird von ADIROVICH [100] auf die Bildung S-haltiger Radikale zurückgeführt, die PbS mit Blei geben und Ketten des klopfhemmenden Vorgangs abbrechen. Eine dafür aufgestellte Formel als Funktion des Schwefelgehaltes war gleich der empirisch gefundenen von RYAN.

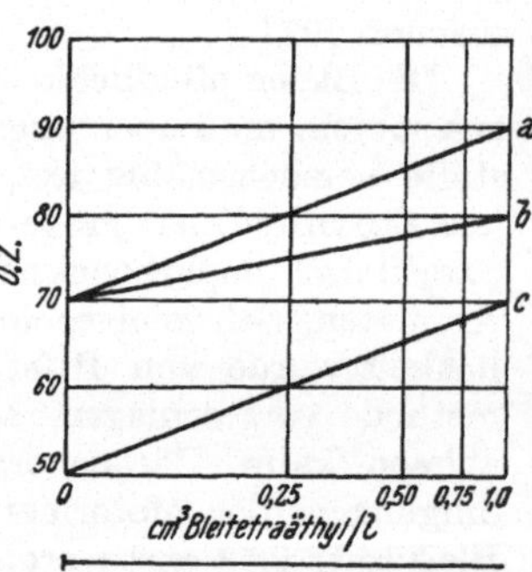

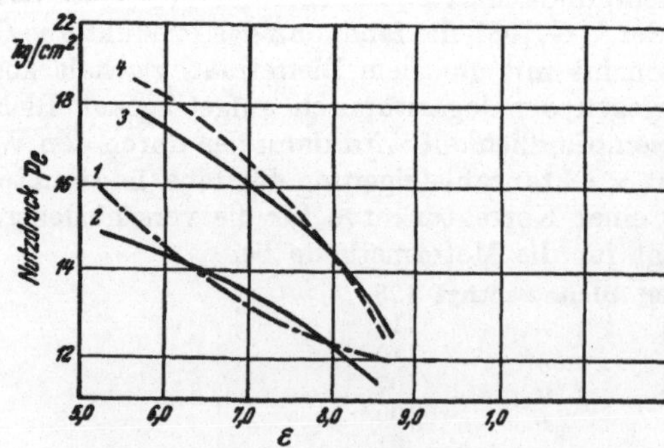

Abb. 30. Verdichtung und Klopfgrenzleistung
1 synthetisches Fliegerbenzin m. 0,1% BTAe
2   „   „   u. tech. i-Oktan
3   „   „   „ Äthylalkohol   } MOZ 87
4   „   „   „ spez. Motorenbenzol
Motor Fiat A 30 RA Luftzahl 0,9.tL 80° C

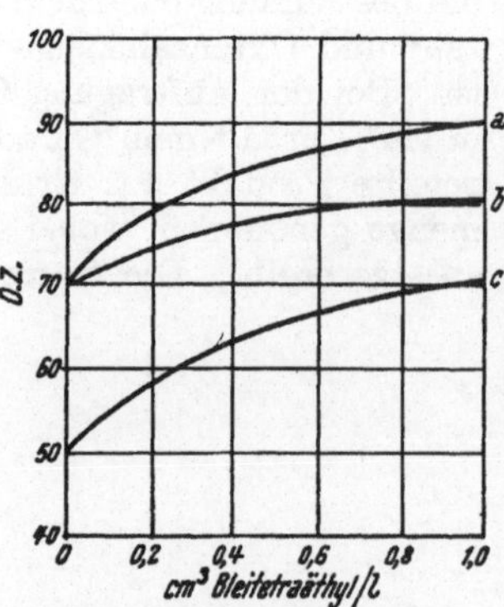

Abb. 29. Bleiempfindlichkeit in geradliniger (OPPAUER) und in normaler Darstellung nach W. WILKE.

β, 4. Motorkonstruktion und Klopfen.

Verdichtungsverhältnis: Den Einfluß des Verdichtungsverhältnisses auf die erzielbare Klopfgrenzleistung zeigt Abb. 30.

Wie man sieht, fällt sowohl bei Alkoholgemischen als bei Benzolgemischen die Klopfgrenzleistung stärker als bei ungebleiten und gebleiten Benzinkohlenwasserstoffen (alle vier Stoffe hatten etwa die gleiche Motoroktanzahl).

Hubvolumen: Nach Versuchen RICARDOS mit geometrisch ähnlichen Zylindern war die zulässige höchste Verdichtung (H. U. C. R.) für einen Zylinderdurchmesser von

70 mm 7,9   140 mm 6,2
89 ,, ... 7,3   216 ,, ... 5,4

bei ungefähr gleichem Verhältnis von Bohrung und Hub. (Benzin O. Z. 70.)

Bei ähnlichen Versuchen an geometrisch ähnlich gebauten Zylindern fand W. KAMM[101] allerdings unter Änderung der Ventilüberschneidung und der Drehzahlen stärkere Volumenabhängigkeiten. Die Klopfgrenze lag bei:

90 Zylinderdurchmesser bei 9,2
120   ,,   ,, 8,0
150   ,,   ,, 6,5

Ventilüberschneidung: Die Ventilüberschneidung beeinflußt infolge des Spülluftdurchsatzes die Zylindertemperatur, bzw. Gemischtemperatur im Zylinder; je größer sie ist, um so tiefer sinkt die Temperatur bis zu einem Minimum und dementsprechend steigt die Klopfgrenze. Dies wird für zwei aromatische Kraftstoffe in Abb. 31 gezeigt.

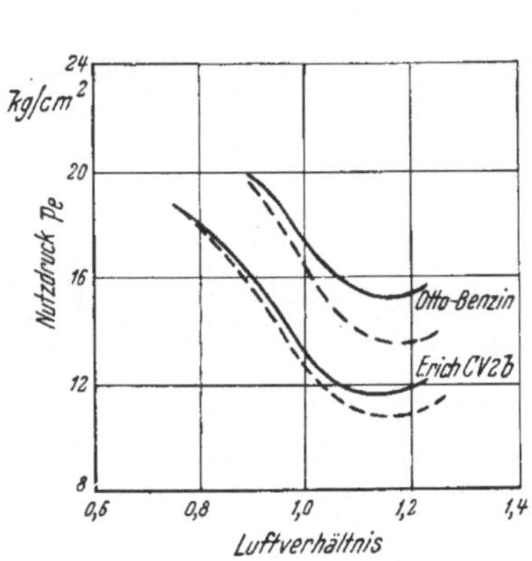

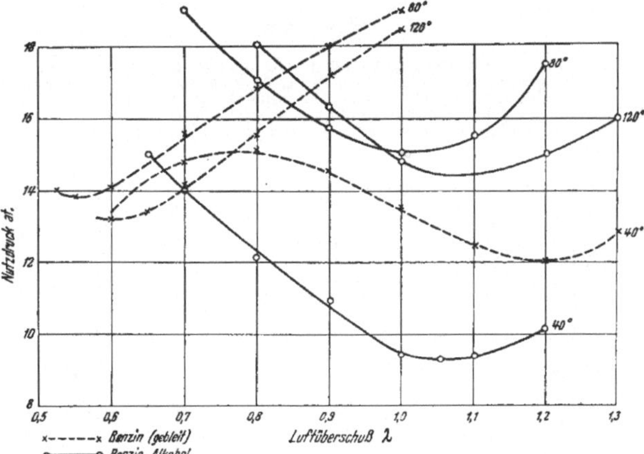

Abb. 31, Ventilüberschneidung und Klopfgrenze von 2 Aromatenbenzinen m. 0,12 % BTAe n. DEHN. Motor BM 132 N Verdichtung 6,5. Zündung 30° v. o. T., t_L 130° C. ------ 50° Ventilüberschneidung, ——— 80° Ventilüberschneidung.

Abb. 32. Ventilüberschneidung und Klopfgrenzen von gebleitem isoparaffinischem Benzin und von Benzin-Alkohol (MOZ Benzin 97; Benzin-Alkohol 88) Motor DB 601 E; 1900 U/min; Verdichtung 6,5; Zündung 35 v. o. T.; t_L 1

In Sonderfällen kann aber noch eine zweite Wirkung eintreten, die für den Betrieb des Motors sehr wichtig ist, nämlich eine Verschiebung des Klopftiefstpunktes vom fetten in das magere Gebiet, allerdings nur bei jenen Kraftstoffen, die zur Bildung von Peroxyden neigen. Für ein isoparaffinisches Benzin und ein Benzin-Alkoholgemisch zeigt Abb. 32 die Änderung der Klopfgrenzkurven mit der Ventilüberschneidung.

Nach Abb. 33 kann auch durch geteilte Einspritzung des Kraftstoffes eine Verbesserung des Klopfverhaltens erreicht werden, die jener durch höhere Ventilüberschneidung ähnelt.

Form des Verbrennungsraumes, Lage der Kerzen usw.: Kurze Flammenwege und Richtung des Flammenfortschritts vom Auslaßventil weg sind günstig, gegengerichteter Verbrennungsverlauf ungünstig. Bei gleichem Hubraum waren nach Versuchen RICARDOS die Klopfgrenzen optimal bei 6,0, im ungünstigsten Falle aber (bei seitengesteuertem Kopf) 3,6! Die Ausmessung eines Abgusses des Verbrennungsraumes von Automotorzylindern auf ihre Klopfneigung ist bei den Londoner Vauxhall-Werken so durchgeführt worden, daß von der (einen) Zündkerzenstelle ausgehend fortlaufend sphärische

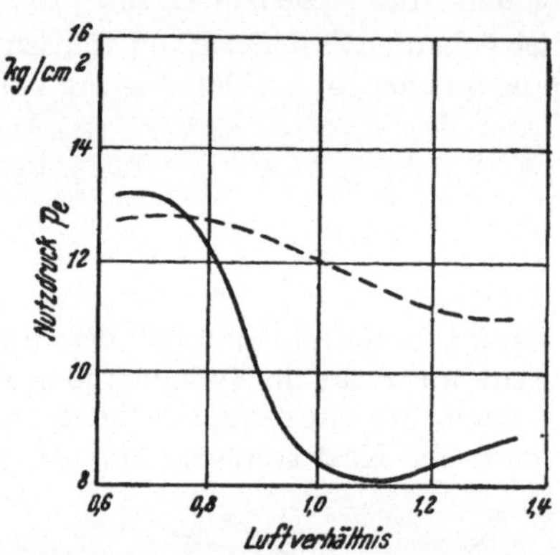

Abb. 33. Wirkung der geteilten Einspritzung auf die Klopfgrenze von O₂-Benzin n. F. A. F. SCHMIDT.
Motor DB 601 E; 110° Ventilüberschneidung, Verdichtung 9 : 1; Zündung 30° v. o. T.; t_L 130° C
—— normale Einspritzung, ———— geteilte Einspritzun.

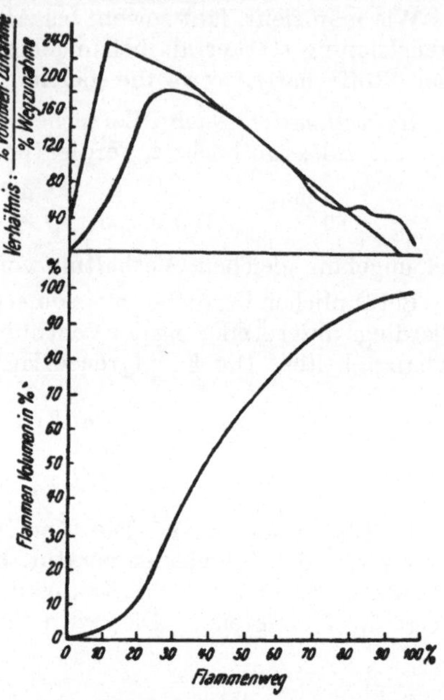

Abb. 34. Diagramm für den Entwurf von Verbrennungsräumen n. GIBSON. Die oberen geraden Linien umgrenzen die erfahrungsgemäße Fläche für ruhigen Lauf.

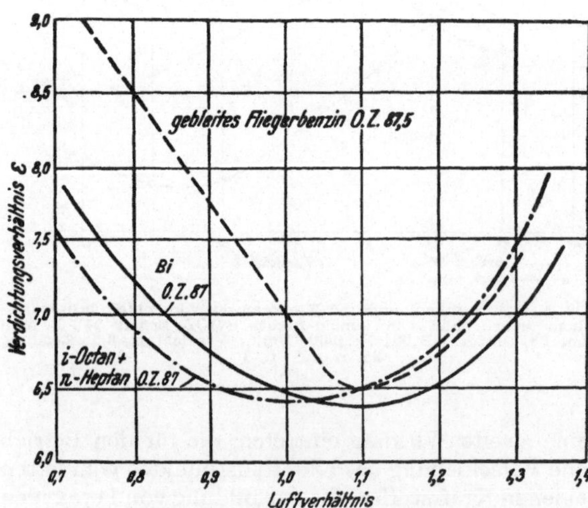

Abb. 35. Luftüberschuß und Klopfgrenze im CFR-Motor (Motormethode) bei drei Kraftstoffen.

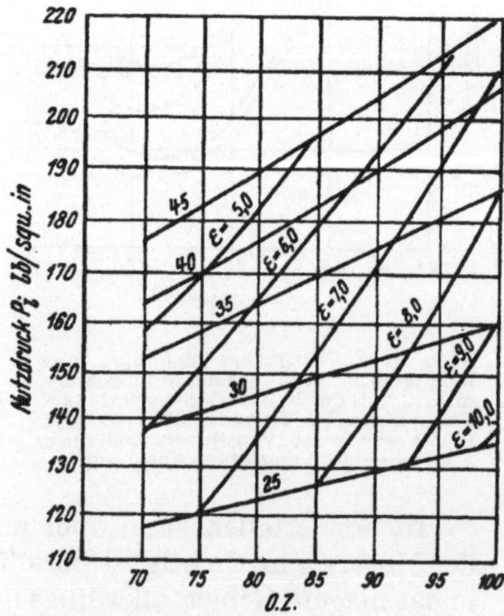

Abb. 36. Einfluß von Ladedruck (25—45 mm Hg) und Verdichtung auf Oktanzahl u. Nutzdruck n. BARTHOLOMEW.

Schnitte gemacht und so das beim Weiterschreiten der Verbrennung jeweilig verbrannte Volumen erfaßt wird. Man trägt dann abhängig vom Flammenweg das Verhältnis von

$$\frac{\text{% Volumzunahme}}{\text{% Flammenwegzunahme}}$$ auf und vergleicht diese Kurve mit einer Erfahrungskurve (siehe

Abb. 34). Das Maximum dieser zweiten Kurve soll nach GIBSON [102] im ersten Drittel des gesamten Flammenweges liegen, um übermäßige Drucksteigerung zu vermeiden.

Werkstoffe: Der Einfluß der Werkstoffe wirkt sich über die Wärmeleitfähigkeit aus. Diese ist der Hauptgrund für die z. B. von SERRUYS festgestellte und allgemein ausgenützte höhere Klopfgrenze bei Verwendung von Aluminium an Stelle von Stahl oder Gußeisen für Zylinder, bzw. Kolben, weil dadurch die Temperaturen der Wände des Verbrennungsraumes sinken.

β, 5. Einfluß der Betriebsbedingungen.

Luftüberschuß: Theoretisch hat ein Gemisch mit etwa 1,05 Luftverhältnis die höchste Verbrennungstemperatur und daher auch die größte Klopfneigung. Kurven, die aus den berechneten Temperaturen des zuletzt verbrennenden Endgases für die Klopfgrenze errechnet wurden, ergaben — wie JOST und RÖGENER [103] zeigten — ähnlichen Verlauf, wie die gefundenen Klopfgrenzkurven. Abb. 35 zeigt die Kurven dreier Kraftstoffe mit gleicher M. O. Z.

Man erkennt die sehr verschiedene Abhängigkeit der Klopfneigung von dem Luftüberschuß, die auch der Grund zur Einführung der F_3-Methode für das magere, und der F_4-Methode für das fette Gebiet war.

Ladedruck: Die Überladung wirkt einer gesteigerten Verdichtung ähnlich, bildet aber derzeit die Grundlage der Klopfprüfung, während die von RICARDO verwendete Verdichtung zugunsten der Oktanzahlmessung verlassen wurde. Verdichtung und Überladung beeinflussen die Dichte der Füllung und daher kann weitgehend der Einfluß einer Ladedrucksteigerung durch eine entsprechende Temperaturänderung kompensiert werden, wenn man mit ROTHROCK annimmt, daß die Dichte des Endgases den Klopfvorgang bestimmt. Da für die Änderung des Ladedruckes an der Klopfgrenze aber der Zustand im Zylinder maßgebend ist, besagt die Messung der Temperatur der Ladeluft wenig über die zulässige Leistung. Deshalb ist die Messung der Leistung besser als die des zulässigen Ladedruckes. Sehr anschau-

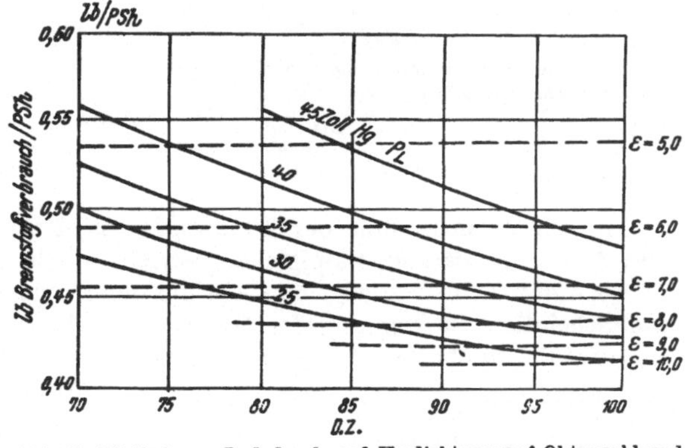

Abb. 37. Einfluß von Ladedruck und Verdichtung auf Oktanzahl und Brennstoffverbrauch n. BARTHOLOMEW.

lich geht die Notwendigkeit höherer Oktanzahl mit steigendem Ladedruck und erhöhter Verdichtung aus den Abb. 36 und 37 hervor, die für Automotoren gelten. Man kann ihnen die Möglichkeit zur Erhöhung des mittleren Nutzdruckes und zur Verringerung des Brennstoffverbrauches entnehmen.

Verdichtungsverhältnis: Die Abnahme der Klopfgrenzleistung mit steigendem Verdichtungsverhältnis zeigt Abb. 30.

Nach PYE ist die Maximaltemperatur vor der Zündung bei 100° Lufteinlaßtemperatur:

Verdichtungsverhältnis	Verdichtungshöchstdruck	Verdichtungshöchsttemperatur
4	6,5 kg/cm²	316° C
5	8,8 ,,	362° C
6	11,2 ,,	399° C
7	13,7 ,,	434° C

Die entsprechenden Verbrennungshöchstdrucke und Nutzdrucke p_e fand RICARDO in einem Einzylindermotor mit:

Verdichtungsverhältnis	Verbrennungshöchstdruck	Nutzdruck p_e
4	21 kg/cm²	8,4 kg/cm²
5	34,4 „	9,6 „
6	45,7 „	10,2 „
7	56,2 „	10,9 „
8	66,8 „	11,4 „
9	76,6 „	11,7 „

Über 7 : 1 bringt also Verdichtungserhöhung keine nennenswerte Leistungssteigerung; auch will man den Motor nicht zu schwer bauen.

Zündung: Wie auf die Verbrennungstemperatur, hat der Zündzeitpunkt nach Abb. 38 auch auf die Klopfgrenzen einen starken Einfluß.

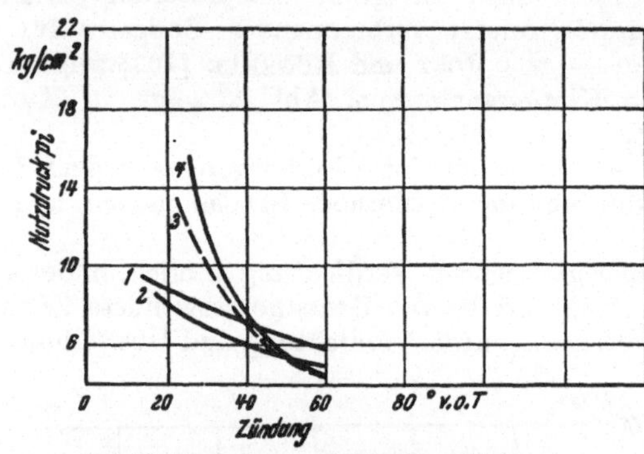

Abb. 38. Vorzündung und Klopfgrenzleistung
1 synthetisches Fliegerbenzin m. 0,1% BTAe
2   „   „   und techn. Isooktan } MOZ 87
3   „   „   „   Äthylalkohol
4   „   „   „   spez. Motorenbenzol
Motor Fiat A 30, Luftzahl 0,9, tL 80° C.

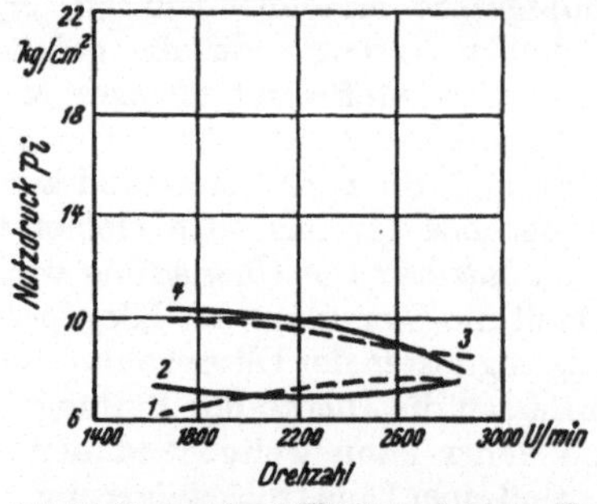

Abb. 39. Drehzahl und Klopfgrenzleistung, Kraftstoffe und Motor wie bei Abb. 38.

Mit der Zurücknahme der Zündung erreicht man deshalb, besonders bei Aromaten und Alkoholgemischen, klopffreien Betrieb — allerdings auf Kosten der Leistung.

Drehzahl: Abb. 39 zeigt den Einfluß der Drehzahl auf die Klopfneigung, wobei aber wahrscheinlich die Neigung des Benzin- und Alkoholgemisches zu Glühzündungen sich auswirkten. Nicht zur Glühzündung neigende Kraftstoffe, wie paraffinische und isoparaffinische Benzine zeigen Verringerung des Klopfens mit steigender Drehzahl. Der Einfluß der Drehzahl ist stark von konstruktiven Zusammenhängen wie z. B. der Wärmeabfuhr, abhängig.

Ladelufttemperatur: Hierfür wurde bereits unter Ladedruck ein Beispiel gezeigt. Die Klopfgrenzleistung geht mit steigender Temperatur immer herunter.

Luftfeuchtigkeit: Während die Luftfeuchtigkeit die Leistung entsprechend der Verringerung des Sauerstoffgehaltes der Luft verringert, wird die Klopfgrenze dadurch erhöht. Dies wirkt sich sowohl bei Klopfmessungen aus (die daher jetzt bei konstanter Luftfeuchtigkeit durchgeführt werden müs-

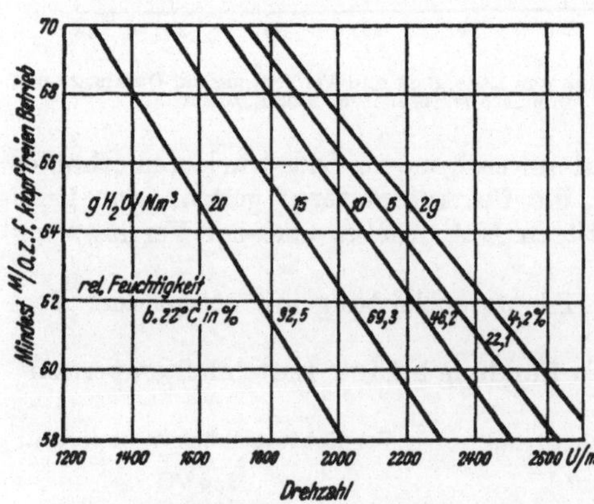

Abb. 40. Luftfeuchtigkeit und Klopfgrenzleistung bei verschiedenen Drehzahlen n. MOLLER und MOIR.

sen) als auch in der Minimaloktanzahl zur Erzielung klopffreien Betriebes, wie Abb. 40 nach BRUNNER zeigt. Die im Wald feststellbare bessere Leistung von Kraftwagenmotoren ist keine Folge der Luftfeuchtigkeit (oder gar des Ozons!), sondern nur der dort meist geringeren Temperatur.

Sauerstoffgehalt: Der Sauerstoffgehalt der Ladung wurde während des Krieges zur Leistungssteigerung ohne zusätzlichen Lader vielfach mittels Stickoxydul oder auch mit flüssigem Sauerstoff angereichert. Dabei war trotzdem die Klopfgrenze nur dem Partialdruck des Sauerstoffes verhältig. Die Verwendung von Stickoxydul (GM$_1$) ergab bei gleichem Luftfaktor, nach der Leistung beurteilt, eine um etwa 0,3 at geringere Klopfneigung. Dies ist nach der Annahme von O. LUTZ und. N. WILLICH aus der Senkung der Ladetemperatur (infolge der Verdampfung des N$_2$O), der schnelleren Entflammung und dem gleichmäßigeren Durchbrennen des Gemisches zu erklären.

Für Benzin-Luftgemische mit verschiedenen Mengen Sauerstoffzusatz fand FERETTI [105] dagegen eine starke Senkung der Oktanzahl mit steigendem Sauerstoffgehalt der Verbrennungsluft, wie Abb. 41 zeigt. Gekühlte Auspuffgase haben nach Versuchen RICARDOS eine stark klopfhemmende Wirkung, so daß die praktische Ausnützung dieser Tatsache bei Generatorgas- und Azetylenmotoren vorgeschlagen wurde, wenn man gezwungen ist, auf Benzinbetrieb umzuschalten. BRUNNER und KEHL [104] fanden für einen Vierzylinder-Opel-Olympia-Motor mit

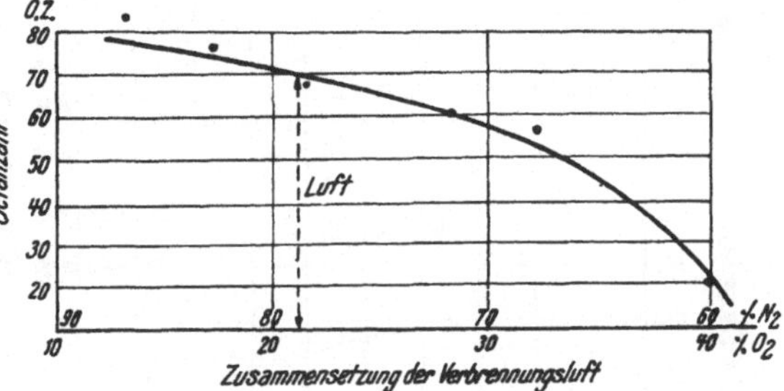

Abb. 41. Luftzusammensetzung und Oktanzahl (bei gleichem Ausschlag des Klopfmessers) n. FERETTI.

1. 5,9 Verdichtung und Autobenzin O. Z. 65
2. 6,8 Verdichtung und Flugbenzin O. Z. 90
3. 6,8 Verdichtung und Autobenzin O. Z. 65

die folgenden Werte:

Versuchs-Nr.	Auspuffgas-beimischung	Verdichtung	Motorleistung in PS bei U/Min				Spezifischer Verbrauch bei 2000 U/min
			1500	2000	2500	3000	
1	keine	5,9	12,0	17,3	20,0	20,7	298 g/PSh
2	,,	6,8	14,1	18,7	21,8	22,8	244 ,,
3	mit	6,8	13,5	17,7	20,8	21,9	259 ,,

Die Wirkung des Auspuffgases wird vor allem auf die hohe spezifische Wärme und die Dissoziation bei hoher Temperatur zurückgeführt. FERETTI fand stärkere Wirkung auf die Oktanzahl, wenn CO$_2$ als wenn N$_2$ zugemischt wurde.

β, 6. Auswirkung des Klopfens auf den Motor.

Das Klopfen erhöht die Motortemperaturen, steigert die Drücke und verringert die Leistung. Als sekundäre Erscheinungen treten Verformungen, Erhöhungen des Ölverbrauchs, Ausbrennungen, Erosionserscheinungen auf den Kolben, Verschmoren der Zündkerzen usw. ein. Der Leistungsabfall beträgt nach McCOULL [106] für einen Fall bei konstanter Drehzahl 1 bis 2 % bei schwachem Klopfen, 4 bis 5 % bei mittelstarkem, bei sehr starkem aber 10 %, wobei bald schwere Schäden auftreten.

Die beobachtete Zerstörung von Kolben beim DB-601-Motor durch „Schmoren" scheint weniger die Folge einer Temperaturwirkung als eines Kavitationsvorganges gewesen zu sein. Für diese Annahme spricht das unveränderte Gefüge der Kolben, ihr Aussehen und die Tatsache, daß Verringerung des Ölverbrauches die Zerstörungen verringerte; auch waren keine höheren Temperaturen feststellbar. Harte, porenlose Oberfläche und einheitliches Gefüge des möglichst geschmiedeten Werkstoffes bildeten nach W. GLAMANN [107] die Abhilfe.

Abb. 42 zeigt das Ergebnis einer Klopfmessung nach der Motortemperatur bei Reiseleistung eines Flugmotors. Ein Kraftstoff wurde bei den Bedingungen des Reisefluges auf Mindestverbrauch für Reiseleistung geprüft. Man erkennt deutlich den Einfluß der verschiedenen Kraftstoffe auf die Steigerung der Motortemperatur bei einem jeweils verschiedenen Mindestverbrauch.

γ) Glühzündung.

Glühzündung, auch Selbstzündung (preignition) genannt, ist zum Unterschied vom Klopfen keine homogene Gasreaktion, sondern eine heterogene Reaktion, bei der die Oberfläche des Verbrennungsraumes das Gemisch vor der Funkenzündung entzündet. Im Gegensatz zum Klopfen nimmt die Glühzündneigung mit der Drehzahl zu. Der Vorgang ist noch verwickelter als der Klopfvorgang, weil die Wärmeübertragung von den Wänden im besonderen Maße mitspielt. Bisher ist kein allgemeines Prüfverfahren dafür eingeführt, wenn auch das Temperaturmeßverfahren nach der F_3-Methode für die Klopfmessung bei vermagertem Gemisch einen gewissen Anhaltspunkt dafür liefert. Bei BMW hatten N. WILLICH und WAZELT [111]

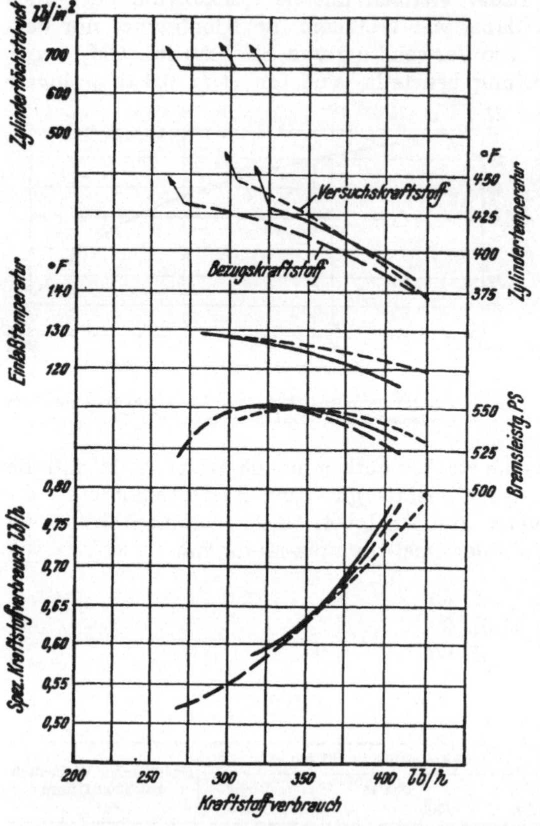

Abb. 42. Klopfmessung im Flugmotor bei Reiseflugbedingungen n. GAGG.

ein Prüfverfahren für die Neigung zur Glühzündung ausgearbeitet. An den Motoren BMW 801 A und D wurden folgende Versuchsbedingungen dabei eingehalten:

	BMW 801 A	801 D
Drehzahl	2400	2400
Ladedruck p_L	1,27 at	1,[32 at]
Ladetemperatur t_L	55° C	60° C
Nutzverbrauch b_e	2[80 g/PSh]	280 g/PSh
Verdichtung	6,5	7,22
Zündung	28	2[6° v. o. T.]

Nach Einregulierung dieser Grundeinstellung wird die Zündung nach je etwa 1 min Laufdauer um 1° vorgerückt und der Glühzündungsbeginn so ermittelt, daß die Zündung immer vor Verstellen unter Beobachtung der Auspuffflamme kurzzeitig ausgeschaltet wird; läuft der Motor dabei ohne auszusetzen weiter, dann ist der Glühzündungsbeginn erreicht. Man setzt dies fort, bis der Motor nach Einstellung des kritischen Zündzeitpunktes infolge starker Glühzündungen sofort von Leistung fällt und eindeutig weiterläuft. Kerzen und Zylinder müssen sorgfältig auf guten Zustand überprüft werden. Die Auslaßkerze ist bei den Versuchen empfindlicher als die Einlaßkerze. BMW untersuchte mit dem Verfahren, das auch von Bosch und Siemens anerkannt wurde, die Glühzündungsneigung der Zündkerzen.

Bei Versuchen des NACA [112] wurde in einem elektrisch angetriebenen Motor bei bestimmten Drehzahlen je eine Einspritzung gemacht und die Temperatur einer Glühkerze gemessen, bei welcher Zündung auftrat. Die Reihenfolge der Kraftstoffe nach zunehmender Glühzündungsneigung war: Isooktan, 2,5 cm³ Blei/Gallone, 56 T.Toluol, 44 T. Benzol und 3,0 cm³ Blei/Gallone; Isopropylalkohol, Bleibenzin 87 O. Z.; Toluol, Benzol, Isooktan, 40 T.Isopropyläther, 60 T.Benzin 3,0 cm³ Blei/Gallone: Di-Isobutylen; Methanol. Die Reihung entspricht nicht der nach der Klopfgrenzleistung. Klopfen tritt fast immer ein, wenn der der Endgasdichte zugeordnete Grenzwert für die Temperatur des Endgases überschritten wird, Glühzündung dagegen, wenn die Temperatur der heißesten Zylinderstelle über der Glühzündungstemperatur des Kraftstoffes liegt. Welcher Vorgang eintritt, hängt davon ab, welche Bedingung zuerst erfüllt wird. Vielleicht ergibt eine Kombination von Heizwert, Glühzündungstemperatur und spezifischer Wärme der Verbrennungsprodukte einmal ein Maß für die Neigung eines Kraftstoffes zur Glühzündung.

δ) Heizwert.

Der obere Heizwert ist die bei der vollständigen Verbrennung von 1 kg Kraftstoff freiwerdende Energiemenge, ausgedrückt in kcal; weil bei den Bedingungen der meisten technischen Feuerungen und Verbrennungen das Verbrennungswasser aber nicht kondensiert, geht die entsprechende Wärmemenge verloren und muß durch Abzug der Abkühlungswärme des Verbrennungswassers berücksichtigt werden (etwa 600 kcal/kg). Dieser korrigierte Heizwert wird als unterer Heizwert bezeichnet. Der Heizwert/1 ergibt sich durch Multiplikation des unteren Heizwertes mit der Dichte des Kraftstoffes. Als Gemischheizwert bezeichnet man den Heizwert, der in 1 m³ theoretisch richtigen Luft-Kraftstoff-Gemisch (b.25° C u. 735 mm Hg) enthalten ist oder — meist — den unteren Heizwert in kcal/Luftbedarf in m³. Die Berechnung aus der Elementaranalyse ist ungenau.

Zur ungefähren Orientierung über den Heizwert von Destillatbenzinen hat MARDER die folgende Zusammenstellung gemacht:

	Unterer Heizwert		C-Gehalt	H-Gehalt
Spez.Gew.20° C	kcal/kg	kcal/1	%	%
0,640[1]	10,720	6,860	84,8	15,10
0,660[1]	10,670	7,030	85,0	14,80
0,680[1]	10,610	7,210	85,2	14,55
0,700	10,560	7,380	85,4	14,25
0,720	10,500	7,560	85,6	14,00
0,740	10,450	7,730	86,6	13,70
0,760	10,390	7,900	86,0	13,30

Die Zahlen sind schon mit Rücksicht auf die 100 % nicht erreichende Summe der C- und H-Gehalte wenig verläßlich.

Der Heizwert der Vergaserkraftstoffe ist sowohl bei reinen Kohlenwasserstoffen als auch bei Alkoholen um so größer, je höher ihr Wasserstoffgehalt ist. Beim Motorbetrieb

---

[1] Werte gelten für „Wassergasbenzine".

ist wie erwähnt, der untere Heizwert maßgebend, weil das Verbrennungswasser ja nicht kondensiert. Die Grenzwerte des unteren Heizwertes liegen bei Naturbenzinen zwischen 10350 und 10500 kcal/kg, bei Krackbenzinen zwischen 10000 und 10400 kcal/kg, bei Motorbenzol zwischen 9500 und 9600 kcal/kg. Methylalkohol hat einen sehr geringen Heizwert von 4850 kcal/kg, Äthylalkohol ist mit 6400 kcal/kg schon etwas energiereicher. Isopropyläther nähert sich mit 8660 kcal/kg noch mehr den Heizwerten reiner Benzine. Synthetische Benzine liegen wie Naturbenzine, jedenfalls nicht merklich darüber, Braunkohlenbenzine mit ihrem hohen Gehalt an Olefinen entsprechen im Heizwert kaum den Krackbenzinen (9900 bis 10200 kcal/kg). Je kleiner das Molekulargewicht der Benzine ist, um so größer wird ihr Heizwert. Will man mit einem gegebenen Gewicht größere Leistungen erzielen, so empfiehlt es sich, möglichst leichte Benzine zu verwenden. Eine Übertrumpfung der in solchen Stoffen enthaltenen Energien ist nur durch flüssige Gase, wie CH_4 oder gar Wasserstoff, möglich. Dieser kommt jedoch wegen der Gefahren und Schwierigkeiten bei der Handhabung und beim Transport im allgemeinen nicht in Betracht. Eine Übersicht über die Verbrennungseigenschaften reiner, flüssiger Brennstoffe gibt Zahlentafel 36.

Zahlentafel 36. Verbrennungseigenschaften flüssiger Brennstoffe (nach PYE).

Bezeichnung	Spez. Gew. 15° C	Unterer Heizwert		Verdampfungswärme kcal/kg	Theoret. Mischungsverhältnis kg/kg	Volumensvergrößerung durch die Verbrennung	Verbrennungswärme des theoretischen Gemisches kcal/Nm³
		kcal/kg	kcal/l				
Benzin „D"	0,758	10430	7900	73	14,6	1,047	913,5
Pentan	0,629	10890	6850	83	15,25	1,051	961,6
Hexan (80%)	0,683	10690	7300	86	15,2	1,051	910,6
Heptan (97%)	0,689	10700	7370	75	15,1	1,056	911,9
Oktan, rein	0,718	10670	7660	71	15,05	1,058	903,9
Benzol, rein	0,882	9640	8500	95	13,2	1,013	935,9
Toluol (99%)	0,868	9730	8440	84	13,4	1,023	927,9
Xylol (91%)	0,860	9890	8500	81	13,6	1,03	923,1
Zyklohexan (93%)	0,784	10440	8190	86	14,7	1,044	913,5
Äthylalkohol, rein	0,790	6540	5170	220	8,97	1,065	907,1
„ (95%)	0,812	6040	4900	246	8,4	1,065	873,5

ε) Flüchtigkeit.

Die Kraftstoffe sind im allgemeinen Gemische aus zahlreichen chemischen Stoffen. Demzufolge haben sie keinen einheitlichen Siedepunkt, sondern sieden innerhalb eines mehr oder minder großen Temperaturbereiches. Man beurteilt ihr Siedeverhalten mittels der Siedekurve, durch welche das überdestillierte Gewicht in Abhängigkeit von der Temperatur dargestellt wird. Die nach dem ASTM-Destillationsverfahren gefundenen Siedekurven einiger Kraftstoffe sind in Abb. 43 zusammengestellt, das Verfahren ist in dem eingangs erwähnten Jahrbuch der ASTM beschrieben. Zur Angabe der Flüchtigkeit in einer einzigen Zahl werden die bei 5, 15, 25 ... 95 % Destillat abgelesenen Dampftemperaturen zusammengezählt und durch 10 geteilt; man erhält so die Siedekennziffer, die ungefähr der mittleren Siedetemperatur (average boiling point) entspricht.

Bei der — derzeit überwiegenden — Verwendung des Spritzvergasers ist es für den einwandfreien Betrieb von Otto-Motoren notwendig, daß das zündfähige Gemisch unter allen Betriebsbedingungen in geeigneter Zusammensetzung im Vergaser hergestellt werden kann. Dazu muß die Verdampfbarkeit in der Kälte genügen, dabei aber in der Wärme nicht übergroß werden, damit nicht durch Dampfblasenbildung in den Brennstoffleitungen Störungen eintreten. Eine gute Beschleunigung des Motors, das ist seine Fähigkeit beim plötzlichen Öffnen der Drossel, rasch ein hohes Drehmoment abzugeben und hohe Drehzahlen zu erreichen, hat einen genügenden Gehalt des Brennstoffes an

flüchtigen Bestandteilen, eine gewisse Mindest-
flüchtigkeit zur Voraussetzung. Das Siedeende
darf nicht zu hoch liegen, damit keine Kondensation von Kraftstoff an den Zylinderwänden eintritt, die dann zu Schmierölverdünnung und endlich zum Lager- oder Kolben-
fressen führen kann. Für die verschiedene
Gemischzusammensetzung in den einzelnen
Zylindern ist die Ausbildung des Ansaugsy-
stems wichtiger als die Verdampfungseigen-
schaft des Kraftstoffes, sofern diese innerhalb der üblichen Grenzen liegen.

Für die Verdampfbarkeit in der Kälte
sind die leichtsiedenden Bestandteile ausschlaggebend. Ihre für den Betrieb eines
bestimmten Motors notwendige Menge richtet
sich aber nicht nur nach der Außentempe-
ratur, sondern auch nach dem Mischungsverhältnis, dem Grade der Drosselung, der
Anlaßdrehzahl, der Länge der Ansaugleitung
usw., so daß keine allgemeingültigen Werte
angegeben werden können. Für den Vergleich verschiedener Kraftstoffe untereinander
in einem bestimmten Motor, bzw. unter
gleichen Bedingungen ist das Diagramm
Abb. 44 von Edgar, Hill und Boyd recht
brauchbar, das die Höchsttemperatur für
10 % Destillat bei der ASTM-Destillation der
Kraftstoffe angibt, bei welcher bei verschie-

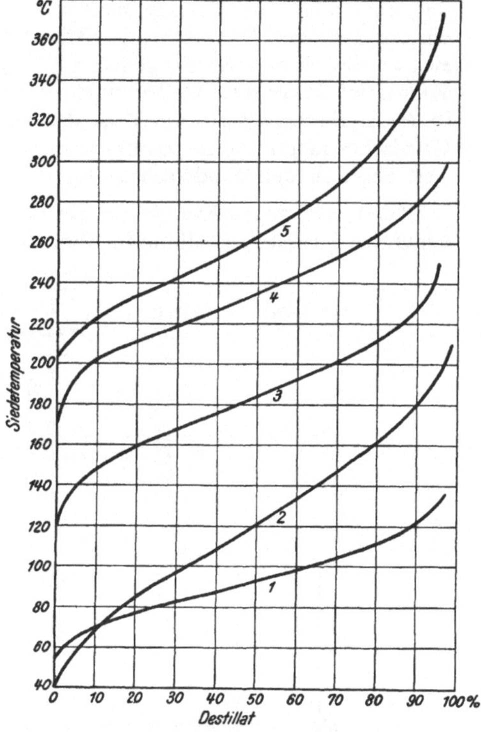

Abb. 43. Siedekurven einiger Kraftstoffe.
1 Fliegerbenzin; 2 Autobenzin; 3 Traktorentreibstoff;
4 Petroleum; 5 Gasöl.

denen Ansauglufttemperaturen und einer Luftüberschußzahl von 2,0 bis 0,5 noch
glattes Anspringen möglich ist. Die Angabe von Eisinger und Cragoe, daß 5 % Destillat
bei 48,3⁰ C (119⁰ F) bei einer Luftüberschußzahl von 1,0 auch bei — 40⁰ C glatten Start ergeben müßte, stimmt nach Versuchen von G. G. Brown nicht allgemein. Bis auf weiteres wird man sich begnügen müssen, in der angegebenen Beziehung einen ungefähren Anhalt für die Startmöglichkeit zu besitzen.

Für die Fähigkeit des Kraftstoffes, gute Motorbeschleunigung zu ermöglichen, ist folgendes zu beachten: Plötzliches Öffnen der Drossel gibt zwar augenblicklich eine größere Ladungsmenge im Zylin-

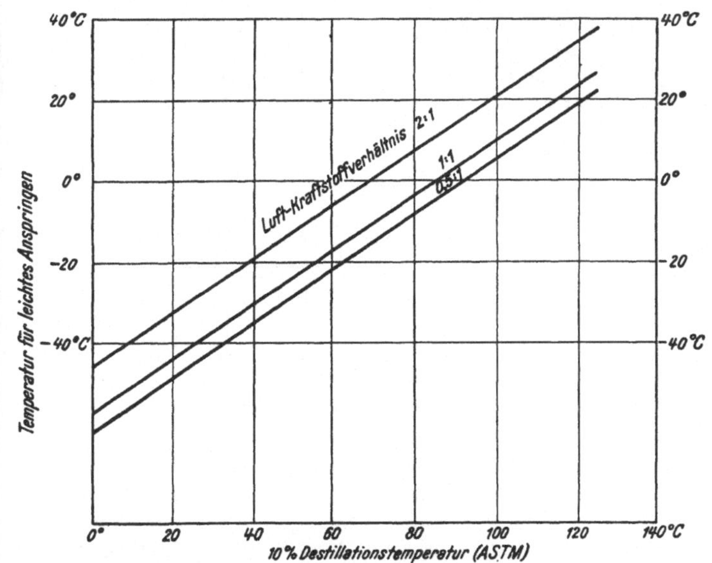

Abb. 44. Maximale 10⁰/₀-Temperatur (bei ASTM-Destillation) und zulässige
Anlaßtemperaturen.

der, aber nicht eine Füllung der Zylinder mit einem Gemisch gleicher Zusammensetzung, wie es aus dem Vergaser austritt, weil ein Teil des nicht verdampften Brennstoffes sich an die Wände der Saugleitung schlägt und sich längs derselben langsam fortbewegt. Es kommt daher unmittelbar nach dem Öffnen der Drossel wesentlich weniger Kraftstoff in den Zylinder, als aus der Düse des Vergasers austritt. Um die relative Verarmung des Gemisches möglichst zu beschränken, ist es notwendig, die Siedekurve als Ganzes nieder und dadurch den Niederschlag klein zu halten.

Einen sehr guten Einblick in die Verhältnisse geben die Versuche von G. G. Brown, denen die Zusammenstellung in Abb. 45 entnommen ist. In dieser ist als wirkliche Flüch-

Kurve	ASTM %	Mischungsverhältnis Luft/Kraftstoff im		Wirkliche Flüchtigkeit in %	Betriebsverhalten Anlassen und Beschleunigen
		Vergaser	Zylinder		
A	90	12:1	12,0:1	100	ausgezeichnet
	65	8:1	12,3:1	65	ausgezeichnet
B	65	12:1	18,5:1	65	befriedigend
	55	8:1	14,5:1	55	sehr befriedigend
	45	6:1	12,0:1	50	ausgezeichnet
C	35	12:1	21.8:1	55	möglich
	35	8:1	17,5:1	45	befriedigend
	35	6:1	14,3:1	42	sehr befriedigend
D	10	8:1	20,0:1	40	möglich
	10	6:1	16,0:1	37	befriedigend

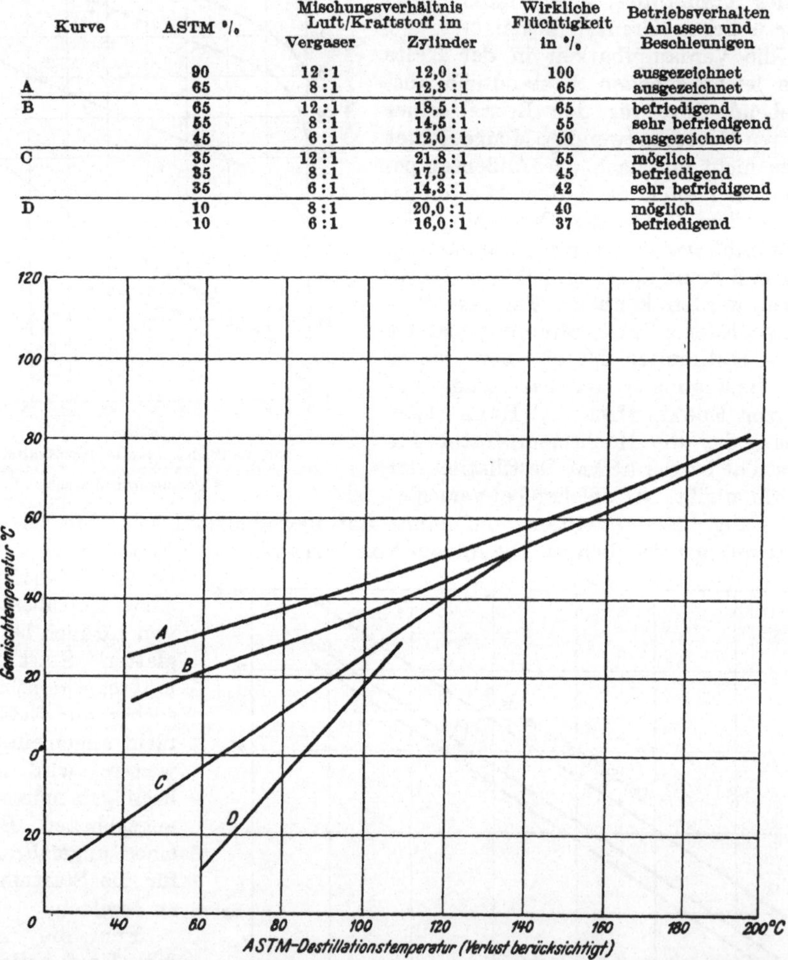

Abb. 45. Beziehung zwischen ASTM-Siedeverlauf und wirklicher Flüchtigkeit (nach G. G. Brown).

tigkeit das Verhältnis der Brennstoffgehalte von dem im Moment der Drosselöffnung aus der Düse austretenden und dem im Zylinder verbrannten Luft-Kraftstoff-Gemisch bezeichnet. Die Kurven geben die Beziehung zwischen ASTM-Destillationswerten und wirklicher Flüchtigkeit für vollkommenen befriedigenden Betrieb bei bestimmten Verhältnissen an. Abb. 45 zeigt die Beziehung zwischen der Temperatur für eine bestimmte

Menge Destillat nach der ASTM-Destillation (Spalte 2 in Zahlentafel zu Abb. 45) und der Temperatur des vom Motor angesaugten Gemisches, wenn der Vergaser ein Luft-Brennstoff-Gemisch im Gewichtsverhältnis 12 : 1 bis 6 : 1 herstellt. Kennt man also die ASTM-Siedekurve eines Benzins, so kann man aus dem Schaubild für die angegebenen Luft-Kraftstoff-Gemische die Möglichkeit des Anlassens und Beschleunigens ablesen.

Allerdings dürften die Verhältnisse bei Kraftstoffen mit hohen Verdampfungswärmen anders ausfallen, weil die ASTM-Destillation ja die zugeführte Wärmemenge nach der spezifischen und der Verdampfungswärme der Kraftstoffe so regelt, daß stets gleiche Mengen in der Zeiteinheit übergehen, während im Motor pro Zeiteinheit bei den Versuchen eine konstante Wärmemenge verfügbar war. Auch die wesentlichen, konstruktiven Einflüsse können die Übertragbarkeit der Ergebnisse behindern.

In bezug auf Einzelheiten muß auf die sehr umfangreichen Versuche von G. G. Brown, O. C. Bridgeman und Mitarbeitern sowie Eisinger und Mitarbeitern verwiesen werden (vgl. 113 bis 115).

Die verschiedene Flüchtigkeit der Kraftstoffanteile, darunter besonders des Bleitetraäthyls ist eine der Hauptursachen für das ungleichmäßige Verhalten der Kraftstoffe in Mehrzylindervergasermotoren. Beim Vergasungsvorgang kann nämlich eine Fraktionierung des Gemisches entstehen und die Klopffestigkeit der jeweils in einen Zylinder kommenden Kraftstoff-Luftgemische braucht durchaus nicht jener der im CFR-Motor untersuchten, bzw. des einheitlichen Kraftstoff-Luftgemisches gleich zu sein. Die Änderung des Luft-Kraftstoff-Verhältnisses und diese Fraktionierung bewirken starke Unterschiede im Klopfverhalten der Kraftwagenmotoren sowohl untereinander als im Verhältnis zu den Oktanzahlen der Kraftstoffe. Für die in den einzelnen Zylindern verbrennenden Gemische ist entscheidend: 1. das durch den Vergaser gebildete Gemisch aus Luft und Kraftstoff, 2. der Grad der Verdampfung und damit das im Zylinder vorhandene Luft-Kraftstoff-Gemisch, 3. die relative Konzentration klopffester Anteile (auch Gegenklopfmittel) in den leichten Fraktionen und im Siedeschwanz [116]. Neue Versuche von D. B. Brooks [117] zeigten, daß auch in einem einzelnen Zylinder schlechte Kraftstoffverteilung auftreten kann, die sich besonders auf den Minimalverbrauch auswirkt, aber ebenso die anderen Verbrennungseigenschaften beeinflußt. Jede Maßnahme, welche den Mindestverbrauch senkt, verbessert auch diese automatisch.

Ein zu großer Gehalt an leichtsiedenden Bestandteilen, der natürlich das Anlassen erleichtern würde, gibt wieder Störungen wegen Dampfblasenbildung in Leitungen und Vergaser. Auch diese ist weitgehend von konstruktiven Einflüssen abhängig und nimmt mit der Temperatur der Leitungen und dem Ansaugunterdruck, bzw. mit abnehmendem Atmosphärendruck (z. B. in Flugzeugen) zu. Als Maß der Neigung zur Dampfblasenbildung ist wie für die Prüfung des Anlaßverhaltens der 10 %-Punkt bei der Destillation brauchbar. Da aber die Dampfblasenbildung nichts anderes ist als das Wegsieden der leichten Bestandteile, ist die Messung des Dampfdruckes noch geeigneter für diesen Zweck. Sie wird meist nach Reid vorgenommen. O. C. Bridgeman und H. S. White stellten 1931 fest, daß die damaligen Automobile bei heißem Wetter in ihren Kraftstoffleitungen so hohe Temperaturen erreichten, daß nur ein maximaler Dampfdruck von 0,5 at bei 38° C zulässig war. Der Bereich der zulässigen Leitungstemperaturen für befriedigendes Arbeiten von Kraftstoffen, d. h. gutes Starten und keine Dampfblasenbildung in den Leitungen umfaßt bei Kraftfahrzeugen etwa 60° C, sinkt aber bei Flugzeugen wegen der Abnahme des Außendruckes bei 7000 m Gipfelhöhe auf etwa 40° C.

Die Kraftstoffleitungen soll man konstruktiv so anordnen daß ihre Temperatur möglichst tief bleibt und höchstens die Temperatur des 10 %-ASTM-Punktes erreicht. Lange Saugleitungen bis zur Förderpumpe sind zu vermeiden. Der Kraftstoff soll — auch bei richtiger Lage seines 10 %-Punktes — nicht zu viel Propan enthalten. Der Wunsch nach erweiterter Verwendung von Naturgasbenzin als Bestandteil des Autobenzins läßt von dieser Seite her den Wunsch nach verbesserten Kraftstoffsystemen immer nachhaltiger werden. In gut angeordneten Leitungen könnten Benzine Verwendung finden, die in den jetzigen Kraftfahrzeugen unbedingt Störungen verursachen würden.

Druckbehälter zur Behebung von Dampfblasenbildung im Flugzeug müssen verstärkt ausgeführt werden, haben daher größeres Gewicht. Unterkühlung des Kraftstoffes durch eine Kühlvorrichtung und andere konstruktive Maßnahmen, wie Vermeidung toter Ecken, Verringerung des Druckabfalles durch genügend weite Leitungen, im Tank versenkte Pumpe versprechen bei der Behebung von Schwierigkeiten durch Dampfblasenbildungen Erfolg [118].

Der REID-Dampfdruck allein genügt nach T. HAMMERICH nicht zur Erfassung der Dampfblasenneigung, weil die Flüchtigkeit, d. h. die bis 50° und bis 70° C nach dem ASTM-Verfahren abdestillierenden Anteile, einschließlich Destillationsverlust gemittelt, einschneidend die Bedeutung der REID-Dampfdrucke für die Dampfblasenbildung beeinflussen. Gleicher REID-Dampfdruck entspricht deshalb nicht unbedingt gleicher Dampfblasenbildung. Auf die von HAMMERICH aufgestellten Beziehungen zwischen den „Abreiß"werten in einer Umpumpapparatur, der Flüchtigkeit und dem Dampfdruck sei nur verwiesen [119]. Eine Besprechung von einschlägigen Prüfverfahren bringt F. JANTZSCH [120].

Bei Kraftstoffen für heiße Zonen sind Grenzwerte für den 10 %-Destillatpunkt und den Dampfdruck festzulegen. Die Berechnung des Dampfdruckes und der Flüchtigkeit von Gemischen aus Benzin mit Butan und Propan ist nach N. B. HASKEL und D. K. BEAVON möglich [121].

Wenig beachtet wurden bisher die in den Kraftstoffen gelösten Gase, die aber nach den Arbeiten von PISCHINGER entscheidend bei den Störungen der Kraftstoffzufuhr mitwirken, ähnlich wie sie im Unterdruckgebiet des Schmierfilms zu Hohlsog führen. Der Einfluß der im Kraftstoff gelösten Luft ist oft viel wichtiger als der Dampfdruck des Kraftstoffes. Störungen in der Kraftstoffzufuhr bei dem J_s-Kraftstoff für Strahlantrieb (einer Petroleumfraktion) waren z. B. durch Luft im Kraftstoff verursacht. PISCHINGER hat diese Zusammenhänge eingehend untersucht und gefunden, daß höhere Temperaturen sogar günstig sein können, wenn dadurch die Menge der gelösten Luft im Kraftstoff verringert wird. Die Menge der gelösten Luft beträgt für jede Atmosphäre Druck auf 100 Vol. Teile Benzin 22 Vol. Teile, bei Öl auf 100 Vol. Teile 8 Vol. Teile bei normaler Temperatur.

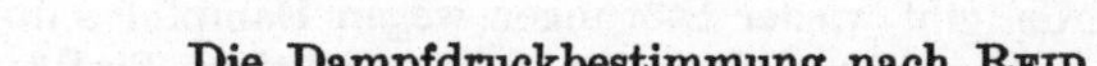

Die Dampfdruckbestimmung nach REID.

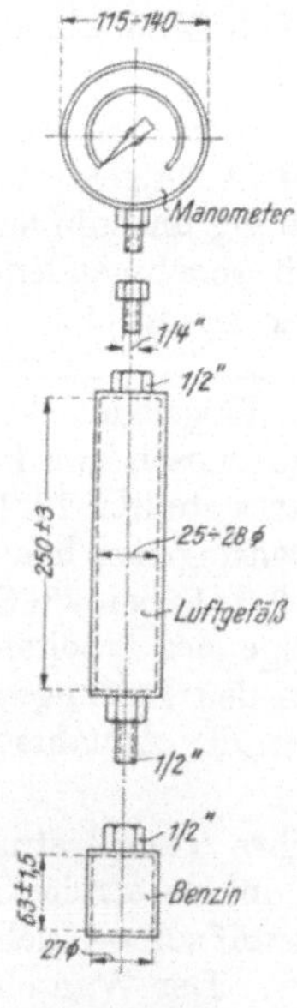

Abb. 46. Reid-Bombe zur Bestimmung des Dampfdruckes.

Zur Messung des Dampfdruckes wird meist das verhältnismäßig einfache Verfahren nach REID angewendet. Es besteht darin, daß in das Benzingefäß in Abb. 46 unter Vermeidung von Verdunstungsverlusten Benzin eingefüllt wird. Dann wird die Bombe zusammengeschraubt und die Lufttemperatur im Luftgefäß gemessen. Nun erhitzt man in einem Wasserbad durch Eintauchen bis zur Unterseite des Manometers auf 37,8° C (100° F ± 0,5°) so lange, bis beim Umschütteln nach Umdrehen des Apparates das Manometer nicht mehr steigt.

Zur Vermeidung von Verdampfungsverlusten muß bei der Probenahme durch Eingießend es Benzins (statt durch Untertauchen) des Entnahmegefäßes im Brennstoff oder durch Druckprobeentnahme) der Kraftstoff erst auf eine entsprechend niedere Temperatur abgekühlt werden. Die Zahlentafel 37 gibt Angaben für diese Werte.

Zahlentafel 37. Kühltemperaturen für Benzin und Benzingefäß bei Probenahme zur Druckmessung.

Angenäherter Dampfdruck at	Für Einfüllen zulässige Höchsttemperatur °C
0,65	10° C
0,85	5° C
1,10	− 1° C
1,40	− 4° C
1,75	− 7° C
2,10	−10° C

Vor jeder Bestimmung muß zur Entfernung von Benzinresten früherer Untersuchungen die Luftkammer mit heißem Wasser (30 bis 40° C) ausgespült werden. Bei der Auswertung muß man den Druck der wasserdampfgesättigten Luft im Apparat abrechnen. Einen Anhalt für die Größe dieser Korrektur gibt die folgende Formel:

$$\text{Korrekturfaktor:}\quad \frac{(P_a - P_t)\cdot(t-37,8)}{273+t} - (P_{37,8} - P_t)\cdot\frac{1}{735,5}\ \text{kg/cm}^2,$$

worin P_a der Barometerstand in mm Hg, P_t der Druck des gesättigten Wasserdampfes bei t^0 C in mm Hg, t die ursprüngliche Temperatur der Luft, $P_{37,8}$ der Wasserdampfdruck bei 37,8° C in mm Hg ist.

Einzelheiten des Verfahrens sind in den ASTM-Standards on Petroleum Products and Lubricants zu finden, die von der ASTM in Philadelphia, Penna., herausgegeben werden.

ζ) Die Harzbildung und der Harzgehalt.

Die Harzbildung in Kraftstoffen ist eine Folge des Angriffes von Luftsauerstoff auf ungesättigte Bestandteile, die dann weiter zu Polymerisationen und Kondensationen führt. Nur in seltenen Fällen tritt ohne Sauerstoff eine Polymerisation vorhandener Diolefine ein, wie G. R. SCHULTZE [122] am Beispiel des Zyklopentadiens zeigte. Bei der oxydativen Alterung werden aus den Olefinen zuerst peroxydische Verbindungen gebildet, wobei Gemische von Olefinen mehr Harz geben als die für sich untersuchten Olefine. Die entstandenen Peroxyde katalysieren ihrerseits die weitere Oxydation von Kohlenwasserstoffen, bilden aber auch Aldehyde und Ketone, die schließlich in hochmolekulare Säuren und Harz übergehen. Das entstehende Harz ist gelblich bis dunkelbraun, riecht meist scharf und hat eine Konsistenz, die zwischen der eines klebrigen Öles und eines spröden Lackes schwanken kann. Es enthält merkliche Mengen Sauerstoff und ist leicht in Alkohol, Azeton und Chloroform löslich, dagegen schwer in Kohlenwasserstoffen. Ein typisches Harz enthielt 30 % Wasserlösliches, 40 % Alkalilösliches und 40 % Neutralstoffe.

Die Entfernung der harzbildenden Olefine ist besonders bei den Krackbenzinen und Braunkohlen sowie Schieferbenzinen notwendig; Fischerbenzine enthalten nur geradkettige Monolefine und bilden kein Harz. Spuren von Schwermetallsalzen beschleunigen die Harzbildung sehr. So wirkt Kupfer, das bei der Entwässerung von Alkohol in diesen gelangen kann, in Mischkraftstoffen katastrophal auf Krackbenzine. Bei gebleiten Kraftstoffen ist die Harzbildung nur eine Seite der Alterung; Hand in Hand geht damit die Abnahme der Klopffestigkeit. Der Vorgang der Alterung gebleiter Kraftstoffe ist noch verwickelter als bei ungebleiten Benzinen, weil die Alterungsprodukte des Bleitetraäthyls rasches Altern der Kohlenwasserstoffe einleiten können, wie die primäre Oxydation der Benzinkohlenwasserstoffe ihrerseits den

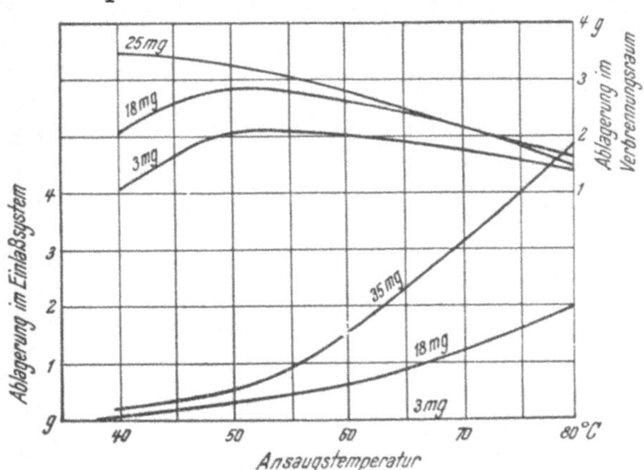

Abb. 47. Harzgehalt, Temperaturen im Ansaugrohr und Ablagerungen im Motor n. LIVINGSTONE und GRUSE.

katalytisch wirkenden Bleitetraäthylzerfall einleiten kann. Aromaten scheinen meist gefährdeter als Paraffine, doch hängt dies von ihrer Struktur ab. Zusätze sind für gebleite wie ungebleite Kraftstoffe in Gebrauch und haben starke Wirkung.

Während ein bereits vorhandener Harzgehalt sich auf das Ansaugsystem ungünstig auswirken, die Drossel verkleben, die Düse verstopfen und das Ansaugventil verschmutzen kann, hat die Harzneubildung im allgemeinen keine Bedeutung für den Motorbetrieb, sondern nur für das Lagerungsverhalten der Kraftstoffe. Aber auch vorhandenes Harz wirkt sich je nach den Betriebsbedingungen und der Motorkonstruktion in verschiedener Weise aus. Versuche von LIVINGSTONE, MARLEY und GRUSE zeigten, nach Abb. 51, daß bei Temperaturen über 70° C im Ansaugsystem der Kraftstoff schon vor dem Einlaßventil vollkommen verdampfte und das Harz sich ablagerte; in diesem Falle wird die Störung auch bei größerem Harzgehalt gering sein. Bei kalter Ansaugleitung bleibt das Harz dagegen im nichtverdampften Kraftstoff, wird dann am Einlaßventil abgelagert und bildet auch zusätzlich Ölkohle bei der Verbrennung. Die Konstruktion ist auch hier von Einfluß auf das Verhalten.

Die zulässigen Grenzwerte für den Harzgehalt liegen bei 6 bis 10 mg je 100 cm³ für Autobenzin, 3 mg je 100 cm³ für Fliegerbenzin. Die Zunahme des Harzes bei der Lagerung wird in Bombenversuchen geprüft, ohne daß bisher Einigkeit über das Verfahren bestände. Die Bedeutung des vorgebildeten Harzes für den Motor hängt wesentlich von der Art der Gemischbildung ab. Versuche im Einspritzflugmotor ergaben auch mit 50 mg Harzzusatz zum Benzin innerhalb von 50 h keine Störungen, anderseits ergaben sich bei Vergaserflugmotoren schon mit 20 mg Harz Störungen; die Beziehung zwischen Harzgehalt und Störungen wird noch weiter zu klären sein.

Bestimmung der Lagerbeständigkeit, bzw. des Harzgehaltes.

Die Lagerbeständigkeit eines Kraftstoffes ist weniger physikalisch als chemisch bedingt, denn die vorkommenden Veränderungen bestehen nur zum geringen Teil in einer Verdunstung leichter Anteile, sondern vor allem aus einer oxydativen Polymerisation und Kondensation, die zur Harzabscheidung führen kann, und meist mit einem entsprechenden Abfall der Klopffestigkeit verbunden ist. Sie wird am besten durch Bestimmung des im Kraftstoff vorhandenen und des durch Oxydation neu entstehenden Harzes erfaßt.

Die Bestimmung des im Kraftstoff vorhandenen Harzes muß die wirklich vorhandene Menge erfassen. Es darf sich also dabei nicht infolge direkter oder katalytischer Oxydation neues Harz bilden. Deshalb wird das früher verwendete Kupferschalenverfahren (copper dish test) verlassen, bei dem infolge von Katalyse viel mehr Harz gefunden wird als beim Abdampfen des Kraftstoffes in Glasschalen. Allerdings wird gerade, weil das erstere Verfahren zu scharf ist, kein Kraftstoff, der dabei gut abschneidet, im Betrieb Ventilstörungen geben, aber es kann ein danach ungünstig beurteilter Kraftstoff praktisch brauchbar sein. Durch die zunehmende Verwendung von Krackbenzinen und Polymerbenzinen, die stärkeren Harzgehalt haben, ist es notwendig geworden,

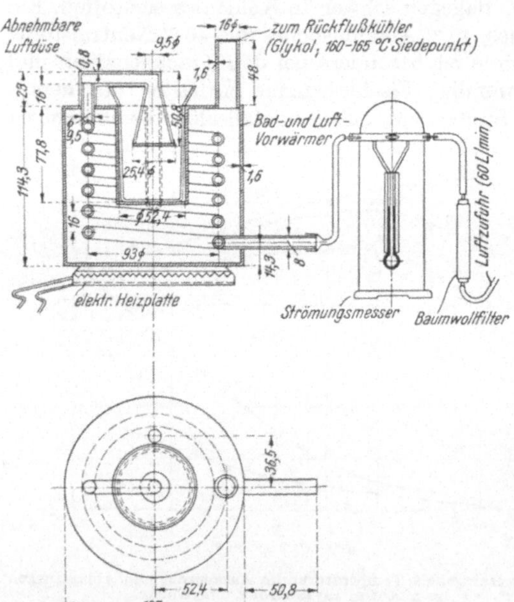

Abb. 48. ASTM-Temperatur zur Bestimmung des Harzgehaltes von Kraftstoffen.

die Prüfung nicht überscharf zu gestalten. Man verwendet daher jetzt Glasschalen zur Harzbestimmung. Eine gemessene Menge Kraftstoff von einer eben übermittelten Sendung wird in eine saubere, halbrunde Glasschale von bestimmten

Abmessungen gegeben und bei 110° C so verdampft, daß entweder Luft keinen Zutritt dazu hat (indem man eine Dampfatmosphäre verwendet) oder bei Überleiten von Luft die Verdampfung innerhalb einer bestimmten Zeit ($\frac{1}{2}$ Stunde) erfolgt. Darnach wird der Rückstand in einem Trockenschrank bei 150° C eine Stunde lang erhitzt und nach 20 Minuten Abkühlen gewogen.

Um noch genauere Werte des vorhandenen Harzes zu erhalten, geht man in USA dazu über, die Verdampfung durch Einbringen von 50 cm³ des Kraftstoffes in ein auf 160 bis 166° C erhitztes Bad zu beschleunigen. Dabei werden 60 l Luft/Minute übergeleitet. Die erhaltenen Werte liegen noch niederer als die mit der einfachen Schalenmethode erhaltenen. Den Apparat zeigt Abb. 48.

Zur Beschleunigung der Harzbildung beim Laboratoriumsversuch, der die *Lagerbeständigkeit* erfassen soll, kann man Katalysatoren, höheren Druck und höhere Temperatur verwenden. Bisher werden nur die beiden letzteren benutzt. Da die Oxydation der Kohlenwasserstoffe zu Harzen, die vor allem bei ungesättigten, insbesondere diolefinischen Verbindungen einsetzt, erst nach längerer Zeit lebhafter wird, unterscheidet man eine Einleitungszeit (Induktionsperiode) vor der eigentlichen Reaktionszeit. Man kann nun entweder die Zeit messen, innerhalb welcher ein Kraftstoff beginnt, Sauerstoff aufzunehmen, oder die Menge Harz, die sich innerhalb einer bestimmten, praktisch als Sicherheitsgrenze bekannten Zeit neu bildet. Die derzeit meistverbreitete Methode ist die Bombenmethode, bei der 200 cm³ Kraftstoff in Glasgefäßen in einer Druckbombe vier Stunden lang mit 7 at O_2 auf 100° erhitzt werden, wonach man in der vorgeschriebenen Weise auf neugebildetes Harz prüft. Einzelheiten der Versuchsdurchführung sind von C. Conrad [123] angegeben.

Es muß darauf hingewiesen werden, daß die Ergebnisse dieses Verfahrens mit der Praxis nicht sehr gut übereinstimmen. Das liegt zum Teil daran, daß schon die Wiederholung eines Laboratoriumsversuches Unstimmigkeiten ergibt, wie sich bei den sehr sorgfältig durchgeführten Versuchen von Conrad zeigte. So hatten vier Kraftstoffe bei Wiederholung eines Lagerversuches in zwei Fässern (Versuche parallel durchgeführt) nach 26 Monaten Harzmengen nach Zahlentafel 38.

Zahlentafel 38. Schlechte Reproduzierbarkeit von
Lagerungsversuchen.

	Versuch 1	Versuch 2
Reines Benzin.....................	4,1 mg	142,0 mg
80% Benzin, 20% Alkohol	7,5 „	50,2 „
45% Benzin, 40% Benzol, 25% Alkohol..	3,5 „	110,0 „
60% Benzin, 40% Benzol.............	4,5 „	53,0 „

Der Vergleich zwischen Lagerungsversuch und praktischem Lagerverhalten war nach Conrad ebenfalls nicht vollkommen befriedigend, wie die Gegenüberstellung in Zahlentafel 39 beweist.

Zahlentafel 39. Harzneubildung in der Bombe und bei
Lagerung.

Kraftstoff	Harz in der Bombe mg/100 cm³	Harz bei Lagerung mg/100 cm³
Reines Benzin a	2,0	3,8
Reines Benzin b	25,0	5,0
80% Benzin c, 20% Äthanol reinst.......	650,0	7,5
80% Benzin c, 20% Äthanol und Beschleuniger......................	950,0	343,0
Motorenalkohol......................	2,0	3,2
Motorenbenzol......................	4,0	5,6

Immerhin ist bei den Versuchen das Ergebnis, in der Richtung beweiskräftig, daß fast nie ein Kraftstoff in der Bombe zu gut beurteilt wurde; entspricht er also im Bombenversuch, so ist mit großer Wahrscheinlichkeit auch in der Praxis einwandfreies Verhalten vorauszusagen. Wegen der zu scharfen Beurteilung der Kraftstoffe in dem Bombenversuch hat R. WELLER [124] vorgeschlagen, die Versuchstemperatur auf 70°C zu verringern. Eine einfachere Apparatur haben R. HEINZE und M. MARDER [125] ausgearbeitet, bei der allerdings die Messung des Druckabfalles nicht möglich ist, die ein wesentliches Merkmal darstellt. Der Bombentest wird auch in USA. und in England immer weiter entwickelt, ein Zeichen, daß er noch nicht abgeschlossen ist. Die Lage ist der auf dem Klopfgebiet ähnlich; auch für die Alterung und Harzbildung des Benzins wird eine einzige Prüfmethode auf die Dauer wohl nicht ausreichen.

Auch der Vorschlag, einheitlich Zyklohexen als Bezugskraftstoff zu verwenden, indem man Gemische aus Krackbenzin und Destillatbenzin so einstellt, daß 0,002% α-Naphthol die gleiche oder eine ganzzahlige vielfache Wirkung darauf haben, wie auf Zyklohexen, stellt keine ideale Lösung dar [126]. Die Wirkung der Inhibitoren muß nämlich bei den verschiedenen Kraftstoffen nicht unbedingt die gleiche sein.

Da die Neigung zur Harzbildung eine Funktion des Gehaltes an Olefinen ist, wird zu ihrer Erfassung vielfach die Eigenschaft der Olefine benützt, Brom oder Jod zu addieren. Die deutschen Flugkraftstoffe sollten so unter 3 Jodzahl nach HANUS aufweisen; in anderen Ländern sind ähnliche Grenzwerte aber unter Anwendung anderer Bestimmungsverfahren üblich.

Die Tatsache, daß Olefine mit konzentrierter Schwefelsäure unter Erwärmung reagieren, wird in den USA. einer Prüfvorschrift zugrunde gelegt, bei der 30 cm³ Säure mit 150 cm³ Kraftstoff geschüttelt nicht mehr als 11° Temperatursteigerung geben dürfen. Aromaten und Alkohole, reagieren aber auch mit Säure, so daß die Bestimmung wenig eindeutig ist.

η) Kältebeständigkeit.

Die Kältebeständigkeit der Benzine ist sehr hoch; erst unter —100° C tritt langsam Dickwerden und Verfestigung ein. (Der sehr hohe Schmelzpunkt von +101° C des 2,2,3,3-Tetramethylbutans stellt einen Sonderfall dar, der praktisch kaum Störungen verursachen kann.) Aromaten, wie Motorenbenzol, weisen demgegenüber höhere Gefrierpunkte auf, die etwa mit dem Gehalt an Reinbenzol ansteigen. Eine hie und da vorkommende Störung ist durch das Ausfrieren von im Kraftstoff gelösten Wasser verursacht, zu deren Abhilfe der Kraftstoff entweder vor dem Tanken getrocknet oder mit Alkoholzusatz verwendet werden muß. Zusatz von Alkohol oder ähnlichen wasserlöslichen Stoffen kann allerdings die Gefahr der *Entmischung* vergrößern. Sie nimmt zu mit der Menge nichtalkoholischer (oder nichtwasserlöslicher) Anteile, mit der Höhe der Siedekurve der Kohlenwasserstoffe, in bezug auf die chemische Zusammensetzung in der Reihenfolge: Aromaten, Naphthene und Olefine, Paraffine, endlich mit dem Wassergehalt des verwendeten Alkohols (oder wasserlöslichen Bestandteiles). Eine Trennung leichter und schwerer Kohlenwasserstoffe infolge ihres spezifischen Gewichtes tritt nach vollkommener Mischung nur dann ein, wenn ein Ausfrieren (Benzol, Paraffin) erfolgt. Entgegenstehende Erscheinungen sind Folge ungenügender Mischung.

ϑ) Korrosion.

Die Korrosion durch Kraftstoffe muß unterteilt werden in die durch die unverbrannten Kraftstoffe und die durch die Verbrennungsprodukte verursachte. Korrosion durch unverbrannte Kraftstoffe wird meistens überdeckt durch einfache Wasserkorrosion. Besonders Leichtmetalle werden durch Wasser viel stärker angegriffen als durch Kohlenwasserstoffe, so daß einfache Trocknung oder Schutz gegen Wasseraufnahme die Korrosion verhindert. Die Verwendung von Alkoholgemisch verursacht anfänglich Lösung von Harzen, die bei Benzinbetrieb nicht löslich waren, und täuscht eine vermehrte Korrosion vor; es ist deshalb beim ersten Betrieb mit solchen Kraftstoffen notwendig, die Leitungen gut durchzuspülen. Alkoholgemische, insbesondere solche mit Methanol, neigen allerdings fraglos stärker zur Korrosion als Benzin oder Benzol. Vor allem bei längerem Stehenlassen von Leichtmetallvergasern mit solchen Gemischen können Störungen eintreten. Die Baustoffe müssen deshalb vor ausgedehnter Anwendung auf ihre Korrosionsneigung und gegebenenfalls auf die Möglichkeit ihres Schutzes hin geprüft werden. Gute Entwässerung des Alkohols, die vor allem durch azeotropische Destillation oder auch durch Destillation über gebrannten Kalk erreicht wird, verringert den Korrosionsangriff sehr. Allerdings gibt es auch Fälle, in denen gerade durch Entwässerung verstärkter Angriff eintritt; so greift Methanol und — in geringerem Ausmaße — Äthanol wasserfrei Magnesium, Zink und Blei stärker an, als in Mischung mit Wasser, weil sich die entsprechenden Alkoholate bilden können. Säureangriff durch Kraftstoffe ist selten und kommt nur vor, wenn z. B. in Dieselkraftstoffen Naphthensäuren enthalten sind. Zink, Kupfer und Messing sind dabei besonders gefährdet. Zink wird auch durch die Halogenverbindungen des Bleitetraäthylgemisches leicht angegriffen und kann dann Filterverstopfungen verursachen (Verzinkte Fässer oder Behälter, auch Filtersiebe!). — Schwefelverbindungen sind nur dann korrosiv, wenn sie aktiven Schwefel enthalten, wie freier Schwefel selbst, Schwefelwasserstoff und Mercaptane.

Korrosion im Kurbelgehäuse durch die Verbrennungsprodukte ist eine Funktion verschiedener Bedingungen. In Frage kommt vor allem Gehalt des Brennstoffes an Schwefel, dessen Bedeutung in dieser Hinsicht vielfach überschätzt wurde, wie insbesondere G. H. EGLOFF betonte. Nur bei sehr kalter Witterung ist ein Gehalt über 0,1 % schädlich und auch da nur bei oft unterbrochenem Betrieb oder wenn die Betriebstemperaturen nieder liegen. EGLOFF hält einen Schwefelgehalt von 0,3 bis 0,4 % für unbedenklich, wenn keine besonders ungünstigen Verhältnisse vorliegen. Neuere Versuche sprechen allerdings dafür, daß tatsächlich eine Erhöhung des Schwefelgehaltes im Brennstoff über 0,1 % zu stark vermehrtem Angriff führen kann. Da die Korrosion durch die im Verbrennungswasser gelöste schwefelige Säure, bzw. durch daraus entstehende Schwefelsäure verursacht wird, handelt es sich darum, diese Lösung zu verhindern, indem man die Temperatur des Kurbelgehäuses über dem Taupunkt der Verbrennungsgase hält. Das gleiche gilt für die Verbrennungsprodukte des Alkohols, die oft wegen ihres Gehaltes an Essigsäure Korrosionen bewirken, die zu Anfressungen in den Auspuffleitungen führen. Anders ist es bei der Korrosion durch Bleibenzin („ethylisiertes" Benzin). Die Verbrennung ergibt hier Bleioxydbromid, das hauptsächlich im Verbrennungsraum und auf den Kolben abgelagert wird und verschieden rasch — je nach den konstruktiven Verhältnissen und den klimatischen Bedingungen — dank seiner Hygroskopizität Wasser anzieht.

Die entstehende, vor allem bei Stillsetzung von Motoren beobachtete konzentrierte wässerige Lösung von Bleibromid greift Metall stark an. Schutz gibt außer kurzzeitigem Betrieb mit bleifreien Kraftstoffen vor dem Abstellen die rechtzeitige Verhinderung der Wasseraufnahme durch Einsprühen von luftabschließenden und neutralisierenden Lösungen, wie das F. G. 174 der Ethyl Co., das aus einer Lösung von 10 % Aluminiumstearat, 5 bis 6 % Triäthanolamin, 10 bis 12 % n-Butanol und 73 % Specköl besteht. An Stelle dieses Gemisches hat sich ein Korrosionsschutzöl gut bewährt, das Naphthenseifen enthielt und in den auf Lager kommenden Motoren zu Ende des Betriebes als Schmieröl verwendet wurde. Bei seiner Verwendung mußte beachtet werden, daß die Naphthenseifen im Schmierölrest (bis zu 4 Liter!), mit dem der Motor auf Lager gelegt wurde, ihre Löslichkeit behielten. Abnützung der Zylinder wird nicht nur durch Verschleiß, sondern auch durch Korrosion kondensierten Kraftstoffes — vor allem beim Anlassen, aber auch bei längerem Betrieb unterhalb der normalen Betriebstemperatur — verursacht, wie viele Versuche, vor allem von C. G. WILLIAMS, gezeigt haben.

Die Prüfung auf Korrosion geschieht meistens durch (z. B. fünfstündiges) Erhitzen von Cu- und Aluminiumblechen in dem Kraftstoff und Berücksichtigung der erfolgten Oberflächenveränderung. Bei längeren Versuchen kann man unter Umständen Gewichtsveränderungen messen.

ι) Grenzwerte der Anforderungen an Benzine.

Die Lieferbedingungen staatlicher Stellen sind im allgemeinen auch für sehr viele Privatverbraucher maßgebend. Sie kennzeichnen die Anforderungen, die heute an Kraftstoffe gestellt werden müssen.

Kraftwagenbenzine.

Frühere deutsche Vorschriften (Sommer 1943).

a) Vergaserkraftstoffe.

Art	Fahrbenzin Tel	Gemisch-Benzol Tel mind. 20 Gew.-% Bo	Gemisch-Benzol mind. 35 Gew.-% Bo
Farbe	rot	rot	rot
Allgemein	die Kraftstoffe müssen klar, frei von ungelöstem Wasser und festen Fremdstoffen sein und dürfen Kupfer nicht angreifen		
D_{15}	0,720—0,780	0,740—0,780	0,753—0,780
O. Z.	72	72	72
Destillat bis 75° C	n. über 25 Vol.-%	n. über 25 Vol.-%	n. über 25 Vol.-%
„ „ 100° „	„ „ 30 „	„ „ 38 „	„ „ 45 „
„ „ 200° „	„ unter 95 „	„ unter 95 „	„ unter 95 „
Dampfdruck n. Reid		0,20—0,60 kg/cm²	
Abdampfrückstand		n. über 10 mg/100 cm³ (220°C)	
Kältebeständigkeit		bis — 20° C frei von Kristallen	
Heizwert	7500 WE/1	7650 WE/1	7700 WE/1
Schwefelgehalt		nicht über 0,2 Gew.-%	
Bleigehalt[1]	unter 0,04 Vol.-%	unter 0,04 Vol.-%	—

[1] Vorübergehende Ausnahme: nicht über 0,06 Vol.-%.

b) USA-, UdSSR- und italienische Lieferbedingungen für Autokraftstoffe.

c) Fliegerbenzine der englischen Luftwaffe.

Lieferbedingung	RDE/F/73	DED. 2474	DED. 2475	DED. 2476
Grad	73	91/98	100/130	115/150
Klopfwert mindestens (F_2)	73	90	99	107[1]
„ „ (F_3)	—	91	100	—
„ „ (F_4):				
Ausgedrückt in S +ccm BTAe/US-Gall		—	S +1,25[2]	S +4,0[2]
Ausgedrückt in ·/. S+1,25 ccm BTAe/US- Gall (0,33 ccm/l)		80 %	100 %	120 %
Bleigehalt max. ccm³ BTAe/Imp. Gall	0	4,8	4,8	5,5
Bleigehalt in cm³/Liter	0	1,05	1,05	1,21
Farbe	farblos	blau	grün	braun

[1] Bestimmt mit 25° Vorzündung.

[2] S ist ein Bezugskraftstoff hoher Klopffestigkeit (Isooktan technisch).

Lieferbedingungen für Autokraftstoffe.

Art des Kraftstoffes	Nr. der Lieferbedingung	Datum	Klopfprüfung M.O.Z.	% TEL max.	cc/gall	Reid Dampfdruck atm	Klasse¹	Dest. 10%	Dest. 50%	Dest. 90%	Dest. 96%	Dest. E.P.	Verl. max.	% Rückst. max.	Vorgebild. Harz mg/100° C bei Herst.	bei Verbr.	Korrosion	S.W.	H.W.	S. %	Bemerkung
U. S. Regierungsbenzin	VVg 101 a	11. 2. 44				0.84		mindestens	bis	°C			2				0			0.10	2
								75	140	200											
2 *U. S. Regierungsbedg.* Kraftstoff M	VV-M 561	14. 3. 46	M 72	0.079	3	0.63	(A)	70	129	184				2	4		0			0.25	3
				0.079	3	0.77	(B)	60	125	184				2	4		0				3
				0.079	3	0.91	(C)	55	120	180				2	4		0				3
8 *U. S. Regierungsbedg.* Kraftstoff M	VV-M 561	14. 3. 46	M 80	0.079	3	0.63	(A)	70	125	180				2	4		0				3
				0.079	3	0.77	(B)	60	115	180				2	4		0				3
				0.079	3	0.91	(C)	55	110	170				2	4		0				3
8 *U. S. Regierungsbedg.* Kraftstoff V	WM 571 b	26. 9. 41	M 80			0.56	B 70	70	125	180				2		7	0			0.1	
						0.70	B 60	60	125	180				2		7	0			0.1	
						0.84	B 50	50	125	180				2		7	0			0.1	
7 *U. S. Regierungsbedg.* Kraftstoff R	VVM 564	30. 1. 43	M 70			0.42	A 80	80	140	200				2		7	0			0.1	
						0.56	A 70	70	140	200				2		7	0			0.1	
						0.70	A 60	60	140	200				2		7	0			0.1	
						0.84	A 50	50	127	180				2		7	0			0.1	
5 f. ortsfeste Motoren Kraftstoff S	VVM 567	17. 11. 43	M 50			0.56	A 70	70	140	200				2		6	0			0.1	
						0.70	A 60	60	140	200				2		6	0			0.1	
						0.84	A 50	50	127	180				2		6	0			0.1	
UdSSR Destillatbl. / Krackbl. (Spaltenköpfe)	O.S.T.					D 20/4	Siede-beginn Reg. (50°C)	100°C (40%)	160°C (90%)	175°C (96%)	180°C	200°C			Harz mg/1000 g	S.Z.	Doktor Test	Saybolt	Stammer		Farbe
UdSSR Destillatbl. Grosny A leicht	8839	1940				0.725	50°C	40%	90%	96%				1.5							
Grosny B leicht	8839	1940				0.725	50	35	90	96				1.5							
Baku B 25%	8839	1940				0.750	80	25		95-170				1.5							
Baku W 20%	8839	1940				0.755	80	20	80		97-190			1.5							
Grosny schwer	8839	1940				0.745	55	20	75			96		1.5							
Grosny Bi leicht, 1. Sorte	413	1940				0.725	52	40	93	Endp.		4.0		1.5							
Grosny Bi schwer, 2. Sorte	413					0.745	60	20	80	195	Endp.	4.0		1.5							
Krackbl. Ausfuhr Baku	8840	1940				0.745	45	25	72	93			5.5	1.5	5	2.0	neg.	21	1.9	0.1	
Ausfuhr Grosny	8840	1940				0.745	45	25	72	95			3.5	1.5	5	2.0	neg.	21	1.9	0.1	
Inland	5260					0.755	50	20	60	Endp.	225		5.5	1.5	5	—	—	—	—		
Inhibitor-Krackbenzin	St. Gl. 2 4869-30					0.760 0.710—	50 70	20% 100	150°C 50% 150	225°C 93% 205			5.5	1.5	6		Einl. Zeit > 240° b. Hersteller				
Italien	CM 02	Okt. 1940	≧ 60			0.755	10	30	65	E. P.			4		15		Brom Z 4			0.15	

¹ Die Klasse richtet sich nach Jahreszeit und Klima.
² Normaler Schwefelwert wurde für die Kriegszeit auf 25% erhöht. Siedeverlauf nur in einer Qualität.
³ Oxydationsbeständigkeit b. Hersteller über 240 min. Einleitungszeit.

Vorschriften der früheren deutschen Luftfahrt (Sommer 1944).

	A_3	B_4	C_3
Art			
Lieferbedingung	TL $\frac{147—257}{3}$	TL $\frac{147—304}{3}$	TL $\frac{147—330}{3}$
Aussehen	klar, frei von ungelöstem Wasser, Säure und Fremdstoff		
Farbe	blau	blau	grün
Oktanzahl mind.	80 (0,045% BTAe)	89 (0,115% BTAe)	etwa 95 (0,115 % BTAe)
Überladeverhalten[1]	—	Eich B_4 gleichwertig	Eich C_3 gleichwertig
D_{15}	0,710/60	0,710/60	0,760/95
Siedeverhalten:			
Beginn	nicht unter 40° C		
mindestens 10 Vol.-% bis		75° ,,	80° C
,, 50 ,, ,,		105° ,,	110° ,,
,, 90 ,, ,,		160° ,,	165° ,,
Siedeende		unter 170° ,,	180° ,,
Destillatverluste	höchstens 2 Vol.-%		
Reaktion des Rückstandes .	der bei der Destillation hinterbleibende Rückstand soll neutral sein		
Dampfdruck nach REID ...	kg/cm² max. 0,5	max. 0,5	max. 0,45
Schmelzpunkt	der Schmelzpunkt des bis zur Kristallisation abgekühlten Kraftstoffes darf nicht über —60° C liegen		
Verdampfungsrückstand....	höchstens 10 mg		
Korrosion	keine grauen oder schwarzen Flecke oder Anfressungen beim Cu-Blechverfahren		
Aromatengehalt	höchst. 25 Vol.-%		höchst. 45 Vol.-%
BTAe-Gehalt	0,045/50 Vol.-%	0,115—0,120 Vol.-%	
Äthylendibromidgehalt	0,019/22 Vol.-%	0,050/53 Vol.-%	
Inhibitorgehalt	—	—	0,01 Gew.-%
Lagerbeständigkeit	nach Lagerzeit von ½ Jahr alle 3 Monate Zwischenuntersuchung notwendig		nach Lagerzeit von 3 Monaten Zwischenuntersuchung alle 3 Monate notwendig

Anlaßkraftstoffe.

Vorschriften der englischen Luftwaffe.

Spezifisches Gewicht 0,661
Destillation: Beginn .... 35° C
        10 % bis .... 40° ,,
        50 ,, ,, ... 50° ,,
Endpunkt .... 75° ,,

ϰ) Sonderkraftstoffe.

Rennkraftstoffe: Bei Rennkraftstoffen wird höchste Leistung erstrebt, wobei gesteigerter Verbrauch hingenommen wird, übermäßiger Verbrauch jedoch vermieden werden soll. Gutes Startvermögen und — je nach den Rennbedingungen — gute Kältebeständigkeit sind weitere Forderungen, denen gegenüber Preis, Korrosion, allgemeine Liefermöglichkeit und zu einem gewissen Grade auch die Rückstandsbildung zurückgestellt werden. Bisher bestanden die Rennkraftstoffe meist aus Alkohol-Benzol-Gemischen, aber nach Zahlentafel 40 auch schon aus reinen Kohlenwasserstoffen unter Zusatz von Bleitetraäthyl.

---

[1] Nach der DVL-Überlademethode.

Zahlentafel 40. Zusammensetzung und Eigenschaften von Rennkraftstoffen. (Nach F. R. BANKS und CANESTRINI.)

Kraftstoff Nr.		1	2	3	4	5	6	7	8	9
Fliegerbenzin O.Z. 74 ASTM.....		—	—	—	55	—	—	—	—	—
Leichtbenzin 25—65° C (Petroläther)		—	—	—	—	20	20	—	—	5
Benzol (Motoren)		78	70	30	22	60	60	70	—	22
Methanol		—	10	60	—	20	20	10	34,5	60
Äthanol		—	—	—	23	—	—	—	49,5	10
Reinaceton		—	—	10	—	—	—	—	—	—
Leichtbenzin (0,680)		22	20	—	—	—	—	20	—	—
Zusätze (Toluol, Rizinus, Nitrobenzol)		—	—	—	—	—	—	—	1,2—1,5	3
Wasser		—	—	—	—	—	—	—	0,5—3	—
Denaturierung		—	—	—	—	—	—	—	0,5	—
Kubikzentimeter Bleitetraäthyl im Liter		0,88	0,88	1,10	1,54	2,20	0,88	1,54	—	—
Spezifisches Gewicht 15,5° C		0,8330	0,8285	0,8245	0,7705	0,8135	0,8135	0,8285	—	—
Wassertoleranz		0	0,5	14,3	1,7	1,1	1,1	0,5	—	—
Oktanzahl (ASTM).............		96	95	92	90,5	96	95	96	—	—
Oktanzahl (ungebleit)		91,5	92,5	92	88	93	93	92,5	—	—
Heizwert (oberer)	kcal/Lit.	8573	8145	5804	7758	7610	7610	8145	—	—
	kcal/kg	10305	9838	7047	10077	9366	9366	9838	—	—
Verdampfungswärme ...	kcal/Lit.	76,4	89,6	160,2	84,5	93,1	93,1	89,6	—	—
	kcal/kg	92,2	108,3	194,3	110,0	114,4	114,4	108,3	—	—

Der Rennkraftstoff 1 war 1929 von englischen Flugzeugen beim Schneidercup verwendet worden und diente auch noch 1931 als Bezugskraftstoff. Daraus entstanden der Kraftstoff 2, den CAMPBELL und EYSTON für ihre Rekorde zu Wasser und zu Land gebrauchten sowie der Kraftstoff 3, zur Erzielung noch höherer Leistungen. BANKS gibt an, daß damit bei gegebener Motorkonstruktion die zur Erreichung des Weltrekords erforderliche Leistung erzielt werden konnte, daß aber sehr starke Kondensation infolge schlechter Gemischbildung eintrat. Kraftstoff 4 ist zur Überbietung dieses Rekords durch die Italiener (Fiat 2800 PS!) verwendet worden. 5, 6 und 7 werden neuerdings in sehr hochbeanspruchten flüssigkeitsgekühlten Motoren verwendet. Kraftstoff 8 ist von Alfa-Romeo und Maserati bei Autorennen gebraucht worden, Kraftstoff 9 für den gleichen Zweck von Daimler-Benz und von der Auto-Union. Eine etwas andere Zusammensetzung des Kraftstoffes 9 hat der Rennkraftstoff „Faust" dieser beiden Firmen; er enthält Methanol 30 %, Äthanol 30 %, Benzin 20 %, Äthyläther 10 %, Leichtbenzin 8 % neben etwas Azeton, Nitrobenzol und Petroleum [130].

Die Zugabe von Äther und Leichtbenzin dient dem besseren Anlassen der Motoren. Wichtigste Eigenschaft ist die hohe Verdampfungswärme der Alkoholgemische, die infolge des hohen Füllungsgrades die Leistungssteigerung ermöglicht, aber auch übermäßigen Temperaturanstieg verhindert. Den gleichen Erfolg hat die Einspritzung von Wasser-Alkohol oder Alkohol (Methanol) allein in benzinbetriebenen Motoren. So wurden die Flugweltrekorde von 1937 in der Schweiz mit BMW-Motoren erzielt, bei denen Methanol-Wasser-Gemisch zusätzlich eingespritzt wurde. Man kann erwarten, daß künftig Rennkraftstoffe im bisherigen Sinn durch diese Entwicklung überholt werden [129].

Anlaßkraftstoffe: Zum Anlassen verwendet man meist leichtflüchtige Stoffe, wie Äther, Leichtbenzin, unter Umständen auch Azetylen; alle diese Stoffe werden aber nur in willkürlicher Menge in die Ansaugleitung gebracht. In der Luftfahrt, wo direkte Einspritzmöglichkeit in den Zylinder bestand, wurde in Deutschland ein Gemisch aus einem leichten Benzin (95 bis 96 Vol.- %) und 4 bis 5 Vol.-% Flugöl verwendet, wobei das spezifische Gewicht des Benzins 0,640, 675 bei 15⁰ C, seine Oktanzahl 70 betrug und bei einem unter 30⁰ C liegenden Siedebeginn bis 35⁰ C mindestens 10 %, bis 100⁰ C mindestens 85 % überdestilliert sein mußten.

Sicherheitskraftstoffe werden vor allem für die Luftfahrt vorgeschlagen, wobei der Begriff der Sicherheit etwas verschwommen ist. Brennstoffe müssen ja brennbar sein. Diese Brennbarkeit ist aber vom Verteilungsgrad und von der Flammenausbreitungsgeschwindigkeit abhängig. Je leichter ein Stoff verteilt werden kann, um so leichter bildet sich brennbares Gemisch. So bilden auch feste Stoffe, wie Kohle, Zucker, Mehl in Staubform, hochexplosive Gemische, können also nicht als unbedingt sicher bezeichnet werden. Bei flüssigen Kraftstoffen wird die Zerteilung mit steigender Zähigkeit, d. h. auch zunehmendem Siedepunkt, immer schwieriger, weil die Zerteilungsarbeit größer wird. Schmierölartige Stoffe sind nach der Zerteilbarkeit schon als sicher zu bezeichnen. Die Erhöhung der Zähigkeit von Benzin durch feste Zusätze, wie Seifen und ähnliche Stoffe, wurde vielfach versucht, ist aber einerseits nur scheinbar, weil die „Festbenzine" das Benzin in einem lockeren Skelett schwammartig festhalten, so daß es leicht herausgedrückt werden kann, anderseits verursachen die Zusätze Störungen bei der Gemischaufbereitung und Verbrennung. Neben der Brennbarkeit der zerstäubten Kraftstoffe ist die Brennbarkeit des Kraftstoffes im unzerteilten Zustand für die Sicherheit maßgebend, die durch die Verdampfbarkeit (Siedeverhalten), die Zündgrenzen und die Selbstzündungstemperatur erfaßt werden kann. Dazu kommt noch die Ausbreitungsgeschwindigkeit der Flamme auf der Oberfläche der Flüssigkeit, die durch Dampfdruck und Verdampfungswärme bestimmt wird. Gegenüber dem Siedeverhalten treten die anderen Einflüsse aber sehr zurück, so daß die praktisch interessanten Sicherheitskraftstoffe vor allem höhersiedend als die üblichen Otto-Kraftstoffe sind. Weil aber die in modernen Motoren unerläßliche Klopffestigkeit bei Verwendung hochsiedender gewöhnlicher Benzine nicht erreicht würde, hat man als Kraftstoff schon seit längerer Zeit Isododekan (mit Blei-

tetraäthylzusatz) vorgeschlagen. Auch ein hydrierter Edeleanuextrakt aus der Petroleum-
und Gasölfraktion mit den Siedegrenzen 154 bis 211° C und einer Oktanzahl von 93 (noch
im s-30-Motor bei 150° Kühltemperatur bestimmt) wurde vorgeschlagen; beide Stoffe
hatten solange keine Bedeutung, als die Flugmotoren mit Vergasern betrieben wurden.
Mit der Einführung der Einspritzung können sie verwendet werden und jetzt wird erneut
Isododekan in USA. als Sicherheitskraftstoff erwogen; mit den dortigen großen Herstel-
lungskapazitäten erscheint eine künftige Verwendung größeren Ausmaßes nicht unmöglich.

Weil aber selbst das hochsiedende Isododekan bei Aufschlag oder bei Beschuß brennen
kann, ist die I. G. einen Schritt weitergegangen und hat ein Isobutylengemisch von
Schmierölkonsistenz als Kraftstoff vorgeschlagen (P. PENZIG), das bei 100° C 3 bis 5°
ENGLER aufwies. Motorversuche zeigten die Betriebsmöglichkeit damit bei starker
Vorwärmung des Zuleitungsrohres zur Düse, die Zündung machte aber Schwierigkeiten,
die von PENZIG dadurch umgangen wurden, daß er das R-Verfahren einführte, bei dem
mit Zufuhr eines Zündöles (Divinyläther, Cetanzahl 160) an Stelle der elektrischen Zündung
gearbeitet wurde [1a]. Wenn die Versuche auch nicht zur praktischen Einführungsreife
führten, erscheint eine derartige Lösung trotz dem zum Warmfahren notwendigen Verwenden von Leichtkraftstoffen ausbaufähig. Damit wäre die denkbar größte Brandsicher-
heit im Flugbetrieb erreichbar.

d) Flüssige Kraftstoffe für Diesel-Motoren.

α) Herstellung.

Während der Zeit seit dem Erscheinen der ersten Auflage hat sich an der Herstellung
der Diesel-Öle grundsätzlich nichts geändert. Es sind zwar in Deutschland synthetische
Anlagen in großem Ausmaß in Betrieb genommen worden, davon erzeugte aber nur ein
relativ kleiner Teil Diesel-Kraftstoffe, so daß während des Krieges sogar Benzin dem
Diesel-Kraftstoff beigemischt wurde. Die Kohleextraktion nach POTT-BROCHE mit Phenolen
und Tetralin ergibt einen Extrakt mit 5 bis 6 % Wasserstoff, der nach Auflösung in Stein-
kohlenteerölen im Diesel-Motor verwendet werden kann; meist wurde er aber zur Hydrierung
benützt, da das daraus erhaltene Benzin hohe Klopffestigkeit besitzt. In dem von UHDE
ausgearbeiteten Verfahren zur Kohlebehandlung wird getrocknete, feingepulverte Kohle
in einem Lösungsmittel bei 400 at Druck und 390 bis 410° C durch ein wasserstoffhaltiges
Gas hydriert. Das entstehende Gemisch wird von Gas, Wasser und Leichtöl befreit,
der Rest gefiltert oder zentrifugiert. Dabei hinterbleibt Asche und nicht umgesetzte
Kohle, während das Filtrat in Lösungsmittel (zur Weiterverarbeitung neuer Kohle)
und das sogenannte Primärbitumen zerlegt wird. Sein Wasserstoffgehalt ist höher als
der des POTT-BROCHE-Extraktes, sein Erweichungspunkt liegt niederer: auch hat es
bessere Zündeigenschaften. Es kann für sich oder gemischt mit Lösungsmitteln in Diesel-
Motoren verwendet werden. Die Ausbeute beträgt 70 bis 75 % bei Braunkohle, 80 bis
85 % bei Steinkohle.

FISCHER-Anlagen zur Gewinnung flüssiger Kohlenwasserstoffe aus Kohle, bzw. CO
und H werden nunmehr in der ganzen Welt errichtet, selbst in den USA., wobei einerseits
die Versorgung mit Benzin und Gasöl, anderseits die Synthese chemischer Rohstoffe
beabsichtigt ist. Die Erzeugung von synthetischem Diesel-Treibstoff wird also wohl zunehmen und damit eine geringe Erleichterung in der ungünstigen Versorgungslage auf
diesem Gebiet eintreten. Die Erfahrung hat gelehrt, daß der Diesel-Motor nicht der Allesfresser ist, für den man ihn ursprünglich hielt. Selbst für langsam laufende Diesel-Motoren
mit großer Leistung kann unverarbeitetes Rohöl nur mit bestimmten Vorsichtsmaß-
nahmen verwendet werden. Rasch laufende Fahrzeugmotoren für Kraftwagen, Motor-
boote und Flugzeuge brauchen aber einen sorgfältig gereinigten Kraftstoff. Die Reinigung
gelingt schon durch einfache Destillation weitgehend; man bekommt dadurch das Gasöl,
das an vielen Tankstellen in guter Qualität erhältlich ist. Mit der Steigerung der Dreh-

zahlen der Motoren erhöhen sich die Ansprüche an die Zündwilligkeit der Diesel-Öle, weil die im Stadtverkehr sehr wesentliche Belästigung durch den Geruch unverbrannten Gasöls mit zunehmender Zündwilligkeit verringert wird, aber auch wegen der Leichtigkeit des Startens und des geringeren Verbrauchs usw.

Zur Gewinnung von Gasöl zieht man besonders jene Rohöle heran, die nach der Zündwilligkeit dazu geeignet sind, d. h. die persischen, Iraker und pennsylvanischen, auch die russischen Erdöle von Grosny. Neuerdings werden aber auch Lösungsverfahren angewendet die eine Trennung zwischen den im Diesel-Motor gut brauchbaren Paraffinen und den Aromaten und Naphthenen bewirken. Die Trennung der zündwilligen Anteile von den schlecht zündenden durch Extraktion mit Lösungsmitteln würde bei den Erdölen einen wesentlich größeren Ertrag liefern als bei den Braunkohlenteeren, bei denen sie angewendet wurde. Das Erdöl wird jedoch in zunehmenden Maße gekrackt und in Benzin verwandelt. Dabei wird zum Teil nur Benzin und Gas erzeugt, zum Teil bleibt ein schweres Heizöl zurück, bestenfalls ein Krackgasöl, das wegen seiner geringen Zündwilligkeit (Cetanzahl 30 und weniger) im Motor Schwierigkeiten bereitet. Weitaus das zündwilligste Diesel-Öl wird aber synthetisch nach dem Verfahren von FISCHER-TROPSCH gewonnen. Mengenmäßig spielt dieses Öl bis jetzt zwar nur eine geringfügige Rolle, für die Zukunft ist aber damit der Weg zu einer Versorgung der Welt mit einem idealen Diesel-Treibstoff gewiesen. Allzu hohe Cetanzahlen, d. h. Zündwilligkeiten, sind aber auch nicht am günstigsten, weil die Flammenausbreitung dabei nicht genügend rasch erfolgt, so daß im allgemeinen etwas weniger zündwillige Diesel-Kraftstoffe vorzuziehen sind.

Der Bedarf an Gasölen wird durch die rasch zunehmende Verwendung von Verbrennungsturbinen für ortsfeste Anlagen und Flugtriebwerke wesentlich gesteigert werden. Die Verbräuche sind sehr hoch, der geeignetste Brennstoff dafür ist ein Destillat, das etwa dem Petroleum oder einem leichten Gasöl entspricht.

Die Verwendung des Diesel-Motors verbreitet sich trotz der Verringerung der Steuerspanne zwischen Diesel- und Otto-Kraftstoff (die zum Teil sogar vollkommen verschwand) wegen des niederen Verbrauches. Es ist daher die Frage berechtigt, ob nicht in absehbarer Zeit eine Diesel-Ölknappheit eintreten wird. Die Anpassung des Motors an die Erfordernisse des Betriebes mit Krackgasölen ist daher dringend notwendig.

β) Allgemeine Anforderungen.

Die hauptsächlich von Diesel-Kraftstoffen verlangten Eigenschaften werden durch folgende Betriebsanforderungen bestimmt:

1. Der Kraftstoff muß bei allen Betriebsverhältnissen (z. B. auch bei niederen Temperaturen) zur Pumpe gefördert werden, ohne Tanks und Leitungen zu korrodieren oder die Pumpe zu schädigen.

2. Bei der Einspritzung muß er sich gut zerstäuben lassen. Die Düse darf nicht durch Verkokung verschmutzen.

3. Beim Anlassen muß der Motor gleich anspringen, d. h. die Zündwilligkeit des Kraftstoffes muß genügen. Der Druckanstieg bei der Verbrennung darf nur gering sein, d. h. der Kraftstoff darf keine zu große aber auch keine zu kleine Zündverzögerung aufweisen. Die Verbrennung soll rasch erfolgen. Endlich soll bei der Verbrennung möglichst wenig Rückstand entstehen.

4. Der Heizwert soll möglichst hoch sein.

Zur Kennzeichnung der für Diesel-Treibstoffe wichtigen Eigenschaften eignet sich ein von EVERETT angegebenes Schema (Abb. 49) gut, indem ihre Einflüsse auf die verschiedenen Bauteile dargestellt sind. Danach werden die Eigenschaften eingeteilt in

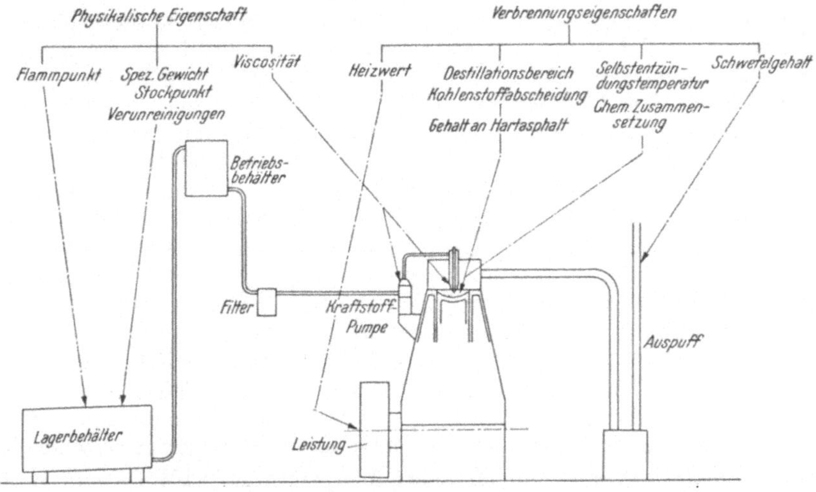

Abb. 49. Schema der für den Diesel-Motor wichtigsten Kraftstoffeigenschaften.

die physikalischen, die bis zum Eintritt in den Zylinder von Bedeutung sind und die chemischen, bzw. Verbrennungseigenschaften, welche die Energieumsetzung beeinflussen.

γ) Physikalische Eigenschaften.

Die *Zähigkeit*, d. h. der innere Widerstand, der auftritt, wenn man parallele Flüssigkeitsschichten gegeneinander verschiebt, ist ein Maß für die Möglichkeit, das Öl der Pumpe zuzuführen und in dem Zylinder zu zerstäuben. Sie wird für Gasöle, die sehr niedere Viskositätsgrade aufweisen, besser in absoluter Zähigkeit (Centipoisen) oder in dynamischer Zähigkeit (Centistokes) als im technischen Maß (z. B. ENGLER, SAYBOLT oder REDWOOD) ausgedrückt, weil dabei Unterschiede zum Ausdruck kommen, die sonst fast verschwinden, wie Zahlentafel 41 zeigt.

Zahlentafel 41. Zähigkeit von Gasölen in Engler-Graden und Centipoisen bei 20° C.

Dieselöl		Engler		Centipoisen
Dieselöl 1	.....	1,16° Engler	1,84	Centipoisen
„ 2	.....	1,18° „	2,18	„
„ 3	.....	1,22° „	2,33	„
„ 4	.....	1,44° „	4,67	„

Der Saugteil der Pumpe soll etwa unter einem Druck von 1 m Kraftstoffsäule stehen und die Leitungen müssen so bemessen sein, daß bei der gegebenen Zähigkeit des Kraftstoffes genügend davon zur Füllung des Pumpenhubraumes nachfließt. Auch wird dadurch vermieden, daß sich gelöste Luft ausscheidet. Wie mit abnehmender Zähigkeit die Leckverluste der Pumpe zunehmen, zeigt Abb. 50 nach EVERETT. Die untere Grenze der Zähigkeit wird durch die Leckverluste, die obere durch die Zerstäubungsmöglichkeit bestimmt. Bei direkter Einspritzung nahm nach EVERETT mit einer Erhöhung der Zähigkeit von 1,45° E (5,65 cst) auf 2,92° E (20,4 cst) der notwendige Pumpendruck von 155 at auf 210 at zu.

Der *Flammpunkt* gibt ein Maß für die Feuergefährlichkeit, indem er an-

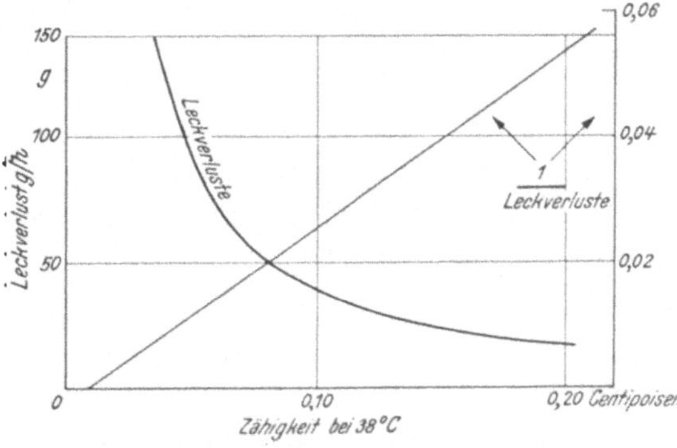

Abb. 50. Leckverluste und Zähigkeit von Diesel-Ölen nach EVERETT.

zeigt, bei welcher Temperatur explosive Gemische gebildet werden können. Er ist gesetzlich in den meisten Ländern festgelegt, in Deutschland für Gefahrenklasse III bei den Lagerungsvorschriften mit 55⁰ C (Flammpunktprüfer ABEL-PENSKY). Sein Wert schwankt je nach dem Meßverfahren, das deshalb mit angegeben werden muß. Neben dem ABEL-PENSKY wird auch der PENSKY-MARTENS-Apparat (geschlossen) und der MARCUSSON-Apparat verwendet, der einen offenen Tiegel besitzt.

Das *spezifische Gewicht* gibt annähernd ein Maß für das Zündverhalten, weil man daraus auf den ungefähren Wasserstoffgehalt schließen kann. Je leichter der Kraftstoff ist, desto zündwilliger ist er im allgemeinen. Spezifisch schwere Kraftstoffe können jedoch bei gleicher Pumpeneinstellung mehr Leistung ergeben als leichte, weil größere Gewichte und infolge des annähernd gleichen Heizwertes je Gewichtseinheit, auch größere Energiemengen den Zylinder zugeführt werden.

Der *Stockpunkt* gibt ein ungefähres Maß für die Kältebeständigkeit der Diesel-Kraftstoffe, soweit es ihren Zufluß vom Tank zur Pumpe, d. h. das Fließen unter ihrem eigenen Gewicht, anbelangt. Die Pumpmöglichkeit beurteilt man besser aus der extrapolierten Viskositätskurve oder der direkt unter dem entsprechenden Druck gemessenen Viskosität.

Die *Filtrierbarkeit*, vor allem bei tiefen Temperaturen, wird vorteilhaft gesondert bestimmt. A. HAGEMANN und F.T.HAMMERICH [131] drücken aus einem 300 cm³ Diesel-Öl enthaltenden Gefäß 200 cm³ mit 0,5 at Luftdruck durch 10 Kupfersiebe mit 0,1 mm Maschenweite mit einer Oberfläche von 6 × 6 mm und schlagen als *Filterindex* den Wert vor:

$$\text{Ausflußzeit mit Filter / Ausflußzeit ohne Filter.}$$

Verunreinigungen spielen sowohl bei kleineren als bei großen Motoren eine sehr große Rolle. Während die feinen Düsenbohrungen der kleinen Motoren gegen Verstopfungen empfindlicher sind als die größeren Motoren hoher Leistung, ist der Verschmutzungsgrad bei dem Gasöl (das für kleine Motoren verwendet wird) viel kleiner als bei dem Diesel-Treiböl der großen Motoren. Die Verunreinigungen bestehen aus Staub, Rost, Sand und Wasser, die während des Transports in das ursprünglich saubere Öl gelangen. Die Art der Verunreinigungen ist fast wichtiger als ihre Menge, Sand ist besonders gefährlich. Es ist dringend notwendig, den Kraftstoff vor seiner Verwendung zu reinigen, wie dies bei größeren Anlagen durch Zentrifugieren oder sonst durch Absitzenlassen, gegebenenfalls unter Erwärmen durchgeführt wird. Paraffin, das den Stockpunkt erhöht und im Filter zu Störungen Anlaß geben kann, hat auf den Grad der Zerstäubung keinen Einfluß, wenn genügend vorgewärmt wird. Bei Mischung von Teerölen mit Erdölen, besonders aber von asphaltischen Erdölen mit rein paraffinischen, synthetischen Ölen, können sehr unangenehme Ausscheidungen eintreten, die, ähnlich wie bei der Asphaltbestimmung mit Normalbenzin in Schmierölen, durch Ausfällung infolge verringerter Löslichkeit zustande kommen. Deshalb sind die Behälter vor Füllung mit andersartigem Diesel-Kraftstoff gut zu reinigen.

δ) Verbrennungseigenschaften.

Der *untere Heizwert* der Diesel-Öle aus Erdöl liegt ziemlich gleichmäßig bei etwa 10 200 bis 10 250 kcal/kg. Heizöle haben etwas geringeren Heizwert, von 10 000 bis 10 200 kcal/kg, während der Heizwert der Steinkohlenteeröle zwischen 9150 und 9250 kcal/kg schwankt. Braunkohlenteeröle haben je nach ihrem Phenolgehalt verschieden hohen Heizwert, er erreicht beim Paraffinöl den Wert 10 400 kcal/kg. Der *obere Heizwert* schwerer Öle hängt nach CRAGOE folgendermaßen mit der Dichte zusammen:

D15·5⁰ C	1.00	0.95	0.90	0.85	0.80	0.75	
o. H	10.300	10.500	10.700	10.880	11.060	11.200	kcal/kg

Die *Flüchtigkeit* ist in ihrem Einfluß nicht ganz geklärt. BOERLAGE gibt an, daß in manchen Motoren die schlechte Verteilung des Brennstoffes in der Luft bei leichtflüchtigen Stoffen zur Ansammlung größerer Mengen zündbaren Gemisches führt, das dann Klopfen verursacht. Allerdings verwendet man in Schnelläufern kleinerer Abmessungen Treibstoffe mit niedrigerer Siedekurve als in großen Langsamläufern, doch erfolgt dies mehr wegen der Viskosität als wegen der Flüchtigkeit.

Während des Krieges wurde in Deutschland aus Beschaffungsgründen Diesel-Öl mit Benzin gemischt, ja sogar Benzin allein verwendet. Nach den dabei gemachten Erfahrungen ist der Gang der Diesel-Motoren je nach der Klopffestigkeit des zugemischten Kraftstoffes härter, der Verbrauch nimmt wegen der Förderung nach Volumen entsprechend der geringeren Dichte ebenso wie die Leistung ab; bei Verwendung von weniger als 25 % Gasöl im Gemisch muß zur Schmierung der Einspritzpumpe 5 bis 10 % Schmieröl zugesetzt werden.

Unter *Hartasphalt* wird ein Bestandteil mit erheblichem Sauerstoff- und Schwefelgehalt und hohem Molekulargewicht verstanden, der in einem vereinbarten, zwischen 60 und 90° C siedenden Benzin nicht löslich, hingegen in Benzol löslich ist. Hartasphalt kann in Diesel-Ölen für große Maschinen in erheblichen Mengen verbrannt werden, ohne daß Störungen auftreten. In kleinen Schnelläufern führt er aber zu Ventilschwierigkeiten und Festsetzen der Kolbenringe.

Rückstandsbildung aus dem Kraftstoff ist zwar nicht die einzige, aber doch die Hauptursache der Düsenverstopfungen. Nachtropfen bei der Einspritzung kann auch bei gutem Gasöl zu Verkokungen führen.

Die Bestimmung des Verkokungsverhaltens nach CONRADSON gibt kein sehr befriedigendes Maß für das Verhalten des Kraftstoffes in der Düse; ein Vorschlag von HAGEMANN und HAMMERICH, Diesel-Kraftstoffe mit Luft zu erhitzen und die gebildeten Asphalt- und Kohlemengen zu messen, hat sich bisher nicht allgemein durchgesetzt. Dagegen ist der CONRADSON-Wert für die Beurteilung der Rückstandsbildung im Verbrennungsraum gut geeignet. Im allgemeinen beträgt der CONRADSON-Wert die Hälfte des Hartasphaltgehaltes.

Der *Schwefelgehalt* hat keine sehr große Bedeutung. Bei niederen Betriebstemperaturen ist während des Anlassens allerdings die Möglichkeit zu verstärkter Korrosion gegeben, doch dürfte sie wegen der geringen Zeitdauer selten zu größeren Angriffen führen. Immerhin wird der Schwefelgehalt für Schnelläufer meist mit 1,0 %, für Langsamläufer mit 2,0 % begrenzt. Im Auslaßsystem kann Kondensation des Wasserdampfes in den Auspuffgasen sowohl Ventilstörungen als auch Anfressungen der Auspuffleitungen verursachen. Im Kurbelgehäuse auftretende Korrosionen sind meist durch kondensiertes Verbrennungswasser verursacht. Es empfiehlt sich, zum Schutz dagegen die Schmieröltanks mit einem Ablaß zu versehen und abgesetztes Wasser zu entfernen, außerdem aber das umlaufende Öl durch Zentrifugieren, gegebenenfalls unter Zugabe von destilliertem heißem Wasser, von gebildeter Mineralsäure zu befreien.

Korrosion von Kupfer- oder Messingteilen durch phenolhaltiges Teeröl ist durch Verwendung anderer Baustoffe zu vermeiden.

Das *Zündverhalten* ist die wichtigste Eigenschaft der Diesel-Kraftstoffe. Man versteht darunter die Neigung des Kraftstoffes, sich ohne Zündflamme, nur durch die bloße Erhitzung in Luft (oder Sauerstoff), zu entzünden. Maßgebend für die Beurteilung dieses Zündverhaltens bei gegebenen Bedingungen ist die niederste Temperatur, bei der die Zündung erfolgt, und die Zeit, die nach Einbringen des Kraftstoffes bis zum Eintritt der Zündung verstreicht. Das Zündverhalten hängt vor allem von der chemischen Zusammensetzung des Kraftstoffes ab. Die Hauptgruppen der Kohlenwasserstoffe, paraffinische, naphthenische und aromatische Verbindungen wechseln ihrer Menge nach in den einzelnen Erdölen und dementsprechend in den daraus gewonnenen Diesel-Treibstoffen sehr stark, demnach ist deren chemische Zusammensetzung im allgemeinen sehr verschieden. Sie steht mit den verschiedenen physikalischen Eigenschaften des Kraftstoffes, wie spezifisches Gewicht, Flüchtigkeit und Zähigkeit, in Beziehung. Man kann daher von einzelnen physikalischen Eigenschaften über die chemische Zusammensetzung auf das Zündverhalten schließen und für letzteres Kennzahlen ermitteln, die aus physikalischen Eigenschaften berechnet werden können; falls keine Zündbeschleuniger vorhanden sind, geben auch Kombinationen von Dichte, Zähigkeit, Anilinpunkt usw. ohne eine Bestimmung der Selbstzündungsneigung, einen gewissen Anhalt für das Zündverhalten.

So haben A. E. BECKER und H. G. FISCHER [132] als Diesel-Index den Wert Anilinpunkt in °F × spezifischem Gewicht in API-BAUMÉ-Graden für die Zündwilligkeit vorgeschlagen. Darin ist der Anilinpunkt die Temperatur, bei der gleiche Volumen von Kraftstoff und wasserfreiem Anilin sich vollkommen mischen. Er steigt mit dem Gehalt an leichtzündenden Paraffinen und liegt etwa 3 Punkte über der Cetanzahl.

Die *Zähigkeitsdichtezahl* wurde zuerst von J. B. HILL und H. B. COATS eingeführt, später von C. C. MOORE und G. R. KAYE [133] abgeändert. Sie wird nach der folgenden Gleichung bestimmt:

Spez. Gewicht bei $15,5°$ C $= 1,082\,A - 0,0887 + (0,776 - 0,72\,A) \times$ log log $(KV - 4)$, worin A die Zähigkeitsdichtekonstante und KV die kinematische Zähigkeit in Millistokes bei $37,8°$ C bedeutet.

Die *Zähigkeitsdichtekonstante* wird nach dem Vorschlag von HILL und COATS [134] aus folgender Formel errechnet:

$$\text{Zähigkeitsdichtekonstante} = \frac{10\,G - 1,\,0752 \log\,(V - 38)}{10 - \log\,(V - 38)},$$

worin G das spezifische Gewicht bei $15,5°$ C und V die SAYBOLT-Viskosität (d. h. Sekunden-Auslaufzeit) bei $37,8°$ C bedeuten.

Daß eine derartige Rechnung wirklich Aussicht hat, wesentlich bessere Übereinstimmung zu ergeben, als die einfache Diesel-Indexrechnung oder der Vorschlag von MARDER, erscheint zweifelhaft. In England wird keine Kennziffer für besser als der Diesel-Index gehalten.

HEINZE und MARDER verwendeten erst den spezifischen Parachor p, d. h. den Wert

$$p = \frac{1}{d} \cdot \delta^{\frac{1}{4}},$$

worin δ die Oberflächenspannung (mg/mm), d die Dichte (g/cm³) ist. Durch Vergleich zwischen dem spezifischen Gewicht und der Cetenzahl kam aber MARDER zu der wohl etwas zu weitgehenden Folgerung, daß dieses allein bei Berücksichtigung des Molekulargewichtes einen genügenden Anhalt für das Zündverhalten der Diesel-Öle gebe [136]. G. D. BOERLAGE und J. J. BROEZE sind der Ansicht, daß zwar die thermische Beständigkeit der Kraftstoffe, die ja durch die chemische Zusammensetzung bedingt ist, ausschlaggebend für ihr Zündverhalten sei, doch müsse man noch einen zweiten Faktor mitberücksichtigen, wie z. B. die Aktivierungsenergie der Bruchstücke.

Wichtig für die Beurteilung des Selbstzündungsverhaltens im Motor und in einem Laboratoriumsgerät ist die Tatsache, daß der Zündverzug von einer ganzen Reihe von Umständen abhängig ist. BOERLAGE und BROEZE [137] unterscheiden einen physikalischen und einen chemischen Zündverzug, die sich beide überschneiden. Der physikalische, der vor allem bei schweren Treibstoffen in Frage kommt, setzt sich aus der Anwärmung der Tröpfchen, ihrer teilweisen Verdampfung und der Erhitzung der Dämpfe auf die Temperatur der Luft zusammen, während der im allgemeinen vorherrschende chemische Zündverzug auf der rascheren oder langsameren Wärmeentwicklung infolge der Reaktion zwischen Kraftstoffdampf und Luft beruht. Die Erscheinung des Diesel-Klopfens kommt dadurch zustande, daß eine übermäßige Menge Kraftstoff sich auf einmal entzündet, ähnlich wie beim Vergaserkraftstoff das Klopfen durch eine plötzliche Selbstzündung des unverbrannten Restgases nach der durch den Zündfunken eingeleiteten ruhigen Primärverbrennung entsteht. Man muß zwei Ursachen für eine solche Ansammlung zu großen Kraftstoffmengen unterscheiden:

1. Eine rein physikalische, die durch schlechte Verteilung des Kraftstoffes verursacht ist (leichtflüchtige Kraftstoffe können deshalb ungünstiger sein als schwerflüchtige).

2. Eine chemische Ursache, bei der infolge des langen Zündverzuges viel Kraftstoff eingespritzt und verdampft wird, ehe die Zündung einsetzt.

Auch zu frühe Einspritzung kann großen Zündverzug und damit Klopfen ergeben. Nicht immer sind Kraftstoffe mit dem geringsten Zündverzug für einen bestimmten Motor am besten geeignet. So war z. B. ein bestimmter Wirbelkammermotor besser mit einem Kraftstoff mit hohem Zündverzug (Cetenzahl 30) als mit einem solchen mit niederem Zündverzug (Cetenzahl 60) zu betreiben. Im allgemeinen ist aber kleiner Zündverzug für einen Diesel-Kraftstoff erwünscht.

Bei der Verbrennung selbst unterscheiden BOERLAGE und BROEZE zwischen der direkten Oxydation (Hydroxylationstheorie von BONE und WHEELER), die für die Bildung von scharfriechenden aldehydischen Verbindungen und — bei plötzlicher Abkühlung der Flamme — von lackartigen Überzügen verantwortlich gemacht wird und der Aufspaltung und nachfolgenden Oxydation der Bruchstücke (nach AUFHÄUSER), die bei der Verbrennung flüssiger Kraftstoffteilchen eintritt und z. B. den blauen Rauch

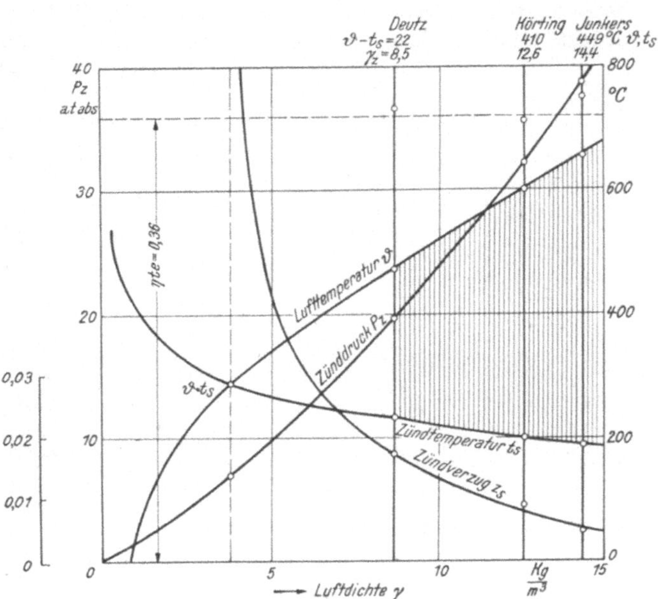

Abb. 51. Zündungswerte für kompressorlose Diesel-Maschinen bei Vollast.

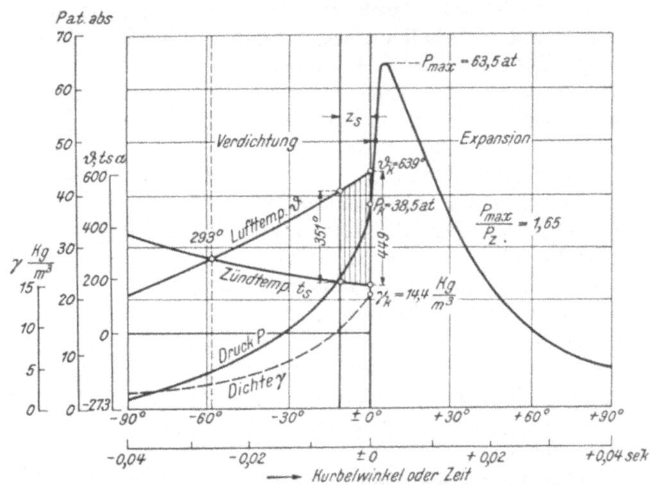

Abb. 52. Zündungs- und Verbrennungsvorgang in der Junkersmaschine (2 HK 160 Zweitakt; Hub 560 mm; Bohrung 160 mm, 377 U/min; Leistung Ne 121 PS; Spritzbeginn 11° v. o. T. Zündverzug 0,00486 sek) nach NEUMANN.

			DEUTZ	KÖRTING	JUNKERS
Verdichtungsenddruck	p_k	ata	27,0	39,5	38,5
Zünddruck	p_z	,,	19,5	32,0	38,5
Höchster Verbrennungsdruck	p_{max}	,,	46,5	42,6	63,5
Drucksteigerung bei Verbrennung		,,	2,39	1,34	1,65
Lufttemperatur bei Zündung	δ	°C	458	605	639
Zündtemperatur des Brennstoffes	t_s	,,	238	195	190
Unterschied	$\delta{-}t_s$	,,	220	410	449
Zündverzug	z_s	sek	0,0181	0,00935	0,00486
Luftdichte bei Zündung	γ_s	kg/m³	8,5	12,6	14,4

des Auspuffes sowie den weichen Ruß im Verbrennungsraum bildet. Der Verbrennungsablauf erfolgt außerordentlich rasch, da die Dauer des Verbrennungshubes bei hoher
Drehzahl bis auf 0,003 sek absinkt. Interessant ist dabei, daß die Dauer des Zündverzuges mit steigender Drehzahl abnimmt, so daß er, in Kurbelwinkelgraden ausgedrückt, ziemlich gleich groß bleibt. Die Verhältnisse des Diesel-Motors zeigen gut zwei

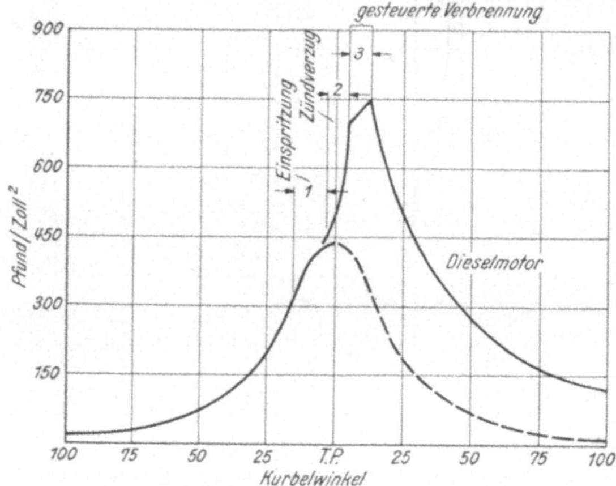

Abb. 53. Die drei Verbrennungsperioden im Diesel-Motor nach
RICARDO.

Diagramme von NEUMANN [138], in
denen die Zündungs- und Verbrennungsvorgänge im Diesel-Motor in
Funktion von der Zeit und von
der Luftdichte dargestellt sind
(Abb. 51 und 52).

H. RICARDO teilt den Verbrennungsvorgang im Diesel-Motor in
drei Phasen:

1. Die Verzugsperiode, die vom
Einspritzbeginn bis zum Beginn der
Verbrennung dauert und vom Kraftstoff, Druck und Temperatur der
Luft sowie der Drehzahl und dem Verteilungsgrad abhängt. Die Flamme
ist zu klein, um alles Gemisch zu entzünden oder den Druck zu steigern.

2. Die Flammenausbreitungs-
periode. Der dabei entstehende
Druck wird bestimmt von dem Zündverzug (der von der Drehzahl abhängt), der Menge
des Kraftstoffes im Zylinder und vom Druck und Temperatur der Luft. Die Verbrennung ist sehr rasch und nicht beherrschbar, wenn man von der Möglichkeit der
Vor- und Wirbelkammer absieht.

3. Periode der Verbrennung
als Funktion der Einspritzung,
in der die Verbrennung gesteuert
werden kann. Ein Schema der
Perioden gibt Abb. 53.

Beispiele für die motorische
Auswirkung des Zündverzuges
gibt die folgende Abb. 54, in der
der Druckanstieg bei Verwendung
verschiedener Kraftstoffe dargestellt ist. Man sieht, daß die
Kraftstoffe mit hohem Zündverzug, also später Entzündung,
einen sehr plötzlichen Druckanstieg geben.

Ursache des Klopfens ist aber
nicht die absolute Höhe des
Druckes, sondern die Steilheit des
Druckanstieges. Überschreitet

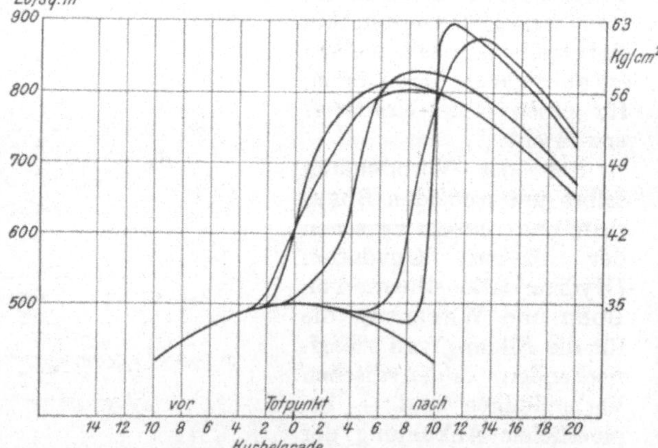

Abb. 54. Druckanstieg bei Verbrennung verschiedener Diesel-Kraftstoffe (gleicher Einspritzungsbeginn).

dieser eine gewisse Größe, so verursacht er die Klopfgeräusche, den rauhen Gang der
Maschine und beansprucht das Triebwerk durch auftretende Schwingungen wesentlich
höher, als es den statischen Kräften entspricht.

Die Auffassungen über den Einfluß der Zündwilligkeit, gemessen durch die später
beschriebene Cetanzahl, sind nicht immer ganz einheitlich. Die Cetanzahl hat sich aber

doch als Maß für die Beurteilung der Diesel-Kraftstoffe durchgesetzt. Allerdings nimmt nicht in jedem Fall die Eignung des Kraftstoffes für den Motor mit der Cetanzahl zu; die FISCHER-Öle sind trotz ihrer großen Zündwilligkeit schlecht in den üblichen Motoren zu verwenden, sondern müssen erst mit Teeröl zu 50 % verdünnt werden [142]. GRIEP und GODDIN [143] meinen deshalb überhaupt, daß Cetanzahlen über 60 in den jetzt gebräuchlichen Motoren schädlich sind. Erst wenn die Motoren bei niederer Verdichtung (etwa $\varepsilon = 12$) mit Überladung arbeiten, würde z. B. Kraftstoff mit einer Cetanzahl von 75 um 20 % mehr Leistung ergeben, als ein Kraftstoff gewöhnlicher Zündwilligkeit. Die Gleichheit der Cetanzahlen von Diesel-Kraftstoffen läßt daher noch nicht gleiches Motorverhalten erwarten, denn neben der Zündung ist die Verbrennungsgeschwindigkeit von entscheidendem Einfluß auf die Motorleistung.

Der gesamte Verbrennungsvorgang ist durch folgende Einflüsse bestimmt:

1. Molekülaufbau und physikalische Eigenschaften des Kraftstoffes.
2. Innere Zündungs- und Verbrennungskatalysatoren (Zusätze).
3. Äußere Zündungs- und Verbrennungskatalysatoren.
4. Luft-Kraftstoff-Verhältnis.
5. Verdichtungstemperatur.
6. Verdichtungsdruck.
7. Mechanische Einflüsse, wie Konstruktion des Verbrennungsraumes, Turbulenz, Einspritzart, zeitliche Verhältnisse.

Von den sieben Einflüssen sind nur die beiden ersten allein kraftstoffseitig bedingt, alle anderen durch Kraftstoff *und* Konstruktion, bzw. Betriebsbedingungen gegeben. Während dem Zündverhalten sehr viel Aufmerksamkeit gewidmet wurde, ist der Verbrennungsvorgang des Kraftstoffes im Diesel-Motor noch wenig untersucht worden. Eindeutige Zusammenhänge bestehen zwischen beiden Eigenschaften nicht. Der Kritik von GRIEP und GODDIN schließt sich eine ähnliche von C. F. KETTERING [144] an, der die stark synthetisch arbeitende Herstellung von Fliegerbenzinen der traditionell arbeitenden Diesel-Ölherstellung gegenüberstellt und eine bessere Charakteristik der Diesel-Öle verschiedener Herstellung (Krack-Diesel-Öle) zur Beurteilung ihrer Eignung für die verschiedenen Verwendungszwecke (Motoren, Gasturbinen, Raketen) fordert.

Die Erklärung der Zündwilligkeit durch die einfache thermische Zerfallsneigung, die BOERLAGE, BROEZE und VAN DYCK aufstellten, ist auch mit Zuhilfenahme der Aktivierungsenergien der dabei entstandenen Bruchstücke bisher nicht ausreichend zur Begründung des motorischen Verhaltens der Diesel-Kraftstoffe gewesen. (Die Krackung tritt ohne Sauerstoff unter Motorbedingungen nicht ein, sondern erst bei seiner Anwesenheit. Das sehr wenig zündwillige i-Oktan zerfällt ebenso leicht, wie das gut zündende n-Oktan, ergibt dafür wenig aktive Bruchstücke, wie Isobutyl). Nach T. Y. JU und C. E. WOOD [145] sinken mit zunehmender Kettenverzweigung sowohl der Stockpunkt als auch die Cetanzahl ab.

Für die Cetanzahl sind

1. geradkettige Paraffine am besten; je länger, um so besser, bis zu einem gewissen Optimum.

2. Aromaten am ungünstigsten.

3. Verzweigte Paraffine und Aromaten um so günstiger, je weniger und je längere Seitenketten darin enthalten sind.

4. Kohlenwasserstoffe um so besser, je mehr Wasserstoffatome sie im Molekül enthalten.

Paraffinische Produkte werden sich auch in Zukunft am besten für den Diesel-Motor eignen. Es kann jedoch erwartet werden, daß eingehendere Untersuchungen des Verbrennungsablaufes im Diesel-Motor Fortschritte der Verwendbarkeit bisher weniger geeigneter Kraftstoffe ermöglichen werden.

δ, 1. Prüfung der Zündwilligkeit von Diesel-Kraftstoffen.

Wie die Klopffestigkeit von Otto-Kraftstoffen wird auch die Zündwilligkeit der Diesel-Kraftstoffe hauptsächlich in Versuchsmotoren bestimmt. Dabei wird ebenfalls die Methode der Bezugskraftstoffe angewendet, die sich bei der Oktanzahl bewährt hatte. Als solche dienten ursprünglich nach dem Vorschlag von BOERLAGE und BROEZE das zündwillige Ceten ($C_{16}H_{32}$) und das schwer zündende α-Methylnaphthalin. Wegen der Empfindlichkeit des Cetens bei der Lagerung ist man aber dazu übergegangen, an seiner Stelle das beständigere Cetan zu verwenden, das aus Ceten durch Wasserstoffanlagerung entsteht ($C_{16}H_{34}$), allerdings den Nachteil des höheren Schmelzpunktes von 20° C hat. Die Eigenschaften der Bezugskraftstoffe sind in der Zahlentafel 42 zusammengestellt.

Zahlentafel 42. Eigenschaften von Cetan und Methylnaphthalin.

Eigenschaft	Cetan	Methylnaphthalin
Summenormel	$C_{16}H_{34}$	$C_{11}H_{10}$
Spezifisches Gewicht 20° C	0,775	1,00
Siedepunkt 760 mm Hg	288° C	247° C
Zähigkeit	4,54 cst	3,12 cst
Anilinpunkt	92,2° C	— 48° C
Unterer Heizwert kcal/kg	10.450	9100

Von den Prüfmotoren sind der CFR-Motor, der I.-G.-Prüf-Diesel-Motor und der Deutz-Motor zu nennen. Zahlentafel 43 enthält ihre wichtigsten Daten.

Zahlentafel 43. Kennwerte von Prüf-Diesel-Motoren.

Bauart	I. G.	Deutz	CFR
Konstruktion	techn. Prüfstand Oppau der I. G.	H. W. A.	CFR-Komitee der SAE
Hersteller	Motorenwerke Mannheim A. G.	Klöckner-Humboldt-Deutz A.G. Köln-Deutz	Waukesha Motor Co., Waukesha, Wiskonsin
Bohrung mm	98	120	82,6
Hub mm	150	170	114,3
Hubraum cm³	1063	1920	613
Verdichtung	verstellbar 7—30	fest 14,5	verstellbar 6—21
Arbeitsverfahren	direkte Einspritzung	direkte Einspritzung	Wirbelkammer
Drehzahl U/min	900	940	900
Ansauglufttemperatur	20° C	80° C	20° C
Kühltemperatur	100° C	70° C	100° C
Spritzbeginn KW	20	30	—

Durch die Prüfverfahren sollten ursprünglich zwei Eigenschaften der Diesel-Treibstoffe erfaßt werden, das Anlaßverhalten und das Verhalten beim laufenden Betrieb des Motors. Der Deutz-Motor verwendet zur Messung des Anlaßverhaltens eine Drosselmethode, bei der in den fremdangetriebenen, vorgewärmten Motor je drei Einspritzungen in etwa 1-sek-Abstand bei immer weiter geschlossener Drossel gemacht werden, bis gerade noch Zündung erfolgt. Der Unterdruck im Ansaugrohr an dieser Zündgrenze dient als Maß für die Zündwilligkeit und wird mit einer Eichkurve von Cetan-α-Methyl-Naphthalin in Cetanzahlen umgerechnet. Entsprechend der Oktanzahl ist Cetanzahl jene Volummenge Cetan im Gemisch, die gleiches Zündverhalten ergibt wie der Versuchskraftstoff [146].

Im CFR-Motor haben POPE und MURDOCK in ähnlicher Weise durch Verändern des Verdichtungsverhältnisses bei Fremdantrieb die kritische Verdichtung gemessen, bei der gerade noch Zündung erfolgt, die Messung ist aber umständlich und schlecht reproduzierbar.

P. H. Schweitzer und T. B. Hetzel prüfen dagegen im umgebauten, mit eigener Kraft laufenden CFR-Motor den Zündverzug in Abhängigkeit von der Verdichtung. Diese wird so lange verändert, bis bei einem elektrisch gemessenen Einspritzbeginn von 18^0 KW v. o. T. die Zündung, die ebenfalls elektrisch gemessen wird, genau im Totpunkt einsetzt. In der Abb. 55 ist die Schaltung dargestellt, die einen Geber G_1 oder G_2 (Druckanzeige oder Spritzbeginn) wechselweise über den Schalter S_1 mit dem Gitter des Thyrathronrohres GR verbindet. Beim Überschreiten einer durch den Widerstand R regelbaren Gittervorspannung leuchtet die auf dem Schwungrad sitzende Neonröhre auf. Der Unterschied zwischen Spritzbeginn und dem Punkt, bei dem der Verdichtungsdruck durch die beginnende Verbrennung überschritten wird, ist der in ^0KW ausgedrückte Zündverzug. Zur Bewertung nach Cetanzahlen wird *täglich* eine Eichkurve für die Mischung der Bezugskraftstoffe aufgenommen und danach die einem bestimmten kritischen Verdichtungsverhältnis eines Kraftstoffes zugehörige Cetanzahl abgelesen [147].

Beim I.-G.-Motor, Abb. 56, wird die Verdichtung bei sonst konstanten Betriebsbedingungen so lange geändert, bis der Zündverzug, der mit Hilfe eines piezoelektrischen Indikators gemessen wird, 18^0 KW erreicht, wobei die Einspritzung bei 20^0 v. o. T. erfolgt. Zwischen der Verdichtungsänderung, ausgedrückt in Millimeter-Zylinderkopfverschiebung und der Cetanzahl besteht dabei eine geradlinige Beziehung:

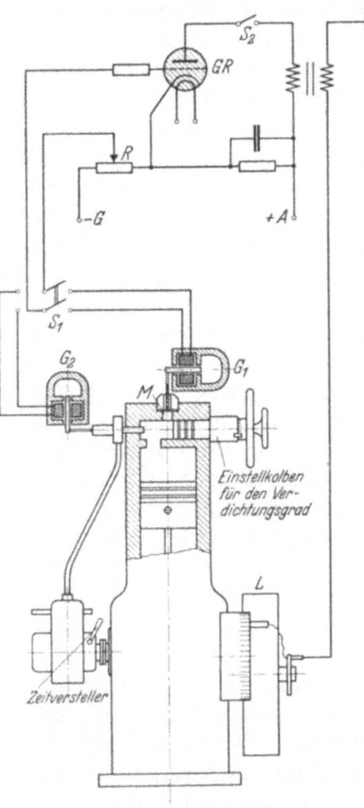

Abb. 55. Prüfmotor für Diesel-Kraftstoffe nach Schweitzer und Hetzel.

Zylinderkopfverschiebung	18 mm	30 mm	40 mm	50 mm	60 mm
Cetanzahl	20	30	40	50	60

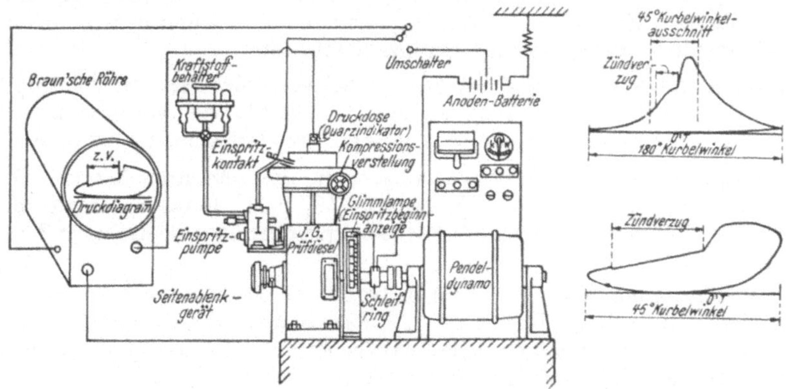

Abb. 56. Anordnung der Meßeinrichtungen am I.-G.-Prüf-Diesel-Motor und Druckdiagramme: oben über 180° KW unten Diagrammausschnitt über 45° KW ausgedehnt, zur Messung des Zündverzuges.

Außer dem Zündverzug ist aber der Druckverlauf sehr wesentlich für den Verbrennungsvorgang, so daß man ihn am besten mit einer Braunschen Röhre aufnimmt. Man schaltet das Gerät so, daß Zeitmarken, Totpunktmarken und Spritzbeginn aufgenommen werden und kann dann außer dem Zündverzug auch den Druckverlauf beobachten.

Das englische Prüfverfahren [148] schreibt keinen bestimmten Motor vor, und betont in seinen Ausführungen, daß zwar die Zündneigung der Kraftstoffe von der Maschine unabhängig sei, der in °KW gemessene Zündverzug aber durch Motorcharakteristik, Betriebsbedingungen usw. verändert würde und über einen weiten Bereich schwanke. Glühkopfmotoren und Schwerölmotoren mit Funkenzündung stellten besondere Anforderungen. Zündneigung und Verbrennungsverhalten müßten unterschieden werden, und für Motoren der erwähnten Art sei der Versuch im Motor selbst nicht zu umgehen. Als Prüfverfahren werden sowohl die Zündverzugsmessung — für laufende Cetanzahlbestimmungen — wie auch die Drosselmethode für jene Fälle empfohlen, in denen kein eigener Prüfmotor vorhanden ist, weil letztere leicht bei allen möglichen Arten von Motoren angewendet werden kann. Die Versuchsvorschriften sind sehr einfach: Für die Zündverzugsmessung wird ein beliebiger Motor mit genügend hoher Verdichtung gefordert, der für alle Kraftstoffe gleiche Spritzzeiten und gleichmäßige Zündung ergibt sowie ein Indikator der auf $^1/_4^0$ KW genau Spritzbeginn und Zündbeginn mißt. Bei normaler oder mindestens der halben Maximaldrehzahl und Luft- und Wassertemperaturen, die höchstens 2^0 von den normalen Temperaturen abweichen, wird dann der Zündverzug auf $^1/_2^0$ genau gemessen, so daß der Mittelwert auf $^1/_4^0$ genau ist, und dann mit Gemischen der Bezugs- oder Unterbezugskraftstoffe verglichen. Weil die Eichkurve Tagesschwankungen zeigt, und eine nicht lineare Beziehung zwischen Cetanzahl und Zündverzug in °KW aufweist, ist dieser Vergleich nötig. Genauigkeit für einen Prüfstand zwei Cetanzahlen. — Für die Drosselmethode kann jeder Viertaktmotor mit genügender Verdichtung benützt werden, der gleiche Spritzzeiten für alle Kraftstoffe und gleichmäßige Zündeigenschaften hat. Besondere Anbauten sind nur ein Gefäß von mindestens dem zehnfachen Hubvolumen mit einem Absperrventil auf der Einlaßseite, das in das Ansaugrohr eingebaut wird, ein Manometer für Unterdrucke bis 65 cm Hg unter dem Außendruck und Druckdämpfer für gleichmäßige Ablesungen sowie eine Schauklappe im Auslaßrohr. Unter Einhaltung der gleichen Bedingungen wie beim Zundverzug wird dann bei konstanter Drehzahl die Drosselstellung festgestellt, bei der zuerst Aussetzer auftreten und dann der Vergleich mit den Bezugskraftstoffen vorgenommen. Als Cetanzahl wird die nächste ganze Zahl der Mischungen angegeben. Die Genauigkeit einer Prüfstelle beträgt zwei Cetanzahlen.

Während das Anlaßverfahren nicht mit den Verhältnissen der Praxis übereinstimmt (außer vielleicht für Höhenbedingungen) und schlecht reproduzierbare Ergebnisse liefert, kann man mit dem Zündverzugsverfahren auch in verschiedenen Motoren mit einer Genauigkeit von zwei Einheiten der Cetanzahl arbeiten.

Die Messung des konstanten Zündverzuges bei veränderlicher Verdichtung hat sich der Bestimmung wechselnden Zündverzuges bei konstanter Verdichtung überlegen gezeigt, weil es genauer arbeitet und den praktischen Verhältnissen näherkommt.

Über vergleichende Cetanzahlbestimmungen, die die gute Brauchbarkeit der Zündverzugsmessung bestätigen, berichtet W. WILKE [149]. P. H. MOORE berichtete im Rahmen einer größeren Arbeit über motorische Betriebsstoffprüfung über die in England gemachten Erfahrungen [150].

Die Cetanzahlbestimmung mit dem Anlaßverfahren ist um so weniger gerechtfertigt, als sich erwies, daß nach W. RIXMANN [151] die Cetanzahl nach dem Zündverzugsverfahren unmittelbar eine Aussage über die zulässige Anlaßtemperatur gibt. In drei Motoren wurde gefunden, daß folgende Gleichung gilt:

$$\text{Anlaßtemperatur} = \frac{1500}{Ca-5} - 27^0\,\text{C},$$

worin Ca die Cetanzahl ist. Ähnliche Beziehungen sind von SHOEMAKER und GADEBUSCH [152] gefunden worden, die folgende Kaltstarttemperaturen für die Cetanzahlen feststellten:

Cetanzahl 90	Kaltstarttemperatur —31⁰ C
„ 80	„ —21⁰ „
„ 70	„ —12⁰ „
„ 60	„ — 5⁰ „
„ 50	„ 5⁰ „
„ 40	„ 12⁰ „
„ 30	, 24⁰ „

Aus Messungen mit dem Cetanventil folgern AINSLEY, YOUNG und HAMILTON [153], daß als wirtschaftlich günstigster Diesel-Kraftstoff einer mit einer Cetanzahl von mindestens 45 in Betracht kommt (sowohl für Gang, Rauchen, Rückstandsbildung als auch Anlaßverhalten und Abgasgeruch). Die Cetanzahl soll aber auch einen oberen Wert von 50 nicht überschreiten.

Die Bestimmung zwischen Zündwilligkeit und Abgaszusammensetzung ist aber doch wohl nicht so einfach, wie die Angaben von H. KÖLBEL [142] beweisen, wonach Kogasin II trotz einer Cetenzahl von etwa 105 sowohl bei Voll- wie bei Teillast viel höhere CO-Gehalte aufwies, als der im Verhältnis 1 : 1 mit aromatischem Steinkohlenteeröl versetzte Mischkraftstoff mit einer Cetenzahl von nur 78 (100 % gegen 54,5, bzw. 60 %). Diese Beobachtung beweist die Notwendigkeit der genaueren Erforschung der Zusammenhänge zwischen Zündwilligkeit und Verbrennung am schlagendsten.

Da sowohl das Klopfen als der Zündverzug durch den chemischen Aufbau der Moleküle bedingt sind, läßt sich erwarten, daß eine Beziehung zwischen Oktanzahl und Cetanzahl besteht. Tatsächlich wurde sie sowohl von BOERLAGE als von WILKE und anderen Forschern gefunden. So gibt W. WILKE an, daß die Formel

$$OZ = 120—2\,CaZ \text{ bei bekannter Cetanzahl}$$
$$CaZ = 60—0,5\,OZ \text{ bei bekannter Oktanzahl}$$

diese Beziehung gut wiedergibt. Zahlentafel 44 enthält eine Gegenüberstellung von Oktan- und Cetanzahlen der wichtigsten Kraftstoffe nach WILKE [154].

Zahlentafel 44. Oktanzahlen und Cetanzahlen von Kraftstoffen.

Oktanzahl		Cetanzahl	
Äthanol (über 200 Mischwert)			
Propan	120	0	Methylnaphthalin
Flüssiggas			
Generatorgas	110	5	Steinkohlenteeröl
Isooktan	100	10	Steinkohlenöl
Butan	95		
Stadtgas	90	15	
	80	20	
Markenbenzin	74		
(Reichsvorschrift)	70	25	
	60	30	Braunkohlenöl
Unvermischte Benzine	50	35	Braunkohlentreiböl
	40	40	Schieferöl und Schmieröl (bis O. Z. 44)
	30	45	Amerikanisches Gasöl, Diesel-Kraftstoff II
	20	50	Motorenpetroleum
	10	55	
n-Heptan	0	60	Deutsches Gasöl
	—	80	
	—	85	Synthese-Diesel-Öl
	—	90	
	—	95	
	—	100	Cetan

Hilfsmittel der Cetanzahlmessung: Ein sehr wichtiges Hilfsmittel der Cetanzahlmessung ist die BRAUNsche Röhre mit einer entsprechenden Seitenablenkung. Der bereits erwähnte Indikator der I. G. gibt versetzte Diagramme über 180° und ermöglicht die Auseinanderzerrung der interessierenden 45°, in denen die Einspritzung und Zündung erfolgt. Dazu wird der Einspritzpunkt mit einem Unterbrecher, der ein auf dem Schwungrad mitlaufendes Glimmlämpchen steuert und eine Marke im Diagramm erzeugt, sichtbar gemacht. Zur Seitenablenkung wird ein Widerstandsring aus Wasser benützt, der mit der Kurbelwelle rotiert. Durch zwei Elektroden wird Spannung zu-, bzw. abgeführt. Ein feststehender Fühlstift greift, dem Kurbelwinkel entsprechend, die Ablenkungsspannung ab. Sind die Elektroden um 180° versetzt, so wird der gesamte Druckverlauf gleichmäßig über dem Kurbelwinkel aufgezeichnet. Die Abb. 56 zeigt während 180° und 45° KW aufgezeichnete Diagramme [155].

Für die Messung von Kraftstoffen für Höhenmotoren hat W. H. Browne auf die Drosselmethode zurückgegriffen und ein „Cetanventil" entwickelt, das einen keilförmigen, durch zwei parabelförmige Linien begrenzten Drosselquerschnitt besitzt, der von einem Schieber mit gerader Kante abgedeckt wird; es wird an Stelle der üblichen Drosselklappe verwendet. Dadurch wird statt der parabolischen Kurve, die für steigende Cetanwerte mit der Drossel erhalten werden, eine gerade Eichlinie erhalten. Angeblich sollen die Ergebnisse damit besonders genau reproduzierbar und mit jedem Motor erzielbar sein [156].

Ein sehr einfaches Indiziergerät ist von Neumann (Rhenania-Ossag) für den Gebrauch von Prüfständen entwickelt worden. Es besteht aus einem sogenannten Trägheitsindikator als Geber, der durch die Düsennadel und eine Membrane in der Wand des Verbrennungsraumes gesteuert wird. Seine Wirkungsweise beruht darauf, daß ein Kontakt im Inneren eines Leichtmetallrohres bei Überschreitung einer bestimmten, axial nach oben gerichteten Beschleunigung geöffnet wird; diese Öffnungszeit wird nun in verschiedener Weise in Grad oder in Sekunden ablesbar gemacht. Der Vorteil des Indikators ist die trägheitsfreie Anzeige der Einspritzung und des Verbrennungsbeginns. Ein im Kurbelkreis verschiebbarer Stromabnehmer schließt in jedem Arbeitshub durch einen mit der Welle umlaufenden Kontakt bei Anheben der Düsennadel einen Stromkreis, der bei Beginn des Druckanstieges infolge der Zündung durch den Indikator wieder geschlossen wird.

Man hat verschiedentlich versucht, durch Kombination der Selbstzündungstemperatur mit Versuchsbedingungen wechselnder Art eine Beurteilung des Motorverhaltens im Laboratorium zu erreichen, ohne bisher damit endgültig zum Ziele gekommen zu sein. So wurde in Farnborough bei gegebenen Bedingungen der Zündverzug in einer Bombe gemessen [157] oder von Jentzsch [158] die zur Zündung in seinem Apparat erforderliche Sauerstoffblasenzahl/min in Beziehung gesetzt zu der Selbstzündungstemperatur:

$$\text{Zündwert} = \frac{t_{\text{SZT}}}{O_2\text{-Blasenzahl/min}}.$$

Einige Werte beider Verfahren sind in Zahlentafel 43 zur Erläuterung angegeben.

Zahlentafel 45. Laboratoriumswerte für das Zündverhalten.

Zündverzug in Abhängigkeit von der Selbstentzündungstemperatur.

1. Farnborough (Foord)

Selbstentzündungstemperatur °C					Zündverzug sek
Gasöl a	Petroleum b	Dieselöl c	Dieselöl d	Kreosot e	
340	340	390	402	485	3,4
348	348	410	422	503	2
375	375	450	463	532	1
420	430	505	525	565	$\frac{1}{2}$
500	530	572	582	über 600	$\frac{1}{5}$

Die Kraftstoffe a und b weisen bei gleichen Zündverzügen die niedersten Temperaturen auf, sind also am zündwilligsten.

2. JENTZSCH:

	Selbstentzündungs-temperatur	Niederste O_2-Blasenzahl	Zündwert
Rumänisches Diesel-Öl	265	18	13,9
Rumänisches Spezial-Diesel-Petroleum	254	24	10,1
Gasöl unbekannter Herkunft	276	48	4,7
Braunkohlenteeröl	290	50	5,7

Die mit wenig Sauerstoffblasen bei niederer Temperatur zündenden rumänischen Diesel-Öle sind viel zündwilliger als die beiden erst mit viel Sauerstoff bei hoher Temperatur zündenden anderen Öle.

Bisher ist die Übereinstimmung der Laboratoriumsverfahren mit der Cetanzahl des Prüfmotors aber nicht viel besser als die früher erwähnten Kennzahlen, wenn man von Kraftstoffen mit Zündzusätzen absieht.

Alle Prüfverfahren für Kraftstoffe haben nur dann Sinn, wenn ihre Ergebnisse mit dem praktischen Verhalten der Kraftstoffe in den Motoren übereinstimmen. Nach früheren Untersuchungen von BOERLAGE und anderen sollen die Diesel-Motoren in ihren Anforderungen nicht allzu verschieden sein. Die oben erwähnte Tatsache, daß ein Motor mit 30 Cetanzahl besser läuft als mit 60 Cetanzahl, ist aber ein Zeichen dafür, daß diese Annahme nicht allgemein zutrifft. Gemischbildung, Wärmeübergang, Drehzahl werden sich auf verschiedene Kraftstoffe, je nach ihrer Flüchtigkeit, Zähigkeit, chemischen Stabilität usw., anders auswirken. So lange diese Faktoren nicht bei der Auswertung von Prüfungsergebnissen mitberücksichtigt werden, ist eine gelegentliche starke Abweichung der Prüfwerte vom praktischen Verhalten unausbleiblich. Insbesondere sind bei Kraftstoffen mit Zusätzen, wie Amylnitrit, die jetzt in USA. schon Anwendung finden, solche Unstimmigkeiten zu erwarten. Auch die Motorkonstruktion (Einspritzung in den Zylinder oder in eine Vorkammer) wird bei der Auswertung mehr berücksichtigt werden müssen. Möglicherweise wird ähnlich wie bei den Vergasermotoren eine Zweiteilung der Prüfungsweise erfolgen. Sinnvoller wäre eine Entwicklung in der Richtung, daß die Prüfung ein Diagramm der Zündwilligkeit im Motor, z. B. über die Temperatur aufstellt, das dann für die verschiedenen Betriebsbedingungen der Diesel-Motoren Anwendung finden könnte. Es ist nicht unmöglich, daß Laboratoriumsverfahren wieder einmal eine größere Rolle bei dieser Beurteilung spielen werden; sind ja schon jetzt erfolgversprechende Ergebnisse vorhanden, die vor allem den Vorteil haben, gut reproduzierbar zu sein.

δ 2 Einflüsse auf den Zündverzug.

Motorische Einflüsse. Konstruktive Einflüsse verändern den Zündverzug bei direkter Einspritzung weniger als das Klopfen bei Otto-Motoren, wenn man von den Druck und Temperatur unmittelbar verändernden Bedingungen absieht. Das ist auch der Grund, warum in sehr verschiedenen Motoren die Cetanzahl gleichmäßig bestimmt werden kann.

Den Zusammenhang zwischen kleinstmöglichen Verdichtungsverhältnis und Cetanzahl zeigt Abb. 57.

Bei abgeschnürtem Brennraum (Vorkammer, Wirbelkammer) tritt der Einfluß des Wärmeübergangs an die Wand stärker hervor und wirkt sich bei den einzelnen Motoren verschieden auf den Zündverzug aus. Das zeigt sich nach LINDNER in Abb. 58 an der verschiedenen Abhängigkeit der

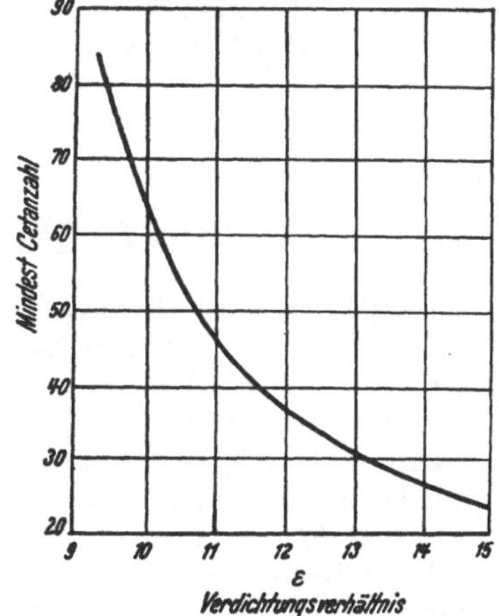

Abb. 57. Kritisches Verdichtungsverhältnis und Cetanzahl nach ERNST. FKFS-Diesel-Motor; 20° Zündverzug, 1400 U/min.

Zündverzüge von der Cetan- oder Cetenzahl in verschiedenen Motoren, aber — ebenfalls
nach LINDNER — nach Abb. 59 auch in der Verschiedenheit der Zündverzüge verschiedener Kraftstoffe in Motoren mit direkter Einspritzung und mit Vorkammern [159].

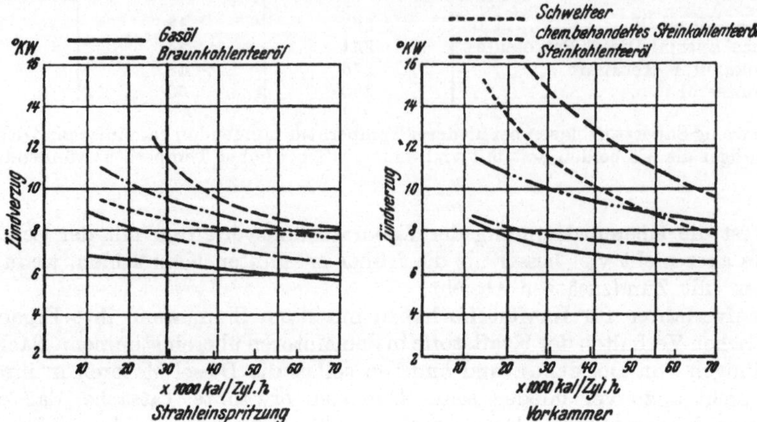

Abb. 58. Zündverzug von fünf Kraftstoffen
bei Strahleinspritzung nach LINDNER.

Abb. 59. Zündverzug von fünf Kraftstoffen
bei Vorkammerbetrieb nach LINDNER.

Betriebsbedingungen: Ansaugdruck: Die Auswirkung verringerten Ansaugdruckes
auf die Leistung, wie er in der Höhe auftritt, zeigt die Abb. 60.

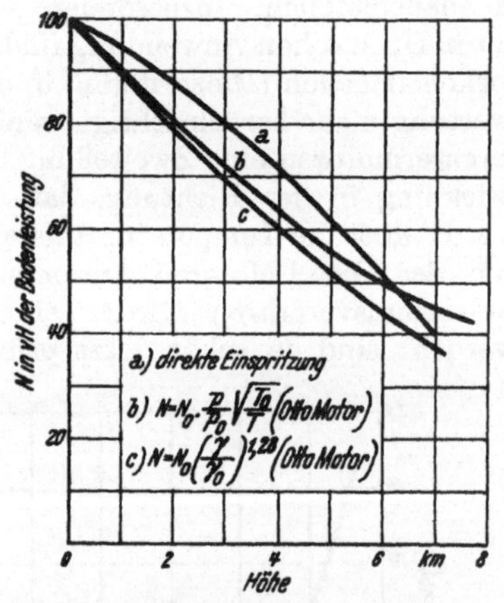

Abb. 60. Leistungsabfall von Diesel- und
Otto-Motoren mit der Höhe nach WILKE.

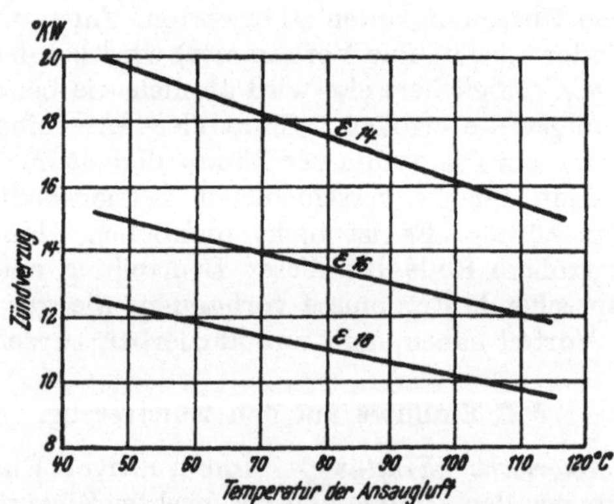

Abb. 61. Zündverzug und Temperatur der Ansaugluft
nach WILKE.

Temperatur: Die Abhängigkeit des Zündverzuges von der Temperatur zeigt die Abb. 61.
Ähnlich wie die Abhängigkeit des Klopfens von der Temperatur ist auch die Abhängigkeit des Zündverzuges von der Temperatur linear, ein Zeichen, daß die Dichte
der Luft den wesentlichen Einfluß ausübt.

Drehzahl und Belastung: Wärmezustand und Drehzahl des Motors spielen eine erhebliche Rolle, sind aber bei paraffinischen Kraftstoffen ähnlich wie für das Klopfen
nach Abb. 62 von geringerem Einfluß als bei aromatischen.

Aromatische Teeröle werden also z. B. für den Stadtbetrieb von Diesel-Kraftfahr-
zeugen nur schwer verwendbar sein, während sie bei stärkerer Belastung im Verhalten
dem paraffinischen Gasöl näherkommen. Für die Drehzahl gelten ähnliche Abhängig-
keiten, indem der Zündverzug auf die Zeit bezogen mit steigender Drehzahl abnimmt.

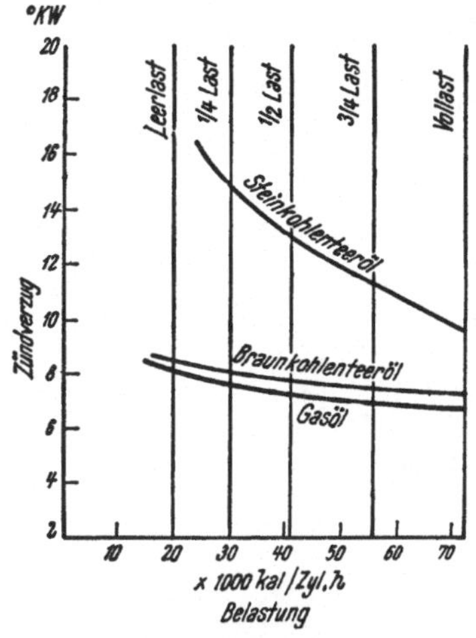

Abb. 62. Zündverzug und Belastung nach W. LINDNER.

Einspritzbeginn: Je früher eingespritzt wird, um so niederer sind die mittleren Verdichtungstemperaturen, so daß auch der Zündverzug zunimmt. Bezieht man den Zündverzug auf Grade Kurbelwinkel, so erhält man Abb. 63.

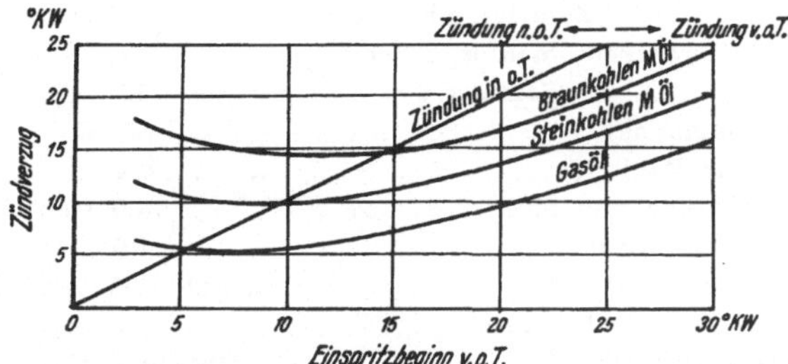

Abb. 63. Zündverzug und Spritzbeginn nach W. WILKE.

ε) Grenzwerte von Anforderungen an Diesel-Kraftstoffe.

Im folgenden werden Anforderungen mitgeteilt, die von verschiedenen staatlichen Stellen und Verbrauchergruppen an Diesel-Öle gestellt werden.

SAE.-Lieferbedingungen für Diesel-Kraftstoffe. (SAE. J. Trans. *53* [1945] 166; März.)

Qualität[1]	Flammp.[2] mindestens	Stockp.[3]	Wasser und Sediment Vol-%-Max.	Verkokg. Gew.-%-Max.	Asche Gew.-%-Max.	Dest. 90 % Max.	Temperatur °C Endp.-Max.
No 1—D ..	38 oder gesetzl.	—	0,05	0,05[4]	0,01	285[5]	—
No 2—D ..	60	—	0,05	0,05[5]	0,01	345	371
No 3—D ..	—	—	0,10	0,25	0,02	—	—
No 4—D ..	60	—	0,50	2,00	0,10	—	—

kin.	Zähigkeit bei 38° C		Schwefel[7] Gew.-%-Max.	Korrosion	Alkali und Mineralsäure	Cetenzahl
	mindestens	höchstens				
No 1—D ..	— cstoke	— cstoke	0,5	keine	frei	40
No 2—D ..	2,0	6,0	1,0	„	„	45
No 3—D ..	—	12,0	1,5	„	„	35
No 4—D ..	—	4,0° E[6]	2,0	„	„	30

[1] No 1—D Diesel-Kraftstoff ist ein Destillat hoher Flüchtigkeit für den Betrieb von Schnellläufern (über 1200 U/min). No 2—D ist ein Destillat mittlerer Flüchtigkeit für Schnelläufer (über 1200 U/min). No 3—D ist ein Destillat geringer Flüchtigkeit für Motoren mittlerer Drehzahl (500 bis 1200 U/min). No 4—D ist ein zäher Kraftstoff für Langsamläufer (unter 500 U/min).

[2] Der Flammpunkt hat keine Beziehung zum Motorverhalten der Kraftstoffe, er wird aber wegen der Lagerung oder wegen gesetzlicher Vorschriften verlangt.

[3] Um Fließschwierigkeiten bei kaltem Wetter zu vermeiden, muß der Stockpunkt (pour point) eines Diesel-Kraftstoffes mindestens 6° C unter der niedersten Temperatur liegen, die der Kraftstoff praktisch erreicht.

[4] Auf 10 % Rückstand bezogen.

[5] Zur Gewährleistung eines leichten Kraftstoffes für heiklen Betrieb, bei dem schwerer Kraftstoff durch Qualmen Anstände ergäbe.

[6] Zäheres Öl als 4—D kann vorgeschrieben werden durch Bezug auf No 5 Heizöl (vgl. ASTM, Vorschrift D 396), wenn Käufer und Verkäufer sich bezüglich der Grenzwerte für Verkokungsrückstand und Schwefel einigen.

[7] Obwohl die Unterlagen bezüglich der absoluten Grenzwerte für Schwefel noch nicht ausreichen, sprechen neuere Erfahrungen doch dafür, daß die zulässigen Grenzwerte dieser Lieferbedingungen zu hoch sein dürften.

Frühere deutsche Vorschriften.

b) Diesel-Kraftstoff.

Allgemein	der Kraftstoff muß frei von festen Fremdstoffen sein
D_{15}	0,810—0,865
Zähigkeit nach ENGLER	1,1—2,0° E
Stockpunkt, Winter	n. über — 30° C
„ Sommer, ab 1. Mai	„ „ — 10° „
Filtrierbarkeit, Winter, 200 cm³	„ „ 60 sek bei — 25° C
„ Sommer, 200 „	„ „ 60 „ „ — 5° „
Flammpunkt	„ „ 55° C
Neutr. Zahl	„ „ 0,4
Korrosion von Zink	„ „ 4,0 Gewichtsabnahme
Schwefelgehalt	„ „ 1,0 Gew.-%
Unterer Heizwert	„ unter 9900 WE/kg
Zündwilligkeit	„ „ 45 Cetanzahl
Wassergehalt	„ über 0,5 Gew.-%
Aschegehalt	„ „ 0,05 „
Verkokung	„ „ 2,0 „ (HAGEMANN-HAMMERICH)
	„ „ 0,05% CONRADSON
Siedeverhalten	bis 360° C mindestens 80 Vol.-%
Mischbarkeit	alle Diesel-Kraftstoffe müssen miteinander mischbar sein

Frühere deutsche Vorschriften für Flug-Diesel-Kraftstoffe.

Flug-Diesel-Kraftstoffe (deutsche Luftwaffe): Bezeichnung K 1

Lieferbedingung: $\dfrac{\text{TL } 147—351}{2}$

Aussehen	klar, frei von ungelöstem Wasser und Säure, darf keine festen Fremdstoffe enthalten
Cetanzahl	mindestens 50
D_{20}	n. unter 0,810
Siedeverhalten, Beginn	etwa 160° C
mindestens 95 Vol.-% bis	„ 350° „
Stockpunkt	n. über — 45° C
Zähigkeit bei 20° C	„ unter 1,1° E
Flammpunkt Pensky-Martens	über 50° C
Neutralisationszahl	n. über 0,7 mg KOH/g
Schwefelgehalt	„ „ 1,0 Gew.-%
Aschegehalt	nur Spuren
Korrosionstest	n. über 4,0 mg
Conradsonverkokung	höchstens 0,1%
Wassergehalt	„ Spuren
Lagerbeständigkeit	nach einer Lagerzeit von 1 Jahr Zwischenuntersuchung alle 6 Monate erforderlich.

ζ Eigenschaften von Handels-Diesel-Ölen.

Eigenschaften von Handels-Diesel-Ölen zeigt die folgende Zusammenstellung nach Werten der deutschen Petroleum A. G. Berlin.

Zahlentafel 45a. Eigenschaften von Handels-Diesel-Ölen.

Herkunft	Spezifisches Gewicht kg/l	Siedebeginn °C	Siedeverhalten Destillat in % bis			Flammpunkt P, M, °C	Viskosität 20°C °Engler	Neutralisationszahl mg KOH/g	Oberer Heizwert kcal/kg	Anilinpunkt °C	Cetenzahl
			250° C	300° C	350° C						
Amerikanisch	850	210	30	75	95	75	—	1,6	10 900	65	60
	855	—	35	80	—	—	—	—	10 950	—	—
Venezolanisch	855	190	35	80	95	60	—	1,3	—	55	56
	875	205	55	85	—	75	—	2,1	—	—	—
Russisch	855	200	5	25	75	55	1,4	0,2	10 950	65	62
	875	205	30	75	95	80	—	—	11 000	—	—
Persisch	840	220	5	70	95	90	1,4	0,0	10 950	75	73
	—	—	10	75	—	100	—	—	11 000	—	—
Polnisch	870	230	5	25	75	90	2,0	0,5	10 800	70	—
	875	—	—	30	80	100	—	2,0	—	—	—
Rumänisch	840	190	45	75	95	55	—	2,0	10 950	60	65
	850	—	50	80	—	65	—	—	—	—	—
Krackrückstand	870	205	80	95	—	75	1,2	0,0	10 800	33	45

[1] Nach freundlicher Mitteilung von Dr. CHARPENTIER und MANASSE.

	Spezifisches Gewicht 15°C	Siedeverhalten Destillat bis				Viskosität 20°C °Engler	Stockpunkt °C	Flammpunkt (Pensky-Martens) °C	Aschegehalt %	Oberer Heizwert kcal/kg	Cetenzahl	Diesel-Index
		210°C	250°C	300°C	350°C							
„Derop"-Gasöl . .	0,858	—	20	60	90	1,45	—40	76/78	—	—	65	—
Deutsches Gasöl .	0,870	—	36	79	Ende	—	—20	90	—	—	55/60	—
„Standard"-Gasöl	0,840	2	—	35	328	1,25/1,50	—20	70/100	—	—	—	55
Diesel	0,910	—	—	—	98	2,20	—18	95	0,03	10 600	—	0,2

Synthetisch nach dem Verfahren von FISCHER-TROPSCH erhaltenes Diesel-Öl weicht in seinen Eigenschaften merklich von denen der Handels-Diesel-Öle ab. Vor allem sind spezifisches Gewicht, Zähigkeit und Cetanzahl anders. Ein solches Produkt hatte folgende Eigenschaften:

Name	Spezifisches Gewicht 20°C	Destillation			Flammpunkt P.M. °C	Zähigkeit 20°C °Engler	C %	H %	Heizwert kcal/kg		Cetenzahl
		212°C %	250°C %	300°C %					H_o	H_u	
Kogasin 2	0,773	Beginn	40	80	86	1,4	84,8	15,2	11 300	10 500	75

Beim Motorbetrieb ist auf diese Unterschiede gegenüber dem gewöhnlichen Diesel-Öl Rücksicht zu nehmen.

e) Kraftstoffe für Verbrennungsturbinen, Strahlantrieb und Raketen.

α) Allgemeines.

Die Grenzfälle für das Arbeitsverfahren der *Verbrennungsturbine* sind der Gleichraum- und der Gleichdruckprozeß. Bei ersterem wird die durch einen Kompressor vorverdichtete Ladung in einer geschlossenen Kammer bei gleichbleibendem Raum verbrannt. Die Verbrennungsgase strömen dann mit fallendem Druck unter Arbeitsabgabe durch die Turbine. Die Brennkammer wird abwechselnd gefüllt und entleert. Zur Erreichung eines annähernd gleichmäßigen Drehmoments ist die Anordnung mehrerer Brennkammern je Turbine erforderlich. Der Gleichraumprozeß wurde durch die HOLZWART-Turbine verwirklicht, hat sich aber wegen der verwickelten Arbeitsweise nicht durchgesetzt.

Beim Gleichdruckverfahren wird die Ladung meist in einen Turbokompressor auf 3 bis 4 at verdichtet und das Luft-Kraftstoff-Gemisch dauernd in einer Brennkammer verbrannt. Die Gase strömen von der Brennkammer in die Turbine. Sie werden entweder durch Zumischung von Zusatzluft oder Wassereinspritzung gekühlt. Ihre Temperatur soll vor der Turbine, mit Rücksicht auf den Baustoff, heute etwa 650° C nicht wesentlich übersteigen. Der Wirkungsgrad von Turbokompressor und Turbine liegt für ortsfeste Anlagen bei 70 bis 75 %. Der Nutzwirkungsgrad der Anlage beträgt bei einer Eintrittstemperatur in die Turbine von 650° C im allgemeinen nur 20 %, kann aber durch Wärmetausch verbessert werden. Trotzdem liegt er im allgemeinen unter dem moderner Otto-Motoren (27 bis 33 %) und stets unter dem von Diesel-Motoren (33 bis 40 %).

Durch Wärmetausch zwischen Abgasen und Verbrennungsluft und andere Mittel ist eine Steigerung des Wirkungsgrades der offenen Kreisläufe (bei denen die Abgase ins Freie gehen) auf etwa 27 % möglich. Bei geschlossenen Kreisläufen (bei denen die Luft oder ein anderes Gas, wie z. B. Argon, indirekt erwärmt wird und einen richtigen Kreisprozeß beschreibt) bestehen noch weitere Möglichkeiten.

SULZER und RICARDO haben Anlagen entworfen, bei denen die Brennkammer durch einen Kolbenmotor ersetzt wird, da durch das Temperaturgefälle des Prozesses sein Wirkungsgrad gesteigert wird. Über Versuche mit solchen Anlagen bei SULZER berichtet OEDERLIN [160].

Bei Vorversuchen von RICARDO ergab ein ventilloser Zweitaktmotor mit einem Ladedruck von 4,4 at bei 2800 U/min keine thermischen Schwierigkeiten. Die Höchstdrucke lagen unter 100 at. Es konnten in 1-l-Hubraum 23 bis 27 kg/h Diesel-Öl verbrannt werden. Für den Flugantrieb (Reiseleistung bei 4,5 kg/Höhe) rechnet RICARDO mit einem Nutzwirkungsgrad der Anlage von 42 % [161].

Bei den *Strahlentrieben* und *Raketen* wird der Vortrieb durch entgegen der Fahrtrichtung ausgestoßene Brenngase zum Antrieb ausgenützt. Der Wirkungsgrad hängt wesentlich von dem Verhältnis der Ausstoßgeschwindigkeit zur Bewegungsgeschwindigkeit des angetriebenen Fahrzeuges ab.

Derzeit sind folgende Strahl-, bzw. Rückstoßantriebe in Verwendung:

1. Kolbenmotor mit Ableitung der Abgase durch düsenförmige Auslaßrohre.

2. Turbostrahldüse (Kompressor-Verbrennungskammer-Verbrennungsturbine-Düse).

3. Intermittierende Verbrennung in Brennkammer mit Ventilklappen an Vorderseite (V_1-Antrieb).

4. Lorin- (Athodyd) -maschine: Offenes weites Rohr mit Krümmung, in die Kraftstoff eingespritzt wird. Wird als Zusatzantrieb für Flugzeuge verwendet.

5. Raketenantrieb mit festen oder flüssigen Kraftstoffen.

β) Anforderungen an die Kraftstoffe.

Kraftstoffe für Verbrennungsturbinen: Für ortsfeste Verbrennungsturbinen mit offenem Kreislauf und für den Strahlantrieb von Flugzeugen sind im wesentlichen die gleichen Kraftstoffe verwendbar.

Die wichtigsten Eigenschaften der Kraftstoffe für Verbrennungsturbinenantrieb sind:

1. Heizwert je Kilogramm und je Liter.
2. Zündmöglichkeit und Zündgrenzen.
3. Zerstäubbarkeit.
4. Verbrennungsgeschwindigkeit.
5. Rückstandsbildung.
6. Korrosion.
7. Zähigkeit.

Bisher hat sich allgemein als bester Kraftstoff einfaches Petroleum erwiesen. Ein Vergleich von BIELKOWICS, der allerdings nur rechnerisch unter Annahme 100%igen Wärmeumsatzes durchgeführt wurde, ergab für Wasserstoff einen Schub von 530 kg/kg, für Methan, Heptan, Fliegerbenzin, Oktan und Eikosan von je etwa 455 kg/kg, also keine Unterschiede trotz der verschiedenen Molekulargewichte [162a]. Die Wahl von Petroleum ist nicht auf die Benzinknappheit während des Krieges zurückzuführen; in Deutschland wurde Benzin und Petroleum in den BMW- und Junkers-Aggregaten verwendet. Während die üblichen ungebleiten Benzine ohne Einschränkung brauchbar waren, mußten die Petroleumqualitäten enger abgegrenzt werden. Der Gedanke, daß die Verbrennungsturbine ein Allesfresser sein würde, hat sich als ebenso trügerisch herausgestellt, wie die gleiche Hoffnung beim Diesel-Motor. Es bestanden folgende Lieferbedingungen für das Petroleum für Flugzeuge mit Strahlantrieb in Deutschland:

Dichte 15° C	mindestens 0,800
Dampfdruck nach Reid 37,8° C	höchstens 0,2 kg/cm²
Zähigkeit bei 20° C	mindestens 1 cst
„ „ — 20° „	höchstens 21 „
Kristallisierungsbeginn	unter — 25° C
Schwefelgehalt	höchstens 1,5 %
Phenolgehalt	„ 1 %
Aromatengehalt	„ 15 %
Conradson-Test	„ 1,5 %
Aschegehalt	0,5 %
Unterer Heizwert	mindestens 9000 kcal/kg
Korrosionstest Cu	negativ .
„ Zn	höchstens 4 mg
Filtrierbarkeit nach Hammerich b. 400 mm Unterdruck b. — 20° C	„ 120 s

Die Begrenzungen waren zum Teil durch Beschaffungsschwierigkeiten (Kältebeständigkeit), teils durch konstruktive Verhältnisse bedingt. (Aromaten und Phenole wegen Quellen der Dichtungen und Korrosion, eben deshalb der Schwefelgehalt, Verkokungsrückstand wegen Ablagerungen auf Verbindungsrohren der Brennkammern, Zündkerzen, Schlitzmischer, Einsätze und am Leitrad.) Das Kälteverhalten kann durch sorgfältiges Befreien des Kraftstoffes von Wasser sowie durch Vermeidung unnötiger Filter verbessert werden. Die konstruktive Verbesserung der Antriebe wurde erstrebt, um Kraftstoffe mit ungünstigeren Eigenschaften zu verbrennen. In England benützt man als Kraftstoff für den Strahlantrieb in der Luftfahrt Fliegerpetroleum, das mit 1 % Schmieröl versetzt ist, um Korrosion von Steuerungsorganen usw. in der Kraftstoffleitung zu verhindern. Durch konstruktive Ausschaltung gefährdeter Bauteile will man künftig ohne Ölzusatz auskommen.

Wie sich die weitere Entwicklung gestalten wird, ist noch nicht abzusehen. Zwecks Anpassung an überall gegebene Kraftstoffe wird man sich bemühen, die Brennkammern und Turbinen möglichst unempfindlich gegen die Kraftstoffe zu gestalten. Aber das Bestreben, die Brennkammern kleiner zu machen und höhere Drucke anzuwenden, spricht für die entgegengesetzte Entwicklung, zum mindesten für Hochleistungsaggregate. In diese Richtung gehört der Gedanke, Stoffe wie Divinyläther zu verwenden. Schwierigkeiten treten bei Verwendung üblicher Kraftstoffe auch durch die Asche, besonders den Vanadiumgehalt ein, die zur Aufnahme der sehr verwickelten Ascheschmelzdiagramme führten. So ist es wahrscheinlich, daß die Entwicklung, ähnlich wie auf dem Gebiete der Otto-Kraftstoffe, sich in zwei Richtungen vollziehen wird. Einerseits wird eine Versorgung der ortsfesten Anlagen und Flugantriebe mit einem überall herstellbaren Kraftstoff angestrebt werden, anderseits werden für Höchstleistungen Kraftstoffe möglichst rein synthetischer Herkunft verwendet werden, die den besonderen Anforderungen der Verbrennungsturbine weitgehend angepaßt sind: Dies ist vor allem für die Militärluftfahrt zu erwarten und wird dann ähnlich befruchtend auf die erstgenannte Entwicklungsrichtung wirken, wie die Herstellung isoparaffinischer und aromatischer Flugkraftstoffe auf jene der Autokraftstoffe.

Eine Auswirkung des neuen Antriebes darf nicht übersehen werden. Die Tatsache, daß von den gebräuchlichen Kraftstoffen die paraffinischen sich als beste erwiesen haben, bedeutet einen neuen Bedarf an Petroleum und Diesel- (Gas-) Öl, d. h. gerade an jener Zwischenfraktion zwischen Benzin und leichten Maschinenölen, die beste Ausbeute an

Krackbenzin liefert. Da der Bedarf an Benzin weiter steigt, der an Diesel-Öl aber nicht abnimmt, sondern ebenfalls wächst, wird die Versorgungslage mit der Zeit immer schwieriger werden. Der Bedarf an Diesel-Öl für Heizzwecke, der in Europa bisher gering war, kann auch nur ansteigen; insgesamt wird deshalb die Frage der besten Verwertung der motorischen Kalorien des Erdöls erneut zur Diskussion gestellt werden müssen.

Raketenkraftstoffe: Während bei der Verbrennungsturbine und beim Strahlantrieb der zur Verbrennung erforderliche Sauerstoff der Atmosphäre entnommen wird, muß ihn der Raketentreibstoff mit sich führen. Die Kraftstoffe für den Raketenantrieb müssen deshalb Mehrstoffsysteme sein, die einen brennbaren Anteil und einen sauerstoffliefernden Anteil enthalten.

Die allgemeinen Anforderungen an Raketentreibstoffe sind:

1. Hoher Heizwert/kg.
2. Große Brenngeschwindigkeit, bzw. Reaktionsfähigkeit mit Sauerstoff.
3. Niederes Molekulargewicht.
4. Geringes spez. Volumen.
5. Das Gemisch soll selbst starten (d. h. zünden).
6. Sicherheit bei Lagerung, Transport, Betrieb.
7. Hinreichende Beschaffbarkeit.

Die bisher üblichen festen Kraftstoffe für Raketen haben den Vorteil, daß sie in ihrem Verbrennungsverhalten gut erforscht sind, ihre Brenngeschwindigkeit beeinflußbar ist und ihre Lagerung, Transport und Betrieb keine Schwierigkeiten bereiten. Neue feste Kraftstoffe sind:

a) Ballestite (Nitrozellulose und Nitroglyzerin).
b) Hydrazinhydrat; schwierig zu handhaben, Verbrennungstemperatur 620° C.
c) Polysulfide: geben viel Rauch und hohe Verbrennungstemperatur.
d) Ammoniumperchlorat: soll den anderen Kraftstoffen überlegen sein.
e) Ammoniumpikrat und Ammoniumnitrat: aussichtsreich.
f) Beryllium-Borohydrid; korrodiert.
g) Lithiumborohydrid: sehr schwer herstellbar, aber aussichtsreich.
h) Lithiumhydrid: schwer herstellbar.
i) Borverbindungen: Pentaboran gibt viel H ab, Aluminiumborohydrid soll mit 13814 kcal/Mol besonders aussichtsreich sein, es entzündet sich aber an der Luft von selbst [163].

Größere Anwendung haben die folgenden flüssigen Raketentreibstoffe gefunden:

Flüssiger Wasserstoff und Sauerstoff. Hat höchsten Heizwert, aber sehr hohe Verbrennungstemperaturen und ist sehr explosiv; die Verwendung dieser Mischung scheint nur nicht gelungen zu sein.

Alkohol und flüssiger Sauerstoff (V_2-Treibstoff).

Wasserstoffsuperoxyd und Kaliumpermanganat (mit dem entstehenden Dampf wurde die Antriebsturbine für die Hauptkraftstoffpumpe der V_2 betrieben). 80% Wasserstoffsuperoxyd (T-Stoff von WALTHER; mit Phosphorsäure stabilisiert).

Hydrazinhydrat und Wasserstoffsuperoxyd (mit Cu-Salzen als Katalysator). 57% Methanol mit 30% Hydrazinhydrat und 13% Kaliumcuprocyanidlösung ergibt den C-Stoff von WALTHER, der sich im Betrieb sehr gut verhielt.

Salpetersäure mit Kohlenwasserstoffen: Wurden von BMW benützt. Tonka enthielt Zusätze von Aminen in den Kohlenwasserstoffen.

Visole waren Gemische von Vinyläthern und Phenolen (z. B. Visol 1: Butyl-Vinyläthern) Visol 4: Butondioldinyläther. Die Verbrennung war weich, die Haltbarkeit einen Monat. Das Tankmaterial wurde stark korrodiert. Xylidin und andere aromatische Amine verbrennen mit HNO_3 gut. Dabei ist die flache Zähigkeitskurve des Xylidins über den Betriebstemperaturbereich angenehm.

Die Verwendung der Raketen erscheint auch für nichtmilitärische Zwecke so interessant, daß die kurze Besprechung der Eigenschaften von Raketentreibstoffen hier mit aufgenommen wurde. Vorderhand überschattet ihre kriegsmäßige Verwendungsmöglichkeit die friedliche, z. B. als Starthilfe, für den Postverkehr usw. bei weitem. Die hohen Kosten werden die allgemeine Anwendung der Raketentreibstoffe wohl auf die Dauer erschweren, so daß kaum an eine Handelsluftfahrt mit Personenbeförderung zu denken ist, ganz abgesehen von den gegenüber der üblichen Fliegerei erheblich gesteigerten Gefahren.

γ) Frühere deutsche Vorschriften für Strahltriebkraftstoff.

J_2 und Einlauf — J_2 (1944).

	J_2	Einlauf — J_2
Bezeichnung	J_2	
Lieferbedingung	$\dfrac{\text{VTL } 147\text{—}286}{2}$	
Aussehen und Farbe	klar, frei von ungelöstem Wasser, Säure und Fremdstoffen	
D_{15}	mind. 0,800	mind. 0,760
Dampfdruck nach REID	max. 0,2 kg/cm²	max. 0,5 kg/cm²
Viskosität	b. 20° C, mind. 1° E „ 0° C „ — 20° C max. 3° E	mind. 1° E max 3° E
Kristallisationsbeginn	unter —25° C	unter 0° C
Schwefelgehalt	max. 1,5 %	max. 1,5 %
Phenolgehalt	max. 1 %	max. 1 %
Aromatengehalt	„ 45 Vol.-%	„ 45 Vol.-%
Conradsonverkokung	„ 1,5 %	„ 1,5 %
Aschegehalt	„ 0,5 %	„ 0,5 %
Unterer Heizwert[1]	mind. 9000 kcal/kg	mind. 9000 kcal/kg
Korrosion	gegen Kupfer negativ	gegen Zink höchstens 4 mg
Filtrierbarkeit[0]	max. 120 sek/—20° C	max. 120 sek/0° C
Nachuntersuchung	nach einem Jahr	
Lagerung	vollkommen getrennt voneinander und von anderen Kraftstoffen (A_3, B_4, C_3); auch Vermischung mit Resten anderer Kraftstoffe oder von Resten des J_2 mit anderen Kraftstoffen ist unbedingt zu vermeiden.	

III. Schmierung und Schmierstoffe.
1. Allgemeines.

Schmieren heißt Energie- und/oder Stoffverluste durch Einbringen eines geeigneten Schmierstoffes an Stellen herabsetzen, wo solche Verluste durch mechanische Reibung auftreten. Dabei muß das Schmiermittel — besonders in den Verbrennungsmaschinen — außerdem in vielen Fällen Wärme abführen, um die Schmierstelle zu kühlen.

Schmierung ist seit undenklichen Zeiten angewendet worden. So sind seit jeher Olivenöl, Rizinusöl, Rüböl und Talg, später Wollfett und Knochenöl oder Spermazetiöl verwendet worden, alles Stoffe, die ein ausgezeichnetes Schmierverhalten aufweisen. Durch die neueren Forschungen sind nur bei den Hochdruckschmiermitteln Stoffe und Schmierverfahren gefunden worden, die ihnen in dieser Hinsicht überlegen sind. Dies ist nicht so verwunderlich, als es im ersten Augenblick erscheinen mag: enthalten doch die erwähnten natürlichen Schmiermittel (Fettöle und Fette) — wohl aus biologischen Zusammenhängen — stark polare Stoffe, die deshalb besonders gute Schmiereigenschaften besitzen. Erst die extremen Beanspruchungen moderner Maschinen zwangen zum Beschreiten neuer Wege; dabei war der Temperatureinfluß von entscheidender Bedeutung. Aber auch die Schmierung bei hohen Temperaturen ist nicht neuesten Datums, denn es ist in der Technik schon seit langem üblich gewesen, höchstbelastete Lager durch Einbringen von Schwefelblüten betriebssicherer zu machen.

Beim Schmiervorgang wirken Schmierstoff, Schmierstelle (Konstruktion) und Werkstoff unter gegebenen Bedingungen zusammen; das Versagen eines dieser drei Faktoren führt zum Zusammenbruch der Schmierung mit entsprechenden Folgen. Vom Schmierstoff her kann deshalb einwandfreie Schmierung nur dann gesichert werden, wenn die Schmierstelle (Konstruktion), der Werkstoff und die Betriebsbedingungen nicht allzu ungünstige Verhältnisse schaffen. Aber selbst wenn diese Voraussetzung erfüllt ist, braucht der Schmierstoff im Falle des Versagens der Schmierung nicht ungenügende Schmiereignung aufzuweisen; denn auch seine anderen Eigenschaften können sekundär das Ausbleiben der Schmierung verursachen. So kann ungenügende Kältebeständigkeit, übermäßige Oxydation und Schäumen (besonders bei Umlaufschmierung) oder ungenügende Reinheit des Schmierstoffes verhindern, daß er überhaupt zur Schmierstelle gelangt, und dadurch Störungen auslösen. Derzeit begrenzen die im Öl auftretenden mechanischen Verunreinigungen die Belastbarkeit von Lagern eher, als die meist ausreichende Schmiereignung des reinen Öles. Die Verwendung eines Schmierstoffes mit besserer Schmiereignung kann fehlerhafte Konstruktion und ungenügende Qualität des Werkstoffes zu einem gewissen Grade ausgleichen; man soll sich aber bemühen, statt die Symptome zu behandeln, die eigentliche Ursache ungenügender Schmierung zu beseitigen. So kann z. B. nach KLEMENCIC (vgl. Band 8, Teil 1 dieser Sammlung) auch ungenügender Druck in der Ölleitung oder konstruktiv bedingte zu langsame Beschleunigung des Öles auf die Umfangsgeschwindigkeit von Lagern zum Versagen der Schmierung infolge von Hohlraumbildung führen.

Während des Betriebes verändern sich überdies die chemisch-physikalischen Eigenschaften des ursprünglichen Frischöles; auch die Lagerwerkstoffe können durch den Schmiervorgang verändert werden. All dies muß berücksichtigt werden, wenn man die Zusammenhänge bei der Schmierung erkennen will.

Die Schwierigkeit, sich über Schmierungsfragen zu verständigen, beruht zum Teil darauf, daß die Begriffe der Schmierung nicht klar sind oder daß sie verschieden angewendet werden. Deshalb wurde in der DVL 1941 ein erster Entwurf einer Begriffsbestimmung ausgearbeitet (163 a), der 1944 von der Arbeitsgruppe Schmiertechnik des Fachausschusses Maschinenelemente des VDI weiter ausgebaut wurde. Er ist in der von KLEMENCIC formulierten Fassung nachstehend gebracht.

2. Benennung der Reibungsarten und Schmierzustände.

a) Grundbegriffe.

Reibung ist eine Naturerscheinung, die sich dadurch äußert, daß bei der Einleitung oder Aufrechterhaltung einer gegenseitigen Gleitbewegung zweier Körper ein Widerstand zu überwinden ist, der nicht von Trägheitskräften herrührt.

Häufig wird dieser Widerstand selbst als Reibung bezeichnet. Wo es jedoch die Klarheit erfordert, ist zwischen der *Reibung* als Erscheinung und der *Reibungskraft* als dem Bewegungswiderstand zu unterscheiden. Je nach dem Bewegungszustand unterscheidet man *Anlaufreibung* und *Gleitreibung*[1].

---

[1] Es sind Zweifel darüber geäußert worden, ob der bei der Einleitung einer Gleitbewegung zu überwindende Widerstand auch als Reibungskraft bezeichnet werden soll oder ob diese Bezeichnung nur dem Bewegungswiderstand bei Vorhandensein einer Gleitgeschwindigkeit gebührt.

Bei Begriffsfestlegungen soll nie das Quantitative (Mengenmäßige), sondern nur das Qualitative (Wesensmäßige) maßgebend sein. Die Größe der Gleitgeschwindigkeit ist deshalb auch bei einer Begriffsfestlegung für die Reibung belanglos und folglich muß der Bewegungswiderstand auch dann, wenn die Gleitgeschwindigkeit gleich Null ist, als Reibungskraft bezeichnet werden.

Die gleiche physikalische Bedeutung wie Anlaufreibung haben die Bezeichnungen Reibung der Ruhe, statische Reibung, Haftreibung. Sie sind jedoch teils umständlicher und weniger anschaulich, teils aus dem fremdsprachigen Schrifttum übernommen; der Begriff „haften" wiederum wird in Verbindung mit anderen physikalischen Erscheinungen gebraucht, so daß auch gegen seine Verwendung Bedenken erhoben wurde. Deshalb ist die Bezeichnung Anlaufreibung vorzuziehen, durch die gleichzeitig auch ausgedrückt wird, wie sich die Reibungserscheinung äußert und wie sie gemessen werden kann.

Schmierung ist eine Maßnahme, die bezweckt, an Gleitflächen Reibungswiderstände und Stoffverluste durch einen dazwischen gebrachten Schmierstoff herabzusetzen[1].

b) Typen der Reibung.

Man unterscheidet zwei Hauptarten der Reibung:

1. Die *innere Reibung* oder Flüssigkeitsreibung, die im Innern einer Flüssigkeit bei einer gegenseitigen Verschiebung der Flüssigkeitsmoleküle auftritt, und

2. die *äußere Reibung*, die an der gemeinsamen Grenzfläche zweier Körper auftritt und daher auch *Grenzflächenreibung* genannt wird.

Es gibt nun zwei Möglichkeiten:

a) handelt es sich um völlig trockene, d. h. von Flüssigkeiten und Gasen freie Grenzflächen zweier fester Körper, dann wird die Grenzflächenreibung als *Trockenreibung* bezeichnet;

b) sitzt am festen Körper eine unter der Wirkung der Grenzflächenkräfte aufgebaute Flüssigkeits- oder Gasschicht, die Grenzschicht[2], dann wird diese Art der Grenzflächenreibung genauer als *Grenzschichtreibung* gekennzeichnet[3].

c) Mischformen.

Bei einem Gleitvorgang können verschiedene Reibungsarten nebeneinander auftreten, so daß sich ihre Erscheinungen überlagern. Man kann folgende Möglichkeiten unterscheiden (siehe auch die beiliegende Stammtafel):

1/2 b. Liegt teils Flüssigkeitsreibung, teils Grenzschichtreibung vor, gibt es also nirgends ungeschmierte Gleitstellen, dann heißt diese Reibungsart *Flüssigkeitsmischreibung*.

2 a/2 b. Die Zusammensetzung der beiden Arten von Grenzflächenreibung wird *Grenzflächenmischreibung* genannt.

1/2 a/2 b. Beim gleichzeitigen Auftreten aller Reibungsarten spricht man von *gemischter Reibung* oder kurz *Mischreibung*.

Auf der Tafel sind die Arten der Reibung und die ihnen entsprechenden Schmierzustände zusammengestellt; die für die Praxis wichtigen Fälle sind u n t e r s t r i c h e n.

---

[1] Der Schmierstoff kann aber außer der Schmiereigenschaft auch noch die Fähigkeit besitzen, die Neigung der Gleitwerkstoffe zum Verschweißen durch eine chemische Veränderung der Gleitflächen herabzusetzen, so wie er auch als Kühlmittel wirken kann. Mit dem Schmiervorgang aber, der seinem Wesen nach stets ein mechanischer Vorgang ist, haben diese weiteren Schmierstoffeigenschaften nichts zu tun. Deshalb wurde die Bezeichnung „chemische Schmierung", die vorwiegend im ausländischen Schrifttum zu finden ist und auf solche chemische Reaktionen zwischen Schmierstoffbestandteilen und den Gleitwerkstoffen besonders hinweisen soll, in die Begriffsfestlegungen nicht aufgenommen.

[2] Während man in der Schmiertechnik unter der Grenzschicht die durch die Grenzflächenkräfte geordnete Schicht von Schmierstoffmolekülen versteht, bezeichnet man in der Strömungslehre mit demselben Wort die Zone des strömenden Mediums, in der sich der Geschwindigkeitsabfall zur Wand in besonderer, vor allem von L. PRANDTL erforschter Gesetzmäßigkeit vollzieht. Da beide Gebiete in keiner Beziehung zueinander stehen, sind Verwechslungen durch die gleichlautenden Bezeichnungen nicht zu befürchten.

[3] Für diese Reibungsart wird bei monomolekularer Flüssigkeitsschicht auch die Bezeichnung Epilamenreibung gebraucht. Da dieser Ausdruck zu nicht allgemein zutreffenden Vorstellungen Anlaß geben kann, soll er vermieden werden.

Stammtafel der Reibungsarten und Schmierzustände.

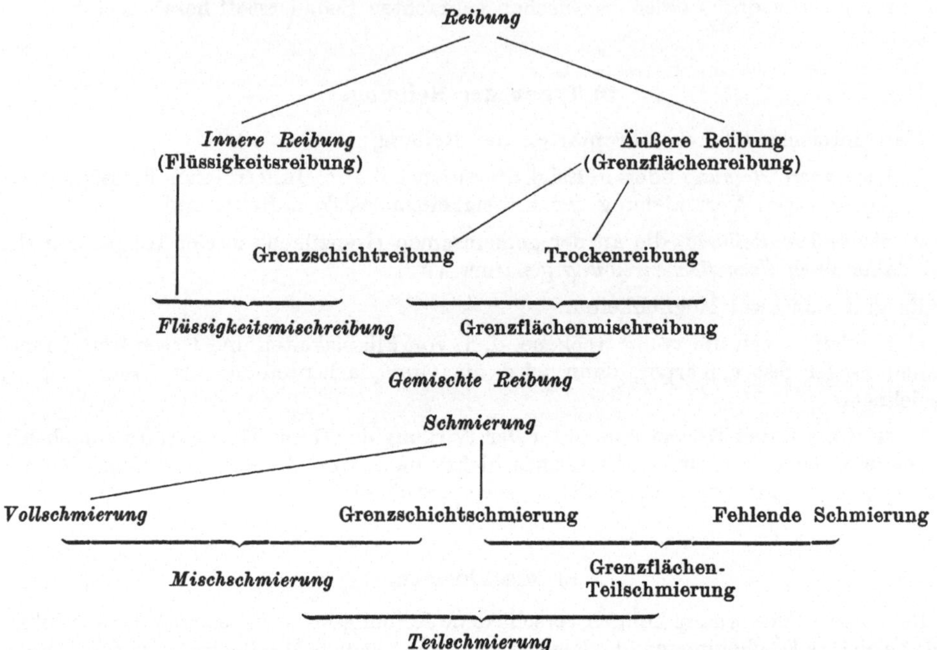

VDI — Arbeitsgruppe Schmiertechnik, Dezember 1944.

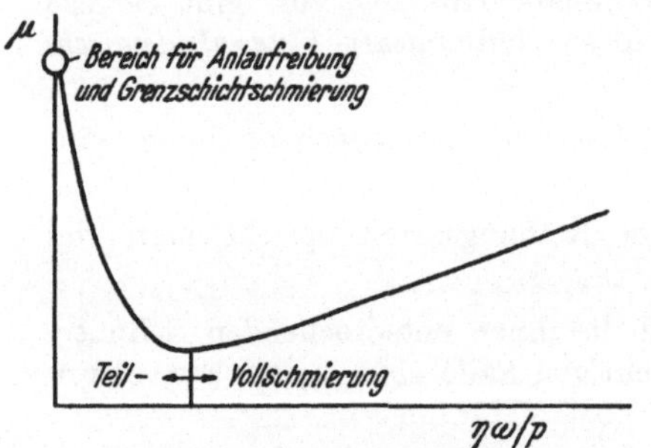

Abb. 64. Gebiete der Schmierung in der STRIEBECKschen Kurve.

Die Verteilung der verschiedenen Schmierzustände auf die STRIEBECKsche Kurve veranschaulicht die Abb. 64.

Von diesen Grundarten der Schmierung tritt bei technischen Vorgängen nur die Flüssigkeitsschmierung für sich allein auf (z. B. in Gleitlagern bei nicht zu hohen Belastungen und nicht zu niederen Drehzahlen), während die beiden anderen Grundarten in reiner Form nur bei besonderer Sorgfalt mit physikalischen Methoden in speziellen Apparaten verwirklicht werden können. Insoferne sind sie als Idealfälle zu betrachten, die technisch für sich allein kaum auftreten. An der Gleitfläche eines Maschinenteils, z. B. eines Kolbenrings, tritt Trockenreibung nur an örtlich engbegrenzten Stellen auf, während dicht daneben schon durch geringste Spuren Schmierstoff Grenzschmierung oder auch Flüssigkeitsschmierung herrschen kann. Die nach außen in Erscheinung tretende Gesamtschmierung (bzw. -reibung) stellt sich somit als eine meist nicht näher zu zergliedernde Summe von Elementarwirkungen dar, die einen mit dem Betriebszustand wechselnden Anteil am Gesamtvorgang haben. Dadurch erklärt sich die große Vielfalt der Schmier- und Reibungsvorgänge und ihrer Abhängigkeit von den darauf wirkenden Einflüssen. Aus diesem Grunde werden in der Folge auch nur die Grundarten besprochen, aus denen sich die Mischschmierzustände zusammensetzen.

Trockenes Gleiten, Trockenreibung im Sinne der Begriffsbestimmungen tritt ein, wenn zwei Körper ohne dazwischenliegende gasförmige oder flüssige Schichten aufeinander gleiten; sie führt bei miteinander legierbaren Metallen sofort zum Verschweißen, weil die

Metalle in den Wirkungsbereich der beiderseitigen Oberflächenkräfte kommen (vgl. das Kaltverschweißen von Metallen!), während sie bei nichtlegierbaren Metallen kurzfristig auftreten kann, bis die Reibungswärme zum Schmelzen des einen Gleitwerkstoffes führt. Praktisch kommt Trockenreibung unter Umständen vor, ist aber dann die Folge mangelhafter Konstruktion oder übermäßiger Betriebsbeanspruchungen. Für die Trockenreibung gilt die COULOMBsche Regel, d. h. für eine bestimmte Stoffpaarung ist die Reibungszahl in bestimmten Grenzen nur vom Werkstoff abhängig, dagegen unabhängig von der Größe, Belastung und Geschwindigkeit der Gleitflächen: $R = \mu \cdot N$, worin R die Reibungskraft, μ die Reibungszahl und N die Kraft, mit der die beiden Gleitflächen aneinander gepreßt werden. Bei höheren Geschwindigkeiten gilt die Regel allerdings nicht mehr. Die Ursache der Reibung ist dabei nach den Untersuchungen von HOLM [164] nicht der Verschleiß, sondern die Verzerrung der übereinander gleitenden Atome oder Atomgruppen. In reinster Form wurde die Trockenreibung bisher von HOLM bei seinen Kreuzdrahtversuchen verwirklicht, bei denen im Höchstvakuum zwei parallele Drähte auf zwei anderen dazu senkrecht glitten. In anderen Versuchen mit stromlosen Schleifkontakten hat HOLM gezeigt, daß die Materialhärte den bei der Trockenreibung an der Berührungsstelle wirklich auftretenden Druck begrenzt. Dieser sucht nämlich, bei nicht allzuglatten Flächen, einen konstanten Endwert anzunehmen, indem mit steigendem Druck eine Verformung und Abplattung der Berührungsspitzen eintritt, die den spezifischen Druck wieder auf den konstanten Endwert senkt. Erhöhung der Temperatur sollte die Erreichung der Abplattung erleichtern, steigert aber die Gefahr des vollkommenen Verschweißens. Bei seinen Versuchen über die trockene Reibung fand HOLM, daß die Reibungszahl von Ni und Wo sowie von Cu gegen Cu durch Sauerstoff stark gesenkt wird, jene von Gold gegen Gold aber gar nicht. Inaktive Gase zeigten in keinem Falle einen Einfluß, wenn nicht durch Wasserstoff Reduktion einer Oxydhaut eintrat, während CO_2 eine gewisse Schmierwirkung auszuüben schien. Bei der Einwirkung des Sauerstoffes tritt primär molekulare Adsorption in einfacher Schicht ein, die später in atomare Bindung in Form von Oxyd übergeht. Die Festigkeit der Adsorption entspricht etwa der Festigkeit der Metalle selbst; die gebildeten Oxyde können nur mehr durch starkes Glühen von der Oberfläche entfernt werden (HOLM l. c. S. 84). Wasserdampf ergibt ebenfalls sehr starke Senkung des Trockenreibungswertes; in diesem Falle hat man es aber wohl schon mit einer Grenzschichtreibung zu tun, bei der eine flüssige Zwischenschicht besteht. Zwischenschichten änderten auch die Reibungswerte bei den Versuchen von T. P. HUGHES und G. WHITTINGHAM [165], die bei geringer Geschwindigkeit und hoher Last durchgeführt wurden.

Zahlentafel 46. Trockenreibungswerte chemisch behandelter Oberflächen.

Stoffpaarung	Rein	Oxyd	Sulfid	Selenid	Phosphid	Chlorid	Jodid	Graphit	MoS$_2$
Cu-Cu	1,0—1,2	0,4	0,3	—	—	—	—	—	—
Weichstahl/Al ...	0,5	0,4—0,5	0,32	—	—	—	—	—	—
Ag—Ag	0,8	—	0,3	—	—	—	—	—	—
NRStahl/NRStahl	0,7	0,45	—	—	—	—	—	0,09	0,065
NR-Cd-Pb-Bronze	0,3	—	0,20	—	—	—	—	—	—
NR-Cu-Pb-Bronze	0,27	—	—	—	—	—	—	—	0,11
NR-Cu	0,3	—	0,18	0,15	0,14	0,2	0,14	—	—
NR-Ag	0,26	—	0,16	0,15	—	—	—	—	—

Sowohl Graphit als auch Molybdänsulfid ergaben Reibungswerte, die niederer als jene aller anderen mit dem Metall fest verbundenen Schichten lagen. Der Wert des Graphites war sogar niederer als jener der besten polaren Schmiermittel, wie Stearinsäure und andere Fettsäuren.

Grenzschichtschmierug ist nach den Begriffsbestimmungen jede Schmierung, bei der auf den Gleitstücken eine unter der Wirkung der Grenzflächenkräfte aufgebaute Flüssigkeits- oder Gasschicht sitzt, ohne daß aber Trockenreibung oder Flüssigkeitsschmierung beteiligt ist. (Es sei darauf hingewiesen, daß der exakte Nachweis dafür bisher nicht möglich ist.) Auch die allgemein als Trockenreibung bezeichnete Erscheinung fällt unter diese Bezeichnung, soferne eine adsorbierte Gasschicht zwischen den Gleitstücken sitzt. Meist wird aber damit jener Schmierzustand bezeichnet, bei dem Moleküle eines flüssigen Schmiermittels die Gleitstellen in so dünner Schicht trennen, daß die in üblicher Weise (in Viskosimetern unter Normalbedingungen) bestimmte Zähigkeit keinen Einfluß mehr hat. Grenzschichtschmierung kommt technisch bei geringen Geschwindigkeiten und hohen Drucken, z. B. beim Anlauf und beim Notlauf, auch im Totpunkt von Kolben vor.

Der Temperatureinfluß auf die Grenzschichtschmierung wird verschieden beurteilt, wobei die Ursache der verschiedenen Ergebnisse wohl auf die jeweils verwendeten Apparaturen und Versuchsbedingungen zurückgeführt werden müssen. HARDY [165] fand zwischen 15 und 110° C keinen Einfluß, BOWDEN und HUGHES [167] wieder für 100° C Temperaturerhöhung Abnahme des Reibungswertes um einige Prozent, falls keine Erweichung des Metalles eintritt. Vorversuche MORGHENS (1. c) sprechen für eine Zunahme des Reibungswertes bei einer Temperatursteigerung von 20 auf 80° C. Auch KLEMENCIC fand in Gleitlagerversuchen mit Carobronze bei Grenzschichtschmierung Zunahme der Reibungszahl von 0.167 bei 30° auf 0,197 bei 97° C; bei Bleibronze stieg die Reibungszahl von 0,155 bei 20° C auf 0,234 bei 240° C. BEEK, GIVENS und SMITH [168] sehen die Ursache des Temperatureinflusses auf die Grenzschichtschmierung bei Verwendung niedermolekularer Stoffe darin, daß unpolare adsorbierte Grenzschichtmoleküle verdampfen, während polare bis 200° C adsorbiert bleiben. TABOR findet auch, daß bei Temperatursteigerung die Reibungszahl zuerst allmählich ansteigt, dann aber ruckartiges Gleiten einsetzt, um bei 150° C wieder in ruhiges Gleiten überzugehen, weil Oxydation einsetzt. (Solche Versuche sollten unter Vermeidung einer Sauerstoffatmosphäre durchgeführt werden, um reversible Übergänge zu erzielen.) Diese temperaturbedingte Erscheinung des Ruckgleitens (stick-slip) ist verschieden gedeutet worden. So führt es KLEMENCIC [169] auf die Tatsache zurück, daß die Versuche im instabilen Gebiete durchgeführt wurden, in dem die Reibungskraft mit zunehmender Gleitgeschwindigkeit abfällt, so daß die ungenügend starren Bauteile des Meßapparates in Schwingungen geraten. Auch HAYKIN, LINOVSKY und SOLOMONOVICH [170] erklären das Ruckgleiten durch Annahme des Schwingens des Gleitkörpers infolge der Bewegung im fallenden Teil der STRIEBEKschen Kurve. Sowohl KLEMENCIC als die russischen Autoren lehnen deshalb das Ruckgleiten als Stoffcharakteristik ab. Trotzdem hat es wohl Berechtigung, dadurch die Schmieröle zu kennzeichnen, denn gerade jene Schmiermittel, deren Ruhreibung geringer als die Gleitreibung ist, die also gar keinen abfallenden Ast in der STRIEBEKschen Kurve aufweisen, ergeben ruhigen Lauf. Dabei ist es gleichgültig, ob das Ruckgleiten durch eine Desorption infolge Abnehmens der Haftkraft oder durch zunehmende Beweglichkeit der adsorbierten Moleküle des Schmiermittels auftritt.

Der *Druck*, bzw. die *Flächenpressung* sind bei Grenzschichtschmierung ohne Einfluß auf die Reibungszahl, wie sowohl Versuche von HARDY zeigten, bei denen er den Druck im Verhältnis 1:50 änderte [166], als auch die Versuche von HOLM beweisen, bei denen extreme Grenzschichtreibung (Epilamenreibung) eine Reibungszahl ergab, die nicht nur vom mittleren Druck, sondern auch vom Metall unabhängig war; nur Platin zeigte höhere Reibungsbeiwerte [164].

Die *Gleitgeschwindigkeit* hatte bei den Versuchen der PTR keinen Einfluß auf die Reibungszahl; allerdings war der untersuchte Bereich nicht sehr weit (1 bis 5 cm/s!).

Die *Oberflächenrauhigkeit* ist ebenfalls nach Versuchen der PTR bei Grenzschichtschmierung ohne Einfluß auf die Reibungszahl. KLEMENCIC fand dagegen bei Lagerversuchen eine Abhängigkeit davon. Der Unterschied in den Ergebnissen kann auf die verschiedenen Versuchsbedingungen zurückgeführt werden, da die PTR eine Stift-Plattenapparatur benützte, wie sie ähnlich von BOWDEN, HUGHES und WHITTINGHAM usw. benützt wurde. Eine wichtige Beobachtung des Rauhigkeitseinflusses stammt von PFÄN-

DER, der fand, daß große Rauhigkeit schlechte Differenzierung der Schmierstoffe nach ihrer Reibungszahl ergibt. Umgekehrt ist sie zur Erfassung der Verschleißneigung nach den Versuchen von HALDER [171] günstiger, als hohe Glättung.

Chemische Einflüsse sind für die Grenzschichtschmierung sehr wichtig. Die Atmosphäre wirkt sich ähnlich aus wie bei der Trockenreibung.

Die *hydrodynamische* oder *Vollschmierung* ist erreicht, wenn ein ununterbrochener Schmierfilm die Gleitstellen soweit voneinander trennt, daß kein Verschleiß mehr auftritt und die Reibung nur durch die Zähigkeit, d. h. den inneren Widerstand des Schmiermittels bedingt, wird. Die Größe der Reibungszahl in Lagern ist abhängig von dem Wert $\frac{\eta \cdot \omega}{p}$ worin η die dynamische Zähigkeit, ω die Winkelgeschwindigkeit und p der Belastungsdruck ist. Im Falle gleitender paralleler Flächen von der Größe F und dem gegenseitigen Abstand h ist die Reibungskraft $R = \frac{\eta \cdot F \cdot v}{h}$, worin η wieder die dynamische Zähigkeit und v die Gleitgeschwindigkeit bedeutet. Die Ausbildung und gegenseitige Lage der Gleitflächen bestimmen den Wert der Reibung wesentlich. Stoffmäßig ist die Zähigkeit die einzig interessierende Eigenschaft; deren Abhängigkeit von darauf einwirkenden Einflüssen muß bekannt sein, um die im Schmierfilm herrschenden Bedingungen zu berücksichtigen. Verschleiß durch mechanische Reibung tritt nicht auf.

Unter Umständen wird auch unter solchen Bedingungen keine Vollschmierung erreicht, unter denen man sie nach den üblichen Maßstäben erwarten sollte. Die Ursache dafür liegt meist in der ungenügenden Ölzufuhr (Hohlsog!) oder mechanischen Festigkeit der Lager, wodurch statt der Vollschmierung Mischschmierung auftritt. Dadurch ist z. B. die von Block [172] für schnellaufende und durch reichliche Ölzufuhr gut gekühlte Gleitlager angenommene „Hochtemperaturgrenzschmierung" zu erklären; auch die von E. H. KADMER [173] betonte Notwendigkeit, Öle zur Verwendung bei hohen Drehzahlen durch Zusätze zu verbessern, ist so zu verstehen.

Die Einflüsse auf die Zähigkeit, die vor allem durch Druck und Temperatur aber auch durch Oberflächenkräfte ausgeübt werden, können zwar durch entsprechende Versuche festgestellt werden, doch ist es sehr schwierig, Temperaturen und Drucke im Schmierfilm zu messen, so daß hier noch manche Unklarheiten bestehen. (Vgl. z. B. VOGELPOHL [174].) NEEDS [175] fand, daß bei Schichtdicken unter 0,001 mm anscheinend Verfestigung des *Schmierfilms* eintrat, doch wird dieser Befund bestritten, weil er durch die Anwesenheit fester Teilchen verursacht worden sein kann; so hat TERZAGHI ähnliche Beobachtungen bei Lehm-Wassergemischen gemacht, wenn der Film nur 0,0001 mm dick war. BASTOW und BOWDEN fanden nur bis zu einer Filmdicke von 0,00025 mm einen Oberflächeneinfluß; auch hat BULKLEY [176] mit feinstgefilterten Ölen in Glas und Platinkapillaren von 0,01 bis 0,03 mm Durchmesser keine Einwirkung mehr gefunden. Die oft zitierten Ergebnisse von D. P. BERNAD und R. E. WILSON [177], die fanden, daß sich Kapillaren von 0,3 mm Durchmesser beim Durchfluß von Öl mit einem geringeren Prozentsatz an Öl- oder Stearinsäure allmählich vollkommen zusetzen, dürften überholt sein. Eine Untersuchung von V. LEVICH [178], wonach das Fließen einer monomolekularen Schicht durch eine „zweidimensionale" Kapillare hydrodynamisch erklärbar sei, so daß die Zähigkeit auch in dünnster Schicht normal sei, harrt der Bestätigung. Immerhin erscheint es nach den bisherigen Ergebnissen unwahrscheinlich, daß sich im Bereiche der technisch vorkommenden hydrodynamischen Schmierfilme schon Oberflächenkräfte auf die Zähigkeit auswirken.

Der *Druckeinfluß* auf die Zähigkeit ergibt durch deren Anstieg eine Zunahme der Reibungszahl. Zunahme der Zähigkeit mit dem Druck ist aber infolge des molekularen Aufbaues der Flüssigkeiten der Temperaturempfindlichkeit der Zähigkeit proportional. Ein Öl mit geringer Druckabhängigkeit der Zähigkeit ist auch wenig temperaturempfindlich im Fließverhalten, und umgekehrt. So sind die fetten Öle in ihrer Zähigkeit viel weniger gegen Druck und Temperatur empfindlich, als die Mineralöle. Anders steht es mit einer

Beobachtung von T. C. Poulter, der feststellte, daß bei sehr hohen Drucken, wie sie allerdings bei höchsten Belastungen auftreten können, aus dem Öl feste Teilchen ausgeschieden werden, die hart genug sind, das Schmiermittel abzuwischen oder gar polierend zu wirken, so daß er diese Eigenschaft des Öles zur Charakteristik vorschlägt. Bisher sind aber keine weiteren Beobachtungen in dieser Richtung mitgeteilt worden [179].

Der Einfluß von *Druck* und *Geschwindigkeit* auf die hydrodynamische Schmierung ist der angeführten Formel für die Reibungskraft zu entnehmen.

Der Einfluß der *Werkstoffe* bei angeblicher Vollschmierung wurde von E. G. Gilson [180] durch Feststellung verschiedener Reibungsbeiwerte für ein und dasselbe Öl beobachtet. Da sich aber der Übergang der Grenzschichtschmierung über Mischschmierung in die Vollschmierung nach den Versuchen von W. Büche [181] nicht kraß, sondern ganz allmählich vollzieht, ist es möglich, daß in Lagern trotz reichlicher Schmierung auch noch im Gebiete der anscheinend vollkommen flüssigen Schmierung (Vollschmierung) Unterschiede bei Verwendung ein- und desselben Öles in Lagern vollkommen gleicher Konstruktion aus verschiedenen Werkstoffen auftreten. Eine Beobachtung von E. Heidebroek [182], daß in Lagern vollkommen gleicher Bauart aus verschiedenen Werkstoffen (WM 80 und Kunstharz) das Weißmetallager bei gleichem Öldruck nur etwa den halben Durchfluß des Kunstharzlagers bei acht verschiedenen Ölen hatte, ist noch nicht restlos geklärt; die wahre Temperatur des Ölfilms könnte beim Weißmetallager tiefer gelegen sein und somit statt einer verschiedenen Ölschlüpfrigkeit, wie sie von Heidebroek angenommen wird, einfach verschiedene Zähigkeit die Ursache der Unterschiede gewesen sein.

Daß *chemische Einflüsse* der umgebenden Atmosphäre auf die Vollschmierung beobachtet wurden, kann nur so gedeutet werden, daß ein Mischschmierungszustand herrschte, wie z. B. die Feststellung von Gilson, daß die Reibung unbelasteter Lager in Wasserstoff größer war als in Luft oder einer oxydierenden Atmosphäre [183].

So sind auch auf dem anscheinend ganz einfach gelagerten Gebiet der Vollschmierung noch eine Reihe von Fragen zu beantworten, um alle Zusammenhänge zu klären. Am wichtigsten ist es wohl, die Eigenschaften der Öle zu erfassen, die den Zähigkeitswert unter den Schmierbedingungen bestimmen; auch sollten exakte Verfahren ausgearbeitet werden, um den Bereich zu erfassen, bis zu dem in einer gegebenen Schmierstelle die hydrodynamische Schmiertheorie gilt.

Mischschmierung (Teilschmierung) setzt sich im allgemeinen Fall aus allen drei reinen Schmierzuständen zusammen, die daran in wechselndem Verhältnis beteiligt sind. Vogelpohl hat näherungsweise den Anteil der Grenzschichtschmierung bei der Mischschmierung berechnet, wie die Abb. 65 zeigt. Die Tatsache, daß noch im „rein hydrodynamischen" Ast ein merklicher Anteil an Grenzschichtschmierung (als Grenzreibung bezeichnet) auftritt, kann die verschiedenen erwähnten Einflüsse bei anscheinender Vollschmierung erklären.

Die verschiedenen Einflüsse wirken sich bei der Mischschmierung entsprechend dem

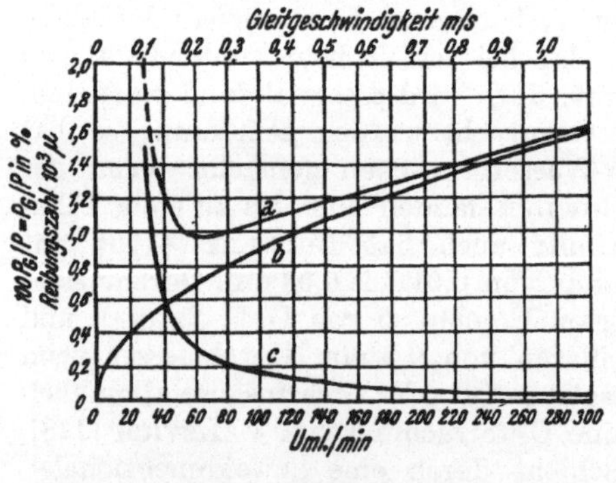

Abb. 65. Anteil der Grenzschichtreibung an der Gesamtreibung nach Vogelpohl.
a = Gesamtreibung, b = hydrodynamische Reibung, c = Grenzschichtreibung.

Anteil der reinen Schmierzustände aus, wie sie bereits besprochen wurden. Für die *Temperatur* ist zu beachten, daß ihre Erhöhung durch Verringerung der Zähigkeit die Belastbarkeit im Vollschmierungsgebiet senkt, die durch polare Stoffe bewirkte Grenzschichtschmierung infolge von Desorption oder größerer Beweglichkeit der adsorbierten Moleküle ebenfalls verschlechtert und auch die trockene Reibung ungünstiger gestaltet, wenn zwei miteinander legierbare Metalle aufeinander gleiten; dagegen fördert sie die chemische Veränderung der Oberflächen durch chemische Reaktionen ebenso wie die

Oxydation des Schmieröles zu polaren Stoffen. Die nachteilige Wirkung der Temperatursteigerung bei Mischschmierung kann deshalb unter Umständen sogar überkompensiert werden. Als Temperatur ist hiebei nicht nur die — im allgemeinen wichtigere — Mitteltemperatur, sondern auch die momentan an den sich berührenden Teilen der Gleitflächen auftretende Spitzentemperatur (Temperaturblitze) zu berücksichtigen.

3. Bedeutung der Oberflächen.

Die Reichweite der Oberflächenkräfte ist nur wenige Ångström (10^{-8} cm), also außerordentlich klein. Kommen aber zwei legierbare Metalle in diese Entfernung, so genügen die Kräfte zum Verschweißen der Berührungsstelle. Die trockene Reibung besteht aus dem fortlaufenden Zerreißen solcher sich stets neubildender Brückenstellen und der gegenseitigen Verzerrung der Oberflächenatome. Schon eine monomolekulare Schicht (Wasser, Oxyd, Schmiermittel) genügt, um die Oberflächenkräfte abzusättigen und das Verschweißen zu verhindern. So fand LANGMUIR eine Senkung der Trockenreibungszahl von Glasflächen von 1 auf 0,13 durch eine monomolekulare Schicht von Ölsäure. Die adsorbierte Schicht des Schmiermittels ruht nun aber orientiert auf der Unterlage und indiziert ihrerseits den Orientierungszustand noch weit über den Bereich der ursprünglichen Oberfläche hinaus; trotzdem ist die Reichweite der eigentlichen Oberflächenkräfte auf die erste Schicht beschränkt.

Die *Haftfestigkeit* des adsorbierten Films ist nach den Überlegungen von K. L. WOLF groß. Er fand, daß die Festigkeit der Adsorption der Festigkeit im Innern der Metalle entspricht. Trotzdem brauchen gut adsorbierende Stoffe noch keine guten Schmiermittel zu sein; die Phenole werden z. B. stark adsorbiert, ohne zu schmieren. Monomolekulare Filme werden viel rascher zerstört, als dickere; so fand LANGMUIR, daß ein monomolekularer Film von Ölsäure auf Glas durch einmaligen Übergang zerstört wurde, während ein 7 Moleküle dicker Film 4000 Übergänge aushielt. Nimmt man also für die Grenzschichtschmierung monomolekulare Grenzschichten an, so müßte zusätzlich gefordert werden, daß ein weggedrückter Ölfilm möglichst rasch erneuert wird. Auch Messungen von MORGHEN zeigten, daß Dünnfilme an einer Stahlkugel rasch verbraucht wurden, fettes Öl sogar rascher als mineralisches [184]. Die gleiche geringe Beständigkeit monomolekularer Filme von polaren Substanzen fanden E. N. DACUS, F. F. COLEMAN und L. C. ROESS [185].

Die *wirkliche Berührungsfläche* bei Grenzschichtschmierung ist nur ein geringer Bruchteil der scheinbaren Berührungsfläche und beträgt je nach dem Belastungsdruck bis zu weniger als 1/10000 bei ruhenden glatten Stahlflächen; sie wird durch Größe, Form und Rauhigkeit der Oberfläche nicht sehr beeinflußt, sondern hängt vor allem vom Druck ab, weil dabei plastische Verformung eintritt [186].

DREYHAUPT [187] kommt bei Messung der Oberflächen mit einem eigenen Gerät, das nach dem Prinzip der teilweisen totalen Reflexion arbeitet, zu sehr viel größeren Werten (20 bis 80 %), die aber zu hoch liegen dürften. Eine Zusammenstellung der Dimensionen bei der Schmierung ist in der Zahlentafel 47 gegeben.

4. Reibung und Verschleiß.

Bei der Vollschmierung entsteht die Reibung nur durch den inneren Widerstand der Flüssigkeit (die Zähigkeit), mechanischer Verschleiß kommt dabei nicht vor. Das heißt nicht, daß nicht Verschleiß, bzw. Materialverlust anderer Art auftreten kann; tatsächlich kann dieser durch Kavitation und Erosion, unter Umständen auch durch Korrosion eintreten, alles Ursachen, die mit dem Schmiervorgang als solchem unmittelbar nichts zu tun haben. Die sogenannten Pittings, die an Zahnrädern, aber auch an Platten gefunden wurden, sind auf eine mechanische Ermüdung des Materials zurückzuführen, die durch lokale hohe Öldrucke erfolgt. Dabei dringt das Öl in feinste Spalten im Material und sprengt mit der Zeit größere Teilchen in ähnlicher Weise heraus, wie dies bei der interkristallinen Korrosion erfolgt. Die Möglichkeit von Erosion bei hohen Flächenpressungen (800 kg/cm²) zieht BRILLIÉ in Betracht [188].

Zahlentafel 47. Dimensionen, die für den Schmiervorgang von Bedeutung sind.

Durchmesser der Atome: etwa 1.10^{-8} cm ($= 1$ Ångström)

Durchmesser der Ölmoleküle: etwa 5—50 Å

Reichweite der unmittelbar wirkenden Oberflächenkräfte:
etwa 1 Å

Reichweite der mittelbar wirkenden Oberflächenkräfte:
etwa 25—30 Å

Epilamenschicht: je eine 1 Molekül dicke Schicht auf beiden aufeinander gleitenden Flächen

Grenze des hydrodynamischen Fließens (Grenzschichtdicke): unter $0{,}1^2\mu$

Mindestdicke technischer Schmierspalte: 0,1—0,005 mm

Rauhigkeit von Oberflächen:

roh geschliffen	$7\mu^3$	$10\mu^4$
geschliffen	1,2	2—3
gehont	0,07—0,11	0,5—1
geläppt	0,07	0,5
feinziehgeschliffen	0,02—0,025	0,5

Wirklich tragende Fläche nach DREYHAUPT[5]:

Fläche geschliffen	20—30 % der Gesamtfläche	
„ feingeschliffen	32—40 %	„ „
„ feinstgeschliffen	40—50 %	„ „
„ geläppt	50—53 %	„ „
„ poliergeläppt	63—80 %	„ „
Endmasse	über 90 %	„ „

Nach BOWDEN und TABOR[6] dagegen

$$\frac{1}{100} - \frac{1}{100.000}$$ der scheinbaren Berührungsfläche

Dicke der Anlaufoxydschicht bei unedlen Metallen: 10—30 Å

Zulässige Teilchengröße fester Fremdstoffe in Leichtmetallagern:
unter 0,01 mm

Teilchengröße fester Fremdstoffe in Gebrauchsölen[7]:

Sand	2 mm—0,2 mm
Erde	0,2—0,02 mm
Lehm	0,02—0,002 mm
Ton	unter 0,002 mm
Kohleteilchen	0,005—0,1 mm
Ruß	unter 0,001 mm
Abrieb	0,0001—0,005 mm
bis 0,2 mm beim	Verschleißhöchstwert[8]

Verschleiß von Schleifkontakten ohne Strom nach HOLM.[9]

Kontaktart	Verschleiß je km 10^{-6} cm	Verschlissene Atomschichten je Läuferpassage	Bemerkung
Eisen gegen Eisen ..	30 000	900	Trockene Luft
	200	5	Feuchte Luft
	5,5	0,15	Epilamen
Elektrodengraphit gegen Cu	0,4	0,0002	—
Graphit gegen Graphit	0,01	0,00004	—

[1] R. BULKLEY, I. RESEARCH 6 (1931) 89; ZVDI 84 (1940), 1014.

[2] S. H. BASTOW und F. B. BOWDEN, Proc. Roy. Soc. London A, 151 (1935), 220.

[3] Angaben (nach AIRCRAFT Production, Febr. 1941, S. 41) sind nicht absolut übertragbar, da auf besonderem Wege bestimmt.

[4] Angaben nach Ergebnissen der DVL (Ob.-Ing. GILBERT).

[5] Werkstattechnik 33 (1939), 231.

[6] F. B. BOWDEN und D. TABOR, Proc. Roy. Soc., Bd. 169 (7. 2. 39), Nr. 938, S. 1, (371/91, 2), 391/413.

[7] Werte schwanken stark und sind auch durch Filterart und Wirkung sowie durch Sedimentieren und Zentrifugieren begrenzt, bzw. beeinflußt.

[8] MAILÄNDER und DIES, Techn. Mitteilung Krupp 5 (1942), 209.

[9] R. HOLM, Die technische Physik der elektrischen Kontakte, Verlag Springer, Berlin (1941), S. 203.

Reibung bei **Grenzschichtschmierung** ist durch Oberflächenkräfte, nicht aber durch die Zähigkeit des Schmiermittels bedingt, da diese sich dabei ja nicht auswirkt. Verschleiß tritt auf, wird aber nicht durch einfaches Wegscheren der hervorragenden Spitzen, sondern dadurch verursacht, daß die innere Festigkeit des Schmiermittels und seine Haftfestigkeit an Metall von derselben Größe, wenn nicht größer als die des Metalles selbst ist, an dem das Schmiermittel haftet (vgl. S. 21/22). Die ölbenetzten Metallteilchen können deshalb mit dem Metall zusammen aus der Oberfläche herausgebrochen werden, und zwar um so leichter, je besser das Öl oder Schmiermittel am Metall haftet. Dies beweisen Versuche der PTR von KLUGE und Mitarbeitern, bei denen ein Stahlstift langsam über eine geläppte Gußeisenplatte geführt wurde, wie die Abb. 66 für Fettöl und Mineralöl zeigt.

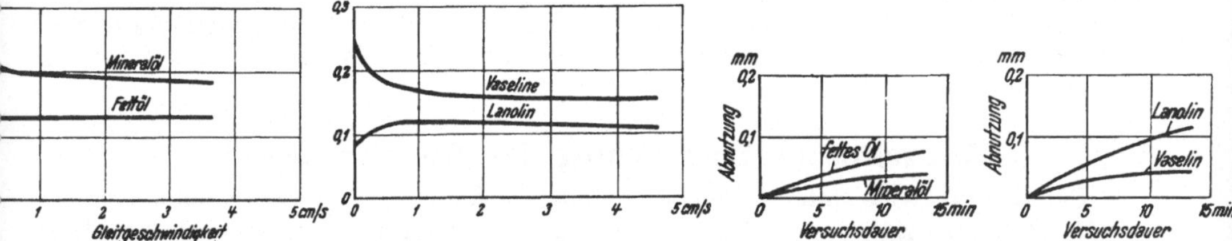

a) Reibung: Fette Öle geben geringere Reibung als Mineralöle.   b) Verschleiß: Fette Öle geben höheren Verschleiß als Mineralöle.

Abb. 66. Reibung und Verschleiß von Fettölen und von Mineralöl bei Grenzschichtreibung (PTR-Maschine, Stahlstift-Gußeisenplatte 20° C) nach KLUGE.

Man sieht, wie der Ruhreibungswert beim Fettöl und dem Fettsäureglyzeride enthaltenden Lanolin tiefer liegt als der Gleitreibungswert, während Mineralöl stets einen höheren Ruh- als Gleitreibungswert aufweist. Auch liegen die Werte der fetten Schmiermittel merklich unter denen des Mineralöls. Dagegen ist in beiden Fällen der Verschleiß der fetten Schmiermittel wesentlich größer als der des Mineralöls [189]. Das gleiche Ergebnis hatten BEEK, GIVENS und SMITH [190], indem sie für die besserschmierenden Öle bei Grenzschichtschmierung größeren Verschleiß feststellten. Daß trotzdem der Reibungskoeffizient und der Verschleiß bei Verwendung fetter Öle praktisch kleiner ist als bei jener von Mineralölen, ist darauf zurückzuführen, daß durch die stärkere Lockerung des Metallgefüges infolge stärkerer Absättigung der Oberflächenkräfte rascher Glättung erfolgt, so daß Vollschmierung erreicht wird. Die Annahme, daß Reibung und Verschleiß direkt proportional wären, trifft also keineswegs zu, eine Erkenntnis, die schon von NEELEY [191] ausgesprochen wurde. Eine Erweiterung der Versuchsunterlagen von KLUGE wäre dringend erwünscht, um die jetzigen Ergebnisse zu erhärten und möglicherweise eine endgültige Klärung der Zusammenhänge zu bringen.

Auch bei der **Trockenreibung** ist nicht der Verschleiß die Ursache der Reibung, wie die Versuche HOLMS beweisen, wenn man von ganz rauhen Flächen absieht. Gerade bei dieser Art der Reibung spielen die durch die Festigkeit des Gefüges bedingten molekularen Kräfte eine entscheidende Rolle. Wird diese durch chemische Veränderung, wie Sulfidierung, Chlorierung, Oxydierung oder Phosphatierung, verringert, so nimmt die Reibung ab, während der Verschleiß ansteigt. Darauf beruht die Erscheinung der Reib- oder Ratteroxydation, bei der durch die Einwirkung des Sauerstoffes und geringer Bewegungen, z. B. in Kugellagern, Lockerung des Gefüges durch Oxydbildung eintritt; Ausschluß des Sauerstoffes verhindert sie, während Schmierung keine Verbesserung ergibt [192]. Ebenso ist die günstige Wirkung der chemisch aktiven Schmierstoffzusätze bei Hochdruckschmiermitteln durch die Annahme einer Gefügelockerung und eines erhöhten Verschleißes zu deuten; auch die Bildung einer neuen Verbindung mit geringerem Schmelzpunkt als jenem des ursprünglichen Metalles, gäbe eine Erklärungsmöglichkeit. So gibt Phosphid- und Arsenidbildung meist eine Herabsetzung des Schmelzpunktes und damit der spezifischen Belastungsdrucke, weil eine entsprechende·plastische Verformung leichter eintreten kann. Bei Zinn hat das Phosphid aber einen höheren Schmelzpunkt, als das Metall, so daß auch keine Verbesserung der Schmierung erfolgt [190]. Für den Verschleißvorgang bei Trockenreibung haben MAILÄNDER und DIES (192a) gezeigt, daß chemische Einflüsse ihn wesentlich beeinflussen, sodaß zum Verständnis dieser Vorgänge keine rein mechanische, sondern eine molekularphysikalische Betrachtung notwendig ist; sie fanden in dem Verschleißstaub von Weicheisen — abhängig von der Atmosphäre — große Oxydmengen, die die chemische Mitwirkung der Atmosphäre beim Verschleiß beweisen.

Bei **Mischschmierung** wirken die bei den reinen Schmierzuständen auftretenden Einflüsse je nach dem Grade ihres relativen Anteiles auf den Gesamtvorgang.

Das mit Zusammenschweißen verbundene Fressen geschmierter Metalle steht seinerseits nicht in einfacher Beziehung zu dem Verschleiß, wie Versuche von KRIENKE zeigten; hiebei treten offenbar noch andere Stoffeigenschaften, wie Wärmeleitfähigkeit usw., in Erscheinung.

5. Praktische Unterteilung der Schmierungsarten.

Für die praktische Unterteilung der Schmierung kann man den verwendeten Schmierstoff, die Art der Zuführung oder die Druck- und Temperaturbelastung anwenden. Nach dem Schmierstoff ergibt sich die Schmierung mit: Luft, Wasser, Emulsion, Öl, Fett, endlich Trockenschmierung (mit Graphit oder Molybdänsulfid oder Wolframsulfid, die beide ein dem Graphit ähnliches Kristallgitter aufweisen).

Nach der Art der Zuführung ergibt sich:

a) Frisch-(Öl-)Schmierung: Dochtschmierung
Tropföler
Nadelöler
Frischölpumpe (Bosch-Öler) für Kleinmotoren
Fettschmierung
b) Umlaufschmierung: In Turbinen, Auto- und Flugmotoren: Pumpen
Ringschmierlager
Achslager mit Kissen oder Ölspulschmierung

Bei der Umlaufschmierung sind auch die Ringschmier- und Achslager inbegriffen, weil das Öl längere Zeit Alterungseinflüssen unterworfen ist, also nicht mehr als Frischöl bezeichnet werden kann. Da die Gefährdung der Schmierung einsetzt, wenn Grenzschichtschmierung beginnt, kann man auch diese zugrunde legen. H. BLOCK [172] hat den sehr zweckmäßigen Vorschlag gemacht, die Druck- und Temperaturbeanspruchung bei Grenzschichtschmierung der Einteilung zugrunde zu legen. Man erhält so:

1. Niederdruck-Niedertemperatur-Grenzschichtschmierung.
2. Niederdruck-Hochtemperatur-Grenzschichtschmierung.
3. Hochdruck-Niedertemperatur-Grenzschichtschmierung.
4. Hochdruck-Hochtemperatur-Grenzschichtschmierung (auch als Höchstdruck- oder extreme Grenzschichtschmierung bezeichnet).

Jede Unterteilung eines Grenzgebietes hat etwas Gewaltsames an sich, immerhin sollte man sie weiter verfolgen und versuchen, die praktischen Vorgänge auf diese Weise übersichtlicher zu erfassen, um für die Maschinenschmierung die geeigneten Prüfmaschinen danach auswählen zu können.

6. Chemische Zusammensetzung der Schmierstoffe.

Die Kenntnis der chemischen Zusammensetzung der Schmierstoffe interessiert den Verbraucher vor allem wegen der Auswirkung auf die für die Schmierung wesentlichen Eigenschaften. Als solche kommt vor allem die Zähigkeit und deren Abhängigkeit von den Betriebsbedingungen, also Druck, Temperatur und Geschwindigkeit, die Haftfestigkeit an den geschmierten Oberflächen, die Verschleißverringerung und die chemische Stabilität gegen thermisch-oxydative Beanspruchung in Frage. Dabei ist zu berücksichtigen, daß Schmieröle und Fette kolloide Gemenge sind, d. h. vielfach die chemische Zusammensetzung danach ausgewertet werden muß, wie sie das physikalische Verhalten (Fließen, Erstarren, Losbrechwiderstand usw.) beeinflußt. Wegen der großen Zahl im natürlichen Erdöl vorhandener Verbindungen kann man im allgemeinen wie bei den leichter zu analysierenden Kraftstoffen nur summarische Angaben der Zusammensetzung machen. Selbst die Isolierung der in geringer Menge vorhandenen, aber sowohl chemisch als physikalisch besonders aktiven Stoffe ist bisher nur z. T. gelungen. Auch über die Zusammensetzung der synthetischen Schmieröle ist man noch wenig unterrichtet, wenn sie sich auch aus der Art der Herstellung zu einem gewissen Grade ableiten läßt. Gewisse Beziehungen zwischen chemischer Zusammensetzung und chemisch-physikalischem Verhalten, die gefunden worden sind, ermöglichen es noch lange nicht, exakte Voraussagen über Eigenschaften, wie z. B. die Oxydationsbeständigkeit oder Verkokungsneigung, zu machen.

Da man nur ungefähre Angaben über den Gehalt an den wichtigsten Vertretern der Kohlenwasserstoffe (Paraffinen, Naphthenen und Aromaten) machen kann, genügt die Gruppierung der Erdöle nach dem in Abb. 14 gezeigten Dreieckschema, dessen Eckpunkte Stoffen mit je 100 % Paraffine, Aromaten und Asphalten entsprechen, während die dazwischenliegenden Geraden Schmierstoffe aus zwei, die in der Fläche des Dreiecks liegenden Punkte Schmierstoffen aus allen drei Komponenten entsprechen. Die Untersuchung der Schmieröle auf den Gehalt an Bestandteilen der einzelnen Stoffgruppen ist erst seit einem Jahrzehnt aufgenommen worden, und nicht ganz eindeutig [193] [194]. Sie ermöglicht eine Bestimmung der ungefähren Zusammensetzung der Schmieröle nach Ringverbindungen und geradkettigen Kohlenwasserstoffen. Für ein pennsylvanisches Öl vom M. G. 512 wurde z. B. ein Gehalt von 8 % aromatischen Ringen, 15 % naphthenischen Ringen und 77 % paraffinischen Verbindungen gefunden. Ein naphthenisches Öl des M. G. 349 hatte dagegen 32 % aromatische Ringe, 29 % naphthenische Ringe und 39 % Paraffinketten. Die als paraffinische Verbindungen bezeichneten Kohlenwasserstoffe sind aber in natürlichem Erdöl größtenteils Isoparaffine, und werden bei der Analyse als selbständige Gruppe erfaßt, während sie in Wirklichkeit auch in Form von Seitenketten an Naphthenen oder Aromaten enthalten sind. Sogenannte paraffinische Schmieröle enthalten, wie z.B. das pennsylvanische, nur Isoparaffine und Naphthene oder Naphthene mit paraffinischen Seitenketten. Die Formel für Schmierölkohlenwasserstoffe sollte für reine Paraffine C_nH_{2n+2} sein, in Wirklichkeit steigt sie aber selbst bei den am meisten gesättigten nur auf etwa C_nH_{2n-2}, um mit zunehmendem Gehalt an Aromaten (und auch spezifischem Gewicht) bis auf C_nH_{2n-10} und noch weniger abzusinken. In synthetischen Ölen findet man je nach der Herstellungsart olefinische (FISCHER-TROPSCH) und die übrigen Kohlenwasserstoffgruppen. Die besten Öle dieser Art dürften die naphthenischen Ringe mit paraffinischen Seitenketten sein. Auch Öle mit aromatischen Kernen (Naphthalin) und paraffinischen Seitenketten werden hergestellt.

Die fetten Öle, wie Rizinusöl, Rüböl, Erdnußöl, Speeköl, usw., sind Ester von Fettsäuren mit Glyzerin, die je nach Art der Fettsäuren gegen Oxydation verschieden beständig sind. Am beständigsten sind die an gesättigte Fettsäuren gebundenen, während Glyzeride von zwei oder mehr Doppelbindungen enthaltenden Fettsäuren die Bestandteile der oxydationsempfindlichen halbtrocknenden (z. B. Rüböl und Baumwollsaatöl) oder trocknenden Öle (Leinöl, chinesisches Holzöl) sind. Während die fetten Öle rein kaum mehr für die Motorschmierung verwendet werden, finden sie als Zusatz bei den compoundierten Ölen erneut Beachtung. Dabei verbessern sie sowohl die Viskositätskurve als auch die Schmierfähigkeit, verstärken dafür aber die Oxydationsempfindlichkeit der Öle.

Die sogenannten Teerfettöle (anthracenfreie, thermisch eingedickte Steinkohlenteerschmieröle) sind für die Schmierung der Verbrennungsmotoren von untergeordneter Bedeutung.

Außer den Kohlenwasserstoffen enthalten die natürlichen Erdöle noch Sauerstoff,

Schwefel- und Stickstoffverbindungen, meist in den höheren Fraktionen. Die synthetischen
Öle sind dagegen wegen ihrer Herstellung sehr arm an solchen Verbindungen, worauf ge-
wisse Unterschiede der Schmiereignung zurückgeführt werden müssen. Einen ungefähren
Wert der chemischen Elementaranalyse von Schmierölen geben die folgenden Zahlen:

Ölarten	% C	% H	% O	S
Paraffinisch	86,0—86,5	13,0—13,5	0—0,5	
Naphthenisch	86,5—86,8	12,0—13,0	0—1,0	
Edeleanu-Extrakt (Spindelöl) ..	82,1—86,3	8,80—9,85	2,1—3,6 S	0,5—5,9 % 0

Eine Übersicht über die Wasserstoffgehalte und Siedebereiche der Betriebsstoffe zeigt
Abb. 67. Die Schmieröle umfassen einen relativ engen Bereich der Stoffe gleichen Siede-

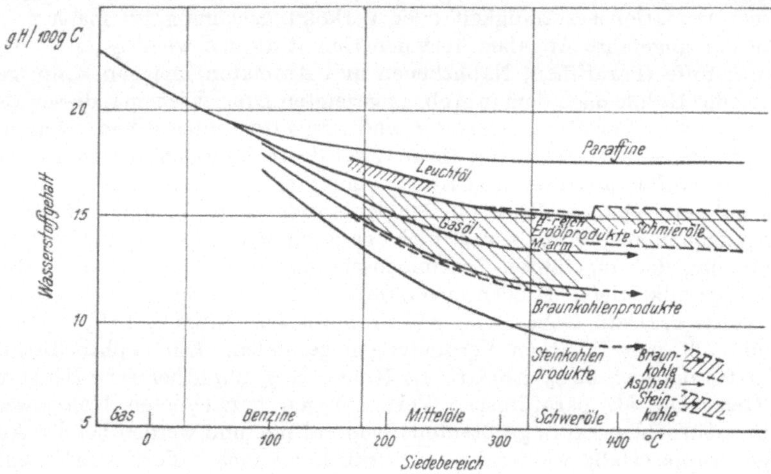

Abb. 67. Wasserstoffgehalt und Siedebereich der Erdölprodukte nach PIER.

punktes und sind wesentlich wasserstoffreicher als die Braunkohlen- und Steinkohlen-
produkte, aber auch die Asphalte enthalten weniger H als Paraffin. Man kann sie
also durch Hydrierung der ersten oder durch Wasserstoffabspaltung aus Paraffin erhalten.

Die summarische Erfassung der Zusammensetzung der Öle wird immer nur ein allgemeines Bild des praktischen Verhaltens geben können, weil in den integral erfaßten
Werten die wichtigsten differentiellen Anteile, wie die Zusätze nicht oder fast nicht zum
Ausdruck kommen. Immerhin geben sie einen Anhalt dafür, daß — mit diesem Vorbehalt —
bei gleicher Zähigkeit die Öle mit der geringsten Dichte die größte Alterungsbeständigkeit
und die flachsten Viskositätskurven haben. Tiefere Einsichten in den Zusammenhang
zwischen chemischem Aufbau und Eigenschaften sind von den an verschiedenen Stellen
mit reinen Substanzen begonnenen Arbeiten zu erwarten, bei denen wie bei jenen von WOLF
und Mitarbeitern, STUART und anderen, sowohl die Struktur der Flüssigkeiten zur Aufklärung des Fließens, als auch die Orientierung und das Haften an Grenzflächen gemessen
wird.

Im Gegensatz zu dem weitgehend einheitlichen Aufbau der Schmieröle sind die Schmierfette aus zweierlei Phasen (Öl und Wasser, bzw. Seife) zusammengesetzte kolloide Gemenge.
Sie bestehen entweder aus Öl, das in Wasser (Seife), oder Wasser (Seife) das in Öl emulgiert
ist. Im ersten Falle ist Wasser (Seife) die äußere Phase und das Schmierfett wasserlöslich,
im zweiten aber ist Öl außen, so daß das Schmierfett wasserunlöslich, aber
öllöslich wird. Im allgemeinen werden zur Herstellung der Fettsäureseifen die Alkali-
metalle (auch NH_4) und neuerdings Lithium, Kalzium, Barium, Aluminium und Blei

verwendet. Die wasserlöslichen Alkaliseifen geben Schmierfette mit Öl als der inneren Phase, die daher wasserlöslich sind, während bei den öllöslichen Seifen der anderen Metalle Öl die äußere Phase ergibt, so daß die Fette öllöslich sind. Wasser ist als Bestandteil der Fette für die Kalkseifenfette unerläßlich, während es in den übrigen Seifen, die ja öllöslich sind, und auch bei der Herstellung auf hohe Temperaturen gebracht werden, nicht oder nur in sehr geringer Menge enthalten ist. Als Fettsäuren, bzw. organische Komponente der Fette verwendet man die bekannten natürlichen und synthetischen Fett-

säuren, aber auch Harz-, Montan- oder Naphthen-säuren. Das dazu nötige Mineralöl ist ein Maschinenöl mittlerer Zähigkeit.

In den USA sind während des Krieges ganz neuartige „Fette" hergestellt worden, die den Namen nur mehr wegen der schmierfett-ähnlichen Konsistenz tragen, aber gar keine Fettsäuren mehr enthalten. Sie leiten sich ab vom Silikan SiH_4, dem niedersten Silizium-

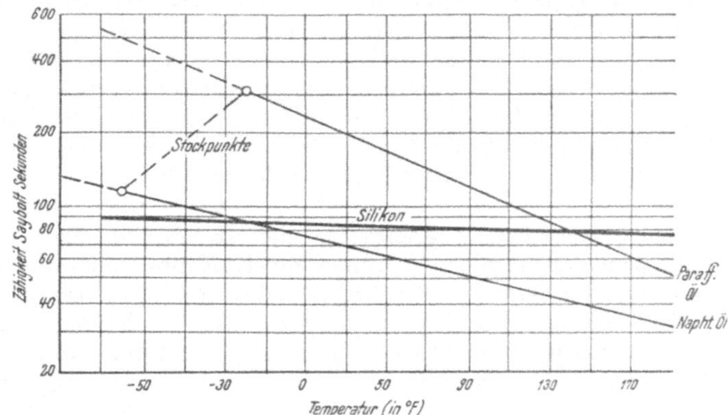

Abb. 68. Temperaturzähigkeitsbeziehung von Mineralölen und von Silikon.

wasserstoff, der dem Methan beim Kohlenstoff entspricht, indem man Wasserstoff durch Alkylreste ersetzt und die einzelnen Siliziumatome durch Sauerstoffbrücken miteinander

verkettet. Eine typische Formel solcher Fette ist:

$$-O-\underset{R_1}{\overset{R_1}{Si}}-O-\underset{R_2}{\overset{R_2}{Si}}-O-\underset{R_3}{\overset{R_3}{Si}}-O-$$

worin R_1, R_2 ... R'_1, R'_2 ... Radikale, wie Methyl, Amyl usw., sind.

Wegen ihrer flachen t—η-Kurve und hoher Kältebeständigkeit dienen sie zur Instrumentenschmierung [195].

7. Herstellung der Schmierstoffe.
a) Schmieröle.

Während des Krieges ist die Herstellung noch mehr auf die Gewinnung synthetischer Öle gerichtet gewesen, als vorher. Teils war dies die Folge der Beschaffungsschwierigkeiten, teils aber auch der guten Qualität der so erhaltenen Produkte. Dagegen hat sich die Herstellung der Schmieröle aus natürlichem Erdöl nicht grundsätzlich geändert. Diese werden wegen der verfügbaren Mengen und der niederen Kosten weiterhin die Hauptmenge der Gebrauchsöle bilden, an die keine besonderen Höchstanforderungen gestellt werden.

Die Aufarbeitung des natürlichen Erdöls geschieht durch Destillation, indem zunächst bei normalem Druck die leichtsiedenden Anteile bis zum Gasöl abdestilliert werden; dazu werden jetzt nur mehr Röhrenerhitzer an Stelle der früher üblichen Blasen verwendet, um die Erhitzungsdauer zur Vermeidung der Krackung auf ein Mindestmaß zu beschränken. Der verbleibende Rückstand, der die Schmieröle, Paraffine und Asphalt enthält, wird nun im Vakuum, vielfach auch mit Dampfzugabe, erhitzt und destilliert. Weil die letztsiedenden, schweren Anteile am meisten zum Kracken neigen, sind zur Herstellung der zähesten Schmieröle solche Öle geeignet, die wenig Paraffin und Asphalt aufweisen. Man kann dann den Destillationsrückstand direkt auf Zylinderöle oder den „bright stock" aufarbeiten, der bei der Herstellung der Auto- und Flugmotorenöle zum Vermischen mit dünneren Ölen verwendet wird. Die Destillate werden durch Lösung in einem leichtflüssigen Lösungsmittel, das gute Lösungseigenschaften für Öl, aber schlechte für Paraffin hat und kältebeständig ist, und nachfolgendes Abkühlen sowie Filtern von dem abgeschiedenen Paraffin befreit. Als Lösungsmittel verwendet man: Trichloräthylen, Äthylenchlorid, Gemische von Benzol oder Toluol mit Azeton oder von Äthylazetat mit Isobutyl-Isoheptylacetat, endlich flüssiges Propan.

Auf die Entparaffinierung folgt die Raffination, für die sowohl chemische als physikalische Methoden angewendet werden. Sie soll die rohen Destillate von verunreinigenden Sauerstoff-, Schwefel- und Stickstoffverbindungen, asphaltischen Bestandteilen sowie zum Verharzen neigenden ungesättigten Kohlenwasserstoffen befreien.

Dazu wird das Öl mit konzentrierter Schwefelsäure verrührt, welche die Verunreinigungen zum Teil löst, zum Teil sulfuriert, so daß sie bei der folgenden Wasser- und Alkaliwäsche entfernt werden können. Außerdem polymerisiert sie die instabilen Anteile des Öles zu ölunlöslichen Stoffen, die in dem Säureteer vom Öl abgeschieden werden. Nach Behandlung mit verdünnter Natronlauge, Wasser und Bleicherde (in verschiedenem Ausmaße und Reihenfolge) liegt das fertige Produkt vor.

Neben der Verarbeitung mit Schwefelsäure gewinnen die physikalischen Verfahren der Lösungsmittelbehandlung immer größere Bedeutung. Sie beruhen auf der verschiedenen Löslichkeit der einzelnen Gruppen von Kohlenwasserstoffen und von Verunreinigungen. Man kann sie darauf zurückführen, daß sowohl die Gruppierung von Doppelbindungen (in Olefinen und Aromaten) wie die Anwesenheit von Sauerstoff und Schwefel eine erhöhte Löslichkeit ergeben, während die gesättigten Kohlenwasserstoffe weniger löslich sind. Man kann die Unterschiede in der Löslichkeit am Anilinpunkt (der Temperatur völliger Mischung gleicher Raummengen KW und Anilin) erkennen. Während dieser für die Paraffine etwa um 70^0 und darüber, also sehr hoch liegt (also wenig Löslichkeit anzeigt), liegt er für Olefine bei rund 20^0, für Naphthene um 30 bis 60^0, für Cyclo-Olefine unter 20 bis -25^0, endlich für Aromaten unter 0^0 C. Die Löslichkeit nimmt mit größerem Molekulargewicht ab, so daß dann höhere Anilinpunkte auftreten. Ähnlich wie gegenüber Anilin verhalten sich die Erdöle auch gegen andere Lösungsmittel, so daß es möglich ist, eine Trennung der verschiedenen Stoffgruppen zu erzielen. Diese kann nicht vollkommen sein, weil die durch das Lösungsmittel herausgelösten Stoffe ihrerseits wieder lösende Wirkung auf die früher mit ihnen vermischt gewesenen Stoffe haben, es gelingt aber doch eine weitgehende Trennung der paraffinisch-isoparaffinischen und der aromatisch-naphthenischen Stoffe zu erreichen.

Als Lösungsmittel werden vor allem die nach Zahlentafel 48 verwendet.

Zahlentafel 48.

Stoff	D_{20}	Schmelzpunkt °C	Siedepunkt °C	Dielektrizitäts-konstante	Mischungs-temperatur °C
Fl. SO$_2$ (u. Benzol)[1]	—	—	—	—	—
Phenol[2]	1,071	41	182	15	82
Nitrobenzol[3]	1,207	6	211	36	28
Dichloräthyläther (Chlorex)[4]	1,222	—	178	—	—
Furfurol[5]	1,159	39	162	41,9	129
Crotonaldehyd[6]	0,859	78	104	—	—
Propan[7]	—	—	44,5	—	—
Propan-Kresol (Duosol)[8]	—	—	—	—	—

[1] Edeleanugesellschaft, J. Inst. Petr. Techn. 18 (1932) 900; 22 (1936) 81. Ind. Eng. Chem. 22 (1930) 218.

[2] Standard Oil of Indiana Proc. World Petr. Congress 1933, II, 362.

[3] Atlantic Refining Oil & Gas, J. 17. 11. 1932, S. 65.

[4] Standard Oil of Indiana. Ind. Eng. Chem. 25 (1933) 418.

[5] Furfurol Texas Co. Oil & Gas, J. 1933, Nr. 52.

[6] Foster Wheeler Oil & Gas, J. 1933, Nr. 23.

[7] I. G. Farbenind. F. P. 737.255 (1931).

[8] M. B. Miller & Co. World Petroleum 6 (1935) 285.

Die Behandlung des Öles erfolgt durch stufenweise Gegenstrombehandlung entweder in Kolonnen oder in Mischgefäßen (bei gasförmigen Extraktionsmitteln unter Druck). Das Duosolverfahren hat den Vorteil, daß es die gesamte Raffination, wie Entasphaltierung, Entparaffinierung und selektive Extraktion, in einem fortlaufenden Gange kontinuierlich durchzuführen gestattet und nicht nur öl-und paraffinfreien Asphalt, sondern auch besseres und mehr Zylinderöl liefert, als die Vakuumdestillation. Mit den Lösungsmitteln kann man aus den natürlichen Erdölen bestenfalls die beste darin enthaltene Schmierölqualität herstellen; Öle mit darüber hinausgehenden Eigenschaften sind aber nicht zu erreichen. Dazu muß genau so wie bei den Kraftstoffen an Stelle der *Aufarbeitung* der naturgegebenen Rohstoffe ihre *Umwandlung* erfolgen; die andere Möglichkeit besteht in der Synthese.

Zur *Umwandlung* der naturgegebenen Schmieröle ist die *Hydrierung* brauchbar, ja man kann sagen, die einzige Möglichkeit. Dabei wird Wasserstoff mittels eines Katalysators (M_OS_2) bei Drücken von 210 bis 280 at und 340 bis 460° C an die Kohlenwasserstoffe des Erdöls angelagert; gleichzeitig werden die Verunreinigungen als Wasser, H_2S und NH_3 entfernt. Eine Übersicht über die Wirkung der Druckhydrierung verschiedener Schmieröldestillate zeigt die Zahlentafel 49.

Zahlentafel 49. Elementaranalyse von Schmierölen. Nach ZORN.

Stoff	Viskosität bei 99° C	Viskositätsindex	Molekulargew.	C %	H %	O %	N %	S %	Disponibler H.[1]
Columbia-Schmieröldestillat:	°E								
a) Ausgangsprodukt	2,59	36	420	86,3	12,22	0,17	0,51	0,91	13,8
b) Hydriert........	2,1	81	445	86,9	12,75	—	0,2	0,1	14,7
Schw. Mid-Continent-schmieröl									
a) Ausgangsprodukt	4,4	87	550	86,4	12,43	0,57	0,21	0,39	14,8
b) Hydriert........	2,29	104	510	86,47	13,33	—	0,10	0,10	15,4
Handelsschmieröle									
Pennsylvanisch	2,59	106	540	86,6	13,20	—	0,10	0,10	15,2
Mid Continent	2,28	75	450	86,9	12,54	—	0,27	0,38	14,2
Coastal...........	1,33	—10	375	87,5	12,34	—	0,26	0,26	13,9

[1] Nach Abzug der für O, N und S äquivalenten Mengen H bezogen auf 100° C. Man sieht wie Sauerstoff durch die Hydrierung vollkommen, Stickstoff und Schwefel weitgehend entfernt werden, der Viskositätsindex (V. I.) zunimmt, die Viskosität selbst sinkt, aber das Molekulargewicht etwa gleich bleibt. Damit zusammenhängend sinkt das spezifische Gewicht sowie der CONRADSON-Verkokungswert und die Farbe wird heller. Die Alterungsbeständigkeit und damit die Zeit bis zum Ringstecken (bei Flugmotorenölen) liegt sehr günstig.

Die eigentliche **Synthese** wurde während des Krieges weitgehend zur Herstellung höchstwertiger Motorenöle herangezogen und wird auf diesem Gebiet steigende Bedeutung erlangen, was die Schmierung von Hochleistungskolbenmotoren anlangt. Wie die Abb. 70 zeigt, liegen die Schmieröle gleichen Siedepunktes unterhalb des Paraffins, so daß man durch Wasserstoffabspaltung daraus zu Schmierölen kommen müßte. Tatsächlich geschieht dies, indem man Chlor, Elektrizität oder Wärme auf das Paraffin einwirken läßt.

Bei der *Chloreinwirkung* wird das Paraffin in der Wärme mittels Katalysatoren chloriert. Dabei wird unter Chlorwasserstoffabspaltung chloriertes Paraffin erhalten, das nun in verschiedener Weise weiterreagieren kann:

a) Mit aktivem Al-Metall oder wasserfreiem $AlCl_3$:

$$3\ C_nH_{2n+1}Cl + \text{akt Al} \rightarrow 3\ C_nH_{2n} + AlCl_3 + 3\ H; \quad x\ C_nH_{2n} \xrightarrow{AlCl_3} (C_nH_{2n})\,x$$
$$\text{(Olefin)} \qquad\qquad\qquad\qquad \text{(Polymerisat)}.$$

b) Mit Naphthalin unter Zusatz von wasserfreiem $AlCl_3$:

$$C_nH_{2n+1}Cl + \text{H} \longrightarrow[\ AlCl_3\ ] HCl + C_nH_{2n+1}$$

c) Entchlorierung in Gasphase über Kontakten, wobei entsprechend a) Olefine und durch nachfolgende Polymerisation Schmieröle erhalten werden; auch die Kondensation mit Aromaten nach b) ist dann natürlich anwendbar.

Die *elektrische Behandlung* mit hochgespannten Wechselstrom-Glimmlichtentladungen (Voltolverfahren von DE HEMPTINNE) führt zur Wasserstoffabspaltung und darauffolgenden Polymerisation der Olefine, hat aber höchstens Bedeutung für die Gewinnung von V. I.- und Stockpunktverbesserern. Die *Wärmebehandlung* von Paraffin oder Paraffinkohlenwasserstoffen, wie sie beim Fischeröl vorliegen, durch Krackung in der Gasphase bei 500 bis 540°C ergibt etwa 70 Gew.- % flüssige und 30 Gew.- % gasförmige Krackprodukte; (bei reinem Paraffin sind die flüssigen Kohlenwasserstoffe durchwegs, die gasförmigen zu zwei Drittel olefinisch). Durch Polymerisation des flüssigen Anteils für sich oder mit den gasförmigen Olefinen mittels Aluminiumchlorid erhält man ausgezeichnete Motorenöle, die den durch Chlorierung erhaltenen überlegen sind. Für höhersiedende Öle kann man auch mit Aromaten kondensieren, wobei der Verkokungswert allerdings ebenfalls ansteigt. Eine andere Abwandlung besteht in der $AlCl_3$-Behandlung eines Gemisches der flüssigen Krackprodukte und der entparaffinierten Schmierölfraktionen natürlicher Erdöle; besonders gut werden die Produkte, wenn man zuerst das Schmieröl entasphaltiert und entharzt. So ergab die Behandlung eines Gemisches von 50 Gew.- % synthetischem Öl (6° E bei 99° C) mit 50 Gew.- % Schmieröl aus badischem Erdöl (1,76° E bei 99° C) nach Versuchen von ZORN die folgenden Ringsteckzeiten (s. später) im BMW 132:

<pre>
    Mit Schwefelsäure raffiniert .... 32,5 h
    „   Lösungsmitteln behandelt 28   „
    „   AlCl₃ .... 55,5 „
</pre>

Statt von Gemischen der gasförmigen Olefine auszugeben, wurden aber auch reine Olefine, wie vor allem Äthylen und in geringem Ausmaße Propylen, polymerisiert. Nach einer Reinigung und Fraktionierung auf etwa 95 % Reinheit wurde mit $AlCl_3$ polymerisiert und dann das Reaktionsprodukt auf die gewünschten Anforderungen fraktioniert. Die erhaltenen synthetischen Öle wurden zumeist auf bright stock für Flugmotorenöl aufgearbeitet und dann im Gemisch 1 : 1 mit natürlichen leichten Ölen verwendet.

Eine interessante Entwicklung ist die Synthese sauerstoffhaltiger Schmieröle, die aus Estern von Glykolen (zweiwertige Alkohole) mit zweiwertigen Säuren, aber auch aus Adipinsäure ($COOH \cdot CH_2 \cdot CH_2 \cdot CH_2 \cdot CH_2 \cdot COOH$), Methyladipinsäure, Sebacinsäure ($COOH (CH_2)_8 \cdot COOH$) und n- oder Iso-Octylalkohol hergestellt wurden. Am günstigsten erwiesen sich einfache Ester gerader, dünner, unverzweigter Ketten. Die Eigenschaften solcher Öle der I.-G.-Farbenindustrie zeigt die Zahlentafel 50.

Zahlentafel 50. Eigenschaften von synthetischen Esterschmierölen.

Säure	Adipinsäure	Methyladipinsäure	Sebacinsäure	Gemischte Monocarboxylsäuren
Alkohol	i- u. n-Octyl[1]	n-Octyl	i-Octyl	Trimethyloläthan
D_{20}	0,922	0,920	0,912	0,958
Zähigkeit cst 50° C	6,0	6,8	8,6	10,9
„ °E	1,48	1,55	1,70	1,92
„ cst 37,8° C	7,40	8,90	11,7	15,9
„ °E	1,60	1,73	1,99	2,42
Viskositätsindex[2]	191	228	189	157
Stockpunkt °C	— 24	— 36	— 54	— 52
Flammpunkt °C	207	226	229	240

[1] Halb-ester beider Alkohole.
[2] Viskositätsindex von Gemischen der Öle mit anderen liegt tiefer.

Die Adipinsäure wurde aus Tetrahydrofuran und CO dargestellt.

Eine ähnliche Entwicklung ging in den USA. vor sich, wo offenbar ähnliche Stoffe für militärische Zwecke in großen Mengen hergestellt wurden, wenn auch die Verwandtschaft zu den deutschen Esterölen geleugnet wird. Nähere Angaben fehlen bisher, doch zeigen die Dichten von etwa 1,0, die niederen Stock- und Flammpunkte sowie Verkokungszahlen, daß es sich um Abkömmlinge der Glykole handeln dürfte [196] [197]. Einige Zahlenangaben der Öle bringt die Zahlentafel 50 a.

Zahlentafel 50 a. Eigenschaften der synthetischen „Ucon-"Öle(LB-Serie) der Carbide and Chemical Corporation (USA.).

	LB 140	LB 300	LB 400	LB 550	LB 650
Spezifisches Gewicht 15/15° C ..	0,983	0,997	1,001	1,003	1,004
Flammpunkt °C	227	243	252	266	274
Brennpunkt °C	266	299	304	304	304
Zähigkeit Centistokes					
99° C	5,9	11	14,1	18,1	22
38° ,, ...	29,8	65	86,6	119	141
— 17,8° C	1080	4000	6000	8900	11000
— 34,4° ,, ...	9200	40000	62000	97000	—
— 45,6° ,, ...	58000	—	—	—	—
Viskositätsindex..............	147	142	142	140	140
Stockpunkt (pour point) ° C ...	— 45,6	— 40	— 36	— 34,4	— 31,8
Verkokung nach CONRADSON %					
Asche	} bei allen Ölen liegen die Werte unter 0,01				

Die LB-Serie ist wasserunlöslich und wurde für Auto- und Flugmotoren verwendet, eine 50-HB-Serie ist wasserlöslich. [Petr. Times 22. 6. 46; *50* (1276) 633.]

b) Schmierfette.

Die Schmierfettherstellung ist noch recht wenig exakt durchforscht; sie ist typischer Meisterbetrieb geblieben. Die Aluminium- und Bleiseifen können nicht wie die Kalk- und Alkaliseifen bei dem Prozeß selbst aus den tierischen und pflanzlichen Fetten hergestellt werden, sondern müssen den Mineralölen als fertige Produkte zugesetzt werden. Die interessanten Lithiumfette können mit sehr dünnem Öl hergestellt werden, so daß auch ihre Kältebeständigkeit gut ist, müssen dabei aber etwas freie Säure enthalten, damit kein zu starkes Gelieren eintritt. Zusatz von Hemmstoffen (Phenyl-Naphthylamin) wird vorgenommen. [E. P. 535, 544].

8. Anforderungen an die Schmierstoffe.
a) Schmieröle.

1. Gute Schmierwirkung (Reibungsverringerung und Verschleißverringerung).
2. Flache Viskositätskurve (in der Kälte nicht zu dick, in der Wärme nicht zu dünn).
3. Thermisch-oxydative Beständigkeit (weder Krackung und damit Abnahme der Viskosität noch Oxydation und damit Zunahme der Zähigkeit oder Bildung von Asphalt und Koks).
4. Korrosionsfreiheit (kein im Ölkreislauf befindliches Material darf angegriffen werden).
5. Geringer Verbrauch und gute Wärmeabfuhr.
6. Möglichst wenig schäumend.

b) Schmierfette.

1. Genügende Konsistenz.
2. Wenig temperaturabhängig in der Konsistenz.
3. Oxydationsunempfindlich.
4. Nicht korrodierend.
5. Freiheit von festen, verschleißfördernden Bestandteilen.

9. Spezielle Eigenschaften der Schmierstoffe.

a) Die Zähigkeit.

DieZähigkeit ist die wichtigste Eigenschaft des Schmierstoffes bei der hydrodynamischen Schmierung und kann für den Bereich der hydrodynamischen Schmierung als Maß der Schmiereignung gelten.

Die Zähigkeit wird jetzt meist in Kapillarviskosimetern unmittelbar in kinematischen Einheiten $\left(\text{Centistok} = \dfrac{\text{Centipoisen}}{\text{Dichte}}\right)$ bei Ausfließen unter dem eigenen Gewicht, oder in Centi*poisen* beim Ausfließen unter Druck bestimmt, während die technischen Viskosimeter den Vergleich mit der Zähigkeit von Wasser vornehmen und dieses Verhältnis in

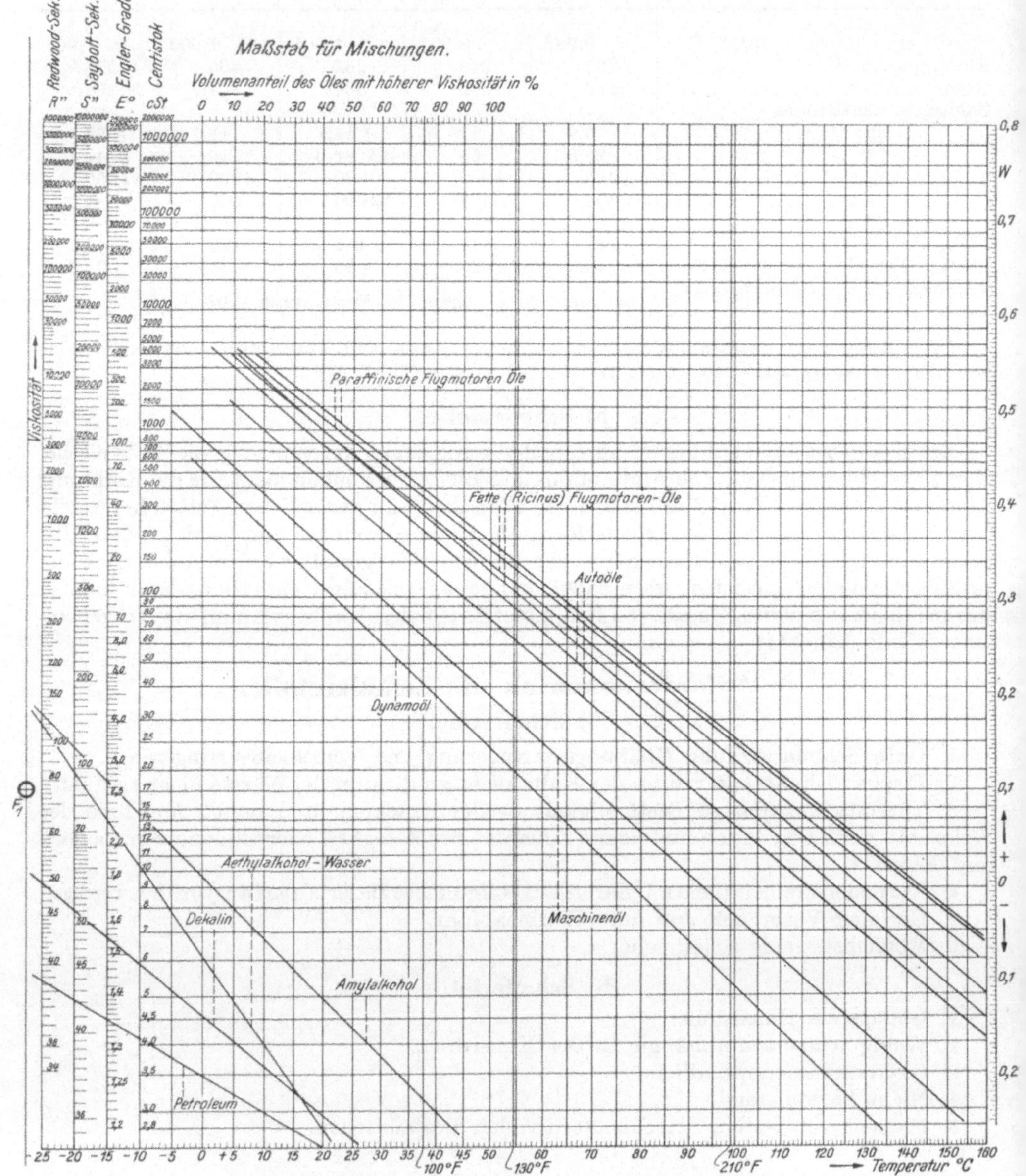

Abb. 69. Viskositätstemperaturblatt von UBBELOHDE-WALTHER.

Engler-, Redwood- oder Sayboltgraden ausdrücken. Man findet immer die Angaben in Centistok zum mindesten neben denen in konventionellen Maßeinheiten.

Trägt man in einem Diagramm nach Abb. 69 den Logarithmus der absoluten Temperatur als Abszisse und den Logalogarithmus der kinematischen Zähigkeit als Ordinate auf, so erhält man gerade Linien, die um so flacher liegen, je weniger temperaturabhängig die Zähigkeit ist. [198].

Statt der absoluten Maße werden vielfach gewisse praktische Einheiten der Zähigkeit, die mit konventionellen Apparaten bestimmt werden, benutzt (ENGLER-Grade, REDWOOD-, bzw. SAYBOLDT-Sekunden). Mit dem ENGLERschen Viskosimeter wird die „relative Zähigkeit" in ENGLER-Graden gemessen. Die ENGLER-Grade sind das Verhältnis der Auslaufzeit einer bestimmten Flüssigkeitsmenge aus einer Kapillare zu der Auslaufzeit des Wassers bei derselben Temperatur. Die hauptsächlich in England und Amerika benutzten Viskosimeter von REDWOOD und SAYBOLDT geben nur die Auslaufzeit aus bestimmten genormten Viskosimetergefäßen. Für Flüssigkeiten mit größerer Zähigkeit (Öle, Pech) werden zweckmäßig nicht Ausflußviskosimeter benutzt, sondern solche, in denen der Widerstand der Flüssigkeit gegen eine in ihr stattfindende Bewegung gemessen wird. Die Übereinstimmung zwischen den konventionellen und den absoluten Zähigkeitsmaßen ist nicht sehr gut; vor allem besteht kein systematischer Gang der Proportionalität. Die Umrechnung von ENGLER-Graden, REDWOOD- und SAYBOLDT-Sekunden in kinematische Zähigkeit sind nachstehend nach UBBELOHDE wiedergegeben.

Zahlentafel 51. Umrechnungstabelle für Zähigkeitsmeßwerte[1].

ENGLER-Graden E, SAYBOLDT-Sekunden S und REDWOOD-Sekunden R in kinematische Zähigkeit ν in Centistok.

Die Werte der dynamischen Zähigkeit η in Centipoise errechnen sich aus der kinematischen durch Multiplikation mit der Dichte: $\eta = \varrho \cdot \nu$.

| E | S | | R | ν | E | S | | R | ν |
	38° C	99° C		cSt		38° C	99° C		cSt
1	—	—	—	1	1,547	48	48,4	42,4	6,8
1,027	32,1	—	—	1,2	1,564	48,6	49,1	43	7
1,052	32,6	—	—	1,4	1,582	49,3	49,8	43,5	7,2
1,075	33,1	—	—	1,6	1,599	49,9	50,4	4,41	7,4
1,098	33,6	—	—	1,8	1,616	50,6	51,1	44,6	7,6
1,119	34,1	—	—	2	1,634	51,2	51,7	45,2	7,8
1,14	34,6	—	—	2,2	1,651	51,9	52,4	45,8	8
1,16	35,2	—	—	2,4	1,669	52,6	53,1	46,4	8,2
1,179	35,7	—	—	2,6	1,687	53,3	53,8	47	8,4
1,198	36,2	—	—	2,8	1,704	53,9	54,4	47,6	8,6
1,217	35,9	36,2	—	3	1,722	54,6	55,1	48,1	8,8
1,235	36,7	37	—	3,2	1,740	55,3	55,8	48,7	9
1,253	37,3	37,7	—	3,4	1,758	56	56,5	49,3	9,2
1,271	37,9	38,3	34,1	3,6	1,776	56,7	57,2	49,9	9,4
1,289	38,5	38,9	34,5	3,8	1,794	57,4	57,8	50,5	9,6
1,307	39	39,4	35	4	1,813	58,1	58,5	51,2	9,8
1,324	39,6	40	35,5	4,2	1,831	58,8	59,2	51,8	10
1,341	40,3	40,7	36	4,4	1,924	62,3	62,8	54,9	11
1,359	40,9	41,3	36,5	4,6	2,02	65,9	66,5	58	12
1,376	41,6	42	37	4,8	2,12	69,7	70,3	61,2	13
1,393	42,2	42,6	37,6	5	2,22	73,5	74,2	64,5	14
1,410	42,8	43,2	38,1	5,2	2,32	77,3	78	67,8	15
1,427	43,5	43,9	38,6	5,4	2,43	81,2	82	71,2	16
1,444	44,1	44,5	39,1	5,6	2,53	85,2	86,1	74,6	17
1,461	44,8	45,2	39,7	5,8	2,64	89,3	90,2	78,1	18
1,479	45,4	45,8	40,2	6	2,75	93,4	94,4	81,5	19
1,496	46	46,5	40,7	6,2	2,87	97,6	98,6	85	20
1,513	46,7	47,1	41,3	6,4	2,98	101,8	102,9	88,5	21
1,530	47,3	47,8	41,8	6,6	3,1	106,1	107,2	92,1	22

[1] Nach L. UBBELOHDE: Zur Viskosimetrie. Leipzig 1936.

Schmierung und Schmierstoffe.

E	S		R	v	E	S		R	v
	38° C	99° C		cSt		38° C	99° C		cSt
3,22	110,4	111,4	95,7	23	19,08	667,4	674,9	587	145
3,34	114,7	115,8	99,2	24	19,74	690,4	698	608	150
3,46	119,1	120,2	103,2	25	20,40	713,4	721,4	628	155
3,58	123,4	124,5	107,2	26	21,06	736,4	744,6	648	160
3,7	127,8	129,6	111,1	27	21,71	759,4	768,2	668	165
3,82	132,2	133,5	115,7	28	22,37	782,5	791,7	689	170
3,94	136,5	137,9	119,1	29	23,03	805,3	814,8	709	175
4,07	141	142,4	123	30	23,69	828,6	838	729	180
4,19	145,4	146,9	127	31	24,35	851,6	861,2	749	185
4,32	149,8	151,5	131	32	25	874,6	884,4	769	190
4,44	154,4	156	135	33	25,66	897,4	908	790	195
4,57	158,8	160,5	139	34	26,3	920,8	931	810	200
4,7	163,3	165,1	143	35	27	943,5	954,4	830	205
4,82	167,7	169,6	147	36	27,6	966,8	977,2	850	210
4,95	172,3	174,2	151	37	28,3	989,5	1000,8	871	215
5,08	176,8	178,8	155	38	28,9	1012,5	1024,5	891	220
5,21	181,3	183,3	159	39	29,6	1035,3	1047	911	225
5,33	185,9	187,8	163	40	30,3	1059	1070,5	931	230
5,46	190,4	192,4	167	41	31	1082	1093,8	952	235
5,59	195	197	171	42	31,6	1105,	1117	972	240
5,72	199,5	201,6	175	43	32,3	1127,8	1140,5	992	245
5,85	204	206,2	179	44	32,9	1151,5	1163,5	1012	250
5,98	208,6	210,8	183	45	33,6	1174,3	1187,3	1033	255
6,11	213,1	214,4	187	46	34,2	1197	1210	1053	260
6,23	217,6	219,9	191	47	34,9	1220,5	1233,3	1073	265
6,37	222,2	224,5	195	48	35,5	1243	1256	1093	270
6,50	226,7	229,1	199	49	36,2	1266,8	1280,3	1114	275
6,62	231,2	233,8	203	50	36,8	1284	1304	1134	280
6,88	240,2	243,2	211	52	37,5	1312	1326,8	1154	285
7,14	249,4	252,3	220	54	38,2	1335	1350	1174	290
7,41	258,8	261,6	228	56	38,8	1358,5	1373,5	1195	295
7,67	267,8	270,8	236	58	39,4	1381	1396,5	1215	300
7,93	277	280	244	60	40,8	1427,5	1443	1255	310
8,19	286,2	289,3	252	62	42,1	1473,5	1489,5	1296	320
8,45	295,2	299,2	260	64	43,4	1519,5	1536	1336	330
8,71	304,6	308,4	268	66	44,7	1565,5	1582,5	1377	340
8,97	313,6	317,7	276	68	46,1	1611,5	1629	1417	350
9,23	322,7	327	284	70	47,4	1657,5	1676	1458	360
9,5	331,9	335,2	292	72	48,7	1704	1722,5	1498	370
9,76	341	344,8	300	74	50	1750	1768,5	1539	380
10,02	350,3	354	308	76	52,6	1841	1861,5	1620	400
10,38	359,6	363,3	316	78	55,3	1935	1955	1701	420
10,54	368,6	372,4	325	80	57,9	2026	2048	1781	440
10,81	377,8	382	333	82	60,5	2118	2141	1862	460
11,07	387	391,2	341	84	63,2	2209	2234	1943	480
11,33	396,2	400,3	349	86	65,8	2301	2328	2024	500
11,59	405,3	409,6	357	88	72,4	2531	2560	2227	550
11,86	414,5	419	365	90	78,9	2761	2792	2429	600
12,12	423,5	428,2	373	92	85,5	2992	3025	2632	650
12,38	432,6	437,6	381	94	92,1	3222	3259	2834	700
12,64	442	447	389	96	98,7	3452	3491	3037	750
12,91	451,1	456,2	397	98	105,3	3682	3723	3239	800
13,17	460,4	465,6	405	100	111,8	3912	3956	3441	850
13,83	483,3	488,9	426	105	118,4	4142	4189	3644	900
14,48	506,5	512	446	110	125	4372	4421	3846	950
15,14	529,5	535,2	466	115	131,6	4604	4656	4049	1000
15,8	552,4	558,7	486	120	144,7	5064	5120	4453	1100
16,45	575,4	581,8	506	125	157,9	5524	5584	4858	1200
17,11	598,4	605	527	130	171,1	5986	6050	5263	1300
17,77	621,4	628,2	547	135	184,2	6446	6514	5668	1400
18,43	644,4	651,7	567	140	197,4	6908	6992	6073	1500

Als Maß des Zähigkeitsanstieges führten DEAN und DAVIS [199] [200] den Viskositätsindex ein; sie setzen den Zähigkeitsanstieg von Gulf-Coast-Öl (steile Kurve) zwischen 100 und 210⁰ F gleich 0, den von pennsylvanischem Öl (flache Kurve) gleich 100 und kommen durch Interpolation für Peruöl zu einem Wert von 20, kolumbisches Öl von 40, Ost-Texasöl von 60 und Mid-Continent-Öl von 80. Dieses Maß ist recht willkürlich (es gibt Werte unter 0 und über 100), hat aber den Vorteil großer Verbreitung und einer gewissen Anschaulichkeit. Da die Bestimmung aber die Kenntnis der Zähigkeit bei Temperaturen erfordert, die in Europa wenig gebräuchlich sind, ist eine vereinfachte Festlegung mit Hilfe von Schaubildern begrüßenswert, die von DOCKSEY, HANDS und HAYWARDS [201] vorgeschlagen wurde.

Den gleichen Zweck wie die Festlegung des Viskositätsindex verfolgt die Viskositätspolhöhenangabe von C. WALTHER; [198] sie geht von der nicht stets zutreffenden Annahme aus, daß sich für Öle gleicher Herkunft alle Linien der Viskositäten in einem Diagramm der beschriebenen Art in einem Schnittpunkt treffen, dessen Abstand von der Grundlinie als Polhöhe bezeichnet wird. Pennsylvanische Öle haben den Wert 1,6 bis 1,7, russische von etwa 2,7, Texasöle von 3,7.

Aus dem Linienverlauf im Zähigkeit-Temperatur-Diagramm kann man die Zähigkeit extrapolieren, doch darf man nicht zu nahe an den Stockpunkt herangehen. Für die Interpolation eignen sich am besten die Meßwerte bei 20 und 100⁰ C. Flache Viskositätskurven bedeuten relativ geringe Zähigkeit bei niederen, relativ hohe Zähigkeit bei hohen Temperaturen. Sie weisen zwar auch auf geringeren Verbrauch im Motor hin, doch ist die Art des Motors und des Betriebes dafür entscheidend, ob sie sich im Gebrauch auch genügend auswirken können. Man muß ja berücksichtigen, daß im Automobil, vor allem im Winter, die Ausgangszähigkeit schon nach kurzer Zeit infolge Ölverdünnung stark abfällt. Deshalb wurde auch vorgeschlagen, von vornherein Öle zu verwenden, die mit dünnen Anteilen vermischt (Iso-Vis-Öle) und in der Zähigkeit ziemlich gleichbleibend sind.

Je geringer die Zähigkeit des Öles ist, um so geringer sind auch die Reibungswiderstände. Genügt die Abdichtung der Kolbenringe bei Verwendung dünner Öle, so bringt dickes Öl nur dann Vorteile, wenn die thermische Beanspruchung des Motors hoch ist.

Für das *Kälteverhalten* der Schmierstoffe sind das Fließvermögen und der Stockpunkt maßgebend, wobei der Stockpunkt jene Temperatur ist, bei der das Öl unter festgelegten Bedingungen zu fließen aufhört.

Das Fließen wahrer Flüssigkeiten folgt im Gebiet laminarer Strömung dem NEWTONschen Gesetz, d. h. die ausfließende Menge ist dem Schub proportional; es ist als Ausdruck der inneren Reibung eine Folge der zwischenmolekularen Kräfte, die die gegenseitige Verschiebung der Moleküle zu verhindern trachten. Da diese Kräfte mit steigender Temperatur abnehmen, sinkt auch die Zähigkeit im gleichen Maße, wie die Assoziation der Moleküle. (Infolge des fast vollständigen Fehlens von zwischenmolekularen Kräften bei Gasen und der zunehmenden Wärmeimpulse nimmt die Zähigkeit der Gase mit der Temperatur zu.) Der Temperaturkoeffizient der Zähigkeit gibt also auch einen Hinweis auf die Assoziation der Moleküle. Lose Aggregate der normalen Flüssigkeiten haben auch normale Temperaturkoeffizienten, Polymermoleküle, deren Größe sich mit der Temperatur nicht ändert, dagegen niedere, und Mizellen, deren Moleküle mit VAN DER WAALschen Kräften gebunden sind, hohe Temperaturkoeffizienten [202]. Von den Mineralölen sind die paraffinischen am wenigsten, solche mit Aromatenkernen wegen ihrer starken Assoziationsneigung am stärksten temperaturempfindlich. Verändert man aromatische Moleküle durch Einbau von genügend langen Seitenketten derart, daß die Assoziation räumlich behindert wird, so nimmt auch die Temperaturempfindlichkeit ab [203]. Je kugeliger das Molekül, desto höher ist bei gleicher Temperatur die Zähigkeit. Kettenanordnung verbessert (verringert) die Temperaturabhängigkeit; Einführung von Doppelbindungen verschlechtert (vergrößert) sie [204].

Mit zunehmender Abkühlung gehen die Öle früher oder später in eine Konsistenz über, die nicht mehr die einer wahren Flüssigkeit ist. Das wird teils durch die Ausscheidung von Paraffinkristallen, teils wohl auch durch Bildung großer dispers verteilter Molekülaggregate verursacht. Die bei Flüssigkeiten beobachtete fast geradlinige Zähigkeitslinie im UBBE-LOHDEschen Zähigkeitstemperaturblatt besteht nicht mehr, sondern es kommen Abweichungen davon vor. In manchen Fällen beobachtet man auch nur eine Fließfestigkeit, nach deren Zerstörung wieder geradlinige Abhängigkeit der Ausflußmenge vom Schub auftritt. (Abb. 70.)

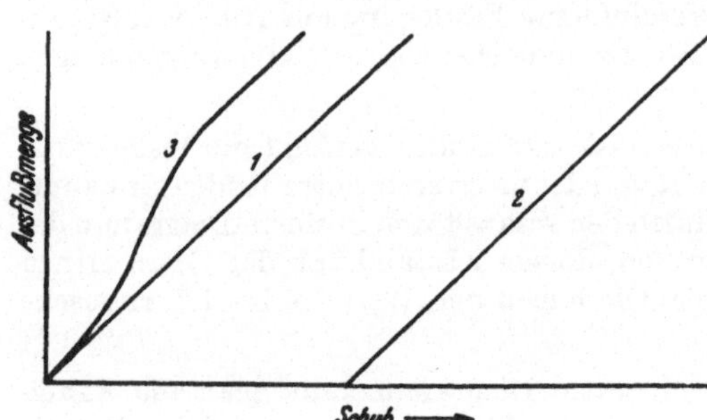

Abb. 70. Fließkurven von Flüssigkeiten und von nichtnewtonschen Stoffen.
1 wahre Flüssigkeit, *2* plastischer Stoff, *3* nichtnewtonsche Flüssigkeit.

Da die Ausbildung der „nichtflüssigen" Konsistenz ein sehr komplizierter Vorgang ist, sind mechanische und thermische Vorbehandlung ebenso wie die Abmessungen des Kapillarrohres von Einfluß auf das Meßergebnis. Aber auch in Maschinen wird sich je nach den herrschenden Umständen bei der gleichen Temperatur in der Kälte eine ganz verschiedene scheinbare Zähigkeit ergeben (es ist keine wirkliche, weil sie ja vom Schub abhängig ist). Selbst eine genaue Messung im Laboratorium wird deshalb nur mit Vorbehalt auf die Praxis übertragbar sein. Die Abb. 71 zeigt, wie man durch aufeinanderfolgende, für laufende Messungen natürlich zu umständliche Versuche trotz verschiedener Anfangswerte bei derselben Versuchstemperatur zu einem Gleichgewichtszustand kommen kann, der das Fließverhalten bei den Versuchsbedingungen — ausgedrückt in scheinbarer Zähigkeit — reproduzierbar charakterisiert. Die Werte streuten zu Beginn zwischen 65 und 215 sek; ohne Erreichung des Gleichgewichtszustandes wäre ein Wert ebenso berechtigt wie der andere.

Praktisch genügt es vielfach, wenn man weiß, ob ein Öl bis zu seinem Stockpunkt noch als wahre Flüssigkeit existiert oder nicht. Wie z. B. HENNENHÖFER feststellte [205], fließen oberhalb der DIN-DVM-Stockpunkttemperatur jene Öle normal, deren Stocken nur durch Erreichen einer bestimmten Zähigkeit (etwa 30000 St) zustande kommt, ohne daß disperse Teilchen ausgeschieden werden. Andernfalls tritt auch eine Abweichung von den Viskositäts-Temperaturgeraden ein. Durch zwei Bestimmungen der Zähigkeit im Gebiet des normalen Fließens und durch eine Stockpunktbestimmung nach DIN-DVM 3662 kann man ein Urteil über die Art des Fließens gewinnen. Kennt man die in einer bestimmten Maschine zulässige Maximalzähigkeit, so kann man auf diese Weise genügende Sicherheit für den Betrieb gewährleisten (Vgl. Abb. 72). Bei genügendem Druck verschwindet bei paraffinhaltigen Ölen die Abweichung des Fließens von der Geraden, so daß man auch unterhalb des Stockpunktes die extrapolierte Zähigkeitskurve anwenden kann.

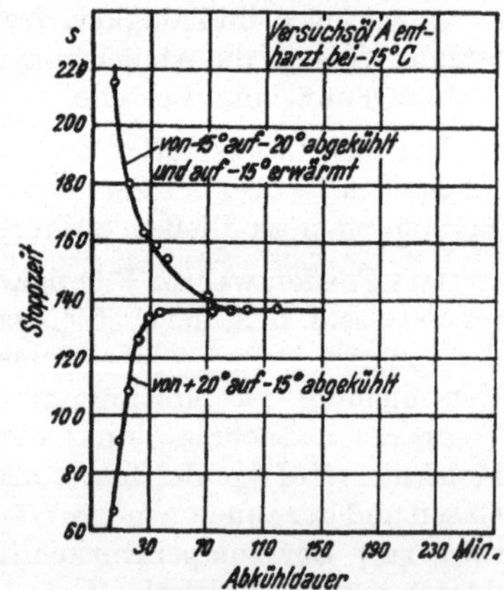

Abb. 71. Einstellung einer Gleichgewichtszähigkeit bei einer nichtnewtonschen Flüssigkeit (unterkühltes Mineralöl).

Die Einhaltung genügend langer Zeiten bei der Abkühlung ist nötig, denn Rizinusöl, das erst etwa bei — 20° C seinen Stockpunkt nach der üblichen Methode besitzt, erstarrt bei längerer Abkühlung auf — 15° zu einer wachsartigen Masse, die erst bei 0° C wieder auftaut.

Störungen durch übergroße Ölzähigkeit werden im Flugbetrieb durch Zusatz von

Benzin zum Schmieröl vermieden, das kurz vor dem Abstellen des Motors zugemischt wird.
Je nach der Temperatur wurden Mengen bis zu 25 % des Öles zugemischt. Der sogenannte
Losbrechwiderstand der Öle, wie er in der Lager-Welle-Apparatur der I. G. bestimmt
wird, zeigt bei fetten Ölen wie z. B. Olivenöl einen viel höheren Wert, als der Zähigkeit des
Öles entsprechen würde, so daß er zur Beurteilung des Kälteverhaltens vorgeschlagen
wurde. Da aber die Mineralöle sich auch im Losbrechwiderstand ziemlich gleich verhalten,
wie rach der Zähigkeit, ist das wohl nicht nötig. Abb. 73 zeigt den Losbrechwiderstand

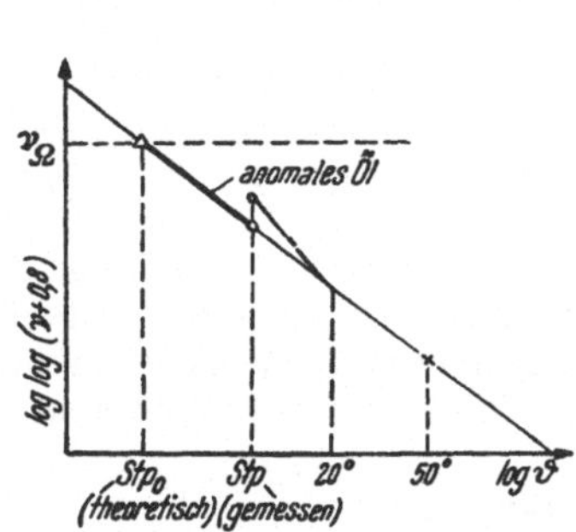

Abb. 72. Unterscheidung des wahren Fließens
vom anomalen Fließen nach HENNENHÖFER.

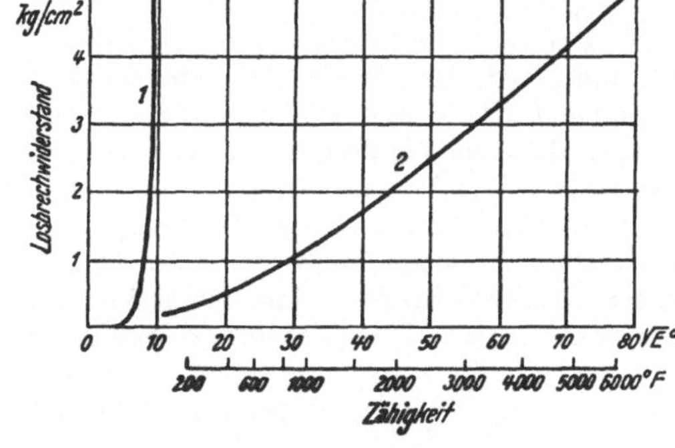

Abb. 73. Losbrechwiderstand („Haftfestigkeit") im I.-G.-
Apparat und Zähigkeit.
1 Olivenöl, 2 Mineralöl.

(die „Haftfestigkeit"), von Olivenöl und einigen Ölen mineralischer Herkunft. Der Wert
1500 bis 2000° E ist etwa die Grenze der Startfähigkeit von Automotoren und entspricht
einem Losbrechwiderstand von 2 kg/cm² in dieser Apparatur.

Bei Schmierfetten scheint die Geschwindigkeit, bei der die Messung der Kältebeständigkeit durchgeführt wird, das Ergebnis stark zu beeinflussen, wie Versuche an verschiedenen
Geräten zeigten. Bei geringer Umfangsgeschwindigkeit wird die Konsistenz, bei hoher
werden aber andere Eigenschaften erfaßt. Im allgemeinen ergab sich bei Versuchen von
GRASER, daß die Reibungswerte im Viskositätstemperaturblatt statt der Zähigkeit eingetragen auch eine geradlinige Abhängigkeit von der Temperatur aufweisen, daß stark kon-
sistent eingestellte Fette sich besser verhielten, als weniger konsistente und daß die Grund-
öle sich ungünstiger als die daraus hergestellten Fette verhielten. Der innere Aufbau der
Fette, wie er durch die Art der Herstellung bedingt ist, steht in engem Zusammenhang mit
dem Kälteverhalten. Zur Erklärung der beobachteten Erscheinungen nimmt GRASER eine
selektive Adsorption der Ölbestandteile am Schwammgitter des Fettes an.

b) Schmiereignung.

Entsprechend der Definition der Schmierung besitzen Schmiereignung solche Stoffe,
die praktisch die Reibung, Verschleiß oder beide verringern. Die bekannte oiliness
(Schlüpfrigkeit) wurde nach HERSCHEL anders definiert; er bezeichnete sie als jene Eigenschaft, die einen Unterschied der Reibung ergibt, wenn zwei Schmieröle der gleichen
Zähigkeit bei der Temperatur des Schmierfilms unter gleichen Bedingungen verwendet
werden. (Den Druck im Film berücksichtigt HERSCHEL nicht.) Wie noch ausgeführt
wird, ist aber die oiliness ein Teil der allgemeiner aufgefaßten Schmiereignung.

Schmiereignung soll in sämtlichen Bereichen der Schmierung gelten, sogar in dem
Bereiche der Trockenreibung, wo gar kein Schmiermittel flüssiger Art mehr vorhanden ist.
Am deutlichsten unterscheidet auf Grund der BLOKschen Arbeiten VAN DER MINNE [206]
die Schmiereignung für extreme Grenzschichtschmierung, indem er die Unterschiede der
Prüfergebnisse der Hochdruckschmiermittel in verschiedenen Apparaten auf die zweifache
Beeinflußbarkeit der nicht hydrodynamischen (d. h. Grenzschichtschmierung) zurück-

führt. Diese erfolgt einmal durch chemischen Angriff auf hervorragende Metallspitzen bei hohen lokalen Temperaturen, wodurch Verschweißen verhindert und der Reibungskoeffizient stark herabgesetzt wird, zum andern durch Adsorption vorzugsweise polarer Verbindungen, wodurch der Reibungskoeffizient und damit die Temperatur niedrig bleiben (oiliness); allerdings sind Drucke und Geschwindigkeiten, bei denen die ,,oiliness" sich auswirkt, viel geringer als jene für die Prüfung der Höchstdruckschmiermittel. Ein alle Gebiete umfassender Begriff der Schmiereignung muß auch die Vollschmierung einbeziehen. Demnach ergibt sich, daß die Schmiereignung sich aus sehr verschiedenen Eigenschaften zusammensetzt, je nachdem, für welchen Schmierzustand sie in Frage kommt. Für die Vollschmierung sind es die Zähigkeit und ihre Beeinflussung durch Druck und Temperatur, für die Grenzschichtschmierung physikochemische Eigenschaften, wie Dipolmoment, Haftfestigkeit, Randwinkel, Raumbeanspruchung usw., für die Trockenreibung endlich, die als Folge ungenügender Voll- bzw. Teilschmierung eintritt, chemische Eigenschaften, wie Art und Gehalt chemisch aktiver Elemente (Chlor, Phosphor, Schwefel usw.), sowie die Reaktionsfähigkeit dieser Verbindungen mit den Metallen; dabei sind die Eigenschaften der neugebildeten, an der Oberfläche sitzenden Verbindungen zu berücksichtigen, die ihrerseits ohne Anwesenheit eines flüssigen Schmiermittels genau so schmierend wirken können wie andere feste Körper, z. B. Graphit, Molybdän- oder Wolframsulfid.

<h3 style="text-align:center">α) Erfassung der Schmiereignung.</h3>

Entsprechend der Unterteilung der Schmiereignung in die drei verschiedenen Gebiete der Schmierung sind die Verfahren zur Erfassung der Schmiereignung in drei Gruppen einzuteilen:

1. Chemisch-physikalische Erfassung der Struktur der Flüssigkeiten, der Grenzflächenspannung, des Haftens und des Aufbaues der Metalle.

2. Erfassung der Schmiereignung in Prüfgeräten:
    a) bei Grenzschmierung,
    b) bei Teilschmierung,
    c) bei Trockenreibung.

3. Erfassen der Schmiereignung in Prüfmaschinen.

<h3 style="text-align:center">α) 1. Chemisch-physikalische Erfassung der Schmiereignung.</h3>

Die Zähigkeitsmessung kann als die älteste und gebräuchlichste Messung dieser Art bezeichnet werden; durch den jetzt allgemein üblichen Übergang auf die Messung der kinematischen Zähigkeit gibt sie nach Umrechnung mit dem spezifischen Gewicht die dynamische Zähigkeit, die Berechnungen der Lager zugrunde gelegt werden kann.

Die Abhängigkeit der Zähigkeit vom Druck, die bei Vollschmierung einen etwas geringeren Reibungskoeffizienten verursacht, wenn man fette statt mineralischer Öle verwendet [207], kann in Druckviskosimetern gemessen werden, in denen die Fallzeit einer Kugel [208] [209] bestimmt wird. Als Kriterium der Ölschlüpfrigkeit (oiliness) hat G. Vogelpohl die Kennzahl $\beta/\gamma . c$ vorgeschlagen, worin β die Steilheit der Viskositätstemperaturkurve und $\gamma . c$ das Produkt aus spezifischem Gewicht und spezifischer Wärme ist; je geringer dieser Wert wird, desto besser ist die Schmiereignung des Öles (im Sinne von oiliness). Hohe Wärmeleitfähigkeit, die mathematisch in ihrem Einfluß noch nicht erfaßt ist, verbessert diese Schmiereignung [210].

Die Grenzflächenspannung in ihrer Abhängigkeit von der Zeit läßt gut die Anwesenheit polarer Gruppen erkennen, die für die Schmierung im Gebiete der Niederdruck-Niedertemperatur Grenzschichtschmierung wichtig sind, selbst wenn ihre Menge sehr gering ist. Man kann damit auch die Abnahme der aktiven Anteile bei der Filtration oder beim Aufsteigen durch einen Docht sowie bei der Behandlung des Öles mit Metallpulver oder sogar -kugeln erkennen [211] [212].

Ebenfalls zur Erfassung der polaren leicht adsorbierbaren Anteile dient die Bestimmung der Be- bzw. Entnetzungsfähigkeit von reduziertem Eisenpulver nach MOSER. Nach einem Vorschlag der Shell werden 5 g reduziertes Eisenpulver mit einem Gemisch aus 3 g Öl und 2 cm³ Benzol benetzt und die Eisenmengen gemessen, die durch 200 cm³ 10%iger Schwefelsäure innerhalb 10 Minuten herausgelöst werden; der gefundene Wert wird zu einem Blindversuch in Beziehung gesetzt, bei dem die Eisenspäne nur mit 2 cm³ Benzol ohne Ölzusatz benetzt werden. Das bessere Haftvermögen von Destillaten gegenüber Raffinaten sowie von Ölen mit schmierverbessernden polaren Zusätzen ist deutlich erkennbar, doch wird das Verfahren wenig angewendet [213], [214]. Zur Kennzeichnung der Schmiereignung für extreme Druck- und Temperaturbeanspruchung mißt man die Reaktionsfähigkeit des Schmiermittels. Dazu wird entweder eine Schwefelwasserstoffentwicklung oder die Abnahme des Gehaltes an Chlor oder Schwefel gemessen. Die Cadillac Motor Company läßt auf 0,5 g eines Hochdruckschmiermittels bei Zimmertemperatur naszierenden Wasserstoff einwirken, um zugesetzten elementaren Schwefel zu entdecken. Der Wasserstoff wird aus granuliertem Zink und HCl freigemacht und über ein mit dem Öl benetztes Filter zu einem Absorptionsgefäß geleitet. Die Menge freiwerdender Schwefelwasserstoffe bildet das Maß der Reaktionsfähigkeit, das enge mit dem Gehalt an aktiven Schwefelverbindungen zusammenhängen soll, die zur Erhöhung der Schmierwirkung zugesetzt wurden [125].

Bei Motorenölen verwendete v. PHILIPPOVICH [216] die beginnende Schwefelwasserstoffentwicklung zur Kennzeichnung jener Temperatur, bei der durchgeleiteter Wasserstoff mit den Schwefelverbindungen des Öles zu reagieren beginnt.

Bei Ölen mit Hochdruckzusätzen messen PRUTTON, TURNBULL und DLOUHY [217] die Abnahme des Chlor- und Schwefelgehaltes durch Erwärmen von 50 cm³ Öl mit 5 g elektrolytisch erhaltenem Eisenpulver, das mehrere Stunden bei 800° C im Wasserstoffstrom erhitzt wurde. Die Chloride wurden durch potentiometrische Analyse, normales Eisensulfid durch Schwefelwasserstoffentwicklung, salzsäureunlösliches Eisensulfid durch Verbrennen im Sauerstoffstrom bei 1100° C und Zurücktitrieren einer vorgelegten, eingestellten, mit Wasserstoff versetzten Alkalilösung bestimmt.

α) 2. Erfassung der Schmiereignung in Prüfgeräten.

In Prüfgeräten erfaßt man vor allem die Grenzschichtschmierung, bzw. man bemüht sich, sie zu erfassen. Dabei ist es unbedingt notwendig, auf stets gleichartige Beschaffenheit der Oberflächen zu achten. Wenn Platten verwendet werden, ist Läppung die beste Behandlung; sie sollte vor jedem Versuch vorgenommen werden. Ist die Fläche genügend groß, so genügt es, wenn jedesmal eine neue Gleitbahn verwendet wird. Nach der Läppung ist die Platte sorgfältig zu reinigen. Beim Vierkugelapparat verwenden BEEK, GIVENS und SMITH i-Propylalkohol, KOH, H_2O und endlich Alkohol zur Reinigung der Kugeln.

Auf Einzelheiten der Messungen und der Apparate kann nicht eingegangen werden.

α) 3. Erfassung der Schmiereignung in Maschinen.

Bei der Messung der Schmiereignung in Maschinen (als solche werden sie zum unterschied von den mehr physikalisch exakt entwickelten Prüfgeräten bezeichnet) ist es vorteilhaft, gleich die Bauteile der praktisch interessierenden Maschinen zu verwenden, weil es nicht gelingt, die in jedem einzelnen Fall verschiedenen Schmierzustände in andersgearteten Schmierstellen genau zu reproduzieren. Zur Bestimmung der Schmiereignung wird die Reibung, der Verschleiß oder die Belastung, bei der ein merklicher Anstieg dieser Werte erfolgt, gemessen. Je nach den Betriebsbedingungen kann man zwar in der gleichen Maschine die eine oder die andere Erscheinung verfolgen, im allgemeinen sind aber die Maschinen, die eine kritische Freßbelastung messen, von denen zu trennen, die die Reibung oder den Verschleiß erfassen.

Die Reibung wird bestimmt in:

Almen-Wieland-Maschine ......(Zwerglager, die sehr gut bearbeitet sein müssen),
Amsler-Maschine ....zwei Rollen mit verschiedener Drehzahl,
MAN-Spindelmaschine ....Klötze gegen Rolle,
SAE-Maschine..............gegeneinanderlaufende Stahlkonusse,
Thoma ....gekreuzt laufende Rollen.

Verschleiß wird gemessen in:

Siebel-Kehlmaschine ....Platte auf Segmentteilen einer Gegenplatte,
Skoda-Sawin-Maschine ....Klotz gegen Schleifscheibe,
Timken ....Klotz gegen konischen Stahlring,
Amsler-Maschine.

Die Freßbelastung erfassen die Almen-Wieland-Maschine und der Vierkugelapparat. Vollständigkeit der Aufzählung ist nicht beabsichtigt, sondern nur die Erwähnung einiger der verbreitetsten Ölprüfmaschinen. Die Zuordnung der Prüfmaschinen zu den BLOKschen Grenzschmierarten ist in der folgenden Zusammenstellung versucht.

Schmierart	Maschinenteile	Prüfmaschinen	Schmiermittel	Bemerkung
Milde Grenzschmierung	langsame Gleitlager, Blattfedern, Gelenke, Tiefziehen (langsam)	PTR, Thoma, Duffingsche Reibungswaage Kammerer	Fette, Pasten, polare Zusätze, Graphit	poröse Lager
Hochtemperatur-Grenzschmierung	A. Kolbenringe, Kolben	Siebelscher Kolbenringprüfer	schwierig, geeignete Zusätze zu finden; Beständigkeit ist Hauptforderung	hohe Massentemperatur
	B. schnelle Gleitlager	Kammerer (heizbare Welle) Siebel	keine Fette	hohe Temp.-Blitze, niedere Massentemp., daher weiche Reibungsfläche mit niederem Schmelzpunkt anwendbar
Hochdruck-Grenzschmierung	rollender Kontakt, Wälzlager, Zahngetriebe (ohne Temperaturblitze)	Thoma, Z.F., Heidebroek, PTR	keine Fette (weil Entfernung der Abriebteilchen erwünscht)	
Extreme Grenzschmierung	rasches Drahtziehen, Hypoidgetriebe, Kegelrollenlager mit Zweipunktführung	Vierkugel, Vierkugelpendel (Beek, Givens, Smith), Almen Optimol } Zwerglager, Amsler Timken } Block und Welle	chemische Zusätze	Zusätze müssen bei Temperatur des Öles beständig sein

Eine sehr seltsame praktische Prüfung der Schmiereignung von Schmiermitteln hat die I.-G.-Farbenindustrie nach Mitteilung von H. ZORN vorgenommen, indem sie die Schußfolge von Maschinengewehren bei verschiedenen Außentemperaturen als Maß verwendete.

Da im Maschinengewehr alle Schmierzustände, von der Vollschmierung bis zur Trockenreibung, vertreten sind, wirken sich Zusätze besonders stark aus. Trotzdem sprach das Maschinengewehr auch auf Feinheiten des Molekülaufbaues, wie z. B. der Substitutionsstelle einer Methylgruppe an, so daß Zorn es geradezu als Mittel zur Konstitutionsermittlung bezeichnet.

Es ist auffällig, daß bei den allermeisten Lieferbedingungen für Schmieröle die wichtigste Eigenschaft, die Schmiereignung, bisher nicht mitangegeben wird. Sieht man von der Prüfung mit der Vierkugelmaschine ab, die einigen Lieferbedingungen, besonders für Hypoidgetriebeöle, zugrunde gelegt wird, so findet man keine Angaben über Schmiereignung. Der Grund ist wohl die Vielfalt der praktisch vorkommenden Betriebsbedingungen und die bisher ungenügenden Korrelation zwischen Prüfergebnis und praktischem Verhalten.

Von den vielen Arbeiten über das Verhalten der Schmiermittel in Motoren seien nur einige erwähnt. Dabei wird meist der Verschleiß der Auswertung zugrunde gelegt, weil die Reibungsmessung meistens unmöglich oder zu ungenau ist. So hat C. Krienke [218] in einem Einzylindermotor (BMW 132 A) die Abnützung der Kolbenringe gemessen, weil die Reibungsmessung keine Differenzierung der Öle ergab. Bei etwa gleicher Zähigkeit bei 50° C zeigten sich ganz erhebliche Unterschiede des Verschleißes. Zur Auswertung setzte Krienke den Verschleiß Null als 100, den von Rotring gleich 50, ausgedrückt als Verschleißverhinderungswert. Einwandfreie Ergebnisse konnten nur erhalten werden, wenn bei eingelaufenem Kolben und Zylinder jedesmal neue Kolbenringe (gleicher Spannung und Abmessungen!) verwendet wurden, der Motor vor jedem Lauf gründlich gereinigt wurde und die Überwachung der Läufe sehr sorgfältig geschah. Es zeigte sich eindeutig, daß die fetten Öle (Rizinusöl und Aero Shell, mittel) ganz wesentlich geringere Verschleiße ergaben, als die mineralischen Öle und daß bereits verbrauchtes Öl sich viel günstiger verhielt wie Frischöl. Die Wirkung von Graphit war — auch beim nachfolgenden Lauf noch — deutlich erkennbar, aber es zeigte sich auch, daß meistens gute Schmierwirkung und Alterungsbeständigkeit, gemessen an der Zeit bis zum Ringstecken bei einem besonderen Lauf, gegenläufig sind. Abb. 74 zeigt das Ergebnis einer Reihe von Ölen, worunter sich auch solche befanden, die nicht als Motorenöle gedacht waren, wie DA-Maschinenöl, NP 2 naphthenisches Mischöl.

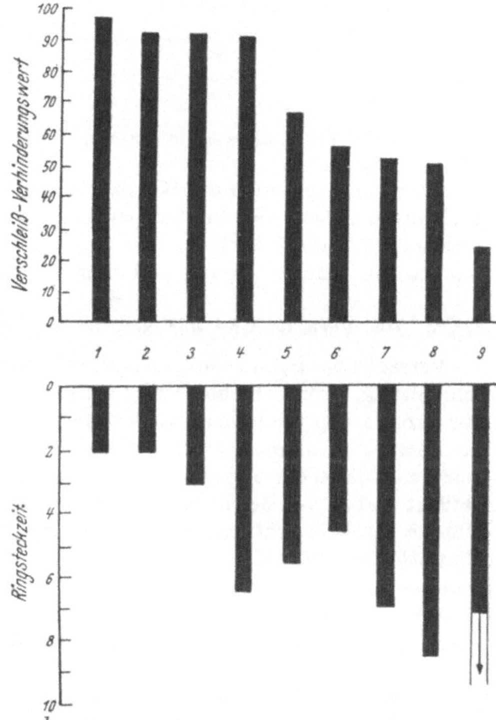

Abb. 74. Verschleißverhinderungswert und Ringsteckzeit einiger Öle annähernd gleicher Zähigkeit (bei 50° C) nach Krienke.
Verschleißverhinderungswert 50: Wert von Rotring (willkürlich).
Verschleißverhinderungswert 100: Wert eines Idealöles (Verschleiß 0).

1 Kompressol (Rizinusöl), 2 Maschinenöl DA 200 (Olex), 3 Flugöl Aero Shell, mittel (gefettet), 4 synthetisches Öl V der I. G., 5 synthetisches Öl P6 der I. G., 6 naphthenisches Öl (NP II), 7 Flugöl Stanavo 100, 8 Flugöl Rotring, 9 Flugöl Gulf Pride.

Die Temperatur wirkt sich beim Verschleiß der Kolbenringe anders aus als sonst; unterhalb einer gewissen Grenztemperatur wird der Verschleiß um so höher, je niederer die Temperatur ist. Diese von Ricardo zuerst festgestellte und von Williams in einer Vielzahl von Versuchen bestätigte Erscheinung ist darauf zurückzuführen, daß kondensierende saure Verbrennungsprodukte korrodierend wirken. Erreicht die Temperatur des Kühlwassers 80⁰ C, so tritt ein Minimum des Verschleißes auf. Schwefel im Kraftstoff erhöht den Verschleiß ebenso wie ein Gehalt an Bleitetraäthyl, wie Abb. 75 zeigt.

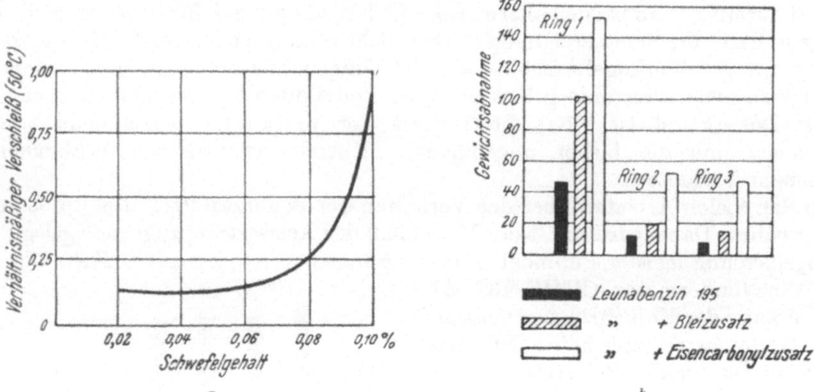

Abb. 75. Kolbenringverschleiß und a) Schwefelgehalt (nach RICARDO), b) Gegenklopfmittel (nach BEEK).

Allerdings darf man die Korrosion nicht als die alleinige Ursache des Kolbenringverschleißes ansehen. So werden liegende Zylinder von Boxermotoren rascher unrund als stehende Zylinder; auch ist der Anstieg des Verschleißes in den Umkehrpunkten der Kolben ein Zeichen dafür, daß ungenügende Schmierung am Verschleiß beteiligt ist.

α) 4. Die Verbesserung der Schmierung durch Zusätze und Oberflächenbehandlung.

Versagen der Schmierung erfolgt, wenn statt des hydrodynamischen Schmierkeiles Teilschmierung, Grenzschichtschmierung und endlich Trockenlauf eintritt. Eine Verbesserung der Schmierung muß also den Bestand der Vollschmierung sichern und die Schädlichkeit der kurzzeitig auftretenden Trockenreibung verringern. Die chemisch wirkenden Schmierzusätze — die in den englisch sprechenden Ländern zum Begriff der chemischen Schmierung geführt haben — bewirken einerseits durch Schwächung des Oberflächengefüges der Metalle raschere Abtragung der hervorragenden Spitzen und damit die Förderung des Eintrittes erneuter Vollschmierung, andererseits ermöglichen sie für kurze Zeit Trockenreibung ohne Fressen.

Wie sich die Ausbildung von reibungsverringernden Schichten auf die Ruhreibung auswirkt, zeigt die Zahlentafel 52 nach W. F. CAMPBELL.

Zahlentafel 52. Ruhreibungswerte von reibungsverringernden Schichten.

Metallkombination	Art der Schicht	Ruhreibung mit Schicht	Ohne Schicht
Stahl-Stahl	Oxyd	0,27	0,78
„ „	Sulfid	0,39	0,78
Messing-Messing	„	0,57	0,88
Kupfer-Kupfer	„	0,74	1,21
„ „	Oxyd	0,76	1,21
Stahl-Stahl	Oleinsäure	0,11	0,78
„ Graphit	„	0,09	0,21
„ Stahl	Actoöl	0,32	0,78
„ „	Oxyd und Actoöl	0,19	0,78
„ „	Sulfid und Actoöl	0,16	0,78

Campbell zeigte aber auch, daß eine gewisse Schichtdicke vorhanden sein muß, um die Wirkung der Oberflächenschicht zu gewährleisten. Bei Kupfer mußten die Sulfidschichten dicker als $2,8 \cdot 10^{-5}$ cm sein [219].

Um die Schmierung zu verbessern, genügt vielfach die Wirkung des chemischen Abtragens (Polierens) der Rauhigkeiten nur während der kurzen Zeit des Einlaufens. Dies führte dazu, daß man vor allem bei Kolben und Kolbenringen eine unmittelbare Behandlung zur Erzielung von Oberflächenschichten vornahm, die gleichzeitig eine Verbesserung und Abkürzung des Einlaufens ergab. Bei Kolben aus Leichtmetall hat sich die Oxydation nicht bewährt, weil sie zwar eine sehr harte und Öl gut aufnehmende Schicht ergab, die aber bei Überlastung zum Fressen führt. Gut bewährten sich Überzüge von Zinn, Kadmium und Blei, auch Graphit hat sich für das rasche Einlaufen der Kolben als sehr gut erwiesen, wobei er festhaftend in den Drehriefen der Oberfläche verankert oder mittels eines Zellonanstriches aufgebracht wird. [220]

Das Einlaufen von Kolbenringen wird verbessert durch: Beizverfahren zur Auflockerung der Oberfläche und dadurch Erhöhung der Haftung des Schmieröles, Oxydation infolge Wirkung der Oxydschicht als Poliermittel, Verkadmen, Verzinnen und Verbleien, endlich Phosphatieren und Sulfidieren. [221]. Bei Laufflächen ist Verchromung, Phosphatierung und Sulfidierung mit Erfolg angewendet worden.

Eine ähnliche Verbesserung wie durch chemische Behandlung der Oberflächen oder durch Schutzschichten erzielt man durch geeignete mechanische Oberflächenbearbeitung. Beim Einlaufen von Kolben und Zylindern bildet sich nach BEILBY ein amorphes Gefüge aus, das neben hoher Glätte gute Aufnahmefähigkeit für den Ölfilm aufweist. Durch Feinziehschleifen (superfinish), das bei mäßigen Anpreßdrucken und geringen Geschwindigkeiten arbeitet, erhält man ein ähnliches Gefüge, wodurch der Verschleiß und die Einlaufzeit wesentlich verbessert werden [222].

Neuerdings sind Vorschläge gemacht worden, die ganz andere Wege zur Verringerung des Verschleißes begehen, indem die Periode der Grenzschichtschmierung möglichst abgekürzt oder ausgeschaltet wird: die Trennung der Gleitschichten durch Stahlkugeln von 0,1 mm Durchmesser, die Zuführung des Öles unter hohem Druck und endlich die Entlastung der Welle beim Stehen durch eine magnetische Gegenkraft. Diese Vorschläge müssen aber erst praktisch erprobt werden [223].

Zur Illustrierung der in manchen Fällen erzielbaren Verbesserungen diene die Umstellung der deutschen Reichsbahn vom alten Achsenöl auf ein synthetisches Öl mit einem Zusatz zur Steigerung der Schmierfähigkeit und gleichzeitig viel besserem Kälteverhalten. Bei Güterwagen wurde die zulässige Belastung um 50 % erhöht, bei gleicher Belastung konnte die Geschwindigkeit von 40 auf 60 km/h erhöht werden. Dabei wurde der Verbrauch durch diese Umstellung und konstruktive Abänderung der bisherigen Achslager auf einen Bruchteil des bisherigen gesenkt. (Mitteilung von H. ZORN.)

Mit der zunehmenden Belastung der Motoren sind in den USA. von den Motorenherstellern soviele Qualitätsvorschriften für Schmieröle herausgegeben worden, daß die Frage auftauchte, ob das Öl tatsächlich alle Schwierigkeiten beseitigen kann. Die Entwicklung der durchschnittlichen Motorwerte von 1931 bis 1941 zeigt die Zahlentafel 53 [224].

Zahlentafel 53. Vergleichszahlen der Motoren in USA. für 1931 und 1941.

	Verdichtung	Leistung	Drehzahl	Hubvolumen	Gewicht	Leistung/Liter
1931	5,1	75 HP	3170	3,85	1450	19,5 HP
1941	6,65	113 ,,	3500	4,24	1532	26,7 ,,

Das Bedenken ist nicht ungerechtfertigt. Die Folgen höherer Temperaturen und Drücke können nur zum Teil durch bessere Schmierölqualitäten aufgewogen werden; über eine gewisse Beanspruchung gibt es eine Grenze, wo konstruktiv mit schon bekannten Mitteln gearbeitet werden und vor allem die Wärmeabfuhr verbessert werden muß.

c) Thermo-oxydative Beständigkeit (Alterung) und Veränderung im Gebrauch.

Das Öl soll sich beim Gebrauch möglichst wenig verändern, d. h. seine Schmiereignung (sowohl Zähigkeit als „Schmierfähigkeit") behalten, keine Rückstände und keinen Schlamm bilden und ablagern und auch keine lackartigen Überzüge verursachen. Die Bezeichnungen Ölalterung und Ölveränderung im Gebrauch werden meist im gleichen Sinn verwendet, wodurch viele Unstimmigkeiten auftreten; es empfiehlt sich, sie zu unterscheiden. Alterung ist die wesenseigene Veränderung des Öles (vor allem thermisch-oxydativer Art), gleichgültig, ob sie im Laboratoriumsgerät oder im Motor erfolgt, dabei sind die Veränderungsprodukte des Öles, wie Krackprodukte, Säuren, Seifen, Asphalt und Ölkohle inbegriffen. Die Veränderung des Öles im Gebrauch umfaßt auch die Beimischung mehr oder wenig aktiver Anteile, wie Ruß, Staub, Wasser, Restbenzin und der chemisch aktiven Stoffe, wie Metallabrieb, Bleioxyd, Korrosionsprodukte.

Bei der *Ölalterung* geht vor allem eine thermische Aufspaltung und eine thermisch-oxydative Veränderung vor sich. Die thermische Aufspaltung führt einerseits, unter Zerbrechen der Moleküle, zu weniger zähen, niederer molekularen Verbindungen, andererseits aber infolge Kondensation oder Polymerisation der Bruchstücke zu höher molekularen und endlich zu festen kohligen Stoffen. Dabei neigen Aromaten mehr dazu, Wasserdampf abzugeben als im Kern aufzubrechen, während die aliphatischen Kohlenstoffketten leicht gesprengt werden. Die thermische Zersetzung ist keine Gleichgewichtsreaktion, geht also nur in einer Richtung vor sich. Fette und gefettete Öle spalten leicht CO_2 aus der Säuregruppe ab und verändern damit ihren Charakter grundlegend, wenn die Einwirkung dauernd oder bei höherer Temperatur erfolgt. Auch die jetzt vielfach verwendeten Ölzusätze sind nur beschränkt temperaturbeständig, so daß sie im Betrieb zerstört werden können. Öle können deshalb die ihnen durch solche Zusätze verliehenen Eigenschaften wieder verlieren, wenn sie erhitzt werden; der Grad der Zerstörung richtet sich sehr nach den konstruktiven und betriebsmäßigen Bedingungen im Einzelfall.

Wichtiger als die rein thermische Zersetzung des Öles ist die thermisch-oxydative, die bei allen Temperaturen des Ölkreislaufes im Motor (den Verbrennungsraum eingeschlossen) erfolgt. Dabei überschneidet das Gebiet jenes der rein thermischen Veränderung etwas. Man muß drei Reaktionsgebiete unterscheiden, deren Grenzen bei etwa 120 und 225° C liegen. Während unter 120° C monomolekulare Reaktionen ablaufen, setzen darüber bi- und mehrmolekulare Reaktionen ein. Über 120° C steigt die Reaktionsgeschwindigkeit gegenüber dem ersten Bereich stark an, über 225° C beginnen sich schon niedermolekulare Zersetzungsprodukte, wie Wasser, CO_2 und Formaldehyd, zu bilden. Die dabei entstehenden festen kohligen Rückstände sind zu unterscheiden von den im niederen Temperaturgebiet gebildeten Ablagerungen, die nur durch oxydative Veränderung, nicht aber durch Spaltung gebildet wurden. Chemisch betrachtet verläuft die Oxydation nach SUIDA [235] vor allem über den Angriff des Sauerstoffes auf ein tertiäres, d. h. dreifach an C gebundenes Kohlenstoffatom, erst in zweiter Linie über die Oxydation von sekundärem, d. h. zweifach an C gebundenem Kohlenstoff. Die aromatischen und naphthenischen Öle geben viel leichter Schlamm als die paraffinischen, die bei der Oxydation mehr zur Bildung öllöslicher, saurer Verbindungen neigen. Deshalb bildet auch das spezifische Gewicht einen gewissen Anhalt für die Beurteilung der Alterungsbeständigkeit. Von gleich zähen Ölen wird das spezifisch leichtere weniger, das schwerere mehr zur Schlammbildung neigen. Doch gilt dies nur mit Vorbehalt; natürliche und künstlich zugesetzte Hemmstoffe verändern die Beziehung. Eine der ausführlichsten Untersuchungen über die Alterung reiner aromatischer und naphthenischer Verbindungen stammt von N. J. TSCHERNOSCHUKOFF und S. C. KREIN [236]. Danach wird der Schlamm aus raffinierten Ölen auf drei Wegen gebildet:

a) Olefine, Teer und Schwefelverbindungen geben Asphaltene und Karbene;

b) gesättigte Kohlenwasserstoffe geben Säuren mit hohem Molekulargewicht, die in Petroläther unlöslich sind;

c) Metalle bilden mit diesen Säuren einen besonderen Schlamm.

Aromaten ohne Seitenketten sind oxydationsbeständig. Seitenketten oder ein Verbindungskohlenstoffatom zwischen den aromatischen Kernen verringern die Oxydationsbeständigkeit. Die Endprodukte reiner Aromaten sind asphaltenisch, während Aromaten mit zunehmender Seitenkettenlänge immer mehr petrolätherlösliche Verbindungen geben.

Naphthene werden mit zunehmendem Molekulargewicht stärker oxydiert, ebenfalls leichter bei Anwesenheit von Seitenketten. Die Oxydation setzt aber nicht bei der Seitenkette ein, wie bei den Aromaten, sondern unter Spaltung im Kern. Naphthene mit Aromatenzusatz werden weniger oxydiert. Bei 15 bis 20% Aromatenzusatz (mit Seitenketten) bildet sich kein Niederschlag, obwohl der Säuregehalt infolge Oxydation der Seitenkette ansteigt. Der Oxydationsverlauf entspricht jenem ohne Anwesenheit von Naphthenen. Sind weniger als 10% Aromaten vorhanden, so verläuft die Oxydation wie bei reinen Naphthenen. Zusatz von 5% hydrierten Aromaten ergibt einen Niederschlag von Hydroxysäuren, Asphaltenen und Karbenen. Die Hemmwirkung der Aromaten bei der Oxydation nimmt mit steigender Ringzahl und mit Anwesenheit von tertiärem Kohlenstoff zu.

Allzu weitgehende Entfernung von Aromaten aus den Ölen kann also unter Umständen ungünstig wirken, während sie im allgemeinen die Oxydationsbeständigkeit der Öle erhöht. Ein älteres Schema von Oxydation der Erdölkohlenwasserstoffe und darin vorkommender S- und O-Verbindungen (Abb. 76), nach Schläpfer, veranschaulicht die vielfältigen Beziehungen bei der Oxydation.

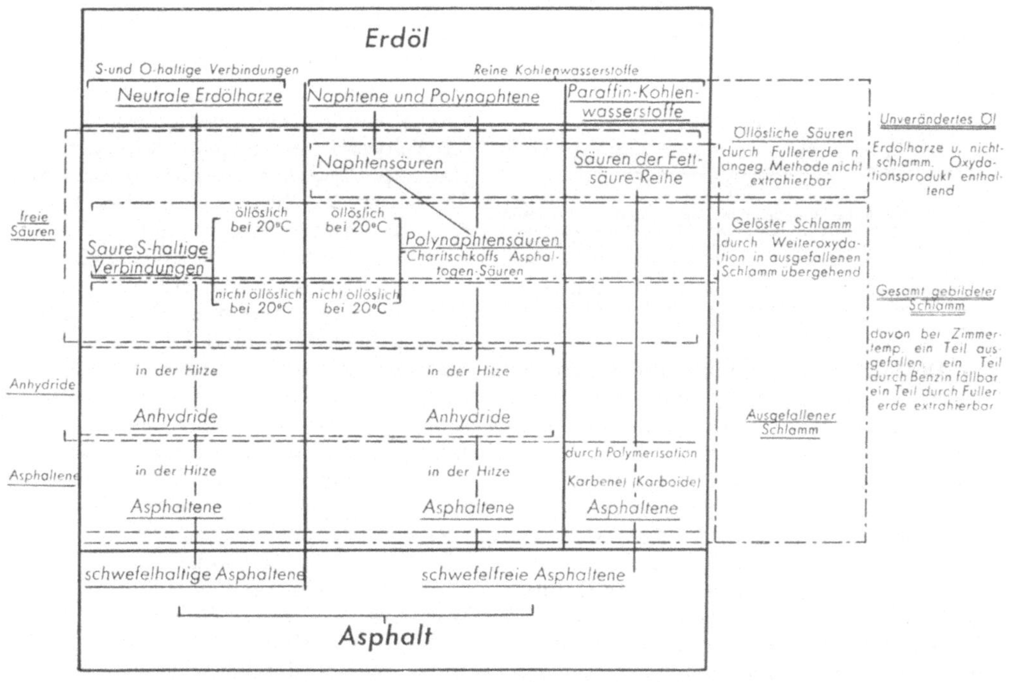

Abb. 76. Oxydationsschema von Erdöl nach Schläpfer.

Die Oxydation geht n. Robertson wohl so vor sich, daß primär Peroxyde gebildet werden, die beim Zerfall katalytisch wirkende Bruchstücke liefern. Dabei verläuft erst eine längere Induktionszeit ohne merkliche Einwirkung ab, während der offenbar im Öl vorhandene Hemmstoffe zerstört werden, worauf die Oxydation zunächst langsam, dann immer rascher werdend, einsetzt, um nach Oxydation von etwas mehr als der Hälfte des ursprünglichen Stoffes wieder langsamer zu werden. Die bei Oxydation entstehenden Hydroperoxyde zerfallen unter Bildung kurzlebiger, organischer Radikale, welche die primäre Oxydationsreaktion beschleunigen, so daß der gesamte Prozeß autokatalytisch abläuft. Diese freien Radikale sind die wahren Reaktionskatalysatoren, indem sie aus organischen Molekülen Wasserstoff abspalten und derart eine Kettenreaktion ermöglichen, wie die folgenden Formeln zeigen:

$$X \cdot + R'' . CH_2 --------- X . H + \underline{R'' . CH \cdot} \quad (X \cdot = \text{Katalysator})$$
$$R'' . CH \cdot + O_2 -------- R'' . CH . O . O \cdot$$
$$R'' . CH . O . O \cdot + R'' . CH_2 ----- R'' . CH . O . O . H + \underline{R'' . CH \cdot}$$

Die Oxydation bei mäßigen Temperaturen greift jene Moleküle an, die reaktionsfähige Wasserstoffatome besitzen, nicht aber Doppelbindungen, die oft durch andere Oxydationsmittel angegriffen werden. Im Gegensatz zur früheren Auffassung, wonach die Hemmstoffe Peroxyde zerstören sollen (MOUREU und DUFRAISSE), zerstören sie unmittelbar die freien Radikale, Oxydationsbeschleuniger dagegen fördern die Bildung freier Radikale z. B. durch Mitwirkung bei dem sekundären Zerfall der bereits gebildeten Peroxyde. Ein Schema der Reaktion in Abb. 77 veranschaulicht die Reaktionsabläufe. Siehe auch [237], [238], [239] und [240].

Die Hemmstoffe im natürlichen Öl sind, wie Versuche von C. H. DENISON und P. C. CONDIT [241] zeigen, geringe Mengen von Schwefelverbindungen, und zwar Monothioäther mit mindestens einer an Schwefel gebundenen aliphatischen oder naphthenischen Gruppe. Sie zerstören die Peroxyde, obwohl sie selbst gegen Autooxydation beständig sind, indem sie zu Sulfoxyden und wahrscheinlich Sulfonen oxydiert werden; vielleicht muß diese Erklärung im Sinne vorstehender Auffassung überprüft werden.

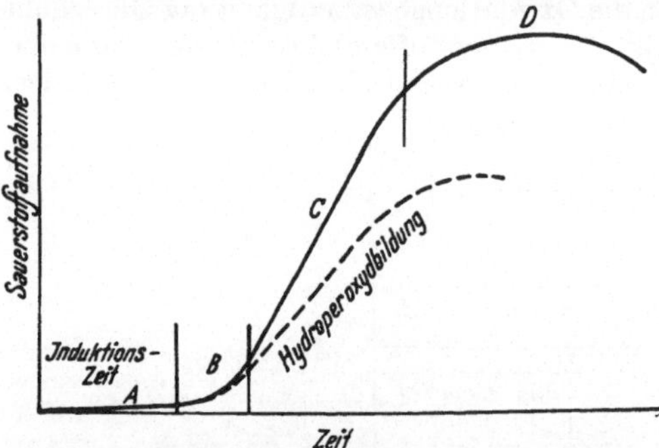

Abb. 77. Typischer Verlauf einer Autooxydation. Während einer Induktionszeit *A*, die durch Hemmstoffe verlängert werden kann, ist die O-Aufnahme sehr gering. Nach Beginn, einer Beschleunigungszeit *B* wird *O* gleichmäßig aufgenommen, bis etwas mehr als die Hälfte des Stoffes oxydiert ist. (*D*). Katalysatoren können die Perioden *A* und *B* abkürzen oder ganz ausschalten und die O-Aufnahme in *C* außerordentlich beschleunigen.

Die Oxydationsprodukte von Mineralöl wurden von I. MORGHEN genau erfaßt. Dabei wurden Acylierung in Pyridin und Bestimmung des aktiven Wasserstoffes nach TSCHUGAEFF-ZEREWITINOFF (Erfassung der freien Hydroxylgruppen), Reduktion des neutralen Sauerstoffes mit Natriumalkoholat und Behandlung mit GRIGNARD-Reagens zur Bestimmung der ohne Wasserstoffentwicklung verbrauchten Magnesylverbindung neben der Säure und Verseifungszahl vorgenommen. Auf mg KOH/g Öl gerechnet, machten die so bestimmten Sauerstoffverbindungen das Dreifache der üblicherweise erfaßten aus. MORGHEN [242] folgert aus seinen Versuchen, daß die neutralen Sauerstoffverbindungen Ketone sind, und zwar in einer Menge, die das Doppelte der Hydroxylzahl ausmacht. In ähnlicher Richtung arbeiteten A. G. ASSAFF und E. K. GLADDING [243] sowie W. FRANCIS, J. C. BALSBOUGH, J. L. ONCLEY [147], K. R. GARRET [245]. Mit diesen Arbeiten scheint ein neuer Weg zur exakten Verfolgung des Oxydationsverlaufes gezeigt, der wohl auch für die Praxis von Bedeutung werden wird. Wie jede Oxydation wird auch die des Öles durch Katalysatoren im richtigen Temperaturbereich günstig oder ungünstig beeinflußbar, besonders durch Metalle oder durch fett- oder naphthensaure Salze. Eisen, Kupfer und Blei spielen als Oxydationsförderer eine große Rolle. Allerdings zeigte sich, daß die selber leicht oxydablen Metalle Blei und Kupfer wie auch manche andere Nichteisenmetalle bei hohen Temperaturen die Oxydation nicht oder sogar negativ beeinflussen, während das Eisen wirksam bleibt. Bei niederer Temperatur ist dagegen Kupfer der wirksamste Katalysator. Aber nicht nur das Metall oder die Zusammensetzung der Legierung sind von Bedeutung, sondern auch das Legierungsgefüge, wie P. BEUERLEIN und K. L. KRYWALSKI [246] nachwiesen. Im kritischen Mischungsgebiet der Legierung Blei:Zinn 3 bis 7,5 förderten dendritische Gefüge die Oxydation sehr stark, während globulare Gefüge wenig Einfluß hatten. Wasser, bzw. Feuchtigkeit beeinflußt die Alterung etwas, dagegen wirkt Stickstoffdioxyd sehr stark fördernd. Ob im Motor merkliche Alterungseinflüsse auf die beim Klopfen nachgewiesenen Stickoxyde zurückzuführen sind, sei dahingestellt. Das als leistungssteigernder Zusatz im Kriege verwendete Stickoxydul (M. G. 1) zeigte keine nachteilige Wirkung auf das Öl.

Die Hemmstoffe, über die noch gesprochen wird, verhindern oder verzögern die Oxydation entweder unmittelbar oder dadurch, daß sie metallische Katalysatoren unschädlich machen. Für die thermische Zersetzung gibt es kaum Hemmstoffe; das Zinn, das die Zersetzung im Gegensatz zu Eisen, Kobalt und Nickel chemisch nicht beeinflußt, kann nicht als solcher bezeichnet werden.

Von wesentlich praktischer Bedeutung ist, daß sich Gemische zweier Öle stärker verändern als jede Komponente für sich. Es gelingt allerdings diesen — vielleicht kolloidchemisch, durch gegenseitige Ausflockung unverträglicher Systeme — erklärbaren Nachteil durch leichte Säurewäsche zu vermeiden. Beim praktischen Motorbetrieb aber, wo diese Möglichkeit fehlt, wird man die Gefahr stärkerer Alterung berücksichtigen müssen, wenn man Öle verschiedener Herkunft verwendet. Sie tritt dann auf, wenn man zu einem gebrauchten naphthenischen Öl paraffinisches Frischöl zugibt, genau so wie bei der laboratorienmäßigen Asphaltbestimmung das Benzin die Ausflockung bewirkt [247], [248].

Die motorische Veränderung der Öle im Gebrauch hängt wie die Ölalterung von einer Reihe von Einflüssen ab, wie die folgende Zusammenstellung zeigt:

Einflüsse auf die Ölveränderung im Gebrauch:

Dauernde Einflüsse: Konstruktion, Art und Menge katalytisch wirkender Metalle, Verteilungsgrad des Öles, Zusammensetzung des Gases im Kurbelgehäuse.
Wartungseinflüsse: Überholungszustand des Motors, Spiel der Kolbenringe, umlaufende Ölmenge, Ölnachfüllzeiten.
Betriebsbedingungen: Drehzahl, Belastung, Kühltemperatur, Ölverbrauch, Ölumlauf/h.
Betriebsstoffe: Art des Kraftstoffes, Art des Öles, Reinheit der Luft.

Die Störungen im Motorbetrieb durch Ölveränderung sind durchwegs durch die Ausscheidung fester Stoffe verursacht, die entweder direkt oder indirekt wirken. Sie unterteilen sich in Ölkohle, Lacküberzüge und Schlamm.

Ölkohle entsteht nur im Verbrennungsraum und an den heißen Stellen der Kolben und Ventile; je länger die Betriebszeit und je höher die Temperaturen sind, um so kohlenstoffreicher und wasserstoffärmer wird die Ölkohle. Über einer gewissen Temperatur brennt oder blättert sie wieder ab. Für die Bildung im Verbrennungsraum ist zu bedenken, daß je Hub nur etwa 0,005 cm³ Öl hineingelangt und nun rasch oxydiert und verkokt oder verbrennt. Am Kolben wird bei niederen Temperaturen zuerst Lack gebildet, der allmählich auch in kohleartige Rückstände übergehen kann, ohne daß sie als Kohle zu bezeichnen sind. Die Menge Ölkohle, die aus einem Öl entsteht, hängt auch von der Flüchtigkeit des Öles ab. Auch der Asphaltgehalt in dem z. B. in den Kolbenringnuten zurückbleibenden Öl steht nicht unmittelbar in Beziehung zu der Veränderung des Öles im Kurbelgehäuse. Deshalb können leichtere Öle, die bei gleicher Neigung zur Asphaltbildung eine größere Konzentration des Asphaltes in dem Rückstand aufweisen, unter Umständen eher Kolbenringstecken ergeben als dickere Öle. Für die Menge Ölkohle, die im Verbrennungsraum hinterbliebt, ist aber auch ihre Verbrennlichkeit und ihr Haftvermögen am Metall von Bedeutung.

Paraffinische Öle bilden weniger, aber harte, naphthenische dagegen mehr, aber lockere Ölkohle. Fette und gefettete Öle geben ebenfalls lockere, leichtverbrennliche Ölkohle. Dadurch ist wohl die schlechtere Bewährung von mit Lösungsmitteln raffinierten paraffinischen Ölen in Diesel-Motoren zu erklären. Die Ölkohle stört vor allem, wenn sie in den Kolbenringen auftritt und dann das Ringstecken verursacht, kann aber auch durch Behinderung des Wärmeüberganges von Kolben, Zündkerzen und Ventilen zu Überhitzungen und dadurch sekundär zu Glühzündungen, Klopfen und sogar Fressen führen.

Die Bezeichnung Ölkohle ist nicht ganz richtig, weil die Rückstände noch erhebliche Mengen Sauerstoff enthalten; sie sind vielmehr ein Kondensat oder Polymerisat hohen Molekulargewichtes aus kleineren anoxydierten Schmierölmolekülen. Zahlentafel 54 enthält die durchschnittliche Zusammensetzung aus dem Verbrennungsraum, bzw. Zylinder stammender Ölkohle:

Zahlentafel 54. Zusammensetzung von Ölkohlen.

Kolbenboden (Flugmotor)	2,5% H	70,0% C	27,5% O	
Kolbeninneres (Flugmotor)	4,6% „	77,8% „	17,6% „	
Dampfmaschine, Zylinder	6,0% „	77,9% „	16,1% „	} Staeger
„ Schieber	4,9% „	77,2% „	17,9% „	

Lacke entstehen bei niedrigen Temperaturen (zwischen etwa 125 und 225° C; sie sind sauerstoffhaltig, zu Beginn alkohollöslich, später chloroformlöslich und gehen bei längerer Erhitzung in ganz unlösliche, kohleartige Produkte über, die aber bis zu 20 % Sauerstoff enthalten. Neuerdings treten sie bei Automobilmotoren wegen der gerade bei verbesserten Ölen längeren Überholungszeiten, sowie der höheren thermischen Beanspruchung und des geringeren Ölverbrauches, der zu dünneren Ölfilmen führt, in verstärktem Maße auf. Auch in Diesel-Motoren findet man sie an Stellen mittlerer Temperaturen.

Der *Schlamm* im Kurbelgehäuse besteht aus einer Suspension von festen und halbfesten Verbrennungsprodukten im Öl, die durch Oxydationsprodukte bewirkt wird, wenn die Temperatur hoch liegt. Er ist entweder rein pastos, ohne daß Einzelteilchen sichtbar sind, oder mehr körnig wie Kaffeesatz. Bei niederen Betriebstemperaturen ist Wasser ein wesentlicher Bestandteil des Schlammes, wodurch unter Umständen ganz steife Emulsionen entstehen können. Auch bei gleichem Gehalt der Öle an Asphalt und Ölkohle kann die Verschmutzung des Kurbelgehäuses sehr verschieden aussehen, je nachdem, ob die festen Teilchen gut oder schlecht suspendiert bleiben. Gefettete Öle und manche mineralischen Öle haben ein sehr großes Suspensionsvermögen, während andere mineralischen Öle die festen Teilchen gleich absondern. Ein Anzeichen für die Neigung der Öle zur Suspension ist ihre Verfärbung im Betrieb; gut suspendierende werden vollkommen schwarz und fluoreszieren nicht mehr, während schlecht suspendierende starke Fluoreszenz beibehalten. Für die bessere oder schlechtere Bewährung dieser oder jener Ölart ist die Motorkonstruktion mitbestimmend. Die Alterung, bzw. Veränderung des Öles im Betrieb läßt sich vor allem durch Senkung der Temperaturen im Motor verringern, die allerdings im allgemeinen auch mit einer Leistungssenkung verbunden sein wird. Weiters läßt sich konstruktiv durch die Gestaltung des Kolbens, vermehrte Wärmeabfuhr durch Anspritzen oder Kühlen mit Öl, verbesserte Führung des Kühlmittels in dieser Hinsicht einiges erreichen. Die Alterung kann ferner auch durch verringerten Sauerstoffgehalt im Kurbelgehäuse, Frischölzugabe in gleichmäßiger Menge, Anwendung genügend großer Umlaufölmengen und durch die sehr wichtige öftere Ölerneuerung bis zu einem gewissen Grade verringert werden. Die Anwendungsmöglichkeit dieser Maßnahmen richtet sich nach dem Einzelfall. Bei der Herstellung der Schmieröle kann man durch richtige Auswahl der Rohstoffe, durch Zugabe geeigneter Hemmstoffe für die Oxydation selbst oder zur Vergiftung von Katalysatoren viel erreichen, muß aber die Auswirkung auf andere Öleigenschaften und auf das Verhalten des Öles in Mischungen mit anderen Ölen prüfen.

Die laboratoriumsmäßige Erfassung der Ölalterung ist schon wegen der langen Induktionszeit schwierig, die außerdem von der Temperatur in verschiedener Weise abhängt. So können sich die Kurven von Ölen mit kurzer Induktionszeit, aber kleiner Oxydationsgeschwindigkeit und jene von Ölen mit längerer Induktionszeit, aber großer Reaktionsgeschwindigkeit überschneiden. Die relative Lage der Kurven verschiedener Öle kann sich also mit der Temperatur ändern, was die Wertung der Öle erschwert. Wenn daher auch die Laboratoriumsverfahren viel zur Klärung der Verhältnisse beigetragen haben, bestehen doch viele Bedenken dagegen. Auch sind ihre Aussagen auf bestimmte Erscheinungen beschränkt, wie die Schlammbildung oder die Verkokungsneigung, unmöglich ist aber die Forderung erfüllbar, daß man das gesamte Verhalten im Motor damit erfassen kann. Welche Beziehungen zwischen Laboratoriumsverfahren und Motorverhalten besteht, zeigt die folgende Darstellung:

Chemisch-physikalisches Verhalten	*Verhalten im Motor*
Alterung: a) thermische Zersetzung:	(wird durch Alterung weitgehend beeinflußt)

Kracken-Koks
    Polymerisation — Zähigkeit
    Verdampfung — Flüchtigkeit
	Rückstandsbildung: im Verbrennungsraum
	    auf Ventilschaft und
	    -teller
	    auf Kolbenunterseite

b) thermisch-oxydative Zersetzung:
    Bildung von Säuren, Estern, Laktonen usw.
	Kolbenringstecken: bei niederen und hohen
	    Temperaturen

Harzbildung
    Asphaltbildung
    Kondensation
    katalytischer Einfluß
	Schlammbildung: bei niederen und hohen
	    Temperaturen
	
	Lackbildung

Asphaltlösungsvermögen (Schlammbildung)	
Suspensionsvermögen (Schlammbildung)	
Koksverbrennlichkeit (Rückstandsbildung)	
Korrosion (Bildung katalytisch wirkender Verbindungen)	Korrosionsangriff Störung der Schmierung
Haftvermögen am Metall (Abblättern der Kohle)	

Motorische Einflüsse

Dauernde Einflüsse:	Betriebsbedingungen:

Konstruktion — Motorzustand
    katalytische Metalle
    Verteilungsgrad des Öles
    Gas im Kurbelgehäuse
	Temperatur
	    Drehzahl
	    Belastung
	    Ölverbrauch
	    Ölumlauf/h

Wartungseinflüsse:	Betriebsstoffe:

Umlaufende Ölmenge
    Ölnachfüllzeiten
	Kraftstoff
	    Schmieröl
	    Luftreinheit

Grundgedanke aller Ölalterungsverfahren ist die Erfassung der bei der thermisch-oxydativen Veränderung des Öles entstehenden störenden Produkte, von denen sich im Motor Asphalt und Ölkohle am ungünstigsten auswirken. Deshalb versucht man auch meist, diese selbst oder ihre Auswirkung, wie z. B. die Viskositätserhöhung als Maß zu erfassen. Die Alterung wird mit Luft oder Sauerstoff bei erhöhter Temperatur vorgenommen, manchmal auch eine Beschleunigung durch Katalysatoren bewirkt. Die Bedingungen sind vielfach schärfer als die praktisch vorkommenden, um Zeit zu sparen; deshalb sind so gealterte Öle im Gegensatz zu den im Betriebe veränderten nicht mehr regenerierbar, wie KADMER zeigte. Man erhält trotzdem für die Veränderung der Öle bei starker Beanspruchung einige Anhaltspunkte, wie auch die Tatsache beweist, daß das Verfahren des englischen Luftfahrtministeriums in die Prüfvorschriften des I. P. aufgenommen wurde und auch in verschiedenen Lieferbedingungen vorgeschrieben wird. Es hat sich für die Beurteilung des Verhaltens von Diesel-Motorenölen nach WILFORD [249] sehr gut bewährt.

Für die Bewertung der Alterungsverfahren ist die möglichste Anpassung an den Zweck nötig; also grob gesprochen an die Bedingungen des Ringsteckens oder der Verschlammung. Einige Verfahren für Flugmotorenöle, die besonders hohen Beanspruchungen ausgesetzt sind, bringt Zahlentafel 55.

Zahlentafel 55. Alterungsverfahren für Flugmotorenöle.

Verfahren	Ölmenge	Temp.	Dauer	Behandlung der Öle	Auswertung
DVL	10 cm³	275° C	4 h	Erhitzen in flachen Schalen	Flüchtigkeit und Asphalt im Restöl
British Air Ministry	40 „	200° „	2×6h	Durchleiten von 15 l Luft/h	Zunahme der Zähigkeit und Verkokung
Französisches Luftfahrtministerium	200 „	140° „	120 h	Schütteln in Luft mit Cu	Zunahme der Zähigkeit und benzinunlöslich
Standard Oil of Indiana ..	300 „	172° „	[1]	Durchleiten von 10 l Luft/h	Zeit bis zur Bildung von 10 und 100 mg Asphalt

[1] Zeit wird als Maß der Alterungsneigung genommen.

Zu den Versuchsbedingungen ist zu bemerken, daß man verschiedene Umstände berücksichtigen muß, um einwandfreie Ergebnisse zu bekommen.

So zeigte SEUFERT [250], daß man die Asphaltbestimmung gleich nach Beendigung des Versuches vornehmen muß, um Asphaltneubildung zu vermeiden. Auch ist die Trennung des benzinunlöslichen Anteils von dem benzol- oder chloroformunlöslichen Anteil zu empfehlen; die chemische Zusammensetzung soll durch Anwendung geeigneter Versuchsbedingungen möglichst mit jener praktisch interessierender Rückstände und Schlämme übereinstimmen (vor allem der O-Gehalt!). — Der Indianatest ergab in der normalen Ausführung mit Ölen, die einen Zusatz von Schwefelverbindungen enthielten, im Vergleich zum Motorergebnis falsche Werte; wurden die Öle aber in einem Becherglas in Anwesenheit von Cu oder Fe gerührt, statt daß Luft durchgeleitet wurde, so zeigte sich gute Übereinstimmung [251].

Eine allgemeingültige Alterungsprüfung wird man ebensowenig wie eine allgemein gültige Schmiereignungsprüfung jemals erreichen, weil zuviel Einflüsse die Bewertungsreihenfolge verändern. Für die Beurteilung der praktischen Beständigkeit von Ölen unter bekannten Bedingungen wird aber die richtig gewählte Alterungsprüfung zweifellos zutreffende Aussagen in der Mehrzahl der Fälle gestatten. Die Gleichmäßigkeitskontrolle hat damit ein zusätzliches Mittel an der Hand [252].

Wegen der ungenügenden Beurteilungsmöglichkeit mittels Laboratoriumsverfahren verwendet man in der Praxis allgemein Motorversuche. Zu dieser Folgerung kommt erst kürzlich wiederum H. C. MOUGEY, der in einer „laboratoriumsmäßigen Motoruntersuchung" das Hauptverfahren sieht, während für die Bewährung in der Praxis, nach US-Erfahrungen, die Untersuchung in fünf verschiedenen Motoren nötig ist.

L_1-Verfahren: 480 h Einzylinder-Caterpillar-Diesel-Motor auf Ringstrecken, Verschleiß Kohle auf Kolben.

L_2-Verfahren: 3 h beschleunigter Test im gleichen Motor, wobei das Verhalten der Kolbenringe geprüft wird.

L_3-Verfahren: 120 h Hochtemperaturlauf in einem Vierzylinder-Caterpillar-Diesel-Motor für Ölalterung und Lagerkorrosion.

L_4-Verfahren: 36 h beschleunigter Versuch im Sechszylinder-Otto-Motor für Oxydationsbeständigkeit und Lagerkorrosion.

L_5-Verfahren: 506 h Vollast im General-Motors-Zweitakt-Diesel, Serie 71, auf Kolbenlackbildung.

Zur Erzielung genügender Reproduzierbarkeit müßten aber immer neue Laufflächen in den Motoren verwendet werden. Eine Ölprüfung derartigen Ausmaßes übersteigt die Möglichkeiten fast aller Verbraucher; wenn man dazu nimmt, daß selbst ein solcher Versuch bei ungewöhnlichen Ölen versagen kann, so beleuchtet dies die bestehenden Schwierigkeiten der Ölbeurteilung.

Für die Untersuchung der Ringsteckneigung von Flugmotorenölen bestehen einfacher geartete Motorverfahren, die meist die Laufzeit bis zum Leistungsabfall oder Gasdurchtritt in das Kurbelgehäuse als Maß verwenden. In Deutschland war zur Abnahme der Flugmotorenöle die Ringsteckprüfung im BMW 132 üblich; dabei wurden folgende Bedingungen eingehalten:

Leistung 60 PS, Kraftstoffverbrauch 220 ± 2 g/PSh, Drehzahl 2100 U/min ± 25, Vorzündung 40^0, umlaufende Ölmenge 10 kg, Kerzenringtemperatur (Windschatten 265 ± 1^0 C, seitliches Ringspiel 0,15 mm, Öleintritt 110 ± 5^0, Ölaustritt 112 ± 5^0 C.

Bei Verwendung von gebleitem Fliegerbenzin der O. Z. 87 mußte die Laufzeit mit einem Bezugsöl 8½ h betragen. Die Genauigkeit des Verfahrens ist im Vergleich zu der Überladeprüfung für das Klopfverhalten noch verbesserungsbedürftig. Die Abweichungen, die bei Verwendung verschiedener Zylinder auftraten und die beobachteten Unterschiede in den Temperaturen der Zylinder sprechen dafür, daß für die Laufzeit vor allem die Temperaturverhältnisse maßgebend sind. Deshalb verspricht die laufende Messung der Kolbenringtemperatur, bzw. der Kolbentemperatur und der Übergang vom luft- zum wassergekühlten Motor einen Fortschritt, wie er auch bei der Klopfprüfung erreicht wurde.

Ein interessantes Ergebnis der Versuche von GLASER war die Feststellung, daß die Laufzeiten der Öle Minima aufweisen. Dies läßt sich damit erklären, daß im untersten Temperaturgebiet die Verschlammung, im mittleren die Verkokung des Schlammes und endlich im letzten das Wegbrennen bereits gebildeter Kohle sich auswirken, wie Abb. 78 zeigt.

Die Hoffnung, daß die Versuche in einem Flugmotorenzylinder wegen der besseren Annäherung an die Verhältnisse der Praxis Ergebnisse liefern, die mit den praktischen Erfahrungen besser übereinstimmen als die von Versuchen an kleinen Motoren (Siemens-Lichtaggregat,) hat sich nicht bestätigt. Deshalb sind Prüfverfahren an kleinen Motoren nach wie vor von Interesse, um so mehr, als selbst nach der Prüfung in einem Flugmotoreneinzylindermotor die Bestätigung durch den Vollmotorenversuch nötig ist. Dabei

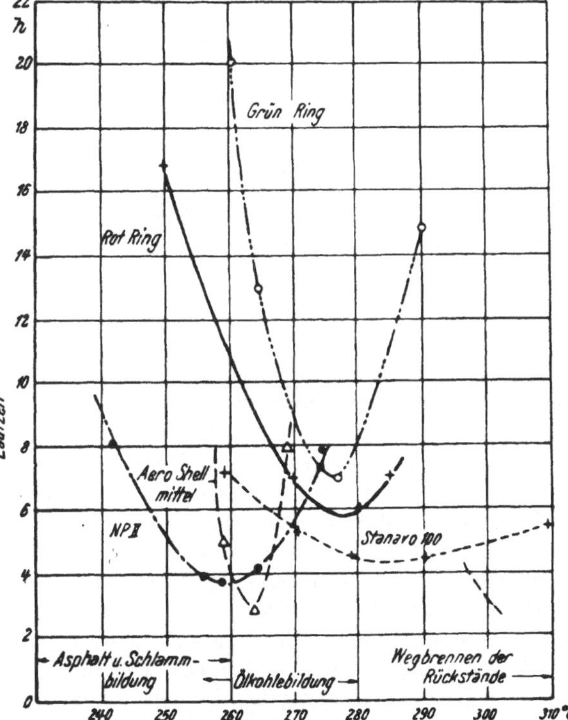

Abb. 78. Ringsteckzeiten einiger Öle in Abhängigkeit von der Temperatur nach GLASER.

kann man auch Kraftstoffölgemisch anwenden, um eine gleichmäßige Ölzufuhr zum Zylinder zu sichern, wie es z. B. von der Intava (WENZEL) im DKW versucht wurde. Auch kann man nach W. GLASER [253] so vorgehen, daß man in einem Zweitaktmotor den Kolben mit Bohrungen versieht, die sich durch die entstehende Ölkohle mit der Zeit zusetzen. Maß der Neigung zum Ringstecken ist dann die Zunahme der Leistung infolge des allmählichen Zuwachsens der Bohrungen; die Ergebnisse stimmten qualitativ mit denen des BMW 132 überein und bestätigten, daß bei bestimmten Temperaturen die Laufzeiten ihre Kleinstwerte haben, so daß dieser Befund als gesichert gelten kann.

Auf die vielen Verfahren der motorischen Ölprüfung kann hier nicht im einzelnen eingegangen werden. C. F. KRIENKE hat über die in den Vereinigten Staaten üblichen Prüfverfahren einen Sammelbericht verfaßt, auf den hier verwiesen sei [254]. Dauerläufe im Vollmotor zeigten in einer großen Zahl von Versuchen, daß die Neigung zum Ringstecken tatsächlich durch die Einzylinderprüfung soweit erfaßt wird, daß — wie die Abb. 79 zeigt — eine ungefähre Aussage über das Ölverhalten möglich ist.

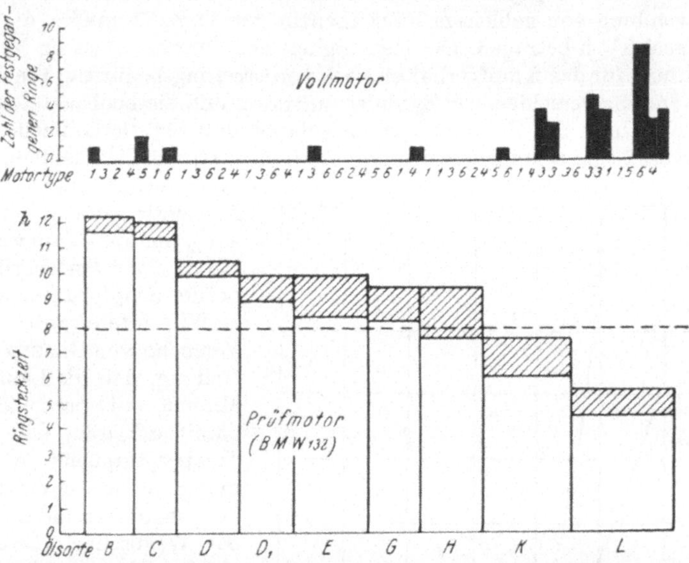

Abb. 79. Ringsteckzeiten im Prüfmotor und im Vollmotor nach ADAM.
Motoren: *1* Argus 410, *2* Hirth 504, *3* BMW 132, *4* Jumo 211, *5* BMW 323, DB 601.

Die Verschlammungsneigung wird durch die Ringsteckprüfungen natürlich nicht erfaßt. Dafür sind besondere Versuchsläufe durchzuführen, bei denen die Neigung zur Schlammbildung durch Ausschleudern oder Abfiltern des Schlammes gemessen wird.

Die Bildung von Rückständen wird derzeit laboratoriumsmäßig durch zwei Verfahren ermittelt; das von CONRADSON und das von RAMSBOTTOM.

Das Öl wird dabei durch Erhitzen unter mehr oder weniger gutem Luftabschluß verkokt. Die Versuchsbedingungen weichen daher von den bei der Verbrennung auftretenden Verhältnissen ab, so daß eine Übereinstimmung im Verhalten des Öles nicht unbedingt erwartet werden kann. Beide Verfahren versagen unter Umständen bei der Beurteilung von Ölen, die Zusätze enthalten. Immerhin geben sie einen Anhalt für die Beurteilung der chemischen Stabilität der Betriebstoffe, wobei das längere Anheizzeit benötigende CONRADSON-Verfahren wohl die Kondensations- und Polymerisationsneigung stärker zum Ausdruck bringt, als das rascher ablaufende Verfahren von RAMSBOTTOM. Die einzuhaltenden Arbeitsbedingungen sind in Zahlentafel 56 dargestellt.

Zahlentafel 56. Verkokungsverfahren nach CONRADSON und RAMSBOTTOM [259], [260].

	RAMSBOTTOM		CONRADSON	
Verkokungswert unter 2 %.	4,0	0,1 g	10 g	5 g
„ 2—4 % ...	2,0	0,1 „		
„ über 4 %.	1,0	0,05 „		
Gefäß	Glas mit Kapillaröffnung		Porzellantiegel	
Anheizart	550° C heißes Metallbad		Gasbrenner	
Dauer	20 Minuten		10 Min. bis zur Entflammung, 7 Min. nach Aufhören des Rauchens (insgesamt 30 Min.)	
Genauigkeit bei einer Prüfstelle	für 10—0,5 %	3—5 % des Mittelwertes	10 % des Mittelwertes	
	für 0,1 %	20 % des Mittelwertes		

Bei Verkokungszahlen unter 0,05 % (CONRADSON) wird statt des Öles (Gasöl) selbst der Destillationsrückstand zur Untersuchung genommen, nachdem 90 % des Öles abdestilliert wurden.

Die mit beiden Verfahren erhaltenen Werte stimmen infolge der verschiedenen Versuchsbedingungen nicht miteinander überein. Die praktisch auftretenden Rückstandsmengen sind wegen des Fortbrennens einmal gebildeter Ölkohle und der mechanischen Abtragung nicht genau vergleichbar mit den Verkokungszahlen.

d) Korrosion.

Korrosion durch Schmieröle tritt bei niederen Betriebstemperaturen selten ein, weil die Kohlenwasserstoffe selbst nicht korrosiv wirken, aggressive Anteile aber selten im ursprünglichen Öl vorhanden sind. Sieht man von absichtlich zur Verbesserung der Schmierneigung zugegebenen Stoffen ab, so wird die Korrosion durch drei Arten von Verbindungen bewirkt:

1. Organische öllösliche Säuren, die bei Anwesenheit eines oxydierenden Mediums (molekularer Sauerstoff bei niederen Temperaturen, Peroxyde über 100° C) besonders Kadmium und Blei angreifen.

2. Schwefelkorrosion auf silber- und kupferhaltige Legierungen bei hohen Temperaturen, indem der anfänglich schützende Sulfidüberzug spröde wird und abblättert

3. Wässerige Säuren niederen Molekulargewichtes, die besonders Kupfer angreifen.

Kadmium-Silberlegierungen werden am stärksten, Blei-Kupfer-Bronze am wenigsten angegriffen. Zink- oder Indiumzugabe schützt vor Korrosion. Die Struktur der Legierungen ist sehr wichtig, weil grobe dendritische Gefüge stark, feine globulare wenig angegriffen werden.

Die Haupteinflüsse auf die Korrosion sind:

1. Temperatur, die sowohl die Oxydation fördert als die Metallfestigkeit verringert.

2. Belastung, die sich wenig auswirkt.

3. Belüftung, die einerseits die Oxydation fördert, andererseits die korrodierend wirkenden Säuren entfernt.

4. Kraftstoff mit Äthylfluid ergibt Eisenhalogenide, welche die Oxydation sehr fördern.

5. Oxydationsbeständigkeit des Öles.

6. Art der Oxydationsprodukte, von denen es sehr aggressive und inaktive gibt.

7. Reinigungswirkung der Öle (detergency); starke Reinigungswirkung entfernt schützende Lackschichten, so daß Korrosion einsetzen kann.

8. Passivierung, am besten durch Zugabe entsprechender Stoffe zum Öl.

9. Schwefelzugabe schadet, wenn die gebildeten Sulfide spröde sind.

10. Wasser kann die Wirkung korrosiver Produkte sehr erhöhen.

Maßnahmen gegen die Korrosion sind: Ausführung geschichteter (plattierter) Lager (Indium), niedere Motortemperaturen, geeignete Schmiermittel und endlich Zugabe geeigneter Hemmstoffe [261].

Als Korrosionsschutzöle werden mit Erfolg Öle verwendet, die Naphthenseifen enthalten; damit kann die Korrosion durch Bromverbindungen in Motoren beim Lagern verhindert werden. Ein ganz besonders wirksames Öl war das aus Kogasin durch Sulfochlorierung, Amidierung mit NH_3, HCl-Abspaltung mit Chloressigsäure und Veresterung der Säuregruppe erhaltene Bohröl der I. G., das auch sehr gute Schmierwirkung hatte.

e) Wärmeaufnahme (spezifische Wärme und Wärmeleitung).

Für die Wärmeabfuhr aus dem Motor ist die spezifische Wärme sehr wichtig. Die spezifischen Wärmen liegen bei fast allen Mineralölen und Fetten zwischen 0,4 und 0,5 kcal/kg° C. Die niedersiedenden Öle haben eine höhere, die höhersiedenden eine niedere spezifische Wärme. Zahlentafel 57 enthält Angaben.

Zahlentafel 57. Spezifische Wärmen von Ölen.

	D_{15}	Spez. Wärme
Benzin	0,745	0,4730
Schwerpetroleum	0,826	0,4726
Gasöl	0,857	0,4400
„	0,877	0,4120
„	0,872	0,4570
Transformatorenöl	0,873	0,4482
Turbinenöl Gargoyle	0,911	0,4381
Maschinenöl, amerikanisches	0,929	0,4335
Zylinderöl	0,918	0,4180
Rizinusöl, 50° C	—	0,505
„ 70° „	—	0,525

Zahlentafel 58 zeigt die Wärmeleitfähigkeit einiger Öle nach SUGE.

Zahlentafel 58. Wärmeleitfähigkeit von Ölen
nach SUGE.

Leinsaatöl	0,151	kcal/m.h° C
Rüböl	0,148	„ „
Rizinusöl	0,155	„ „
Olivenöl	0,144	„ „
Motorenöl 1	0,126	„ „
„ 3	0,108	„ „
„ 6	0,122	„ „
„ 13	0,119	„ „
Paraffinum liqu.	0,104	„ „
Transformatorenöl	0,097	„ „

Die Wärmeleitzahl ist bei mineralischen Ölen rund 15 % kleiner als jene fetter Öle. Die Abhängigkeit von der Temperatur zeigt Abb. 80 für einige Flugmotorenöle nach E. Schmidt.

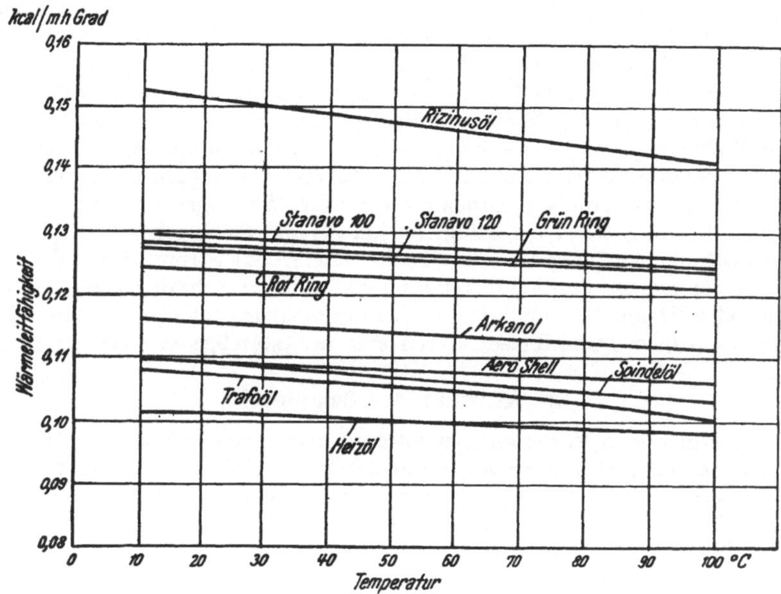

Abb. 80. Wärmeleitfähigkeit verschiedener Öle nach E. Schmidt.

Sowohl spezifische Wärme wie auch Wärmeleitfähigkeit liegen beim Rizinusöl günstiger als bei den mineralischen Ölen. Beim Übergang von einem Öl zu einem anderen verschiedener spezifischer Wärme ist der Ölumlauf entsprechend zu ändern.

f) Schaumbildung.

Die Schaumbildung spielt neuerdings eine wesentliche Rolle, weil die aus verschiedenen Gründen beigefügten Schmierölzusätze sie steigern und die größere Ölumlaufmengen der Flugmotoren mehr Luft mit dem Öl in Berührung bringen.

Als Schaum bezeichnet man Systeme, in denen Gas oder Dampf in einem flüssigen oder festen Dispersionsmittel, durch dünnste Schichten desselben getrennt, feinst verteilt sind. Suspensionen enthalten dagegen viel dickere Trennschichten, sie können aber bei Drucksenkung oder Temperatursteigerung in Schäume übergehen. Je nach dem Gehalt des Öles an Gasen oder dampfbildenden Anteilen entsteht ein Gas- oder Dampfschaum; im allgemeinen ist der aus Gasen gebildete Schaum von größerer Bedeutung. Die Menge des gebildeten Schaumes, Druck sowie Temperatur der Schaumbildung sind durch den Grad der Löslichkeit des Gases oder Dampfes in der Flüssigkeit und ihre Druck- und Temperaturabhängigkeit bestimmt. Sind die beiden Flüssigkeiten miteinander mischbar (z. B. Benzin-Öl), so beeinflußt das Mengenverhältnis der leichter siedenden Flüssigkeit zur Restflüssigkeit sowohl die Temperatur und den Druck der Schaumbildung als auch die Schaummenge. Ist dagegen die leichter siedende Flüssigkeit mit der anderen nicht mischbar (z. B. Wasser-Öl), so bestimmt das Mengenverhältnis beider Flüssigkeiten nur die Menge des Schaumes, nicht aber Druck und Temperatur der Schaumbildung; dafür ist nur der Siedepunkt der leichter siedenden Flüssigkeit maßgebend. Dagegen ergibt feinerer Verteilungsgrad der leichter siedenden Flüssigkeit mehr, bzw. beständigeren Schaum als grobe Verteilung.

Schäume aus Gas oder Dampf und einer Flüssigkeit sind im allgemeinen um so beständiger, je geringer deren Dampfdruck (der von der Temperatur abhängt), je höher ihre Zähigkeit bzw. das Molekulargewicht und je größer der Unterschied der Oberflächenspannung zwischen der Flüssigkeit und der umhüllenden Schicht der Gasbläschen ist. Feste Teilchen in der schaumbildenden Flüssigkeit bilden Keime der Gas- oder Dampfblasenbildung und können durch verfestigende Umhüllung der Oberfläche der Bläschen stabilisierend wirken. Solche Teilchen sind Ruß, Staub, Bleioxyd, vielleicht auch Abrieb. Über den Einfluß der Art des Stoffes auf diese stabilisierende Wirkung ist noch wenig bekannt. Als Maßnahmen gegen die Schaumbildung dienen die Vermeidung der Aufnahme von Gas oder dampfbildenden Anteilen (hohe Temperatur) möglichst geringe Zerteilung von Öl in Luft, Vermeidung von Druckunterschieden, Verringerung der Ölumlaufmenge, mechanische Trennung durch Zentrifugieren, Prall- und Siebbleche, endlich Behandlung mit Ultraschall oder hochgespanntem Gleich- oder Wechselstrom. Stofflich ist die Vermeidung des Schäumens durch Verwendung einheitlicher Schmierstoffe, wie von Polyglykoläther oder Rizinusöl oder durch Zusätze erreichbar, welche die beständige Grenzschicht der Gas- oder Dampfblasen durch eine unbeständige ersetzen.

g) Auswahl der Schmieröle.

Die Schmierung von Verbrennungsmotoren muß entsprechend der Eigenart des Betriebes nach anderen Gesichtspunkten vor sich gehen, als die anderer Arbeitsmaschinen. Naturgemäß spielt die Viskosität als ungefähres Merkmal der Schmierfähigkeit eine Hauptrolle. CHAMPSAUR [162] hat eine recht brauchbare Einteilung der Öle danach vorgenommen, die in Zahlentafel 59 wiedergegeben ist.

Zahlentafel 59. Einteilung der Öle nach ihrer Viskosität (in Centipoisen) nach CHAMPSAUR.

Be-zeich-nung	Charakter des Öles	Absolute Viskosität		Beispiel
		50° C	100° C	
1	sehr dünn Nr. 1	10—20 Cp.	—	
2	dünn „ 2	21—30 „	—	
3	„ „ 3	31—40 „	—	Mobiloil Arctic
4	halbdünn „ 4	41—60 „	—	„ „
5	halbdick „ 5		10—15 Cp.	Mobil BB
6	dick „ 6		16—20 „	„ B
7	„ „ 7		21—25 „	
8	„ „ 8		26—40 „	

CHAMPSAUR schlägt für die Anwendung eine Einteilung der Öle nach ihrer Verwendung in folgender Form vor:

Viskosität Nr. 1: Sehr geringe Drücke, sehr hohe Geschwindigkeiten.
Viskositäten „ 2—3: Geringe Drücke, hohe Geschwindigkeiten.
„ „ 4—5: Mittlere Drücke, mittlere Geschwindigkeiten.
Viskosität „ 8: Sehr hohe Drücke, geringe Geschwindigkeiten.

Zahlenmäßige Angaben für die Drücke und Geschwindigkeiten werden nicht gemacht. Eine derartige Einteilung ist sehr erwünscht und wird im Laufe der Zeit wohl noch genauer durchgeführt werden, wenn die erforderlichen Werte für die verschiedenen Motoren regelmäßig festgestellt werden.

Die Beständigkeit gegen Oxydation ist der zweite Gesichtspunkt für die Wahl des Schmieröles. Sie hängt ab von der Art des Ausgangsstoffes und seiner Verarbeitung (oder dem verwendeten Zusatz). Paraffinische Öle werden am wenigsten, naphthenische mehr, asphaltische Öle und fette Öle am stärksten oxydiert, wenn keine Zusätze angewendet werden, die diese Eigenschaften beeinflussen. In allen den Fällen, wo die Reinigung des Motors mit großen Schwierigkeiten verbunden ist, wird man dabei berücksichtigen, daß der Grad der Verschmutzung des Motors auch davon abhängig ist, ob die gebildeten Oxydationsprodukte an gefährlichen Stellen ausgeschleudert oder abgesetzt werden können. Für die Neigung zum Absetzen ist der Grad der Suspensionsfähigkeit von Bedeutung, der im allgemeinen ebenso wie die Emulgierbarkeit mit zunehmender Oxydierbarkeit steigt. Gefettete Öle können so trotz an und für sich stärkerer Oxydation einen besseren Motorzustand ergeben, als weniger oxydierende mineralische Öle.

Die dritte Eigenschaft, die eine Rolle beim Verbrennungsmotor spielt, ist die *Rückstandbildung im Verbrennungsraum*. Bei der Oxydation des in den Verbrennungsraum dringenden Öles bilden sich kohleartige Ablagerungen von verschiedener Beschaffenheit aus den verschiedenen Ölen. Auch ihre Menge ist verschieden, je nach der Art des Öles. Man muß aber zwei Dinge unterscheiden; die Menge Kohlerückstand, die entsteht, und diejenige, die im Motor zurückbleibt. Während z. B. paraffinische Öle wenig Ölkohle bilden, ist diese hart und haftfähig, so daß sie sich allmählich auf dem Kolben und an den Zylinderwänden ansammelt, während die stärker zur Ölkohlebildung neigenden naphthenischen und gefetteten oder fetten Öle eine leicht haftende und weiche Ölkohle ergeben, die leicht ausgepufft werden kann.

Wichtig ist weiter das *Kälteverhalten* der Öle. Je nach der Notwendigkeit, öfter in der Kälte zu starten, wird man mehr oder weniger Wert auf tiefen Stockpunkt und eine flache Viskositätskurve legen. Die *Abfuhr der Wärme* aus dem Motor ist ebenfalls zu berücksichtigen. Rizinusöl hat z. B. eine viel höhere spezifische Wärme als Mineralöl, kann also besser kühlen als dieses.

Die Grundsätze für die Schmierung der einzelnen Motorenarten sind im folgenden kurz zusammengestellt:

a) *Diesel-Motoren.* Bei getrennter Schmierung von Kolben und Zylinder sowie Hauptlagern kann man zwei Öle verwenden. Bis zu 50 PS/Zylinder empfiehlt CHAMPSAUR die Verwendung eines Öles der Nr. 3 nach seiner Einteilung; bei größeren Leistungen dagegen für den Kolben und Zylinder Nr. 4 und 5, für Wellenlager und Schubstangenlager hingegen Nr. 3 und 4. Zur Verringerung der Rückstandsbildung ist die Verwendung naphthenischer oder gefetteter Öle für die Zylinderschmierung empfehlenswert.

b) *Benzinmotoren.*

Zahlentafel 60.

Ölviskositätsnummer nach CHAMPSAUR	Motorbohrung	Motordrehzahl
2—4	unter 80 mm	über 3000 min.
4—5	80—100 ,,	2500—3000 ,,
5—6	über 100 ,,	etwa 2000 ,,

Zur besten Auswahl geeigneter Schmieröle stellte E. V. PATTERSON [262a] eine Liste von zehn Eigenschaften auf, die bei Einhaltung der richtigen Zähigkeit zu berücksichtigen sind. Ähnlich, wie dies seinerzeit A. NUTT zur Bewertung der Öle für Flugmotoren machte, nimmt er 100 Gutpunkte für das Öl an und verteilt sie nach ihrer relativen Bedeutung auf die einzelnen Eigenschaften. Dabei erhält der Viskositätsindex weitaus die größte Bedeutung (25 bis 50 Punkte), während Flammpunkt und Demulgierbarkeit nur in wenigen Fällen eine Rolle spielen. Eine Übersicht gibt die Zahlentafel 61.

Zahlentafel 61. Anforderungen an Schmieröle. Nach E. V. PATTERSON.

	Eigenschaften									
	1	2	3	4	5	6	7	8	9	10
Schmieröle für Kraftfahrzeuge:										
Benzin, Sommer	—	10	10	—	5	15	10	—	50	—
Diesel, „	—	10	10	—	5	20	10	—	45	—
Benzin, Winter	—	10	20	—	5	10	10	—	45	—
Diesel, „	—	10	20	—	5	15	10	—	40	—
Diesel- und Gasmotoren:										
Nur Zylinder	—	15	10	—	10	15	10	—	40	—
Zylinder und Lager	—	10	10	—	10	15	10	5	40	—
Gasmotoren (feuchtes Gas)	—	10	10	—	10	15	5	5	45	—
Große Gas- und Ölmotoren	—	10	5	15	5	15	10	—	40	—
Zweitaktmotoren, nur Lager	15	—	15	—	—	—	10	10	50	—

Wobei: 1 Säurezahl, 2 Verkokungszahl oder Rückstandsbildung, 3 Kälteverhalten, 4 Demulgierbarkeit, 5 Flammpunkt, 6 Alterungsbest., 7 spezifisches Gewicht, 8 spezifische Wärme, 9 Viskositätsindex, 10 Flüchtigkeit. (Selecting the best Lubricant Petroleum [London] 7 [1944] 220.

h) Grenzwerte der Anforderungen an Schmieröle.

Die Schmiermittelanforderungen des deutschen Normenausschusses 1939 für Schmieröle für ortsfeste oder Fahrzeugmotoren und für Gasmaschinen zeigt die folgende Zusammenstellung:

Zahlentafel 62. Schmieröle für ortsfeste oder Fahrzeugmotoren. Für Krafträder, Autos mit Vergaser- und Diesel-Motoren, Zugmaschinen, Boote, Pflüge und ortsfeste Diesel-Schnelläufer.
Gefettete oder ungefettete Raffinate.

	Winter	Sommer
Zähigkeit bei 20° C	20—65° E	—
50° C	4— 8° E	über 8° E
100° C	nicht unter 1,3 E	nicht unter 1,6 E
Flammpunkt	„ „ 185° C[1]	„ „ 200° C
Stockpunkt	„ über —10° C	„ über 0° C
Neutralisat. Zahl		nicht über 0,2
Verseifungszahl[2][3]		„ „ 0,5
Wassergehalt		„ „ 0,1 %
Aschegehalt		„ „ 0,2 %
Hartasphalt		0
Fettölzusatz		zulässig

[1] Bei Ölen mit einer Viskosität unter 5° E bei 50° C ist ein Flammpunkt von 180° C zulässig.

[2] Für jedes % zugesetztes Fettungsmittel ist eine Zunahme der Neutralisationszahl um 0,3, bei Zusatz von Fettsäure um 2,0 über die zugelassene Neutralisationszahl des angewendeten Mineralöles zulässig.

[3] Frei von ungebundener Mineralsäure und ungebundenem Alkali.

Gasmaschinenöl

**für Zylinder, Kolbenstangen, Stopfbüchsen, Ventile und Umlauf-
schmierung gefettetes oder ungefettetes Raffinat oder Destillat.**

	A Kleingasmaschinen		B Großgasmaschinen	
	Raffinat	Destillat[1]	Raffinat	Destillat[1]
Zähigkeit bei 50°C	nicht unter 3° E		4-Taktmaschinen nicht unter 4° E 2-Taktmaschinen „ „ 6° E	
Flammpunkt	„ „ 160° C		nicht unter 175° C	
Stockpunkt[2]	„ über +5° C		„ über +5° C	
Neutralisations- zahl[3] [4]	nicht über 0,3	1,5	nicht über 0,3	1,5
Wassergehalt	nicht über 0,1 %	0,2%	nicht über 0,1%	0,2%
Aschegehalt	nicht über 0,05%	0,2%	nicht über 0,05%	0,2%
Hartasphalt	0 nicht über 0,3%		0 nicht über 0,3%	
Fettölzusatz	zulässig		zulässig	

[1] Für Zylinderschmierung empfiehlt sich die Verwendung von Destillaten wegen des Asche-
und Asphaltgehalt nicht.

[2] Für Schmierstellen und Ölleitungen, die sich im Freien befinden oder die gelegentlich tieferen
Temperaturen ausgesetzt sind, empfiehlt es sich, vornehmlich im Winter Öle mit tieferem Stockpunkt oder mit entsprechendem Fließvermögen in der Kälte zu verwenden.

[3] Frei von ungebundener Mineralsäure und ungebundenem Alkali.

[4] Für jedes % des zugesetzten Fettungsmittels ist eine Zunahme der Neutralisationszahl um
0,3, bei Zusatz von Fettsäure um 2,0 über die zugelassene Neutralisationszahl des angewendeten
Mineralöles hinaus zulässig.

Im weiteren werden noch frühere deutsche Vorschriften über Motorenöle mitgeteilt:

Schmieröle für Kraftfahrzeuge:

Bezeichnung................	Motorenöl der Wehrmacht	Motorenöl der Wehrmacht (Winter)
Verdampfbarkeit	nicht unter 7%, nicht über 14%	nicht über 20 %
Viskosität bei —15° C	1800° E	„ „ 550° E
„ „ 100° „	nicht unter 1,9° E „ über 2,1° „	„ unter 1,6° E
Viskositätspolhöhe	„ „ 2,1° „	nicht über 2,0
Gesamtverschmutzung	frei von Hartasphalt, festen Fremdstoffen, nächstens Spuren Asche, Wasser	
Neutralisationszahl..........	nicht über 0,07 mg KOH/g	
Verseifungszahl..............	„ „ 0,25 „ „	
Flammpunkt o. T.	„ unter 200° C	
Stockpunkt	nicht verlangt	nicht über —25° C

Getriebeöl der deutschen Wehrmacht 8 R.

Äußere Erscheinung	grün gefärbt (0,04 % Fluorol 5 G oder GR), frei von Bodensatz oder irgendwelchen Ausscheidungen
Verdampfbarkeit	nicht über 10 %
Viskosität bei — 40° C	„ „ 50 000° E extrapoliert oder errechnet
„ „ 50° „	„ unter 8,0° „ „ „ „
Kälteverhalten	bei — 40° C pumpfähig
Druckaufnahmefähigkeit im Vierkugelapparat	Mindestbelastung 240 kg/cm²
Korrosionsverhalten	nach 24 h bei 100° C keine Korrosion (leichte Anlauffarben werden nicht als Korrosion betrachtet) bei Kugellagerkugeln, Al.- und Bronzestreifen

Schmieröle für Flugmotoren:

	Flugöl S 3	Flugöl V 2
Bezeichnung.................	Flugöl S 3	Flugöl V 2
D_{20}........................	0,897	0,920
Zähigkeit 50° C.............	125—143 cst 16,5/18,8° E	133/144 cst 17,5—19,0° E
„ 100° „	mind. 18,5 cst 2,70° E	19,4 cst 2,80° E
Polhöhe....................	höchstens 2,04	1,9
Richtungskonstante	„ 3,45	3,4
Viskositätsindex	mindestens 92	95
Stockpunkt	höchstens —17° C	— 25° C
Flammpunkt.................	mindestens 225° „	235° „
Neutralitätszahl	höchstens 0,1 mg KOH/g	0,1 mg KOH/g
Verseifungszahl	„ 0,2 „ „	8,0 „ „
Verkokung nach CONRADSON .	„ 0,35 Gew.-%	0,5 Gew.-%
Aschegehalt	„ 0,01 „	0,02 „
	frei von Hartasphalt und Wasser	

Anforderungen der US-Army an Schmierfette von 1946 zeigt die Zahlentafel 62a.

Zahlentafel 62a. USA.-Lieferbedingungen für Fette.

	Chassis		Radlager	Wasserpumpe
	Winter	Sommer		
US-Spezifikation	2—106	2—107	2—108	2—109
Bezeichnung	Allg. Verwendung 0	Allg. Verwendung 1	Allg. Verwendung 2	Wasserpumpe
NLGI-Konsistenz	0	1	2	4
Penetration (durchgeknetet 25° C)	355/385	310/340	265/295	175/205
Minimalzähigkeit des Öles bei 38° C	275/325	750	—	100 Saybolt-U/sek
99° „	—	—	75/100	100 „ „
Maximalzähigkeit des Öles bei —17,8° C	75 000	—	—	100 „ „
Max. pour point	—26° C	—	—4° C	100 „ „
Wassergehalt max.	1,5 %	2,0 %	1,5 %	2,5 %
Seifenbasis	Ca, Al	Ca, Al, Na	Na (2 % max. Ca oder Al)	Ca

Eigenschaften handelsüblicher Schmieröle sind in der Zahlentafel 63 zusammengestellt.

Bezeichnung	Spezifisches Gewicht bei 20°C	Flammpunkt[1] °C	Stockpunkt °C	Verseifungszahl	Neutralisationszahl	CONRADSON-Verkokung	Zähigkeit °E 20°	Zähigkeit °E 50°	Zähigkeit °E 100°	Polhöhe	Indiania-Oxydationstest Z = Zeit in h / A = mg Asphalt/10 g Öl / E = °E bei 100°C
A. Benzin-Automotoren		P. M.									
Derop A, Winter	0,910	193	— 36	0,28	0,05	0,14	29,5	5,1	1,6	2,7	—
„ BIS, Sommer	0,911	222	— 18,5	0,25	0,06	0,40	80,0	11,6	2,1	2,6	—
„ Z-Sonderqualität	0,911	226	— 17	0,25	0,05	0,63	120,0	17,6	2,6	2,5	—
Gargoyle Mobilöl A	0,896	o. T. 240	— 10	—	—	0,35	51,8	9,3	2,01	—	—
„ „ AF	0,902	243	— 10	—	—	0,40	70,5	10,9	2,15	—	Z 0 42 88,5 136 168 208 A 0 0 0 0 0 0 E 2,14 2,19 2,23 2,37 2,54 2,82
„ „ Arctic	0,887	230	— 19	—	—	0,18	31,2	6,2	1,75	—	—
„ „ B	0,905	270	— 9	—	—	0,53	139	20,4	2,9	—	Z 0 42 67 88,5 136 144 A 0 0 0 0 0 0 E 2,91 3,36 3,74 4,18 6,68 7,59
„ „ BB	0,903	261	— 11	—	—	0,54	104	15,3	2,4	—	Z 0 42 67 88,5 A 0 0 0 0 E 2,56 2,85 3,18 3,68
Essolub 20	0,879	236	— 32	0,07	—	0,23	—	5,3	1,71	—	—
„ 40	0,881	262	— 30	0,1	—	0,33	—	9,9	2,1	—	—
„ 50	0,885	278	— 12	0,09	0,05	0,58	—	13,4	2,4	—	—
„ 503	0,891	277	— 10	0,1	—	1,14	—	17,8	2,8	—	—
B. Benzin-Flugmotoren											
a (gefettet)	0,916	217	— 25	4,7	0,01	0,27	142	19,4	2,88	—	—
b	0,896	224	— 15	—	—	0,27	125	16,6	2,84	—	—
c	0,890	247	+ 0,5	—	—	1,20	136	22,9	3,27	—	—
C. Diesel-Motoren		P. M.									
Derop D, Winter	0,881	238	— 18	0,25	0,02	0,84	45	8,4	2,0	1,9	—
„ DD, Sommer	0,897	247	— 13	0,25	0,02	0,67	81	11,8	2,2	2,2	—
Gargoyle DTLA 1 AA	0,891	272	4,0	—	—	1,4	—	22	3,35	—	für ortsfeste Motoren und Schiffs-Diesel-Motoren
„ „ 1 BB	0,891	244	4,0	—	—	0,9	92	13,9	2,52	—	
„ „ Extra Schw.	0,891	225	— 7	—	—	0,6	55	8,9	1,98	—	
„ Vacme B	0,909	216	— 16	—	—	0,3	72,8	9,1	1,97	—	
„ „ BB	0,907	238	— 8	—	—	1,0	105	14,0	2,35	—	
„ Delnec 1	0,890	230	— 16	—	—	0,16	53,3	6,8	1,8	—	Z 0 48 72 96 120 A 0 0 0 2mg — E 1,80 1,89 1,99 2,10 —
„ „ 2	0,896	235	— 12	—	—	0,22	50,5	8,8	2,0	—	A 0 0 0 4 E 1,93 2,05 2,16 2,35
„ „ 3	0,903	264	— 10	—	—	0,31	78,2	12,2	2,2	—	A 0 0 0 10 E 2,27 2,53 2,80 3,22
„ „ 4	0,903	256	— 10	—	—	0,37	120,1	16,0	2,6	—	A 0 0 0 10 15 E 2,60 2,93 3,37 4,09 7,22

IV. Zusätze zu Kraftstoffen und Schmiermitteln.

1. Kraftstoffzusätze.

Wie schon erwähnt, entsprechen nicht alle Eigenschaften der Kraftstoffe den gesteigerten Anforderungen. Weil die Verbesserung durch Mischung mit höherwertigen Komponenten nur zum Teil möglich ist und auch dann nicht immer zum gewünschten Erfolg führt, bewirkt man die Verbesserung verschiedener Kraftstoffeigenschaften durch Zugabe von Zusätzen in sehr geringer Menge. Das bezieht sich vor allem auf die Klopffestigkeit und auf die Lagerungsbeständigkeit. Neuerdings hat man auch erfolgreich Kraftstoffkorrosion mit Zusätzen verhindert. Auch die Beeinflussung der Zündwilligkeit von Dieselkraftstoffen durch Zusatzstoffe wird mit der zunehmenden Verwendung von Krackdieselölen an Bedeutung gewinnen. Außer den unmittelbar im Kraftstoff verwendeten Zusätzen sollen hier aber auch jene Mittel angeführt werden, mit denen man die Leistung der Motoren steigern kann, wenn auch die Zusatzmengen bisweilen die Größenordnung des Kraftstoffverbrauches erreichen.

a) Erhöhung der Klopffestigkeit.

Man kann natürlich die Klopffestigkeit eines Stoffes dadurch steigern, daß man ihn mit einem anderen höherer Klopffestigkeit mischt. Diese Behandlung erzielt aber im allgemeinen nur eine nach der Mischungsregel zu errechnende Oktanzahlerhöhung, ist also keine Beeinflussung des Verbrennungsvorganges des Ausgangsstoffes. Viel wirksamer sind solche Zusätze, die chemisch auf den Oxydationsverlauf einwirken. Über die Art der Beeinflussung besteht noch keine restlose Klarheit. Man kann vielleicht trotz gewisser Bedenken annehmen, daß die primäre Bildung von Oxydationsprodukten (Moloxyden oder Peroxyden) an der Oberfläche von schwer verdampfbaren, höhersiedenden Bestandteilen des Kraftstoffes verhindert oder verzögert wird, so daß die ruhige Verbrennung den ganzen Verbrennungsraum durchläuft, ehe die Detonation einsetzen kann. Die wirksamen Stoffe kann man unterscheiden in organische und anorganische, bzw. metallorganische. Ihre Wirksamkeit ist bei den besten Vertretern der organischen Stoffe (meist Amine) rund zehnmal größer, bei den metallorganischen Stoffen rund hundertmal größer als die von Benzol. Einen genaueren Vergleich der Wirkung gibt die Zahlentafel 64 nach Boyd.

Zahlentafel 64. Vergleich der relativen Wirksamkeit verschiedener Gegenklopfmittel.

Verbindung	Formel	Gewicht für gleiche Wirkung	Relative Wirksamkeit Mol[1]
Anilin	$C_6H_5 \cdot NH_2$	1	1
Benzol	C_6H_6	9,8	0,085
Toluol	$C_6H_5 \cdot CH_3$	8,8	0,112
Xylol	$C_6H_4(CH_3)_2$	8,0	0,142
Alkohol	$C_2H_5 \cdot OH$	4,75	0,104
Äthyljodid	$C_2H_5 \cdot J$	1,55	1,09
Diäthylselenid	$(C_2H_5)_2Se$	0,214	6,9
Diphenilselenid	$(C_6H_5)_2Se$	0,49	5,2
Diäthyltellurid	$(C_2H_5)_2Te$	0,075	26,6
Diphenyltellurid	$(C_6H_5)_2Te$	0,139	22,0
Triphenylphosphin	$(C_6H_5)_3\,2\,P$	3,08	0,91
Triphenylarsin	$(C_5H_6)_3As$	2,44	1,35
Triphenylstibin	$(C_6H_5)_3Sb$	1,56	2,42
Teträthylzinn	$(C_2H_5)_4Sn$	0,66[2]	3,8[2]
Tetraäthylblei	$(C_2H_5)_4Pb$	0,029[3]	118
Diphenyldiäthylblei	$(C_6H_5)_2(C_2H_5)_2Pb$	0,041[3]	110[3]
Tetraphenylblei	$(C_6H_5)_4Pb$	0,080[3]	69,5[3]
Triäthylbismutin	$(C_6H_5)_3Bi$	0,135[3]	23,8[3]
Triphenylbismutin	$(C_6H_5)_3Bi$	0,22[3]	21,5[3]
Nickelkarbonyl	$Ni(CO)_5$	0,053[3]	35[3]
Dimethylkadmium	$(CH_3)_2Cd$	1,23[3]	1,25[3]
Titantetrachlorid	$TiCl_4$	0,64[3]	3,2[3]

[1] Wirkung des Zusatzes gleicher molarer Mengen.
[2] Der Wert für Zinntetraäthyl ist wegen Frühzündung infolge des Zündsatzes unsicher.
[3] Diese Werte sind aus den ursprünglichen in die Anilinskala umgerechnet, so daß Bleitetraäthyl den Wert 118 statt 100 der Originalarbeit erhält.

Die relative Wirksamkeit verschiedener Stickstoffverbindungen als Gegenklopfmittel zeigt Zahlentafel 65.

Als Vergleich diente Anilin in einer Menge von 3 Vol.-%; Messung wie oben. Die Spalte a enthält die Anzahl der Gramme, welche der Wirkung von 1 g Anilin entspricht; die Spalte b gibt an, welche Wirksamkeit die Zusätze gleicher molarer Mengen der einzelnen Stoffe besitzen.

Wegen seiner hohen Wirksamkeit hat sich das Bleitetraäthyl trotz seiner Giftigkeit durchgesetzt und wird vor allem für Fliegerbenzine allgemein verwendet; auch das Automobilbenzin wird jetzt weitgehend, aber nicht mit so hohen Zusatzmengen wie Fliegerbenzin, äthylisiert. Bleitetraäthyl wird nicht rein verwendet, sondern zur Verringerung der Ablagerung von festen Bestandteilen (Bleioxyd) mit Bromverbindungen als Ethylfluid (Zahlentafel 66) gemischt. Dessen Zusammensetzung schwankt, je nachdem, ob es für Automobile oder für Flugmotoren bestimmt ist, entsprechend der nebenstehenden Übersicht.

Die Zusatzmenge wird zur Berücksichtigung möglicher Änderungen der Zusammensetzung in Volumprozent Bleitetraäthyl angegeben und beträgt bei Autobenzin maximal etwa 0,05 %, bei Fliegerbenzinen für die Verkehrsluftfahrt 0,12 %, für die Militärluftfahrt 0,16 %. Eine weitere Erhöhung der Zusatzmenge würde die Klopffestigkeit nur mehr wenig oder gar nicht, die Gefahr der Ventil- und Kerzenstörungen durch die Ablagerung von Bleiprodukten aber erheblich steigern. Die Wirkung von Bleitetraäthyl ist nicht bei allen Benzinen dieselbe;

Zahlentafel 65. Relative Wirksamkeit von Stickstoffverbindungen als Gegenklopfmittel.

Verbindung	Formel	a) Gewicht für die best. Wirkung g	b) Relative molekulare Wirksamkeit
Anilin	$C_6H_5 \cdot NH_2$	1	1
Cumidin	$(CH_3)_3 \cdot C_6H_2 \cdot NH_2$	0,96	1,51
Diphenylamin	$(C_6H_5)_2NH$	1,21	1,5
m-Xylidin	$CH_3C_6H_3NH_2$	0,92	1,4
Monomethylanilin	$C_6H_5NHCH_3$	0,83	1,4
Toluidin	$CH_3C_6H_4NH_2$	0,94[1]	1,22[1]
Amylaminobenzol	$C_3H_{11}C_6H_4NH_2$	1,53	1,15
Äthylaminobenzol	$C_2H_5C_6H_4NH_2$	1,14	1,14
Aminodiphenyl	$C_6H_5C_6H_4NH$	1,6	1,14
Methyl-o-Toluidin	$CH_3C_6H_4NHCH_3$	1,15	1,13
n-Butylaminobenzol	$C_4H_9C_6H_4NH_2$	1,44	1,11
n-Propylaminobenzol	$C_3H_7C_6H_4NH_2$	1,32	1,10
Monoäthylanilin	$C_6H_5NHC_2H_5$	1,27	1,02
Mono-n-Propylanilin	$C_6H_5NHC_3H_7$	1,95	0,75
Äthyldiphenylamin	$C_2H_5N(C_6H_5)$	3,65	0,58
Mono-n-Butyeanilin	$C_6H_5NHC_4H_9$	3,1	0,52
Diäthylamin	$(C_2H_5)_2NH$	1,59	0,495
Mono-Isoamylanilin	$C_6H_5NHC_5H_{11}$	7,1	0,248
Di-n-Propylanilin	$C_6H_5N(C_3H_7)_2$	7,15	0,27
Diäthylanilin	$C_6H_5N(C_2H_5)$	6,7	0,24
Dimethylanilin	$C_6H_5N(CH_3)_2$	6,2	0,21
Äthylamin	$C_2H_5NH_2$	2,4	0,20
Triäthylamin	$(C_2H_5)_3N$	7,95	0,14
Triphenylamin	$(C_6H_5)_3N$	30,0	0,09
Ammoniak	NH_3	2,0 (—)	0,09 (—)
Isopropylnitrit	$C_3H_7NO_2$	0,085 (—)[2]	11,5 (—)[2]

[1] Mittelwert der o-, m- und p-Verbindung.

[2] Nur Näherungswert. Organische Nitrate und Nitrite sind im allgemeinen Klopfförderer, erstere stärker als letztere und die Alkylverbindungen wieder stärker als die Arylverbindungen. Chlor und Brom und einige Verbindungen fördern das Klopfen ebenfalls.

Zahlentafel 66. Zusammensetzung von Ethylfluid (Nov. 1937) in Gewichtsprozenten.

Bezeichnung	Automobil- C-Mischung, rot	Flugmotor- T-Mischung, blau
Bleitetraäthyl	63,30	61,42
Äthylenbromid	25,75	35,68
Äthylenchlorid	8,72	—
Farbstoff, Petroleum und Rest	2,23	2,90
Spez. Gew. (20° C)	1,671	1,755
Kältepunkt	— 23° C	— 10,5° C
Flammpunkt	über 110° C	über 110° C

Eigenschaften von Bleitetraäthyl:

Spez. Gew. 20° C 1,659

Siedepunkt .... 200° C (Zersetzung)

Gefrierpunkt .... — 156° C

manche werden mehr, andere weniger verbessert, so daß man die Oktanzahl von Gemischen aus gebleiten und ungebleiten Benzinen nicht genau voraussagen kann. Gegen Schwefelverbindungen ist Bleitetraäthyl sehr empfindlich, so daß möglichste Schwefelfreiheit des Benzins erwünscht ist.

Eisenkarbonyl wurde seinerzeit von der I. G. Farbenindustrie in Mischung mit Monomethylanilin (1 : 9) als Motyl in größerem Umfang verkauft. Die Eigenschaften des Eisenkarbonyls sind:

Spezifisches Gewicht (20° C)	1,47
Siedepunkt	103° C
Gefrierpunkt......................	— 21° C

Die Wirkung von Eisenkarbonyl erreicht annähernd die von Bleitetraäthyl. Der Grund dafür, daß es sich nicht in gleichem Maße durchsetzen konnte wie Bleitetraäthyl, liegt wohl einerseits in der an und für sich hohen Klopffestigkeit der deutschen Automobilkraftstoffe zur Zeit seiner Einführung, vor allem aber daran, daß es in stärkerem Maße als Blei-(Ethyl-Fluid Ablagerungen auf Zündkerzen und Ventilen ergab, insbesondere, wenn die Belastungen der Motoren hoch waren. Es ist nicht unmöglich, daß geeignete Konstruktionen auch das Eisenkarbonyl besser verwendbar machen.

Von den anderen Gegenklopfmitteln seien nur die aromatischen Amine, wie Anilin, Monomethylanilin, Xylidin, Toluidin, erwähnt, die etwa zehnmal so wirksam sind als Benzol. Ihre Eigenschaften sind in der Zahlentafel 66 a zusammengestellt.

Zahlentafel 66a. Eigenschaften organischer Amine.

Name	Spezifisches Gewicht	Siedepunkt	Gefrierpunkt	Mol.-Gew.
Anilin....................	1,022	184	— 6	93,06
Monomethylanilin	0,990	196	— 57	107,08
Toluidin (ortho-)	1,004	201	— 24	107,08
Xylidin (1,3,4-)	0,918	212	—	121,10

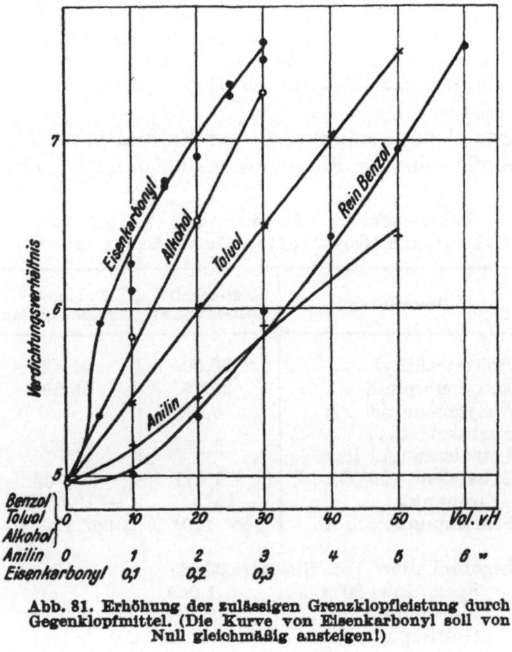

Fliegerbenzinen wurde neuerdings etwa 1½ % aromatische Amine, wie Monomethylanilin zugesetzt, wodurch die Klopffestigkeit erhöht wird. Die Verwendung von Anilin-Alkohol-Gemisch, dem sogenannten Anilol, das seinerzeit als klopfsteigernder Zusatzkraftstoff enpfohlen wurde, konnte sich nur in beschränktem Umfang einführen. Es ist nicht unmöglich, daß im Zusammenhang mit der Einspritzung von Alkohol zur Leistungssteigerung von Flugmotoren auf Anilin zurückgegriffen wird; der Zustand der Zündkerzen wird bei Verwendung von Anilin in hochbeanspruchten Zylindern merklich besser.

Im Krieg wurde Xylidin in großem Maßstab zur Erhöhung der Klopffestigkeit von Fliegerbenzin verwendet, besonders um das fette Gebiet zu beeinflussen. Der Vorteil gegenüber Anilin ist die bessere Löslichkeit; nachteilig war das hohe Lösungsvermögen

Abb. 81. Erhöhung der zulässigen Grenzklopfleistung durch Gegenklopfmittel. (Die Kurve von Eisenkarbonyl soll von Null gleichmäßig ansteigen!)

(Dichtungen und selbstdichtende Tanks!), der relativ hohe Frierpunkt und das Wasser-
lösungsvermögen sowie die Instabilität. Die Maximalkonzentration war 3%. Dabei
betrug die Mischoktanzahl in Benzin OZ 90, 192, OZ 100 nur mehr 100, nach der
F_3-Methode. Nach der F_4-Methode war das Gemisch technischem i-Octan mit 4ccm
BTAE/Gallone gleichwertig, wenn das Bezugsbenzin M zur Aufmischung genommen
wurde. 1% Xylidin entsprach 6% Cumol oder 10% Xylol oder Alkylatbenzin in der
Wirkung. Die Temperaturempfindlichkeit ist aber sehr groß.

Bei niederen Temperaturen verschmutzte das Ansaugsystem stark (CFR- und Lauson-
motor). U.U. verschmutzt auch der Verbrennungsraum mehr als mit üblichen Kraftstoffen. Die geringe Lagerbeständigkeit xylidinhaltiger Benzine wurde durch Zugabe
von n-Butylaminophenol oder tert. Butylkresol und 2,6,Di-tert.Butyl-4-Methylphenol
verbessert. (265a)

Abb. 81 gibt eine Zusammenstellung der Erhöhung der zulässigen Verdichtung für einige
Gegenklopfmittel. Es wäre jetzt richtiger, die Wirkung der Zusatzmittel auf die zulässige
Überladung zu prüfen, weil diese Prüfung die im Motor maßgebenden Verhältnisse besser
erfaßt und nicht immer die gleichen Ergebnisse liefert, wie die Ermittlung der Grenzver-
dichtung.

b) Steigerung der Lagerbeständigkeit.

Hemmstoffe zur Verringerung der Oxydation werden in Krackbenzinen in steigendem
Maße verwendet, aber auch in aromatenhaltigen gebleiten Benzinen muß man die Lagerbeständigkeit durch Zusätze steigern. Die Wirkung ist nach neuen Anschauungen nicht
eine einfache Zerstörung von Peroxyden oder Verhinderung ihrer Bildung, sondern viel-
mehr ein Abfangen organischer Radikale, die beim Zerfall eines Peroxydkomplexes frei
werden, und ihre Zerstörung. Dabei ist anscheinend sowohl die OH- wie auch die NH_2-
Gruppe besonders aktiv. Dagegen befördern die Oxydationskatalysatoren den Zerfall der
Peroxyde unter Bildung solcher freier Radikale. Während die erste Reaktion bei der
Oxydation der Krackbenzine anzunehmen ist, so daß die Wirkung des Hemmstoffes im
Abbrechen der Reaktionskette besteht, läuft bei der Alterung gebleiter Benzine der zweite
Vorgang ab; durch primären Zerfall des Bleitetraäthyls werden nämlich katalytisch
wirkende Tri- und Diäthylbleiverbindungen gebildet, welche die Oxydation fördern. In
diesem Falle besteht die Wirkung des Hemmstoffes in der Unschädlichmachung der metall-
haltigen, katalytisch wirkenden Verbindungen.

Die Anwendung von Hemmstoffen in Krackbenzinen ist nach G. ARMISTEAD [266]
ohne Rücksicht auf ihre Vorbehandlung notwendig. Die gebleiten Benzine brauchen alle
bei scharfen Lagerungsbedingungen Hemmstoffe, die katalytisch gekrackten Benzine sind
aber in dieser Hinsicht besser als die thermisch gekrackten. Die gebräuchlichsten Hemmstoffe in den USA. sind nach ARMISTEAD derzeit: n-Butyl-p-Aminophenol, Isobutyl-p-
Aminophenol, Di-sek-Butyl-p-Phenylaminodiamin, (UOP5) Holzteerdestillat (UOP-
Hemmstoff), Butylaminophenol und Butylphenylendiamin. Als Hemmstoff gegen Metall-
katalyse wird Disalizylpropylendiamin verwendet; das früher verwendete Disalizyl-
alphenylendiamin erscheint in der Zusammenstellung nicht mehr. In Deutschland wurde
das von der USA. übernommene Monobenzyl-p-Amidobenzol als Stabisol in 20%iger
Lösung verwendet. Zur Verhinderung der Alterung gebleiter Benzine wird der Zusatz
von Lezithin empfohlen, der sich gut bewährte. Andere Stoffe sind Gemische von
Kresolen. Nach den Versuchen von MORGHEN kann man auch einfache Säuren, sogar
CO_2, Essigsäure, Anthranilsäure in Mengen von 0,005 bis 0,01% mit Vorteil verwenden.

Die Wirkung einiger älterer Zusätze zeigt die folgende Zusammenstellung nach Angaben
von DRYER, EGLOFF und MOWRY. Neuerdings wird auch Alizarin in einer Menge von
0,002% als Hemmstoff empfohlen.

Zahlentafel 67. **Wirkung von Hemmstoffen** (pennsylvanisches Benzin, 5 Monate Dauer).

Name	Un-behand. Benzin	Pyro-gallol	Hydro-chin.	Catechol	a-Naph-thol	p-Cersol	Phenol	2-Amino 4-Nitro-phenol	Anilin	Holzteer
Zusatz Gew.-%	0	0,0016	0,00138	0,00138	0,0018	0,0013	0,0012	0,0019	0,0012	0,0250	0,01
mg Harz/100 cm²:										
Cu-Schalenverfahren	443	1	83	175	24	563	431	41	597	— 4	5
Luftdüsenverfahren[1]	809	0	1	461	7	275	313	10	766	0	0
Farbe (SAYBOLT) ...	— 11	+ 6	+ 4	— 6	— 1	— 8	—11	— 1	— 5	+ 5	+ 5
Oktanzahländerung .	— 15	+ 1	— 2	— 8	—	—	— 10	— 2	— 12	0	0
Peroxydzahl[2]	49,5	0,19	2,50	35,0	0,59	49,5	43.5	2,0	51,5	0,19	0,21

(Die Zahlen geben die Änderungen gegenüber dem Ausgangszustand an.)

[1] ASTM Proceedings 32 (Bd. 1), 407 (1932).
[2] Grammäquivalente aktiver $^0/_{1000}$ l.

c) Hemmstoffe gegen Korrosion.

Zur Verhinderung von Korrosion bei Wassereinspritzung wurden in Deutschland den Benzinen zwei Stoffe zugesetzt: Dodecyl-phenylchlorid mit Glycin kondensiert und iso-Butylcyclohexylbuttersäure, beide an Cyclohexamin gebunden.

d) Zusätze zur Leistungssteigerung.

Zur Leistungssteigerung, die besonders bei Flugmotoren erstrebt wird, muß man die Drehzahl und/oder die Aufladung erhöhen. Thermische und mechanische Beanspruchung begrenzen diese Möglichkeit, während das Klopfen als begrenzender Faktor in neuzeitlichen Motoren keine solche Rolle spielt, weil diese ja zur Vermeidung allzu hoher Spitzendrucke auch die jetzt verfügbaren Kraftstoffe in dieser Hinsicht nicht restlos ausnützen.

Hier setzen die Zusatzstoffe mit hoher Verdampfungswärme ein, die einerseits den Füllungsgrad verbessern, andererseits verstärkte Innenkühlung bewirken, die man auch durch Anreichern der Gemische für den Start bezweckt. Sie sind also keine in kleinsten Mengen wirksamen Wundermittel, sondern erhöhen den Verbrauch ganz erheblich.

Die wichtigsten Vertreter der Zusatzstoffe, die den Füllungsgrad und die Temperatur beeinflussen, sind Wasser, Methanol und Äthanol sowie Gemische von Wasser mit diesen beiden. Wasser ergibt die stärkste Innenkühlung der Zylinder, wie sich nach seiner Verdampfungswärme erwarten läßt, und die niedersten Spitzendrucke. Die beste Ladeluftkühlung wird durch Alkohol erreicht, während die größte Steigerung der Klopfgrenze durch Methanol-Wasser-Gemisch erzielt wird; die Klopfneigung von Alkohol wird aber — wohl wegen des Verhaltens in verschiedenen Motoren — verschieden beurteilt. So hält ihn STIEGLITZ [207] für das wirksamste Mittel zur Klopfverhinderung, während ROWE und LADD meinen, daß er weniger klopffest als Kraftstoff mit 100 OZ ist. Die Auswirkung der Wassereinspritzung ist am günstigsten im mageren Gebiet; die Einspritzung erfolgt vor dem Lader oder in der Ansaugleitung unmittelbar vor dem Zylinder. Die angewendete Wassermenge kann in weiteren Grenzen schwanken, sie wird normal mit 20 bis 30 % des Gesamtkraftstoffverbrauches (Benzin und Wasser) anzusetzen sein.

Die Beanspruchung der Motoren wird infolge der Kühlwirkung bei Wassereinspritzung so herabgesetzt, daß trotz der erhöhten Leistung längerer Betrieb möglich ist, als mit üblichem Kraftstoff bei geringerer Leistung. Einen Vergleich für den BMW 323 (Einzylinder-) Motor gibt Zahlentafel 68 nach STIEGLITZ. (Seite 175.)

In einem Flugzeug (Blohm und Voß 222) erbrachte die Leistungssteigerung des BMW 323 von 1000 auf 1200 PS durch Wasserzusatz eine Erhöhung der Zuladung um 5,5 Tonnen (11 % des Fluggewichtes) oder Verkürzung der Startzeit um fast 40 %.

Mit Alkohol werden ähnliche Leistungssteigerungen erzielt. So wurde beim Züricher Wettbewerb 1937 durch Alkoholeinspritzung die damalige Startleistung des BMW 132

Zahlentafel 68. Betriebsbedingungen bei erhöhter Zweistoffleistung (Benzin—Wasser) und bei normaler Startleistung.

		Normale Startleistung	Erhöhte Zweistoffleistung
Indizierte Leistung	PS	135	215
Drehzahl	U/min	2500	2500
Ladedruck	ata	1,5	2,4
Ladelufttemperatur	° C	100	200
Verdichtungsverhältnis		1 : 6,4	1 : 8
Indizierter Mitteldruck	at	16	26
Kraftstoff		OZ 87	OZ 95 (aromatisch)
Indizierter Kraftstoffverbrauch	g/PS h	250	205
Indizierter Wasserverbrauch		—	205
Temperatur, Kopf/Mitte	° C	200	140
„ Flansch, unten	° C	170	130

Dauerlauf mit 215 PS: 1. 5 h ununterbrochen; 2. 30 h Wechsellast, davon 18×1 h mit 215 PS.

von 900 kurzfristig auf 1400 PS gebracht. Wegen der größeren Kältebeständigkeit wird aber ebenso, wie wegen des größeren Heizwertes an Stelle von Wasser meist ein Gemisch von Wasser und Methanol (1 : 1) verwendet.

Sieht man von der thermischen Belastung und dem spezifischen Verbrauch ab, so ist die Frage, ob man Superkraftstoffe (Triptan) oder zusätzliche Einspritzung verwenden soll, eine Kostenfrage. So steigt zwar der mittlere indizierte Druck bei Übergang von Kraftstoff mit OZ 100/130 auf Superkraftstoff auf das Doppelte (ohne Wasserzusatz). Der Grenzpreis für die Verwendung des letzteren ist aber nach F. J. Wiegand und D. W. Meadow [268] mit 21 cts/gallone anzusetzen. Vergleicht man die Kosten für die Verwendung von Kraftstoff OZ 91 mit Wasser-Methanol-Einspritzung und Kraftstoff OZ 100/130, so erspart man nach M. R. Rowe und G. T. Ladd 25 bis 52 % [269]. Auch sie sehen im Preis eine Grenze der praktischen Verwendung der Superkraftstoffe im Verkehrsbetrieb. Während kleine Leistungssteigerungen durch Ventilüberschneidung und Zündkontrolle möglich sind, gestattet die Wasser-Methanol-Einspritzung hohe Leistungssteigerung ohne Temperaturerhöhung, so daß man besonders bei Kraftstoffen niederer Oktanzahl merkliche Ersparnisse erreicht.

Ein anderer Weg zur Erzielung der Leistungssteigerung besteht in der Erhöhung der Sauerstoffkonzentration durch Sauerstoffzugabe, indem man entweder Sauerstoff selbst oder Stickoxydul verwendet. In Zahlentafel 69 sind die chemisch-physikalischen Eigenschaften der Sauerstoffträger nach Willich [270] wiedergegeben.

Zahlentafel 69. Chemisch-physikalische Eigenschaften von Sauerstoffträgern.

Gas	Luft	Sauerstoff O_2	Stickoxydul N_2O
Spez. Gewicht, gasförmig	0,001225	0,001311	0,001018 kg/l
„ „ flüssig	—	1,131	1,22 „ b. Siedetemp.
„ Wärme, gasförmig	0,241	0,218	0,210 kcal/kg ° C
	1,4	1,4	1,28
Siedepunkt	— 139,0° C	— 182,97	— 88,7° C
Schmelzpunkt	—	— 218,8	— 102 ° C
Molekulargewicht	28,95	32,0	44,02
Verdampfungswärme	50,0	51,0	45,0 kcal/kg
Zerfallswärme	—	—	400,0 „
Gaskonstante R	29,27	26,50	19,2
Kritische Temperatur	— 140,7	— 118,8	37,2° C
Kritischer Druck	37,0	51,4	74,0 kg/cm²
Kritisches spezifisches Gewicht	0,31	0,430	0,455 kg/l
Kritisches Volumen	3,23	2,33	2,2 l/kg

Werte bezogen auf 760 mm Hg und 15° C.

Die Verwendung von Sauerstoffträgern bezweckt ebenfalls rasche Steigerung der Motorleistung ohne konstruktive Änderungen. Der Sauerstoffgehalt dieser Stoffe allein ist für die Leistungsausbeute nicht maßgebend, denn diese hängt auch von der Verdampfungswärme und der positiven oder negativen Bildungswärme ab. Aus diesem Grunde ist z. B. Stickoxydul der Salpetersäure gleichwertig. Darüber hinaus sind Korrosion und Klopfverhalten zu berücksichtigen, so daß Wasserstoffsuperoxyd, Salpetersäure und Tetranitromethan ausscheiden und von den praktisch beschaffbaren Stoffen nur Sauerstoff und Stickoxydul übrigbleiben. Ihre Anwendungsgebiete kann man so abgrenzen, daß für große Zusatzleistungen über kürzere Zeit Stickoxydul, für geringere über längere Zeit Sauerstoff in Frage kommt. Stickoxydul hat dabei den Vorteil einfacherer Handhabung, sei es als Kaltstoff (beim Siedepunkt von —88,5° C), wobei die Förderung durch Flüssigkeitspumpen oder Preßluft erfolgt, der Druck aber zwecks Vermeidung des Tripelpunktes und des Ausfrierens nicht unter 1 at sinken darf, sei es als Druckstoff, wobei er über ein Steuerventil einfach der Düse zufließt. Der Gewichtsaufwand dafür ist rund $\dfrac{26\ \text{kg}}{1000\ \text{PS Min}}$, so daß man mit 100 kg Gesamtgewicht, von denen 80 kg auf reine Füllung entfallen, während 8 Minuten 500 PS oder 4 Minuten 1000 PS Mehrleistung erzielen kann. Die theoretisch zu erwartende Leistungssteigerung wurde praktisch erreicht; Einspritzung vor den Lader ergab günstigere Werte als in den Zylinder. Die theoretische spezifische Leistungsausbeute, d. h. die je Gramm erreichbare PS-Minutenzahl beträgt für den unterkühlten Stoff 3,96, für den Druckstoff 4,29, gegen 3 und 3,5 (in Einzelfällen 4 PS min/g) die praktische erreicht wurden. Als extremer Fall sei erwähnt, daß in einem nicht näher angegebenen Motor die Leistung ohne Änderung von 450 auf 1120, also um rund 150 % anstieg. Im praktischen Einsatz wurde beim BMW 801 D mit 80 bis 90 g/s Druckstoff eine Leistungssteigerung von etwa 300 PS über 5 Minuten erreicht, wodurch die Geschwindigkeit der FW 190 in 9 km Höhe um 80 km/h und die Gipfelhöhe um 1 km zunahm. Bei Verwendung des Kaltstoffes im gleichen Motor konnten in 8 bis 12 km Höhe Zusatzleistungen von 500 PS ohne Anzeichen thermischer Überlastung oder sonstiger Störungen mehrere Stunden lang erreicht werden. Bei einer Ju-88-Höhenmaschine betrug die Geschwindigkeitssteigerung 90 km/h in 10 km Höhe. Die erzielbaren Grenzleistungen im BMW 801 D mit Kühlstoff zeigt die Abb. 82.

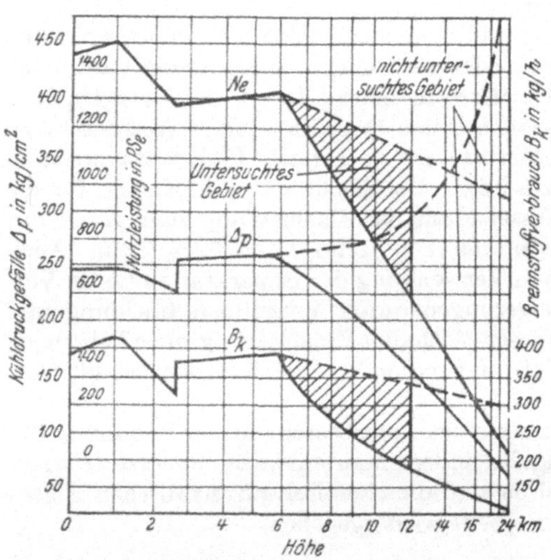

Abb. 82. Grenzklopfleistung des BMW 801 D mit N₂O (GM₁-Kaltstoff) nach Willich. Steig- und Kampfleistung. 2400 U/min, p₁ 1,32 kg/cm² Steiggeschwindigkeit 250 km/h Zylinderkopftemperatur 220° C konstant. ——— ohne GM₁, —–⌣— mit GM₁.

Während sich klopfmäßig keine Störungen zeigten, bereitet außer verstärkter Glühzündwirkung die Wärmeabfuhr gewisse Schwierigkeiten, so daß man zusätzliche Einspritzung von Wasser-Alkohol-Gemischen in Betracht ziehen muß. [270], [271]

Die Verwendung gasförmigen Sauerstoffs ist wegen der nötigen schweren Druckbehälter nicht möglich, so daß man flüssigen Sauerstoff verwendet. Dabei zeigte sich nach Versuchen von F. A. F. Schmidt, daß man zur restlosen Verdampfung des Sauerstoffes, der vor dem Lader eingespritzt wurde, einen Wärmeaustauscher anwenden muß. Mit Bosch-Zündkerzen von Wärmewert 260 konnte die Leistung des DB-601 A-Motors über

10 km Höhe um 350 PS erhöht werden. Die spezifische Leistungsausbeute war 6—6,5 PS/g, also der mit N_2O erzielten um fast das Doppelte überlegen. Abb. 83 enthält die Leistungskurven nach F. A. F. Schmidt.

Das Klopfverhalten war auch bei Sauerstoff trotz der höheren Leistung ausgesprochen günstig, wozu sowohl die infolge der Verdampfung erzielte Abkühlung des Gemisches als wohl auch seine größere Verbrennungsgeschwindigkeit beiträgt.

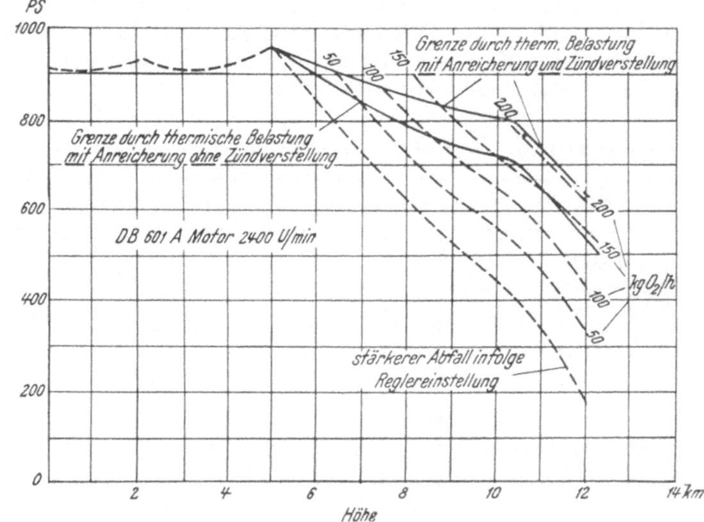

Abb. 83. Verbesserung der Höhenleistung des DB 601 A durch Sauerstoffzugabe nach F. A. F. Schmidt.

e) Zusätze zur Erhöhung der Zündwilligkeit von Diesel-Ölen.

Die ungenügende Verbrennungsgeschwindigkeit von Diesel-Ölen mit niederen Cetanzahlen, also vor allem der aromatischen Teeröle und aromatisch-naphthenischer Naturöle, kann man durch Zusatz leichtzündender Stoffe verbessern. Anforderungen an brauchbare Zündbeschleuniger sind:

1. Möglichst große Wirksamkeit,
2. gute Löslichkeit im Kraftstoff,
3. Wasserunlöslichkeit,
4. durch Säuren nicht angreifbar,
5. gut lagerungsbeständig,
6. bei mäßigen Temperaturen in Lösung nicht explosiv,
7. leichte Herstellung in einheitlicher Qualität,
8. nicht korrodierend,
9. billig.

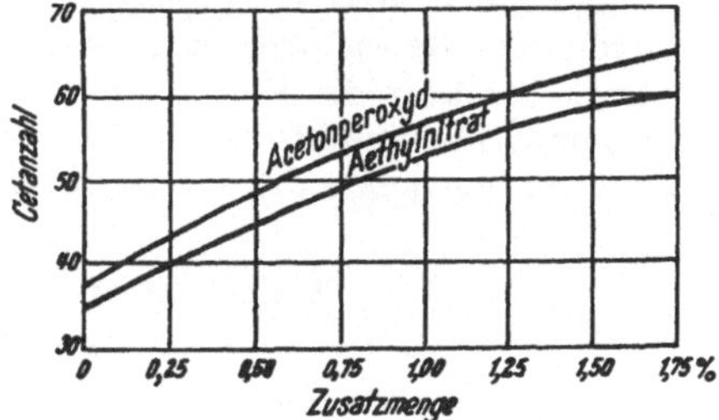

Abb. 84. Cetanzahlerhöhung eines asphaltischen Öles durch Azetonperoxyd und Äthylnitrat nach Broeze und Hintze.

Hohe Wirksamkeit und gleichzeitig gute Lagerbeständigkeit sind allerdings gegensätzliche Forderungen, aber man ist bei den Betriebsstoffen andauernd zu Kompromissen gezwungen und muß auch hier einen Mittelweg suchen. Von den bekannten Zündbeschleunigern sind Äthylnitrat, Amylnitrit und Azetonperoxyd die wichtigsten. Die Wirksamkeit eines Zusatzes von Acetonperoxyd auf Gasöl zeigt Abb. 84 nach Broeze und Hinze [272]. Im Zündstoff R der I. G war Butandioldiäthyläther oder Diäthyldiglykoläther enthalten.

f) Lösungsvermittler.

Als Lösungsvermittler kamen vor allem solche Stoffe in Frage, die in beiden zu mischenden Kraftstoffen und in Wasser vollkommen löslich, aber nicht hygroskopisch sind. Da diese Eigenschaften miteinander nicht vereinbar sind, muß man ein Kompromiß schließen. Für Methanol hat sich gezeigt, daß manche gemischte Stoffe bessere Wirkung haben, als die addierte Wirkung der Einzelbestandteile erwarten läßt. Höhere aliphatische Alkohole und Ketone haben sich bewährt, von den Phenolen besitzen auch manche, wie o-Kresol und m-Xylenol oder technische Xylenolgemische, gute Wirkung, werden aber wegen Korrosion und schlechter Verbrennung nicht in Betracht kommen. Einen Vergleich der Wirksamkeit verschiedener Zusätze nach GROSSMANN gibt Zahlentafel 70, in welcher der Wasserwert (Menge Wasser, die bei 18° C zur Entmischung zugegeben werden muß) für ein Gemisch aus 40 % 95%igem Alkohol, 40 % Benzin und 20 % Benzol angegeben ist.

Zahlentafel 70. Lösungsvermittler für Mischkraftstoffe.

Zusatzstoff	Zusatzmenge	Entmischungs-temperatur	Wasserwert
Kraftstoff	—	— 6° C	0,9 cm³ Wasser
Naphthalin	5%	— 11° „	1,1 „ „
Benzol	5%	— 11° „	1,0 „ „
„	10%	— 16° „	1,2 „ „
Teermittelöl.........	5%	— 14° „	1,3 „ „
„	10%	— 12 „	1,7 „ „
Äther	5%	— 23° „	1,6 „ „
„	10%	— 44° „	2,2 „ „
Äther-Naphthol	5%	— 22° „	2,1 „ „
„ „	10%	— 28° „	2,2 „ „

Da Methanol in Paraffinkohlenwasserstoffen sehr wenig, in Aromaten aber viel besser löslich ist, sind die Lösungsvermittler dafür hauptsächlich aromatischer Art, wie Benzol; auch Azeton und höhere aliphatische Alkohole werden vorgeschlagen   [273], [274], [275] und [276].

2. Schmierölzusätze.

a) Zusätze zur Erniedrigung des Stockpunktes.

Der Stockpunkt, d. h. die Erstarrung des Öles, wird entweder durch homogenes Zäherwerden des Gelees oder durch Ausbildung eines Skeletts von Paraffinkristallen bewirkt, dessen Struktur die Festigkeit bestimmt. Mischungen natürlicher Öle haben zum Teil niederere Stockpunkte als die Komponenten, weil diese Struktur bei den Gemischen verschieden von jenen der reinen Komponenten ausfällt, wie Zahlentafel 71 zeigt.

Zahlentafel 71. Stockpunkte von Ölgemischen.
Nach TERPUGOFF [277].

1. Texasöl .... Stockpunkt — 4° C
2. Midcontinentöl....................... „ — 7° „
3. Mischung 1 : 1 von 1 und 2 .... „ — 12° „
4. Russisches Öl....................... „ — 20° „
5. Mischung 1 und 4 (1 : 3) .... „ — 25° „

Ein Kondensat hochwertigen Schmieröles nach Chlorierung mit ringförmigen Kohlenwasserstoffen, wie Naphthalin, stellt den als „Paraflow" bekannten Zusatz dar, der die grobkristalline Struktur des Paraffins in eine feinkörnige, weniger feste umwandelt und so den Stockpunkt erniedrigt. Auch Polymerisate von Vinyläthern gesättigter oder ungesättigter Fettalkohole haben diese Wirkung und werden als „PVO"-Zusatz verwendet. Die Eigenschaften von Paraflow sind:

Spezifisches Gewicht   0,908
Zähigkeit 38° C .... 582 cSt   18,9° E
„   99° „ ....   39,6 „   2,12° „
Viskositätsindex........ 110
Flammpunkt .... 202° C
Stockpunkt .... — 26° „
Verkokung (CONRADSON) .   0,28

Bei Ölen, die homogen zäher werden, wie naphthenische Produkte, wirkt der Zusatz nicht, wie aus Abb. 85 nach ZORN hervorgeht.

Für das Verhalten des Zusatzes ist auch der V.-I. wichtig, der bei Deropol SS — 10, bei Vakuumöl 65 70, bei Gargoyle BB 80 und bei Valvoline XRM 105 war. Bei Ölen mit weniger als 18 cSt, bzw. 2,7° E/38° C und bei zu zähen Ölen mit mehr als 17 cSt (2,5° E)/99° C ist der Zusatz nicht mehr wirksam; der günstigste Bereich liegt bei 1,4 bis 2,5° E/99° C.

b) Zusätze zur Verbesserung der Viskosität.

Die Zähigkeit hängt von der Assoziation der Moleküle ab; mit sinkender Temperatur wird diese stärker, mit steigender schwächer. Durch Zusätze kann man den Grad der Assoziation in Abhängigkeit von der Temperatur so beeinflussen, daß die Viskositätskurve d. h. der V.-I. höher wird. Man erhält die Zusätze durch Voltisierung von fettem Öl oder von Mineralölen, auch von Paraffin oder durch Polymerisation von Isobutylen, wobei ein Produkt mit dem M. G. 15000 entsteht, das in einem dünnen Schmieröl gelöst als „Paratone" oder Oppanol 15 verkauft wird. Seine Eigenschaften enthält Zahlentafel 72.

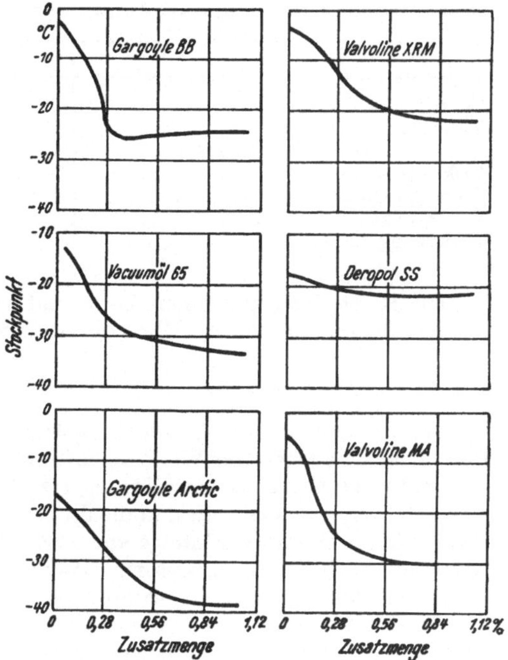

Abb. 85. Stockpunktkurven verschiedener Öle mit Paraflowzusatz nach ZORN.

Zahlentafel 72. Eigenschaften von Paratone.

Spezifisches Gewicht	0,8855	
Viskosität 38° C	12 082 cSt	1589° E
„ 99° „	685 „	90,1° „
Viskositätsindex.........	130	
Flammpunkt	224° C	
Stockpunkt	— 1° „	
Verkokung (CONRADSON)..	0,04%	

Zur Vermischung muß die nötige Menge erst im Laboratorium ermittelt werden. Die Empfindlichkeit ist bei Ölen niederen V.-I. größer als bei solchen mit hohem V.-I., bei Ölen gleicher chemischer Zusammensetzung um so größer, je niederer die Anfangszähigkeit ist.

Zähigkeit wird durch Paratone ebenfalls erhöht, man kann also dasselbe Ergebnis erhalten wie durch Zumischung von bright stock zu einem dünneren Öl, erhält aber besseren V.-I., tieferen Stockpunkt und geringere Verkokungsneigung, wie die Zahlentafel 73 zeigt, in der die Werte von einem Grundöl A mit dem Gemische mit bright stock (B) und Paratone (C) nach ZORN verglichen sind.

Zahlentafel 73. Zähigkeitserhöhung durch bright stock (B) und durch Paratone (C).

	Öl A	Mischung B	Mischung C
Spezifisches Gewicht	0,8756	0,8849	0,8767
Viskosität 38° C	57 cSt	135 cSt	108 cSt
„ 99° „	7,38 „	13,2 „	13,2 „
Viskositätsindex	97	100	122
Flammpunkt.......................	227° C	232° C	221° C
Stockpunkt	— 6,7° „	— 3,9° „	— 6,7° „
Verkokung (CONRADSON)	0,03	0,73	0,03

Zur Herstellung der Gemische sei auf das Paratonesonderheft der Standard Oil Cy of New Jersey verwiesen. Über Paraflow vgl. G. H. DAVIS und A. J. BLACKWOOD [278]

c) Zusätze gegen Oxydation (Ringstecken) und Verschlammung.

Die Verhinderung der Oxydation gelingt auf verschiedene Weise, weil auch die Oxydation in verschiedenartiger Weise abläuft. Man kann die Einwirkung des Sauerstoffes nach DAVIS, LINCOLN, BYRKIT und JONES [279] dreifach unterteilen, in die eigentliche Oxydation des Kohlenwasserstoffes, in die durch Metallkatalysatoren beförderte Oxydation und endlich in die Oxydation infolge korrosiv aus Metalloberflächen entstandener Metallkatalysatoren, so daß die Hemmstoffe entweder die unmittelbare Oxydation verhindern, die oxydationsfördernden Katalysatoren vergiften, oder die Oberfläche, die korrosiv Metallkatalysatoren abgibt, passivierend beeinflussen. Außerdem kann man statt die Oxydation zu hemmen, ihren Verlauf in Richtung harmloser Endprodukte umlenken. Zur Hemmung der Oxydation kommen vor allem Amine und aromatische Polyoxyverbindungen, wie z. B. Hydrochinon und Pyrogallol, in Betracht. Zur zweiten Gruppe gehören jene Stoffe, die metallische Katalysatoren abfangen und unschädlich machen, indem sie Komplexverbindungen ergeben, wie z. B. das schon erwähnte Salizilaldiäthylendiamin, das mit Kupfer einen nicht mehr katalytisch wirkenden Komplex bildet. Stoffe der dritten Gruppe sind z. B. Verbindungen mit locker gebundenem Schwefel, der aktiv wirkende Metalloberflächen mit passivierendem Sulfid überdeckt. Auch Phosphorverbindungen kommen in Frage. Diese Wirkung ist nahe mit der noch später besprochenen Verbesserung der Schmiereigenschaften verwandt. Bei Zusatz von manchen Verbindungen erzielt man alle drei erwähnten Wirkungen zusammen, wie in sulfurierten Olefinen aus Erdwachs oder in schwefelhaltigen Estern. Die Lenkung der Oxydation in Richtung harmloser Endprodukte wird verschiedentlich beschritten. So scheint es, als hätte das sehr wirksame Di-tert-Butylphenolsulfid eine solche Wirkung. Seine Formel ist:

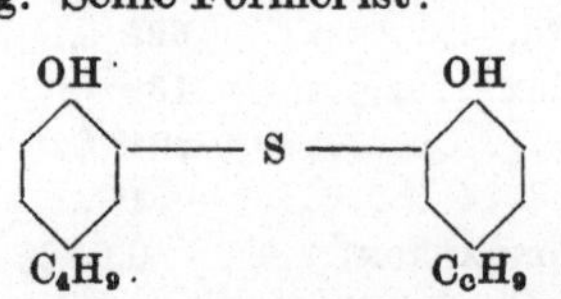

$$\text{HO} - \underset{C_4H_9}{\bigcirc} - S - \underset{C_4H_9}{\bigcirc} - \text{OH}$$

Für das Ringstecken machen G. H. DENISON und J. O. CLAYTON [280] die Oxysäuren verantwortlich, da sie in den Ablagerungen eines Einzylindermotors 20 bis 30 % Oxysäuren und Abkömmlinge davon (Laktone und Ester) sowie 50 bis 70 % neutrale unlösliche hochpolymerisierte Produkte aus der Oxysäure vorfanden. Hemmstoffe, die diese Polymerisation verhindern und unschädliche Stoffe bilden, sind Al-dinaphthenate, Al-stearat, Ca-dichlorstearat. Sie sollen öllöslich und gegen Oxysäuren Pyrolyse, Oxydation und Hydrolyse beständig sein und die Oxysäuren öllöslich machen oder dispergieren, andererseits aber genügend inaktiv als Oxydationskatalysator sein, damit nicht die Neubildung der Oxysäuren rascher erfolgt als ihre Zerstörung. Für kleine Zweitakt-Otto-Motoren, die mit Öl-Kraftstoffgemisch arbeiten, will man keine Oxydationsverzögerung, sondern die Oxydationsbeschleunigung des dem Kraftstoff beigemischten Schmieröls, um jeden Koksansatz zu vermeiden. Solche Stoffe sind nach H. Zorn organische Aminoverbindungen, wie Anilin, Anilidoäthanthiol ($C_6H_5 . NH . CH_2CH_2 . SH$, wodurch die Laufzeit eines DKW Motors mit einem synthetischen Öl von 29 auf 112 h (0,1 % Zusatz „DD"), mit einem Mineralöl bei 1 % Zusatz „DD" von 29 auf 56,5 h anstieg.

Die Annahme einer rascheren Verbrennung durch den Zusatz von Anilin widerspricht allerdings den Erfahrungen sowohl beim Klopfen als bei der langsamen Oxydation, denn dabei verzögert das Anilin die Oxydation. Möglicherweise ist die Wirkung in einer Lockerung des Gefüges der Ölkohle zu suchen. Für fette Öle scheinen Chromoleate, die im Patent Castrol Anwendung finden, eine Bildung unschädlicher Stoffe zu bewirken. Zinnverbindungen sollen ähnliche Wirkung aufweisen wie Chromoleat. Weitere Angaben über die Wirkung von Zusätzen auf die Ablagerungen machten I. A. Möller und H. L. Moir [281].

d) Zusätze gegen Korrosion.

Gegen Korrosion werden basische Metallsalze der Erdölnaphthensäuren, Alkyl- und Aryl-Phosphite, Kondensationsprodukte von Maleinsäure mit Olefinen zugesetzt. Für Lagermetalle mit empfindlichen Anteilen, wie Cd und Ag wird Zusatz von 0,2 % Äthylenzyanid, Zyanacetamid, Methylenamoniazetonitrat, Triphenylaminsulfid, Thiobenzanilin u. a. empfohlen. Das Bohröl der I. G. hat sich ebenfalls sehr gut bewährt.

e) Peptisierungs- und Reinigungsmittel (Detergents).

Zur besseren Suspendierung von Ruß, Verbrennungsprodukten und anderen festen Stoffen im Öl, so daß sie keine festen Ablagerungen und Verstopfung der Leitungen verursachen können, gibt man Stoffe zu, die kolloid als Peptisatoren wirken und gleichzeitig eine Reinigungswirkung gegenüber schon gebildeten Ablagerungen aufweisen. Solche Wirkungen haben sowohl hochmolekulare Stoffe, wie Voltolpolymerisat und Oppanol, als auch öllösliche Salze von Na, K, Ca, Mg, Ba, Al oder Co mit Molekulargewichten zwischen 500 und 1000. Gute Wirkung haben Salze vom Typ der Ca-i-Propylsalizylates. Man kann die Peptisierungsmittel in Seifen, Phenoxyde, Phosphate und Sulfonate unterteilen [282].

Die Wirkung der Reinigungsmittel besteht in einer Anlagerung an die festen Teilchen, so daß sie sich mit der Zeit erschöpft, weil ein derart gebundenes Molekül auf andere feste Teilchen keine Wirkung mehr ausübt [283]. Wie bei den andern Zusätzen, ist die Verwendung und Mischung für die einzelnen Öle mit Vorsicht vorzunehmen.

f) Verbesserung der Schmiereigenschaften.

Das wichtigste Gebiet der Zusätze bildet wohl die Verbesserung der Schmiereigenschaften, die mit dem Schwefeln von Ölen hochbelasteter Maschinen schon lange begonnen wurde. In den verschiedenen Reibungs- und Schmierzuständen beruht die Schmierwirkung auf ganz verschiedenen Eigenschaften, so daß auch ihre Verbesserung auf verschiedene Weise erstrebt werden muß. Während bei der rein hydrodynamischen Schmierung nur die Zähigkeit in ihrer Abhängigkeit von den Betriebsbeanspruchungen Bedeutung hat, so daß auch nur ihre Erhöhung unter den Betriebsbedingungen in Frage kommt und Zusätze diese Wirkung haben müssen (Paratone), sind bei Grenzschichtschmierung andere physikalische Eigenschaften wichtiger, wie Dipolmoment, Haftneigung usw. (vielfach zusammengefaßt unter dem Namen „Oiliness"). Will man also Schmierstoffe für diesen Schmierzustand verbessern, so muß man Zusätze anwenden, die eine Erhöhung von Dipolmoment, Haftfestigkeit, Druckbeständigkeit usw. bewirken. Solche Stoffe sind die fetten Öle, die freien Fettsäuren, wie sie im Germprozeß verwendet werden, auch Ketone, Ester und Alkohole sowie Metallseifen und Verbindungen mit einem Dipolmoment erzeugenden Element, wie Chlor, Brom oder Schwefelverbindungen, die aber schon zum Teil zur nächsten Gruppe gehören. Die Wirkung dieser Zusätze kommt durch die Bildung eines fest am Metall haftenden Films zustande, dessen gegen die Gleitfläche gerichtete Seite geringere Reibung verursacht, als wenn an dem Berührungspunkt das Grundmetall frei liegt. Freie Fettsäuren haften sehr stark und wirken daher in kleineren Mengen als die anderen Verbindungen polarer Art, wie Seifen, Ester, Ketone usw. Die dritte Gruppe umfaßt die Zusätze, die als Schmiermittel für extreme Temperaturen bezeichnet werden können und welche die Oberfläche des Metalls chemisch verändern, indem sie entweder eine Verbindung geringer Festigkeit oder eine mit niederem Schmelzpunkt ergeben. In beiden Fällen wird die Reibung wesentlich verringert, aber durch das geordnete Abtragen der Spitzen auch der Verschleiß herabgesetzt. Verbindungen dieser Art müssen bei den Betriebstemperaturen möglichst beständig, dabei aber doch genug reaktionsfähig bei den kritischen Temperaturen der Schmierstelle (den sich berührenden Spitzen) sein, und dürfen die Oxydationsbeständigkeit nicht verschlechtern. Die Zahl vorgeschlagener Verbindungen dieser Art ist sehr groß und wächst noch ständig. Die wichtigsten Vertreter sind die Schwefel, Phosphor und Chlor enthaltenden Verbindungen. So werden Polysulfide, Thiophosphite, Thiokarbonate, Thioaceton und geschwefelte Kohlenwasserstoffe vorgeschlagen; vielfach wird auch Chlor in Form chlorierter Ester (Di-Chlordimethylstearat), Säuren, Amine (p-Chlor-Phenylthiokarbamid) und anderer Verbindungen empfohlen. Auch Kombinationen von noch mehr aktiven Elementen trifft man an. In allen Fällen wird die Oberfläche chemisch verändert, so daß die Schmierung eigentlich nichts anderes als eine Trockenreibung ohne schädliche Folgen ist, die in den kritischen Augenblicken einsetzt, bis wieder ein hydrodynamischer Schmierfilm aufgebaut ist. Mit dem Aufkommen des Hypoidgetriebes ist die Verwendung der Hochdruckzusätze seit 1937 stürmisch angestiegen, so daß auch die speziellen Anforderungen genauer formuliert werden mußten. Nach der Lieferbedingung der USA. von 1940 [284] sind folgende Eigenschaften festzustellen:

Minimal-Viskositätsindex und Fließverhalten,
Tragfähigkeit in der SAE-Maschine vor und nach Erhitzen,
Beständigkeit gegen Temperatur und Oxydation,
Schaumbildungsneigung,
„Shock"test in schnellen Personenwagen,
Dauertest im langsamen Traktorengetriebe mit hohem Drehmoment (ohne chemische Grenzwertfestlegungen).

Von den vorgeschlagenen Stoffen sind drei Arten praktisch übriggeblieben: Bleiseifen mit Schwefelzusatz, Phosphorverbindungen mit gleichzeitigem Zusatz fetter Öle oder von Fettsäuren, endlich die neueste Art: Chlor-Schwefel-Verbindungen.

Die Filmbildung durch die Bleiseifen mit Schwefel geht nach G. L. SIMARD, H. W. RUSSEL und H. R. NELSON [285] über eine primäre Adsorption von Bleinaphthenat, das sich bei niederen Temperaturen in Bleisulfat, bei größeren in Bleisulfid umsetzt. Je höher die Temperatur, um so rascher geht die Sulfidbildung vor sich. Die praktische Auswirkung dürfte in einer Bildung eines Eutektikums zwischen FeS und PbS (Sm. P. 970° C), vielleicht auch in der plastischen Verformbarkeit des Bleisulfides bei 700° C liegen.

Die phosphorhaltigen Verbindungen [286], besonders aber die phosphororganischen Verbindungen, dürften nach den Arbeiten von BEECK, GIVENS und SMITH [287] durch ein chemisches Polieren und Vergrößerung der Berührungsfläche wirken, worauf ein zugesetzter polarer Stoff adsorbiert werden muß, um das Tragen zu übernehmen. Der Film der festen Oberfläche wird in Phosphid umgewandelt, das mit Eisen ein Eutektikum vom Schmelzpunkt 1020° C ergibt.

In den neuen Chlor-Schwefel-Verbindungen wird die kombinierte Wirkung der Sulfid- und Chloridbildung ausgenützt. Dabei entsteht ein Film, der etwas mehr S, als dem FeS entspricht, aber wesentlich weniger Eisensulfid als Eisenchlorid enthält; die Menge Eisenchlorid ist außerdem 1,5- bis 3mal so groß als bei Verwendung der Chlorverbindung allein. Die aktiven Chlorverbindungen reagieren viel rascher mit Eisensulfid oder Eisen mit einer Schicht Eisensulfid als mit reinem Eisen und verhindern übermäßigen Korrosionsangriff durch den Schwefel. Insgesamt dürfte die Schmierung so vor sich gehen, daß über einen primären Eisensulfidfilm ein Chloridfilm auf dem Eisen entsteht, der dank seinem geringen Schmelzpunkt (690° C) und seiner niederen Festigkeit bei hohen Belastungen die Reibung verringert [288], [289].

Die meisten Höchstdruckschmiermittel der USA. wie in der übrigen Welt bestehen derzeit aus Mischungen geeigneter Mineralöle mit den neuen Chlor-Schwefel-Konzentraten.

Graphit spielt eine ähnliche Rolle wie die Schichten von Sulfid, Chlorid, Phosphid usw., die die Trockenreibung verringern, weil sie geringe Festigkeit aufweisen. Bei ihm ist die Beweglichkeit parallel zu der Kristallebene besonders groß, anderseits verhindert er die metallische Berührung und damit den Verschleiß.

g) Zusätze gegen Schaumbildung.

Auch die Schaumbildungsneigung wird neuerdings durch Zusätze bekämpft, weil sie durch die jetzigen Betriebsbedingungen der Motoren (hoher Ölumlauf, starke Druckdifferenzen beim Höhenflug) und wohl auch durch den Einfluß anderweitiger Zusätze verstärkt auftritt. So setzt H. G. Smith (U. S. P. 2 377 654) Getriebeölen K-Oleat (0,2 bis 0,8 %) zu, das die Wirkung sulfonierten Spermöles nicht beeinträchtigen soll. Nach anderen Patenten von T. L. Cantrell (U. S. P. 2 397 377/81) werden die Salze von Iso-Amyloctylphosphat mit Anilin und substituierten Anilinen, Chinolin, Pyridin und Dimethylpyridin sowie Nikotin in einer Menge von 0,01 bis 1,0 % mineralischen und compoundierten Ölen zugesetzt. Baton und Hughes (B. P. 564 281) verwenden 0,01 bis 0,10 % Ca-Salze von Woll-Olein oder 0,1 bis 0,5 % Natriumalkylester mit Schwefelsäure, worin der Alkylrest mehr als 10 C-Atome enthält. Für Getriebeöle werden Azetyl- und Butylester der sulfonierten Rizinolsäure (0,05 %) vorgeschlagen. Auch 0,001 bis 10 % hochfluorierte aliphatische oder naphthenische Kohlenwasserstoffe mit 5 bis 50 C-Atomen finden Verwendung, die um ein Fluoratom mehr als C-Atome enthalten und trotz ihrer Unlöslichkeit bei Getriebeölen und Hochdrucködlen gute Wirkung haben sollen.

Besondere Bedeutung haben die Silikone als Schaumverhinderungsmittel erhalten, die zwar in den Ölen nur schwer löslich sind, aber durch feinste Verteilung in einem Konzentrat und folgende Vermischung mit den Ölen verwendet werden können; Di-Kohlenwasserstoffsilikone sind z. B. Gegenstand des U. S. P. 2 375 007.

Derartige Zusätze werden nicht nur in Motorenölen und Getriebeölen, sondern auch in Dampfturbinenölen, hydraulischen Ölen und Spezialölen verwendet. Die außerordentliche Wirkung der Silikone auf die Schaumbildung veranschaulicht die Abb. 86.

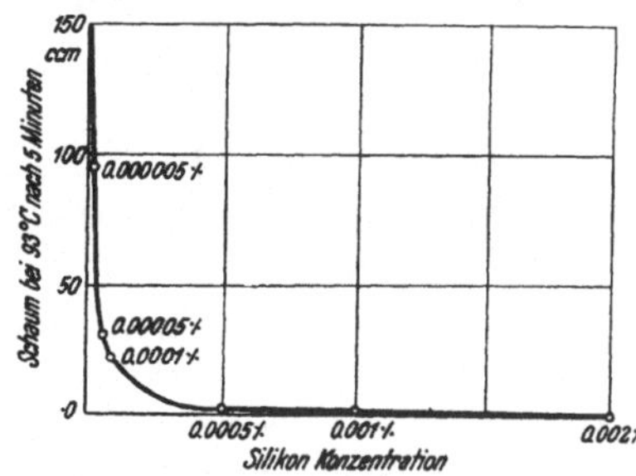

Abb. 86. Wirkung von Silikonzusatz auf die Schaumbildung.

Es sei nochmals betont, daß die Anwendung von Zusätzen der verschiedenen Arten stets auf die Änderung anderer Öleigenschaften Rücksicht nehmen muß und unter Umständen bei einem Öl gut, beim anderen aber schlecht wirken kann. Außerdem ist bei Mischung verschiedener Öle auf die Verträglichkeit der Zusätze zu achten.

V. Kühlstoffe.

Das eigentliche Kühlmittel ist fast stets die Luft, die unmittelbar oder mittelbar verwendet wird; Schiffsantriebe verwenden Meerwasser oder dadurch rückgekühltes, salzarmes Wasser. Die Luft bereitet, abgesehen vom Staub, den sie mitführen kann, keine Schwierigkeiten, erfordert nur geeignete Formung der Zuführung und besonders bei

Flugmotoren eine entsprechende Regulierungsmöglichkeit. Bei der Flüssigkeitsabkühlung wird die Verbrennungswärme erst auf die Flüssigkeit übertragen, die sie an die Luft abgibt. Auch bei Flüssigkeitskühlung ist die richtige Strömungsführung zur Vermeidung von Wärmestauungen nötig. Wasser ist die allgemein übliche Kühlflüssigkeit, es wird manchmal auch unter Druck verwendet, um höhere Temperaturen zu erreichen. Den gleichen Zweck verfolgt die Verwendung von Äthylenglykol, das aber nur etwa zwei Drittel der spezifischen Wärme des Wassers aufweist. Reines Wasser ist wegen seines hohen Gefrierpunktes wenig brauchbar, so daß man ihm vielfach Stoffe zur Erniedrigung des Gefrierpunktes zusetzt. Eine Übersicht über die Menge verschiedener Mittel, die zur Erreichung bestimmter Temperaturen zugesetzt werden müssen, gibt die Zahlentafel 74.

Zahlentafel 74. Gefrierpunkte und Zusatzmengen von Gefrierschutzmitteln.

Stoff	Gefriertemperatur °C								
	— 5	— 10	— 15	— 20	— 25	— 30	— 40	— 50	— 60
	erforderliche Zusatzmenge in g/100 g Wasser								
NaCl	8,44	16,1	22,9	29,4	33,8	—	—	—	—
MgCl$_2$	7,66	13,4	17,7	21,1	—	25,9	—	—	—
CaCl$_2$	9,67	16,6	21,9	26,3	29,9	33,3	38,8	43,8	—
Natriumlaktat	10,5	19	27,5	34	42	49,5	64	80	100
Äthylalkohol	11,1	23	34	46	57,5	69,5	104	—	—
Glyzerin	10,5	42	56	68	80	90,5	113	138	—
Äthylenglykol (Vol.-%!)	15	23	29	34	39	44	53	—	—
Glysantin	13	28	43	57,5	69,5	82	108	144	—

Bis —30° C wird von G. Boye eine Mischung von 100 g Wasser mit 70 g K$_2$HPO$_4$, 21 g KH$_2$PO$_4$ und 7 g K$_2$CO$_3$ empfohlen; eventuell mit Zusatz von 0,5 NaF für Aluminium. [290, 291].

Die Forderungen, die man an eine brauchbare Kühlflüssigkeit richtet, sind:

1. Hohe spezifische Wärme.
2. Niederer Gefrierpunkt.
3. Hoher Siedepunkt.
4. Keine Ausscheidung von Kesselstein, Zersetzungsprodukten usw.
5. Korrosionsfreiheit.

Ein ideales Kühlmittel, das alle diese Forderungen erfüllt, gibt es nicht. Wasser hat zwar hohe spezifische Wärme, dafür korrodiert es und friert bei verhältnismäßig hoher Temperatur, während sein Siedepunkt verhältnismäßig tief liegt; auch scheidet es je nach seinem Härtegrad Kesselstein ab. Die Senkung des Gefrierpunktes durch die aufgeführten Zusätze, zu denen auch das in USA. sehr verbreitete Methanol gehört, hat gleichzeitig den Vorteil, daß anstatt des gleichmäßigen Erstarrens des Wassers in Blockform ein allmähliches Festerwerden unter Übergang in salbenartige Konsistenz eintritt. Die gefürchtete Sprengwirkung beim Gefrieren tritt also nicht ein, weil die Volumvergrößerung im plastischen Zustand erfolgt. Die starke Korrosion bei manchen der angeführten Salze kann man durch Zugabe kleiner Mengen basischer Stoffe, wie NaOH, Na$_2$CO$_3$, Mg (CH)$_2$, Ca(OH)$_2$. CaCO$_3$, beschränken, muß aber auf die stärkere Korrosion von Leichtmetall durch basische Stoffe achten. Chromate und Phosphate sind weniger gefährlich. Fluoride bilden eine Schutzhaut von Leichtmetallfluorid, die gut schützt. Gut bewährt hat sich die Verwendung von Korrosionsschutzöl (Mineralöl mit Naphthensulfoseifen der Shell); auch andere organische Schutzkolloide werden empfohlen. Diese wirken auch gegen Kesselsteinbildung, wie z. B. kolloidaler Graphit. Man kann zur Vermeidung der Kesselsteinbildung auch gleich enthärtetes Wasser verwenden, weil es aber stärker korrodiert als nicht enthärtetes Wasser, empfiehlt sich ein Zusatz eines korrosionshindernden Mittels. (Auch bei Glykolkühlung wurde mit Erfolg Korrosionsschutzöl zur Verhinderung des Angriffes angewendet.)

Die Kühlung bei höheren Temperaturen bezweckt die Verwendung kleinerer Kühler in der Luftfahrt. Dabei geht aber die Leistung der Motoren infolge des geringeren Füllungsgrades zurück und wird die Klopffestigkeit der Kraftstoffe viel stärker in Anspruch genommen als bei Wasserkühlung.

C. Ausblick auf die weitere Entwicklung.

Die überraschend schnelle Entwicklung der Atomforschung mag zu dem Schluß verleiten, die Rolle des Erdöls als Energiequelle des Kraftfahrzeuges sei ausgespielt. Diesem Optimismus ist entgegenzuhalten, daß, ganz abgesehen von den ungeklärten Kosten, die Notwendigkeit der Abschirmung der gefährlichen Strahlen eine Gewichtserhöhung bedeutet, die bei dem jetzigen Stand der Energiegewinnung aus dem Atomzerfall für kleine Fahrzeuge untragbar hoch ist. Erst wenn diese Frage gelöst ist, kann bei vollkommener Entwicklung betriebssicherer kleiner Anlagen die Möglichkeit bestehen, die Verbrennung durch die Energiegewinnung aus dem Atomzerfall zu ersetzen.

Ob die Kosten jemals mit denen des Verbrennungsmotors konkurrieren können, ist unsicher. Somit dürfte für die nächste Zeit beim Kraftfahrzeug wie beim Flugzeug der Verbrennungsmotor die gleiche Rolle spielen wie bisher.

Beim Erdöl ist die Produktion trotz der vielen Prophezeiungen über baldige Erschöpfung der Quellen noch immer gestiegen. Da man von der Substanz zehrt, wird einmal der notwendige Rückgang eintreten, bisher ist er aber noch nicht absehbar. Immerhin beginnen sich selbst die erdölreichen Länder, wie die Vereinigten Staaten Gedanken über den Zeitpunkt zu machen, an dem die Erdöllager erschöpft sind. Als weitere natürliche Quellen für Erdölkohlenwasserstoffe werden die großen Ölsandlager an der kanadischen Grenze und in Kanada, sowie die Riesenlager von Ölschiefer in Colorado in Betracht gezogen, wo etwa 100 Milliarden Barrels Öl gewinnbar wären. Die Verarbeitung von Naturgas zu Benzin nach dem Fischer-Tropsch-Verfahren wird in großem Maße begonnen und auf lange Sicht einen wichtigen Beitrag zur Deckung des Benzinbedarfes bilden, wobei die Gewinnung chemisch verwertbarer Produkte als Basis einer chemischen Industrie von großer Bedeutung ist. Die Kohlehydrierung bei Hochdruck hat demgegenüber wegen ihres großen Bedarfs an Stahl, der etwa dreimal so groß ist wie der bei der Fischersynthese, weniger Aussichten. Immerhin wird die Hydrierung von Braunkohle erwogen, während die der Steinkohle wegen des Schachtbetriebes zu teuer ist.

Die in Deutschland und Japan während der letzten Jahre aufgebauten Hydrierwerke sind zum Teil in andere Hände übergegangen; sie werden wohl weiterbetrieben werden. Aber auch die Deutschland verbliebenen Hydrierwerke und Fischer-Tropsch-Anlagen dürften, wenn auch im beschränkten Ausmaße, weiter Kraftstoffe und Öle erzeugen. Die Synthese der Betriebsstoffe hat damit einen bleibenden Platz für die Versorgung eingenommen.

Demgegenüber sind die Aussichten der Verwertung pflanzlicher Rohstoffe auf Alkohol unverändert; die Möglichkeit dazu besteht nach wie vor, ihre Verwirklichung hängt aber von wirtschaftlichen Zusammenhängen ab. Im Augenblick wird alles Land zur Ernährung gebraucht, künftig aber sind schon so viele Ansprüche an Pflanzenrohstoffe von anderer industrieller Seite vorhanden, daß geringe Wahrscheinlichkeit für eine Alkoholindustrie im großen Ausmaße besteht.

Hinsichtlich der Gemischbildung im Motor ist mit einer größeren Anwendung der Kraftstoff-Einspritzung auch bei Automotoren zu rechnen, womit die Frage der Flüchtigkeit konstruktiv gelöst würde. Wegen des steigenden Bedarfes an Benzin macht sich auch in

USA. die Tendenz zur Entwicklung kleinerer Wagen mit hochverdichteten Motoren geltend; Befürchtungen wegen kommender Besteuerung spielen mit. Zur Leistungssteigerung wird die Überladung im Auto wohl bald allgemein angewendet werden und damit die Klopffestigkeit der Autokraftstoffe erneut in den Vordergrund rücken. Die zunehmende Verwendung hydraulischer Kupplungen mildert andererseits vielleicht die Forderungen hoher Klopffestigkeit künftig. Eine große Bedeutung hat das Vordringen der Verbrennungsturbine, weil damit ein neuer Anspruch auf eine bisher motorisch wenig beachtete Fraktion des Erdöls, das Leuchtöl, erhoben wird und auch der Bedarf an Diesel-Öl, zusammen mit der steigenden Nachfrage nach Diesel-Öl für den Motor, weit über das bisherige Ausmaß anwachsen wird. Damit wird die für die Krackung bestgeeignetste Fraktion vom direkten Verbrauch in Anspruch genommen.

Die Qualität der Kraftstoffe wird sich dank der großen Produktion an hochklopffestem Fliegerbenzin, das nicht mehr in diesem Ausmaße gebraucht wird, weiter steigern. So rechnet man in USA. für das Jahr 1950 mit Researchoktanzahlen von 93,5 bzw. 100 für gewöhnliches und Markenbenzin, nach der Motormethode beurteilt mit Oktanzahlen von 80 und 86.

Die Aufarbeitungsverfahren der Erdöle dürften vor allem die thermische und die katalytische Krackung und die thermische und katalytische Polymerisation der niederen Olefine bleiben, während die Alkylierung nur für Großanlagen in Frage kommt und die Isomerisierung und das Hydroforming (Aromatisieren) außer für Zwecke chemischer Rohstoffbeschaffung keine Rolle spielen wird. Die Kraftstoffqualität wird der Durchschnittszündkurve der Autos angepaßt sein müssen und dementsprechende Zusammensetzung aufweisen müssen, solange Vergasermotoren in überwiegender Anzahl verwendet werden.

Bei den Schmierölen wird die überwiegende Menge nach wie vor natürlichen Ursprungs — meist selektiv raffiniert — sein. Aber die synthetischen Öle werden sich für Hochleistungszwecke immer mehr durchsetzen und in der Zwischenzeit als Mischungen mit natürlichen Produkten Verwendung finden, wie es während des Krieges bei den deutschen Fliegerölen der Fall war. Verbesserte Viskositätsindices und besseres Kälteverhalten, geringere Rückstandsbildung, Lagerkorrosion und Schaumbildungsneigung sind zu erwarten. Bei den Hochdruckschmiermitteln ist mit steigender Nachfrage und weiterer Entwicklung zu rechnen. Für ganz besondere Fälle ist in den Schmiermitteln des Silikontyps weiterer Fortschritt zu erwarten.

Die Verbesserung der Eigenschaften von Kraftstoffen und Schmierstoffen durch Zusätze wird weiter betrieben werden; aber dabei wird der Frage der gegenseitigen Beeinflussung der Eigenschaften und der Auswirkung der Vermischung von mit Zusätzen versehenen Betriebsstoffen mehr Aufmerksamkeit gewidmet werden müssen.

Auch weiterhin wird die beste Verwendung der Betriebsstoffe und ihre geeignete Herstellung vieler Forschungsarbeit bedürfen. Diese wird sich die Aufklärung der wechselseitigen Beziehungen zwischen Betriebsstoffeigenschaften und Betriebsbedingungen in der Verbrennungsmaschine weiter zum Ziele setzen müssen. Die begonnene Zusammenarbeit des Motoreningenieurs und Chemikers wird sich in Zukunft noch enger gestalten und die Grundlage weiteren Fortschrittes bilden.

Umrechnungstafeln.

1. Tafel zur Umrechnung englisch-amerikanischer in deutsche Maße, und umgekehrt.

Aufgeführt sind	unter dem Namen	Aufgeführt sind	unter dem Namen
cwt	hundredweight	Quadrat-Fuß	square foot
Fuß²	square foot	Quadrat-Zoll	square inch
Fuß³	cubic foot	Unze	ounce
inch²	aquare inch	Zoll	inch
inch³	cubic inch	Zoll²	square inch
lb	pound	Zoll³	cubic inch

Umzurechnen	in	Multiplizieren mit
acre	m²	4046,7
Atmosphäre phys.	inch Hg	29,922
Atmosphäre phys.	inches of Water	407,364
Atmosphäre phys.	pound (Av.)/square inch	14,696
Atmosphäre techn. = kg/cm²	inch Hg	28,958
Atmosphäre techn. = kg/cm²	inches of Water	393,4
Atmosphäre techn. = kg/cm²	pound (Av.)/square inch	14,223
barrel	l	158,98
B.Th.U.	kcal	0,2521
B.Th.U.	mkg	107,66
B.Th.U./s.	k Watt	1,054
B.Th.U./s.	PS	1,43
B.Th.U./cubic foot	kcal/m³	8,90
B.Th.U./h/square foot/°F/inch	kcal/h/m²/°C/m	192,1
B.Th.U./HP. h	kcal/PS. h	0,2485
B.Th.U./long ton	kcal/t	0,248
B.Th.U./net ton	kcal/t	0,278
B.Th.U./pound (Av.)	kcal/kg	0,556
B.Th.U./square foot	kcal/m²	2,713
B.Th.U./square inch	kcal/m²	390,8
bushel	l	36,3
C⁰	F⁰	C⁰·1,8 + 32
cm	inch	0,3937
cm²	square foot	0,00108
cm²	square inch	0,155
cm³	cubic foot	0,00003532
cm³	cubic inch	0,061025
cm³	fluid ounce	0,03527
cm³/U.S.Gallone	cm³/l	0,2642
cubic foot	l	28,315
cubic foot	m³	0,02832
cubic foot/long ton	m³/t	0,02787
cubic foot/net ton	m³/t	0,03122
cubic foot/pound (Av.)	m³/kg	0,0624
cubic inch	cm³	16,386
cubic yard	m³	0,76453
dram	g	1,77184
F⁰	C⁰	(F⁰ — 32) 0,5555
fluid ounce	cm³	28,35
foot	m	0,30479

Umrechnungstafel (Fortsetzung).

Umzurechnen	in	Multiplizieren mit
foot pound (Av.)	Joule	1,355
foot pound (Av.)	m kg	0,138
foot pound (Av.)	PS	0,00184
foot pound (Av.)	Watt	1,355
foot pound (Av.)/cubic foot	m kg/m³	4,8807
foot ton (engl.)	m kg	310
foot ton (USA.)	m kg	277
g	dram	0,5645
g	grain (Av. u. Troy)	15,4323
g	ounce (Av.)	0,0353
g	ounce (Troy)	0,0322
g	pennyweight	0,643
g	pound (Av.)	0,002205
g	pound (Troy)	0,00268
g/cm³	pound (Av.)/cubic foot	62,4
g/l	grain/gallon (engl.)	70,0
g/l	grain/gallon (USA.)	58,4
g/l	pound/gallon (engl.)	0,01
g/l	pound/gallon (USA.)	0,0083
g/m³	grain/cubic foot	0,4372
gallon (engl.)	l	4,5435
gallon (USA.)	l	3,7854
gallon (engl.)/cubic foot	l/l	0,16
gallon (USA.)/cubic foot	l/l	0,134
gallon (engl.)/long ton	l/t	4,472
gallon (USA.)/net ton	l/t	4,173
gallon (engl.)/square yard	l/m²	5,44
gallon (USA.)/square yard	l/m²	4,57
grain (Av. und Troy)	g	0,0648
grain/cubic foot	g/m³	2,289
grain/gallon (engl.)	g/l	0,01429
grain/gallon (USA.)	g/l	0,01713
horse power (HP)	kcal	0,1782
horse power (HP)	k Watt	0,7453
horse power (HP)	m kg	76,043
horse power (HP)	PS	1,0139
hundredweight (cwt)	kg	50,8024
inch	mm	25,3995
inch Hg	Atmosphäre phys.	0,0334
inch Hg	Atmosphäre techn. = kg/cm²	0,03455
inch of Water	Atmosphäre phys.	0,002454
inch of Water	Atmosphäre techn. = kg/cm²	0,002541
Joule	foot pound (Av.)	0,738
kcal	B.Th.U.	3,970
kcal	horse power	5,61
kcal	therm	0,0000397
kcal/h/m²/°C/m	B.Th.U./h/square foot/°F/inch	0,005205
kcal/kg	B.Th.U./pound (Av.)	1,800
kcal/kg	therm/long ton	0,0403
kcal/kg	therm/net ton	0,03608
kcal/m²	B.Th.U./square foot	0,369
kcal/m²	B.Th.U./square inch	0,002559
kcal/m³	B.Th.U./cubic foot	0,1124
kcal/PS. h	B.Th.U./HP. h	4,023
kcal/t	B.Th.U./long ton	4,033
kcal/t	B.Th.U./net ton	3,60
kg	hundredweight (cwt)	0,01969
kg	lb = s. u. pound	
kg	long ton (engl.)	0,0009842
kg	net ton = short ton (USA.)	0,0011023

Umrechnungstafel (Fortsetzung).

Umzurechnen	in	Multiplizieren mit
kg	ounce (Av.)	35,27
kg	ounce (Troy)	32,15
kg	pound = lb (Av.)	2,2046
kg	pound = lb (Troy)	2,67923
kg/cm²	pound (Av.)/square inch	14,223
kg/m	pound (Av.)/foot	0,6710
kg/m	pound (Av.)/inch	0,0561
kg/m²	pound (Av.)/square foot	0,2048
kg/m²	pound (Av.)/square yard	1,843
kg/m³	pound (Av.)/gallon (engl.)	0,01
kg/m³	pound (Av.)/gallon (USA.)	0,0083
kg/PS. h	lb/HP. h	2,235
kg/t	pound (Av.)/long ton	2,241
kg/t	pound (Av.)/net ton	2,00
km	Mile (stat)	0,6214
km	Mile (Sea)	0,5395
k Watt	B.Th.U./s.	0,949
k Watt	foot pound (Av.)	738
k Watt	horse power	1,342
l	bushel	0,0275
l	cubic foot	0,0353165
l	gallon (engl.)	0,2201
l	gallon (USA.)	0,2643
l	pinte (engl.)	1,762
l	pinte (USA.)	2,114
l	quart (engl.)	0,8804
l	quart (USA.)	1,0572
l	quarter (engl.)	0,00344
l	quarter (USA.)	0,00413
l/km	quart (USA.)/mile	1,696
l/km	gallon (engl.)/mile	0,355
l/km	gallon (USA.)/mile	0,424
l/l	gallon (engl.)/cubic foot	6,25
l/l	gallon (USA.)/cubic foot	7,45
l/m²	gallon (engl.)/square yard	0,184
l/m²	gallon (USA.)/square yard	0,221
l/t	gallon (engl.)/long ton	0,2237
l/t	gallon (USA.)/net ton	0,2397
lb	s. u. pound	
lb/HP. h	kg/Ps. h	0,4474
long ton (engl.)	kg	1016,048
m	foot	3,281
m	inch	39,37
m	rod (pole, perch)	0,1988
m	yard	1,094
m²	acre	0,000247
m²	square foot	10,764
m²	square inch	1550,05
m²	square yard	1,196
m³	cubic foot	35,3165
m³	cubic inch	61026,2
m³	cubic yard	1,30786
m³	gallon (engl.)	220,10
m³	gallon (USA.)	264,17
m³	register ton	0,3532
m³/kg	cubic foot/pound (Av.)	16,01
m³/t	cubic foot/long ton	35,9
m³/t	cubic foot/net ton	32,03
Mile (statute)	km	1,60934
Mile (Sea)	km	1,853

Umrechnungstafel (Fortsetzung).

Umzurechnen	in	Multiplizieren mit
m kg	B.Th.U.	0,00929
m kg	foot pound (Av.)	7,24
m kg	foot ton (engl.)	0,0032
m kg	foot ton (USA.)	0,0036
m kg	horse power	0,01315
mm	inch	0,03937
net ton = short ton (USA.)*	kg	907,185
ounce (Av.)	g	28,349
ounce (Troy)	g	31,1
pennyweight (dwt)	g	1,5552
pound (Av.)	kg	0,45359
pound (Troy)	kg	0,373242
pound (Av.)/cubic foot	$g/cm^3 = kg/l = t/m^3$	0,01602
pound (Av.)/foot	kg/m	1,488
pound (Av.)/gallon (engl.)	$g/l = kg/m^3$	100
pound (Av.)/gallon (USA.)	$g/l = kg/m^3$	120
pound (Av.)/inch	kg/m	17,85
pound (Av.)/long ton	kg/t	0,4463
pound (Av.)/net ton	kg/t	0,500
pound (Av.)/square foot	kg/m^2	4,8825
pound (Av.)/square inch	kg/cm^2 = Atmosphäre techn.	0,07031
pound (Av.)/square inch	Atmosphäre phys.	0,0681
pound (Av.)/square yard	kg/m^2	0,5425
PS	B.Th.U.	0,6975
PS	foot pound (Av.)	544
PS	horse power	0,986
pint (engl.)	l	0,568
pint (USA.)	l	0,473
quart (engl.)	l	1,136
quart (USA.)	l	0,946
quart/mile (USA.)	l/km	0,59
quarter (engl.)	l	290,7813
quarter (USA.)	l	242,1
register ton	m^3	2,8316
rod (pole, perch)	m	5,0291
short ton = net ton (USA.)*	kg	907,185
square foot	m^2	0,0929
square inch	cm^2	6,45148
square yrad	m^2	0,8361
t	long ton	0,9842
t	net ton	1,1023
therm	kcal	25,210
therm/lang ton	kcal/kg	24,81
therm/net ton	kcal/kg	27,72
ton long (engl.)	s. u. long ton	
ton net oder short (USA.)*	s. u. ton oder short ton	
yard	m	0,9144
Watt	foot pound (Av.)	0,738

* In USA. werden die Gewichte von Rohprodukten in long ton, von Endprodukten in short ton angegeben.

2. Temperaturumrechnungstafel.

Von A. Sauveur.

− 459,4 bis 0

C		F	C		F	C		F	C		F
−273	−459,4		−207	−340		−146	−230	−382	−78,9	−110	−166
−268	−450		−201	−330		−140	−220	−364	−73,3	−100	−148
−262	−440		−196	−320		−134	−210	−346	−67,8	−90	−130
−257	−430		−190	−310		−129	−200	−328	−62,2	−80	−112
−251	−420		−184	−300		−123	−190	−310	−56,7	−70	−94
−246	−410		−179	−290		−118	−180	−292	−51,1	−60	−76
−240	−400		−173	−280		−112	−170	−274	−45,6	−50	−58
−234	−390		−169	−273	−459,4	−107	−160	−256	−40,0	−40	−40
−229	−380		−168	−270	−454	−101	−150	−238	−34,4	−30	−22
−223	−370		−162	−260	−436	−95,6	−140	−220	−28,9	−20	−4
−218	−360		−157	−250	−418	−90,0	−130	−202	−23,3	−10	14
−212	−350		−151	−240	−400	−84,4	−120	−184	−17,8	0	32

0 bis 81

C		F	C		F
−17,8	0	32,0	3,89	39	102,2
−17,2	1	33,8	4,44	40	104,0
−16,7	2	35,6	5,00	41	105,8
−16,1	3	37,4	5,56	42	107,6
−15,6	4	39,2	6,11	43	109,4
−15,0	5	41,0	6,67	44	111,2
−14,4	6	42,8	7,22	45	113,0
−13,9	7	44,6	7,78	46	114,8
−13,3	8	46,4	8,33	47	116,6
−12,8	9	48,2	8,89	48	118,4
−12,2	10	50,0	9,44	49	120,2
−11,7	11	51,8	10	50	122,0
−11,1	12	53,6	10,6	51	123,8
−10,6	13	55,4	11,1	52	125,6
−10,0	14	57,2	11,7	53	127,4
−9,44	15	59,0	12,2	54	129,2
−8,89	16	61,8	12,8	55	131,0
−8,33	17	63,6	13,3	56	132,8
−7,78	18	65,4	13,9	57	134,6
−7,22	19	67,2	14,4	58	136,4
−6,67	20	68,0	15,0	59	138,2
−6,11	21	69,8	15,6	60	140,0
−5,56	22	71,6	16,1	61	141,8
−5,00	23	73,4	16,7	62	143,6
−4,44	24	75,2	17,2	63	145,4
−3,89	25	77,0	17,8	64	147,2
−3,33	26	78,8	18.3	65	149,0
−2,78	27	80,6	18,9	66	150,8
−2,22	28	82,4	19,4	67	152,6
−1,67	29	84,2	20,0	68	154,4
−1,11	30	86,0	20,6	69	156,2
−0,56	31	87,8	21,1	70	158,0
0	32	89,6	21,7	71	159,8
0,56	33	91,4	22,2	72	161,6
1,11	34	93,2	22,8	73	163,4
1,67	35	95,0	23,3	74	165,2
2,22	36	96,8	23,9	75	167,0
2,78	37	98,6	24,4	76	168,8
3,33	38	100,4	25,0	77	170,6

82 bis 630

C		F	C		F
25,6	78	172,4	121	250	482
26,1	79	174,2	127	260	500
26,7	80	176,0	132	270	518
27,2	81	177,8	138	280	536
27,8	82	179,6	143	290	554
28,3	83	181,4	149	300	572
28,9	84	183,2	154	310	590
29,4	85	185,0	160	320	608
30,0	86	186,8	166	330	626
30,6	87	188,6	171	340	644
31,1	88	190,4	177	350	662
31,7	89	192,2	182	360	680
32,2	90	194,0	188	370	698
32,8	91	195,8	193	380	716
33,3	92	197,6	199	390	734
33,9	93	199,4	204	400	752
34,4	94	201,2	210	410	770
35,0	95	203,0	216	420	788
35,6	96	204,8	221	430	806
36,1	97	206,6	227	440	824
36,7	98	208,4	232	450	842
37,2	99	210,2	238	460	860
37,8	100	212,0	243	470	878
38	100	212	249	480	896
43	110	230	254	490	914
49	120	248	260	500	932
54	130	266	266	510	950
60	140	284	271	520	968
66	150	302	277	530	986
71	160	320	282	540	1004
77	170	338	288	550	1022
82	180	356	293	560	1040
88	190	374	299	570	1058
93	200	392	304	580	1076
99	210	410	310	590	1094
100	212	413	316	600	1112
104	220	428	321	610	1130
110	230	446	327	620	1148
116	240	464	332	630	1166

Umrechnungstafeln.

Temperaturumrechnungstafel (Fortsetzung).

640 bis 1820						1830 bis 3000					
C		F	C		F	C		F	C		F
338	640	1184	671	1240	2264	999	1830	3326	1332	2430	4406
343	650	1202	677	1250	2282	1004	1840	3344	1338	2440	4424
349	660	1220	682	1260	2300	1010	1850	3362	1343	2450	4442
354	670	1238	688	1270	2318	1016	1860	3380	1349	2460	4460
360	680	1256	693	1280	2336	1021	1870	3398	1354	2470	4478
366	690	1274	699	1290	2354	1027	1880	3416	1360	2480	4496
371	700	1292	704	1300	2372	1032	1890	3434	1366	2490	4514
377	710	1310	710	1310	2390	1038	1900	3452	1371	2500	4532
382	720	1328	716	1320	2408	1043	1910	3470	1377	2510	4550
388	730	1346	721	1330	2426	1049	1920	3488	1382	2520	4568
393	740	1364	727	1340	2444	1054	1930	3506	1388	2530	4586
399	750	1382	732	1350	2462	1060	1940	3524	1393	2540	4604
404	760	1400	738	1360	2480	1066	1950	3542	1399	2550	4622
410	770	1418	743	1370	2498	1071	1960	3560	1404	2560	4640
416	780	1436	749	1380	2516	1077	1970	3578	1410	2570	4658
421	790	1454	754	1390	2534	1082	1980	3596	1416	2580	4676
427	800	1472	760	1400	2552	1088	1990	3614	1421	2590	4694
432	810	1490	766	1410	2570	1093	2000	3632	1427	2600	4712
438	820	1508	771	1420	2588	1099	2010	3650	1432	2610	4730
443	830	1526	777	1430	2606	1104	2020	3668	1438	2620	4748
449	840	1544	782	1440	2624	1110	2030	3686	1443	2630	4766
454	850	1562	788	1450	2642	1116	2040	3704	1449	2640	4784
460	860	1580	793	1460	2660	1121	2050	3722	1454	2650	4802
466	870	1598	799	1470	2678	1127	2060	3740	1460	2660	4820
471	880	1616	804	1480	2696	1132	2070	3758	1466	2670	4838
477	890	1634	810	1490	2714	1138	2080	3776	1471	2680	4856
482	900	1652	816	1500	2732	1143	2090	3794	1477	2690	4874
488	910	1670	821	1510	2750	1149	2100	3812	1482	2700	4892
493	920	1688	827	1520	2768	1154	2110	3830	1488	2710	4910
499	930	1706	832	1530	2786	1160	2120	3848	1493	2720	4928
504	940	1724	838	1540	2804	1166	2130	3866	1499	2730	4946
510	950	1742	843	1550	2822	1171	2140	3884	1504	2740	4964
516	960	1760	849	1560	2840	1177	2150	3902	1510	2750	4982
521	970	1778	854	1570	2858	1182	2160	3920	1516	2760	5000
527	980	1796	860	1580	2876	1188	2170	3938	1521	2770	5018
532	990	1814	866	1590	2894	1193	2180	3956	1527	2780	5036
538	1000	1832	871	1600	2912	1199	2190	3974	1532	2790	5054
543	1010	1850	877	1610	2930	1204	2200	3992	1538	2800	5072
548	1020	1868	882	1620	2948	1210	2210	4010	1543	2810	5090
554	1030	1886	888	1630	2966	1216	2220	4028	1549	2820	5108
560	1040	1904	893	1640	2984	1221	2230	4046	1554	2830	5126
566	1050	1922	899	1650	3002	1227	2240	4064	1560	2840	5144
571	1060	1940	904	1660	3020	1232	2250	4082	1566	2850	5162
577	1070	1958	910	1670	3038	1238	2260	4100	1571	2860	5180
582	1080	1976	916	1680	3056	1243	2270	4118	1577	2870	5198
588	1090	1994	921	1690	3074	1249	2280	4136	1582	2880	5216
593	1100	2012	927	1700	3092	1254	2290	4154	1588	2890	5234
599	1110	2030	932	1710	3110	1260	2300	4172	1593	2900	5252
604	1120	2048	938	1720	3128	1266	2310	4190	1599	2910	5270
610	1130	2066	943	1730	3146	1271	2320	4208	1604	2920	5288
616	1140	2084	949	1740	3164	1277	2330	4226	1610	2930	5306
621	1150	2102	954	1750	3182	1282	2340	4244	1616	2940	5324
627	1160	2120	960	1760	3200	1288	2350	4262	1621	2950	5342
632	1170	2138	966	1770	3218	1293	2360	4280	1627	2960	5360
638	1180	2156	971	1780	3236	1299	2370	4298	1632	2970	5378
643	1190	2174	977	1790	3254	1304	2380	4316	1638	2980	5396
649	1200	2192	982	1800	3272	1310	2390	4334	1643	2990	5414
654	1210	2210	988	1810	3290	1316	2400	4352	1649	3000	5432
660	1220	2228	993	1820	3308	1321	2410	4370			
666	1230	2246				1327	2420	4388			

Schrifttum.

Verbrennung.

1. PETTRE, M.: Science of Petroleum, S. 2950.
1a.BENDER, R. J.: Use of Ether as Ignition Agent. Automotive and Aviation Industries **95**, 40—2, 74—6 (1946), 1. Sept.
2. KETTERING, C. F.: Effect of Molecular Structure of Fuels on Power and Efficiency of I. C. Engines (Ind. Eng. Chem. 36, 1944), S. 1079—1085.
2a.JOST, W.: Explosions- und Verbrennungsvorgänge in Gasen. J. Springer, Berlin, S. 549.
3. TAUSZ, J. u. F. SCHULTE: Über Zündpunkte und Verbrennungsvorgänge im Diesel-Motor. Halle a. S., Knapp. 1924.
4. CALLENDAR, H. L.: Dopes and Detonation. Engineering **123**, 147, 182, 210 (1927).
5. BOERLAGE, G. D. u. J. J. BROEZE: Entzündung und Verbrennung im Diesel-Motor. VDI-Forsch.-Heft **336** (1934).
6. NEUMANN, K.: Untersuchungen an der Diesel-Maschine. Z. DVI **32**, 765 (1932).
7. FOORD, F. A.: Spontaneous Ignition Temperatures of Fuel. J. Inst. Petr. Techn. 18, 533 (1932).
8. EGERTON, A. and GATES: Ignition of Substances; Igniting Temperatures; Characteristics of Petrol; Antiknock Action. J. Inst. Petr. Techn. **13**, 244—299 (1927).
9. SCHAEFER, D.: Neuere Anschauungen über motorische Entzündungs- und Verbrennungsvorgänge. Jahrbuch der Schiffsbautechnischen Gesellschaft **33**, 181 (1932).

Motorbetriebsbedingungen.

10. d'ALLEVA, B. A., P. K. WINTER, W. G. LOVELL and J. M. CAMPBELL: A 13 Year Improvement in Mixture Ration. SAE. J. 48 (April 1941), Nr. 4, S. 160.
11. PENZIG, F.: Auswertung der Verbrennungsgleichung (Kraftstoff **16** [1940], 107).
12. BERG, H. H.: Prüfstand- und Flugversuche mit dem DVL-Abgasprüfer, MTZ. 4 (1942), 353.
13. DILWORTH, J. L.: Characteristics of Exhaust Gas Analyzers. SAE. J. 48 (1941), 234.
14. REIN, H.: Magnetische Analyse von Sauerstoffgemischen, Schriften d. deutschen Akademie d. Luftfahrtforschung, Bd. 7 (1943), Heft 2, S. 73; (1939), Heft 11.
15. NEUMANN, K.: Kinetische Analyse des Verbrennungsvorganges. Forsch. Ing.-Wes., 7 (1936), 52.
16. SCHMIDT, F. A. F.: Vergleichende Untersuchung der Verbrennungs- und Arbeitsvorgänge an Motoren verschiedener Arbeitsverfahren. Z. VDI 80, 769 (1936).

Verbrennungsluft.

17. MACGREGOR, J. R.: Oil a. Gas. J. 28. I. 37, 35 (37), 164. Influence of Humidity on Knock Ratings.
18. ROBERTSON, D. D.: S. A. E. J. 37, 375 (1935). Factors controlling the Performance of Pistons and Piston rings.

Die Betriebsstoffe.

Allgemeine Eigenschaften.

19. WOLF, K. L.: Molekularphysikalische Probleme der Schmierung. Die Chemie (angew. Chemie, neue Folge) **55** (1942), 295.
20. HEIDEBROCK. E. u. E. PIETSCH: Untersuchungen über den Schmierzustand in der Grenzreibung. Forsch. Ing.-Wes., Bd. 12 (1941), 74; ang. Chemie 54 (1941), 85.
21. KÖTSCHAU, R.: Brennstoffchemie. Untersuchungen über die Farbkonstanten der zähflüssigen Mineralöle. **22** (1941), 90, 101, 183.

22. WARD, A. L., S. S. KURTZ u. W. H. FULWEILER: Determinations of Density and Refractive
    Index of Hydrocarbon and Petroleum Products. Science of Petroleum, II, 1137.
23. LECOMPTE, J.: The Application of the Infra Red Absorption Spectra to the Study of Petro-
    leum Oils and Spirits. Science of Petroleum, II, 1196.
24. BEALE, E. S.: Conversion of Boiling Points of Petroleum Fractions, Science of Petroleum,
    II, 1280.
25. GOULD, D. W.: Specific Heat and Heat Content of Petroleum Products, Science of Petroleum,
    II, 1249.

Gasförmige Kraftstoffe.

26. HUHN, v.: Flüssiggasbetrieb. A. T. Z. 41 (1938), 233.
27. RIXMANN, W.: Der Leistungsabfall gasgetriebener Fahrzeugmotoren und die Wege zu seiner
    Verringerung. Z. DVI 81 (1937), 1357.
28. JANTSCH F.: Kraftstoffhandbuch. Frankh, Stuttgart 1941.
29. GRIMME, W.: Über die Gewinnung und Eigenschaften von Flüssiggasen und ihre Ver-
    wendung als Treibstoff. Angew. Chemie 51 (1938), 265.

Feste Kraftstoffe.

30. WAHL, H.: Über Kohlenstaubmot.-Treibstaub. Brennstoff-Chem. 16 (1935), 201.
31. WILKE, W.: Versuche mit nitriertem Druckextrakt im Kohlenstaubmotor. A. T. Z. 43 (1940),
    S. 196.
31a.EGLOFF, G. Physical Constants of Hydrocarbons. Reinhold Publ. Corp. New York 1940/47.
32. SCHULTE, F.: Auswahl der Brennstoffe für die Kohlenstaubmaschine. Stahl u. Eisen 55
    (1935), 442.

Flüssige Kraftstoffe.

33. HOFFERT, W. H. and G. CLAXTON: Motor Benzole. National Benzole Association 1931.
34. NASH, A. W. and HOWES D. A.: The Principles of Motor Fuel Preparation and Application.
    London: Chapmann & Hall. 1934.
35. BROOKS, B. J. in Science of Petroleum, 986: The chemical Character of Petroleum and
    Petroleum Products.
36. MORELL, J. C. in Science of Petroleum, 996: The chemical Composition of Cracked Gasolines.

Herstellung.

37. SAEGEBARTH, A., A. J. BROGGINI u. E. STEFFEN: High Octane Number Blending Stocks
    Produced by Solvent Extraction. Nat. Petr. News 29 (1937), Nr. 22, 5.
38. BIRCH, S. F., P. DOCKSEY u. J. H. DOVE: Process Developement and Production of Iso-
    hexane and Isoheptane as Aviation Fuel Components. J. Inst. Petr. 32 (1946), 167.
39. GRISWOLD J., D. ANDRES, C. F. VAN BERG u. J. E. KASCH: Pure Hydrocarbons from Petro-
    leum. Ind. Eng. Chem. 38 (1946), 65.
40. GRISWOLD J. u. C. F. VAN BERG l. c. 170.
40a.BUCHANAN: Zweiter Welterdölkongreß. Paris 1937.
41. ELLIS: Chemistry of Petroleum Derivatives. Reinhold Publ. Co. New York 1937, S. 142.
42. HOUDRY, E., W. F. BURT, A. E. PEW jr. u. W. A. PETERS: Catalytic Processing by the
    Houdry Process, Nat. Petr. News 30, Refin. Technol. 570/80 (1938).
43. WALTER, J. F.: J. I. P. T. 32 (1946), 295, Developements in Fluid Cracking.
44. FOSTER, A. L.: Oil and Gas. J. 45 (46), S. 192.
45. GARNER, F. H., EVANS, E. B., SPRAKE. C. H. u. BROOM, W. E. J.: Weltpetroleumkongreß 1933,
    Bd. 2, 170.
46. IPATIEFF u. GROSSE: Action of Aluminiumchloride on Paraffins. Autodestructive Alkylation.
    Ind. Eng. Chem. 28 (1936), 461.
47. GALSTAUM, L. S.: i-Pentane Produced by Liquid Phase Isomerisation. Chem. Met. Eng. 52
    (1945), 109.
48. HOWES, D. A.: Pure Oil Co. (Alco Polymerisation Process). Science of petroleum, Bd. 3,
    2045.
49. COOKE, M. B., H. R. SWANSON u. C. R. WAGNER: Oil and Gas. J. 34 (1935), 26, 56.
50. EGLOFF, G.: Polymer Gasoline. Ind. Eng. Chem. 28 (1936), 1461.
51. HOWES, D. A.: Science of Petroleum, Bd. 3, 2045. Oxford Press, London 38.
52. PIER, M.: Über Fliegerbenzine und ihre Herstellung, Schriften der deutschen Akademie
    d. Luftfahrtforschung. Berlin 1941.

53. OBERFELL, G. G. u. F. FREY: Thermal Alkylation to produce Auto and Airplane Fuels. Net. Petr. News Refin. Techn. 31 (1939), 502.
54. MURPHY, G.: Oil and Gas. J. 17. 11. 1939. Die Herstellung von 100-Oktan-Benzin in Amerika. Ref. in Brennstoffchemie 23 (1942), 21.
55. HAENSEL, V.: New Version of Fischer-Tropsch Reaction gives 90 % Yield of i-Paraffins. Nat. Petr. News (Tech. Sect.) 5. 12. 45, 87 (49), R. 955.
56. Conversion of dry natural gas to Liquid fuels. World Petr. Apr. 1946, 17 (4), 46.
57. O. X. O. Process made higher Alcohols from Fischer-Tropsch Olefins. Nat. Petr. News (Techn. Sect.), 7. 11. 45, 87 (45), R 926.
58. PARKER, F. D.: Peacetime Utility of War time Petroleum Refining Processes, Refiner 24 (Mon 1945), S. 443.
59. FAITH, W. F.: Partielle Oxydation von Erdöl und Erdgas. Refiner 19 (1940), S. 68.
60. MEDICI, M.: Die Azetylen-Alkohol-Gemische als Brennstoffe in Kraftfahrzeugmotoren. Autogene Metallbearbeitung 33 (1940), 298.
61. CLAUDE, S. G.: Die Lösung von Azetylen in Ammoniak als Austauschkraftstoff für Benzin. Ref. in Brennstoffchemie 23 (1942), 253.
62. FISCHER, F.: Möglichkeiten biologischer Kraftstoffherstellung. Kraftstoff 15 (1939), 5.
63. REED, R. M.: Desulphurization of Petroleum Hydrocarbons. Oil and Gas. J. 30. 3. 46, 44 (47), 219.
64. WILKE W.: Untersuchungen am Hesselmann-Motor. Automobiltechn. Z. 41 (1938), 25.
64a. BROERSMA, G.: Klopfmessungen mit dem Duchêne-Gerät. J. AERON. Sciences 8 (1940) 62. C. D. MILLER, Super Speed Camera Films Knock in Engine. SAE. J. 54 (1946) 34.

Flüssige Kraftstoffe für Otto-Motoren.

Klopffestigkeit.

65. BROOKS, D. B.: Developement of Reference Fuel Scales for Knock Testing. SAE. J. 54 (1946), 394.
66. KETTERING, CH. F.: Triptan a Super Fuel, Autom. Ind. 91 (1944), S. 34.
67. SINGER: Kraftstoffbewertung im kleinen Einzylindermotor. Bericht 565 des techn. Prüfstandes Oppau.
68. SEEBER, F.: Prüfung hochklopffester Kraftstoffe im Flugmotoren-Einzylinder. Luftfahrtforschung 16 (1939), Nr. 1, S. 18—20.
69. VEAL, C. B.: Aviation Fuel Ratings require more Study. SAE. J. 36 (1935), 165.
70. STANSFIELD, R.: Correlation of Road and Laboratory Knock Ratings of Motor Fuels, Science of Petroleum, IV, 3066.
71. PHILIPPOVICH, A. v.: Die motorische Betriebsstoffprüfung und Vorschläge zu ihrer Gestaltung. Öl und Kohle 15 (1939), 551.
72. JORDAN J. F.: Chemical Composition and Road Anti Knock Performance of Post War Motor fuels. Nat. Petr. News, Techn. Sect. 37 (407, R 777), 3. 10. 45.
73. VEAL, C. B.: Rating Aviation Fuels in Full Scale Engines. SAE. J. 38 (1936), 161.
74. DEHN K. u. H. H. BERG: Hilfsmittel zur Prüfung der Klopffestigkeit von Motor und Kraftstoff. MTZ (1940), Heft 9.
75. BOERLAGE, G. D. u. A. G. CATTANEO: A Spark Plug adapted for measuring Cylinder Head Temperatures. SAE. J. 40 (1937), 151.
76. KAYSER, P. V. u. E. F. MILLER: Piston and Piston Temperatures. J. Inst. Petr. Techn. 25 (1939), 771.
77. UNDERWOOD, A. F. u. A. A. CATLIN: Measuring Piston Temperatures. SAE. J. 1941. Januarheft.
78. GLASER, W.: Kolbentemperaturen, Messung nach dem Nullpunktverfahren. Luftwissen 10 (1943), 44. Die Überwachung der Kolbentemperatur bei der Betriebsstoffdauerprüfung, Jahrb. d. deutschen Luftfahrtforschung 1942, II, 162.
79. Temperatur, its Measurement & Control. American Institute of Physics, National Buro of Standards, Reinhold Publishing Co, New York 1941.
80. KAMM, W. u. C. SCHMIDT: Das Versuchs- und Meßwesen auf dem Gebiet der Kraftfahrzeuge. J. Springer. Berlin 1938.
81. LICHTENBERGER, F. u. F. SEEBER: Beitrag zur Frage der Klopfmeßverfahren. ATZ 41 (1938), 372.
82. LICHTENBERGER, F.: Klopfanzeiger nach dem Verfahren der Druckbeschleunigung. Z. VDI 86 (1942), 181.
83. SCHMIDT, A. W. u. GENERLICH, K.: Untersuchungen der Klopfgeräusche von Otto-Motoren mit elektro-akustischen Meßgeräten. Deutsche Kraftfahrtforschung Nr. 33. Berlin 1939. Z. VDI 84 (1940), 48.
84. SCHMIDT, A. W.: Oktanzahl und Mehrzylindermotor. ATZ. 1942, Heft 2.

85. PENZIG, F.: Sichtbarmachen von Temperaturfeldern durch temperaturabhängige Farb-
    anstriche. Z. VDI 88 (1939), 69.
86. MÜCKLICH u. CONRAD C.: Eine neue Methode der Kraftstoffbeurteilung. Z. ang. Chemie 48
    (1930), 488.
87. HEINZE R. u. M. MARDER: Über die Beziehungen zwischen der Klopffestigkeit leichter
    Kraftstoffe und ihren physikalischen Eigenschaften. Angew. Chemie 48 (1935), 776.
88. WEBER, U. v.: Die Bestimmung der verzweigten Isomeren in Gemischen der Paraffinkohlen-
    wasserstoffe. Angew. Chemie 52 (1939), 607.
89. SCHNEIDER V. u. G. W. STANTON: Calculation of Octane Number of Gasoline from Physical
    Data. Refiner 17 (Okt. 1938), Nr. 10, 509.
90. HAMMERICH, T.: Analytisch-arithmetische Berechnung der R. O. Z. von FISCHER-Benzinen.
    Öl und Kohle 37 (1941), 148.
91. JENTZSCH, H.: Flüssige Brennstoffe. VDI-Verlag 1926.
92. ZERBE, C. u. F. ECKERT: Über die Zusammenhänge zwischen Selbstzündungs- und motori-
    schen Verbrennungsvorgängen. Öl und Kohle 1934, Heft 3.
93. KESSLER: Vergleichende Eignungsprüfungen von Kraftstoffen durch motorische und
    laboratoriumsmäßige Prüfverfahren. Öl und Kohle 14 (1938), 341.
94. JOST, W. u. L. v. MÜFFLING: Explosions- und Verbrennungsvorgänge in Gasen. S. 549.
    Z. Elektrochemie 45 (1939), 93.
95. SCHMIDT, F. A. F.: Motorische und physikalische Untersuchungen über das Wesen des
    Klopfvorganges. MTZ. 1943, Heft 2.
96. TEICHMANN, H.: Die Messung des Klopfverhaltens adiabatisch komprimierter Treibstoff-
    luftmischungen im Motor und Prüfgerät; Beiträge zu einer einheitlichen Bewertung von
    Kraftstoff und Motor. Schriften d. deutschen Akad. d. Luftfahrtforschung, Heft 1073/43g.
    1942/3.
97. PHILIPPOVICH, A. v.: Über die Klopffestigkeit von Kraftstoffgemischen. Maschinenbau und
    Wärmewirtschaft 1 (1946), 76.
97a. McLAUGHLIN, E. J. z. J. A. MILLER Significance of Fuel Sensistivity in the Performance of
    Motor Gsolines. California Oil World 40 (1947) 7.
    S. D. HERON. Fuel Sensitivity and Engine Severity in Aircraft Engines SAE. J. 54 (1946)
    511.
97b. BÜTEFISCH, H.: Über die chemische Konstitution der Kraft- und Schmierstoffe. Schriften
    der deutschen Akademie der Luftfahrtforschung, Heft 9, S 11. Berlin 1930.
98. SINGER, E.: Bestimmung der Bleiempfindlichkeit von Kraftstoffen. Öl und Kohle 37 (1941),
    804.
99. BIRCH, S. F. u. STANSFIELD, R.: Symposium on Motor Fuels; Effect of Sulfur Components on
    Lead. Ind. Eng. Chem. 28 (1936), 668.
100. ADIROVICH, E.: Schwefelgehalt und Klopfen. Acta Physicochimica, USSR 21 (1946), 283;
    Ch. Abstr. 40 (1946), 7580.
101. KAMM, W.: Ergebnis von Versuchen an geometrisch ähnlichen Zylindern verschiedener Größe.
    Schriften d. deutschen Akad. d. Luftfahrtforschung, Heft 12. Berlin 1939.
102. GIBSON, G. F.: Proc. Inst. Autom. Enggrs. 1937, Januarheft.
103. RÖGENER, H.: Übertragbarkeit der Resultate von Laboratoriumsuntersuchungen über
    Selbstzündung von Treibstoffen auf motorische Ergebnisse. Schriften d. deutschen
    Akad. d. Luftfahrtforschung, Heft 54, S. 11. Berlin 1942.
104. BRUNNER u. KEHL: Azetylen und Karbid als Treibstoffe für Motorfahrzeuge. Schweiz.
    Azetylenverein. Basel 1941.
105. FERETTI, P.: Die Klopffestigkeit einiger Gase. Kraftstoff 17 (1941), S. 71.
106. McCOULL: Power Loses accompanying Detonation. SAE. J. 44 (1939), 154.
107. GLAMANN, W.: Beobachtungen über Oberflächenzerstörungen durch Klopfen. Jahrb. 1939
    d. deutschen Luftfahrtforschung II, 119.
108. GAGG, R. F.: Status of Fuel Performance Tests in Aviation Engines. SAE. J. 46 (1940),
    S. 271.
109. PHILIPPOVICH, A. v.: Der Verbrennungsvorgang im Explosionsmotor. Angew. Chem. 49
    (1936), 625.
110. GIESSMANN, W.: Die Klopffestigkeit der Leichtkraftstoffe. Z. VDI 80 (1936), 833.

Glühzündung.

111. AMANN, WAZELT u. WILLICH: Beurteilung der Glühzündungsfestigkeit verschiedener Zünd-
    kerzen durch Erprobung am Einzylinderprüfstand. BMW-Versuchsbericht vom 9. 7.1942.
112. SPENCER u. A. M. ROTHROCK, N.A.C.A. Report 710, 1941. Fuel Rating and its Relation to
    engine Performance. SAE. J. 48 (1941), 51.

Flüchtigkeit.

113. Blair, M. G. and R. C. Alden: Significance of ASTM Destillation Curves. Ind. Engng. Chem. 25 (1933), 559.
114. Eisinger, J. O. and D. P. Barnard: A forgotten Property of Gasoline. S. A. E. J. 37 (1935), 293.
115. Brown, G. G.: Motor Fuel Volatility. Ind. Engng. Chem. 22 (1930), 278 (m. E. M. Skinner 649, 653, 672).
116. Bartholomew, E., H. Chalk u. B. Brewster: Effect of Carburetion and Manifolding on Fuel Knock Values. Oil u. Gas J. 13. 1. 1938, S. 53.
117. Brooks, D. B.: An Analysis of the Effects of Fuel Distribution on Engine Performance; Bur. of Standards, Wash. 1946, 36 (5), 425.
118. Bridgeman, O. C.: Report of CFR-Committee on Aviation Vapor-lock Investigation. SAE. J. 48 (1941), 213.
119. Hammerich, T.: Die Bestimmung von Leichtkraftstoffen hinsichtlich ihrer Neigung zur Dampfblasenbildung. Öl und Kohle 15 (1939), 569.
120. Jantsch, F.: Die Dampfblasenstörungen der Leichtkraftstoffe. Z. VDI 86 (1942), 722.
121. Haskell, N. B. u. D. K. Beavon: Ind. Eng. Chemie 34 (1942), 167.

Harzbildung.

122. Schultze, G. R.: Bedeutung der Polymerisationsvorgänge für die Harzbildung von Kraftstoffen. Öl und Kohle 14 (1938), 113.
123. Conrad C.: Lagerbeständigkeit von Kraftstoffen. Öl und Kohle 11 (1935), 728.
124. Weller, R.: Öl und Kohle — Erdöl und Teer 13 (1937), 935.
125. Heinze, R. u. M. Marder: Eine einfache Apparatur zur Bestimmung der Lagerfähigkeit (des Harzbildungsvermögens) von Leichtkraftstoffen. Kraftstoff 17 (1941), S. 357.
126. Dryer, C. O. Lowry, G. Egloff u. J. C. Morell: Ein reiner Kohlenwasserstoff zur Beurteilung von Benzinstoffen. Ind. Eng. Chem. 27 (1935), 315.
127. Egloff G., J. C. Morell u. Mitarbeiter: Ind. Engng. Chem. 24 (1932), 1375; 25 (1935), 315, 804: Ind. Engng. Chem. 26 (1934), 497, 886, 28 (1936), 465.

Rennkraftstoffe.

129. Philippovich, A. v.: Über sogenannte Rennkraftstoffe. B. C. 21 (1940), S. 15.
130. Penther, H.: Rennkraftstoffe. Kraftstoff 16 (1940), S. 120.

Flüssige Kraftstoffe für Diesel-Motoren.

Physikalische Eigenschaften.

131. Hagemann, A. u. T. Hammerich: Neuzeitliche Prüfung von Kraftstoffen für den schnelllaufenden Diesel-Motor. Öl und Kohle 12, (1936), 371.

Verbrennungseigenschaften.

132. Becker, A. E. u. H. G. Fischer: A suggested Index of Diesel Fuel Performance. SAE. J. 85 (1934), 376.
133. Moore, C. C. and G. R. Kaye: Entzündungseigenschaften von Diesel-Treibölen. Oil a. Gas J. 15. XI. 1934, S. 108.
134. Hill, J. B. and H. B. Coats: The Viscosity-Gravity Constant of Petroleum Lubricating Oils. Ind. Eng. Chem. 20 (1928), 641.
135. Oil a. Gas. J. 35, H. 44, 16 (21. III. 1935).
136. Marder, M.: Über die Bestimmung analytischer Daten von Mineralölen auf Grund aräometischer Messungen. Öl und Kohle 12 (1936), 1061.
137. Boerlage, G. D. u. J. J. Broeze: Combustion Qualities of Diesel Fuel. J. Ind. Eng. Chem. 28 (1936), 1929.
138. Neumann, K.: Die Verbrennung in der Diesel-Maschine. Angew. Chem. 50 (1937), 225.
139. Boerlage, G. D. and J. J. Broeze in Science of Petroleum. 2486: Light Diesel Fuels.
140. Boerlage, G. D. and J. Broeze in Science of Petroleum, 2894: Combustion Research in Compression Ignition Engines.
141. L. J. Le Mesurier in Science of Petroleum, 2495: Diesel Fuel.
142. Kölbel, H.: Die Bedeutung der Fischer-Synthese für die Erzeugung heimischer Treibstoffe. B. C. 20 (1939), 352.

143. GRIEP u. GODDIN: Bedeutung der Cetanzahl für Kraftstoffe SAE. J. 54 (1946), 436.
144. KETTERING, C. F.: Effect of Molecular Structure of Fuels on Power and Efficiency of I. C.
     engines. Ind. Eng. Chem. 36 (1944), 1079/85.
145. JU, T. Y. u. C. E. WOOD: Cetanzahl u. chem. Zusammensetzung. Oil & Gas. J. 39 (9. 1. 41), 41.
146. HAGEMANN A. u. TH. HAMMERICH: Neuzeitliche Prüfungen v. Kraftstoffen. Öl und Kohle 12
     (1936), 371.
147. SCHWEITZER u. HETZEL: Lag of ignition is utilized to determine Cetane rating of Diesel
     Fuel Oils. Oil & Gas. J. 34 (1936), 36; 23. 1. 1936.
148. I. P. 41/42 T.
149. WILKE, W.: ATZ 43 (1940), 377.
150. MOORE, P. H.: Engine Testing of Fuels and Lubricants 2. Diesel fuels; Petroleum 9 (1946), 130.
151. RIXMANN, W.: Zusammenhang zwischen Cetanzahl und Anlaßtemperatur. Deutsche Kraft-
     fahrtforschung, Heft 55 (1941), 1/20.
152. SHOEMAKER and GADEBUSCH: Diesel-Kraftstoffe für Schnelläufer. SAE. J. 54 (1946), 153.
153. AINSLEY YOUNG u. HAMILTON: A Cetane Number Study of Diesel Fuels. SAE. J. 50 (1942),
     160.
154. WILKE, W.: Über die Beziehung zwischen Oktanzahl und Cetanzahl. ATZ 1940, S. 148.
155. WILKE, W.: Untersuchungen über den Verbrennungsablauf von Diesel-Kraftstoffen. MTZ 1
     (1939), S. 41; Z. VDI 82 (1938), 1135.
156. BROWNE, W. H.: An instrument for measuring the ignition quality of diesel fuels. SAE.
     J. 48 (1941), 148.
157. FOORD, F. A.: Ignition Temperatures of Fuels. J. Inst. Petr. Techn. 18 (1932), 533.
158. JENTZSCH, H.: Die Selbstentzündung von Ölen und Brennstoffen. Z. VDI 68 (1924), 1150.
159. LINDNER, W.: Die Beurteilung d. Kraftstoffe nach ihren Zünd- und Brenneigenschaften.
     Schriften d. deutsch. Akad. d. Luftfahrtforschg., Heft 9. Berlin 1938. S. 313.

Kraftstoffe für Verbrennungsturbinen, Strahlantrieb und Raketen.

160. OEDERLIN: Die Aufladung des Zweitakt-Diesel-Motors. MTZ 1942, S. 256.
161. RICARDO, H.: The Gas Turbine Discussion J. Roy. Aero. Soc. 50 (Mai 1946), 298.
162. JUDGE, A.: Modern Petrol engines, Chapman & Hall, London 1946, S. 423ff.
162a. BIELKOWICZ, P.: Evolution of Energy in Jet and Rocket Propulsion. Aircraft Engineering 18
     (1946), 90, 126, 163.
163. MCLARSEN, R.: Rocket engine fuels. Autom. Ind. 95 (August 1946), S. 20.

Schmierung und Schmierstoffe.

Allgemeines.

163a. PHILIPPOVICH, A. v.: Abgrenzung häufig verwendeter Begriffe der Schmierung. Z. VDI 86
     (1942), 408.
164. HOLM, R.: Die techn. Physik d. elektrischen Kontakte. J. Springer. Berlin 1941, S. 172.
165. HUGHES, T. P. u. G. WHITTINGHAM: Der Einfluß von Oberflächenfilmen auf das trockene
     und geschmierte Gleiten von Metallen. Trans. Faraday Soc. 38 (1942), 9.
166. ADAM: Chemistry of Surfaces. S. 288.
167. BOWDEN u. HUGHES: Proc. Roy. soc. A 172 (1939), 263.
168. BEEK, O., GIVENS, J. U. u. SMITH, A. E.: Proc. Roy. soc. A 177 (1940), 90. Über den
     Mechanismus der Grenzschmieruug.
169. KLEMENCIC: Forsch. Ing. Wes., Berlin 11 (1940), S. 108/15.
170. HAYKIN, LINOVSKY u. SOLOMONOVICH: Ref. Phys. Berichte 21 (1940), 2391.
171. HALDER: Beobachtungen bei Verschleiß- u. Reibungsversuchen. Ber. 574 des techn. Prüf-
     standes Oppau der I. G.
172. BLOK, H.: Klassifikation der Grenzschmierung. Kraftstoff 15 (1939), 10, 44, 81.
173. KADMER, E. H.: Schmierstoff u. Maschinenschmierung. Berlin, Gebr. Bornträger, 1941,
     S. 360.
174. VOGELPOHL: Beiträge zur Kenntnis der Gleitlagerreibung. Forschungsheft 386 des VDI,
     Berlin 1937.
175. NEEDS, S. J.: Untersuchung über Grenzreibungsfilme. Trans. Amer. Soc. Engrs. 62 (1940),
     Heft 4, 331; zitiert Z. VDI 84 (1940), 1014.
176. BULKLEY ref. Z VDI 84 (1940), S. 1014.
177. BERNARD, D. P. u. R. E. WILSON: Methode of Measuring the Property of Oiliness. J. Ind.
     Eng. Chem. 14 (1922,) 683.
178. LEVICH, V.: Zit. Phys. Ber. 23 (1942), 714.
179. POULTER, T. C.: Oil and Gas. J. 23. 12. 37, 36 (32), 46.
180. GILSON, E. G.: Lubricating Symposium, Ind. Eng. Chem. 20 (1928), 847.

181. Büche, W.: Untersuchungen über die molekular-physikalischen Eigenschaften der Schmiermittel und ihre Bedeutung bei halbflüssiger Reibung. Petroleum 27 (1931), 587.
182. Heidebrock, E.: ATZ 44 (1941), 349.
183. General Electric Review 27 (1924), 323.
184. Morghen, I.: Untersuchungen im außerhydrodynamischen Schmiergebiet. M. u. W. Wien, Bd. 3 (1948) Heft 4 u. 5. Deutsche Luftfahrtforschung. Unters. u. Mitt. 1364 (1944).
185. Dacus, E. N., F. F. Coleman u. L. C. Roess: A New Experimental Approach to the Study of Boundary Lubrication. J. Applied Physics 15 (1944), 813.
186. Proc. Roy. Soc. 169 (1939), 391.
187. Dreyhaupt, W: Oberflächenprüfung von Flächen mit hohem Gütegrad, Werkstattechnik u. Werksleiter 33 (1939), 231.
188. Brillié: Génie civil 114 (1939), 10; Phys. Ber. 23 (1942), 156.
189. Kluge, J.: Neue Erkenntnisse über die Schmierfähigkeit u. ihre Messung. Schriften d. Akad. d. deutsch. Luftfahrtforsch. Berlin 1942. Heft 6, S. 1.
190. Beek, Givens u. Smith: On the Mechanism of Boundary Lubrication. Proc. Roy. Soc. Ser. A 177 (1940), 90.
191. Neely, A. W.: High oiliness-low wear? SAE. J. 41 (1937), 548.
192. Dies, K.: Archiv Eisenhüttenwesen 16 (1943), 399.

Chemische Zusammensetzung der Schmierstoffe.

193. Vlugter, J. C., H. J. Waterman u. H. A. van Westen: J. Inst. Petr. Techn. 18 (1932), 735 und 21 (1935), 661, 701.
194. Schultze, G. R. u. J. C. Nicolas: Kritische Nachprüfung des Ringanalysenverfahrens für Schmierölkohlenwasserstoffe. Öl und Kohle 37 (1941), 617.
195. Foster, A. L.: An amazing new Family. Oil a. Gas. J. 6. 10. 1945; 44 (Heft 22), 86.

Herstellung der Schmierstoffe.

196. Guthrie, V. B.: Nonpetroleum Oils on Sale in 2 States experimentally. Nat. Petr. News 37 (1945), Heft 42, S. 10.

Zähigkeit.

197. Kratzer, J. C., D. H. Green u. D. B. Williams: New synthetic Lubricant, Refiner Febr. 1946, 25 (2), 79/90.
198. Walther, C.: Kennzeichnung der Schmieröle durch die Viskositätspolhöhe. Welt-Petr.-Kongreß, Bd. 11 (1933), 419.
199. Dean, G. H. and E. W. Davis: Chem. metallurg. Eng. 36 (1929), 618.
200. Dean, G. H. and E. W. Davis: Viscosity Index and lubricating Problems. J. Inst. Petr. Techn. 18 (1932), 212 A.
201. Docksey, P., C. H. Hands and W. A. Hayward: I. P. T. 20 (1934), 248.
202. Lawrence, A. S. C.: Science of Petroleum, S. 1098.
203. Hugel, G.: Öl und Kohle 12 (1936), 917.
204. Nissan, A. H., L. V. W. Clark, A. W. Nash: I. Inst. Petr. Techn. 26 (1940), 155.
205. Hennenhöfer, J.: Öl und Kohle 39 (1943), 679.

Schmiereignung.

206. Minne, van der: Testing of extreme Pressure Lubricants. Gen. disc. 1937, II, 429.
207. Needs, S. J.: Influence of Pressure on Film Viscosity in Heavily Loaded Bearings, Gen. Disc. 1 (1937), 216.
208. Suge, Y.: Physical Properties of Lubricants, Gen. Disc. II (1937), 412.
209. Kiesskalt, S.: Die Druckabhängigkeit der Viskosität. Petroleum 26 (1930), S. 1.
210. Vogelpohl, G.: Beiträge zur Kenntnis der Gleitlagerreibung. VDI-Forschungsheft 386, 1937.
211. Trillat, J. J.: The Adsorption of Oils in Relation to Lubrication. Gen. Disc. II, 410.
212. Lecomte du Nouy: Une nouvelle mésure d'étude des huiles de graissage et de leur propriétés. C. r. acad. sciences Paris 210 (1940), 101.
213. Irauth, F. u. E. Neyman: Petroleum 31 (1935), Heft 49, S. 4.
214. Burstin, H.: Petroleum 34 (1938), Heft 23, S. 1.
215. Fosler, C. A.: Science of Petroleum II, 1456. 1938.
216. Philippovich, A. v.: Die chemisch-physikalischen Voraussetzungen einwandfreier Schmierung. Öl und Kohle 40 (1944), 645.

217. Prutton, Turnbull u. Dlouhy: Mechanism of Action of Organic Chlorine and Sulphur Compounds in Extreme Pressure Lubrication. J. i. P. 82 (1946), 90.
218. Krienke, C.: Die Prüfung von Schmierölen durch Reibungs- u. Verschleißversuche and Motoren. Öl und Kohle 89 (1943), 840.
219. Campbell, W. F.: Studies in Boundary Lubrication. Trans. Am. Mech. Eng. 61 (1939), 633.
220. Schwarz, H.: Laufflächenschutz für Leichtmetallkolben als Mittel gegen Drücken und Pressen. MTZ 8 (1941), 409.
221. Englisch, C.: Oberflächenbehandlung von Kolbenringen. DMZ 19 (1942), 401.
222. Wallace, D. A.: Superfinish. SAE. J. 46 (1940), 69.
223. Ridley, C.: Contact Inhibitors or Lubrication Petr. Times 22. 12. 1945. 1076.
224. Pigott, R. J. S.: Engine Designe versus Engine Lubrication. SAE. 48 (1941), 165.
225. Science of Petroleum. Section 40, Abschnitt Lubricants, S. 2558—2678.
226. Woog, P.: Contribution à l'Étude du Graissage. Paris 1926. Delagrave.
227. Boerlage, G. D. Four-ball testing Apparatus for extreme Pressure Lubricants. Engineering 136 (1933), 46.
228. Wolf, H. R.: Increasingly Powerful E. P. Lubricants needed for Automotive Rear Axles Proc. Amer. Petr. Inst. 1936, 17. Teil III, 30.
229. Thoma: Mitt. d. hydraul. Inst. d. Techn. Hochsch. München, Heft 3, 145 (1929); Voitländer 4. (1931), 94.
230. Poppinga, Reemt: Verschleiß und Schmierung. Berlin, VDI-Verlag, 1942.
231. Philippovich, A. v.: Sammelbericht über die General Discussion on Lubricants der Inst. Mech. Engrs., London 1937. Z. VDI 81 (1937), 1467.
232. Reibung und Verschleiß. Vortragssammlung des VDI, Berlin 1939.
233. Eichinger, A.: Verschleiß metallischer Werkstoffe. Mittlg. des KWI-Inst. f. Eisenforschung 23 (1941), 247.
234. Clayton, D.: Lubrication and Wear. Engr. 170 (1940), 383.

Thermooxydative Beständigkeit.

235. Suida, H.: Öl und Kohle 13 (1937), 201.
236. Krein, S. C.: Nephtjanoje Chozjaistvo 23 (1933), 242, 285;   J. f. angew. Chemie (rüss.) USSR. 8 (1935), 251. Ind. Eng. Chem. 21 (1929), 315.
237. George, P. u. A. Robertson: The Influence of Structure on the Oxydation Reactivity of Hydrocabons. J. I. P. 82 (1946), 400.
238. George, P., E. K. Rideal u. A. Robertson: The Oxydation of liquid Hydrocabons I. The Chain Formation of Hydro-peroxides and their Decomposition. Proc. Roy. Soc. A. 185 (1946), 288.
239. George, P. and A. Robertson: The Energy-Chain Mechanism for the Thermal Oxydation of Tetralin. Proc. Roy. Soc. A 185 (1946), 309.
240. P. George: The Oxydation of Tetralin in the Presence of Benzoyl Peroxide as a Free Radical Chain Reaction. Proc. Roy. Soc. 185 (1946), 337.
241. Denison, C. H. u. P. C. Condit: Oxydation of Lubricating Ois. Ind. Eng. Chem. 87 (1945), 1102.
242. Morghen, I.: Der Chemismus der Rückstandsbildung bei Kohlenwassertoffen. DVL-Bericht BSF 501/40 vom 12. 7. 1939.
243. Assaff, A. G. u. E. K. Gladding: Ind. Eng. Chem. 81 (1939), 164.
244. Balsbough, J. C., J. L. Oncley: Ind. Eng. Chem. 81 (1939), 318.
245. Francis, W., K. R. Garret: J. Inst. Petr. Techn. 24 (1938), 435.
246. Beuerlein, P. u. K. L. Krywalski: Öl und Kohle 88 (1942), 625. Die Ölalterung in Maschinen unter Berücksichtigung der Lager-Metalle.
247. Schick, F.: Öl und Kohle 13 (1937), 1157. Vorgänge beim Mischen von Mineralölen.
248. Suida, H.: Öl und Kohle 13 (1937), S. 208.
249. Wilford: Service Tests with Lubricants for high Speed Oil Engines. J. I. Petr. 1939.
250. Seufert: Ermittlung der Alterungsneigung von Motorschmierölen. Öl und Kohle 14 (1938), 329.
251. Lamb, C. G., C. M. Loane, J. W. Gaynor, Chem. Zentralblatt 1942, II, 1655.
252. Philippovich, A. v.: Über die Beständigkeit von Flugmotorenöl und ihre Prüfung. Luftfahrtforschung 14 (1937), 254.
253. Glaser, W.: DVL-Forschungsbericht FB 1244 (1940).
254. Krienke, C. F.: Die motorische Ölalterungsprüfung in den USA. MTZ 6 (1944), 116.
255. Philippovich, A. v.: Die Verwendung von Flugmotorenöl im Betrieb und ihre Prüfung. Öl und Kohle 18 (1935, 1937).
256. Gruse, W. A. and C. J. Livingstone: Engine Deposits; Causes and Effects, Symposium on Lubricants 1937, ASTM Philadelphia, Pa. S. 1.

257. MOUTTE, DIXMIER u. LION, v. PHILIPPOVICH, MOERBEEK, HANSON u. EGERTON: General Discussion on Lubrication and Lubricants: Gruppe IV, The Institution of Mechanical Engineers. London 1937.
258. BRIDGEMAN, O. C.: The problem of Ring Sticking in Aviation Engines. SAE. J. 41 (1937), 545.
259. CONRADSON: ASTM D 189—41.
260. RAMSBOTTOM: I. P. Standard Methode I. P. 14/45.

Korrosion.

261. ZUIDERMA, H. H.: Bearing Corrosion. Oil a. Gas. J. 16. 2. 46, 44 (41), 100; 23. 2. 46, 44 (42), 151; 2. 3. 46, 44 (43), 66.

Auswahl der Schmieröle.

262. CHAMPSAUR: Le graissage. Paris, Delagrave, 1934.
262a: PATTERSON, E. V.: Selecting the best Lubricant. Petroleum (London) 7 (1944), 220.

Zusätze zu Kraftstoffen und Schmierstoffen.
Gegenklopfmittel.

263. BANKS, F. R.: Ethyl. J. Roy. aeron. Soc. 38 (1934), 309.
264. MIDGLEY, F. and T. A. BOYD: Ing. Engng. Chem. 14 (1922), 894.
265. CALINGAERT, G. in The Science of Petroleum, 3042: Antiknock Comp.

Hemmstoffe.

266. ARMISTEAD, G.: Modern Refing Processes. Use of Inhibitors in Motor Gasolines. Oil a. Gas. J. 13. 4. 46, 44 (49), S. 97.

Zusätze zur Leistungssteigerung.

267. STIEGLITZ, A.: Leistungssteigerung durch innere Kühlung. Bericht 158 der Lilienthalgesellschaft, Berlin 1943.
268. WIEGAND, F. J. u. D. W. MEADOW: Aero Digest 53 (1946), Oktober, S. 84.
269. ROWE, M. R. u. G. T. LADD: Water Injection for Aircraft Engines. Flight 49 (1946), 517.
270. WILLICH, N.: Versuchsergebnisse mit Sauerstoffträgern (GM$_1$) im Flugmotor. Bericht 158 der Lilienthalgesellschaft, Berlin 1943.
271. LUTZ, O.: Leistungssteigerung von Flugmotoren durch Zusatz von Sauerstoffträgern. Berlin. Akad. d. Luftfahrtforschg. 1942.

Zusätze zur Erhöhung der Zündwilligkeit.

272. BROEZE, J. J. u. J. O. HINZE: Experiments with doped Fuels for high speed Diesel Engines. SAE. J. 1939.

Lösungsvermittler.

273. CORDON, K.: Proc. World Petr. Congress 1933, II, 788.
274. HAMMERICH, TH.: Öl und Kohle 12 (1936), 641.
275. SHEPHERD, F. M. E.: J. Inst. Petr. Techn. 20 (1934), 294.

Schmierölzusätze.

276. ORMANDY, POND u. DAVIES: J. Inst. Petr. Techn. 20 (1934), 308.
277. TERPUGOFF: Petroleum 25 (1929), 1213.
278. DAVIS, G. H. u. A. J. BLACKWOOD: Ind. Eng. Chem. 23 (1931), 1452.
279. DAVIS, LINCOLN, BYRKIT u. JONES: Ind. Eng. Chem. 33 (1941), 339.
280. DEMISON, G. H. u. J. O. CLAYTON: Chemistry and Prevention of Ring Sticking. SAE. J. 53 (1945), 264.
281. MÖLLER, I. A. u. H. L. MOIR: Engine Deposits and the Effect of some Fuel Additives. SAE. J. 46 (1940), 250.
282. WATKINS, F. M.: Action of Lube Oil Detergents on Automotive Engines. Refiner Jan. 1946, 25 (1), 1/5.

283. KAVANAGH, F. W.: Diesel Oil Chemistry prolongs Engine Life. SAE. J. Okt. 1946, 54 (10),
        S. 103.
284. Federal Bureau of Standards; VV-L-761 für Getriebeschmiermittel. 1940.
285. SIMARD, G. L., H. W. RUSSELL u. H. R. NELSON: Ind. Eng. Chem. 88 (1941), 1352.
286. PRITZKER, G. G.: Nat. Petr. News 5. 12. 45, 87 (49), R. 1001.
287. BEEK, GIVENS u. SMITH: Proc. Roy. Soc. 177 A (1940), 90.
288. PRUTTON, C. F., D. TURNBULL, C. DLOUHY: Mechanism of Action of Organic Chlorine and
        Sulphur Compounds in Extreme Pressure Lubrication. J. Inst. Petr. 82 (1946), 90.
289. DAVEY, W.: J. Inst. Petr. 82 (1946), 575. Some Observations on the Developement of
        extreme Pressure (E. P.) Properties by Chlorine and Sulphur Additives in Mineral Oil,
        as assessed by the four Ball Machine.

Kühlstoffe.

290. BOYE, G.: Chemikerztg. 65 (1941), 37.
291. ULLMANN: Enzyklopädie d. techn. Chemie. I. Aufl., Bd. 5, S. 576.

Ausblick auf die weitere Entwicklung der Betriebsstoffe.

BAUM, A. W.: End of our Petroleum. Science year book 1945 Armed services Edition.
BARTHOLOMEW, E.: Coming Motor Fuels promise improved Economy and Performance.
        SAE. J. 54 (1946), Okt. S. 54.
JORDAN, JANE F.: Chemical Composition and Road Performance of Post War Motor Fuels
        Nat. Petr. News Techn. Sect. 87 (40), 777, 3. 10. 45.
PARKER, F. D.: Peacetime Utility of Wartime Petroleum Refining Processes. Refiner,
        Nov. 1945, 24 (11), 443.
COLWELL, A. T.: Powering future Cars SAE. J. 54 (1946), Okt. S. 41.
HEMMINGWAY, H. L.: Oil for the Postwar Car. Refiner Nov. 1945, 24 (11), 453.

Sachverzeichnis.

Druck: Globus II, Wien VI.